化學感測器
Chemical Sensors

施正雄 著

五南圖書出版公司 印行

編輯大意

　　化學感測器是偵測各種化合物的種類及含量之各種環境現場或可攜帶的感測器，或用化合物當辨識元以偵測光、電、熱、磁及放射線之各種感測器，而特別用來偵測各種生化物質之化學感測器特稱為生化感測器。由於化學感測器體積小、成本低但產值高，需求量大，就葡萄糖感測器一項每年世界產值就超過50億美元，所以世界各國都積極發展各種化學感測器與技術，我國行政院亦將感測器技術列為八大重點發展科技之一。

　　本書將介紹各種化學感測器之儀器感測原理及基本結構和應用以提供一般大學及科技大學理工學院和醫藥學院學生與從事化學感測分析之研究機構、醫療機構、環境檢測及工業上各種從業人員之實用化學感測器基本知識。除介紹一般化學感測器技術外，本書將介紹應用在化學感測器之訊號收集、處理及控制之微電腦界面基本知識。

　　本書依化學感測器之種類概分十五章，第一章、化學感測器導論，介紹化學感測器之種類、儀器基本結構及訊號收集、處理及控制之微電腦界面及晶片和微電腦。第二章、壓電晶體化學感測器－質量感測器（I），壓電晶體化學感測器（PZ）屬於對待測物質量變化敏感之質量感測器之一種，本章將介紹偵測液體、氣體及生化樣品之各種壓電晶體化學感測器基本結構、原理及應用並介紹用於辨識樣品中不同成分之電腦主成分分析法（PCA）和倒神經網路分析法（BPN）。第三章、表面聲波化學感測器－質量感測器（II），本章將介紹亦屬於質量感測器之一種而比壓電晶體化學感測器更靈敏的表面聲波化學感測器（SAW）基本結構及應用。第四章、光化學感測器，將介紹可偵測對各種光波（包括紫外線、可見光、紅外線及X光）吸收、發射及產生螢光和化學發光之各種樣品中化學或生化成分之現場或可攜帶式的各種光化學感測器和常用在化學感測器之各種雷射光源。第五章、電化學感測器，將介紹各種電位式、電流式及導電式電化學感測器基本結構、原理及應用。第六章、半導體化學感測器，將介紹由n-型、p-型半導體及二極體、電晶體所形成的各種半導體化學感測器基本結構、原理及應用。第七章、表面電漿共振感測器，將介紹表面電漿共振（SPR）原理及用來偵測化學樣品之各種表面電漿共振感測器基本結構及原理。

　　第八章、生化生物感測器，將介紹各種以酵素、免疫抗體或抗原及DNA為辨識元之生化生物感測器基本結構、原理及應用。第九章、熱化學感測器，將介紹以熱阻體、熱電偶、半導體及光纖為熱敏辨識元之各種熱化學感測器。第十章、磁化學感測器及磁感測器，將介紹用磁感測器偵測樣品中化學成分之各種磁化學感測器並介紹可偵測磁強度之霍爾元件、

磁阻元件及超導量子干涉磁元件（SQUID）磁感測器。第十一章、環境汙染現場化學感測器，將介紹可現場偵測空氣及水中有機／無機汙染物之各種化學感測器。第十二章、毒氣現場化學感測器，將介紹可現場偵測各種毒氣（如光氣、芥子氣、神經毒氣、落葉毒氣及家用瓦斯）之化學感測器。第十三章、核輻射化學感測器，將介紹由化學辨識元組成而可偵測α射線、β射線、γ射線及中子與微中子之之化學感測器。第十四章、微機電及微化學／生物感測器晶片，將介紹曝光、顯影、沉積及蝕刻等微機電（MEMS）技術和各種化學晶片及生化晶片（如基因DNA及蛋白質晶片）所構成之各種化學／生化感測器。第十五章、奈米晶體化學感測器，將介紹由奈米晶體所組成的奈米線、奈米粒子及量子點奈米材料當奈米感測元件所製成可偵測化學或生化樣品的各種化學感測器。

　　本書附有參考資料及索引，供參考及搜尋。本書如有未盡妥善或遺誤之處，敬請各位先進不吝指正。

目　錄

第一章　化學感測器導論（Introduction to Chemical Sensors）

第二章　壓電晶體化學感測器-質量感測器(I)
（Piezoelectric Crystal Chemical Sensors- Mass-Sensitive Sensors (I)）

第三章　　表面聲波化學感測器-質量感測器（II）

（Surface Acoustic Wave (SAW) Chemical Sensors- Mass-Sensitive Sensors (II)）

第四章　光化學感測器（Optical Chemical-Sensors）

第五章　電化學感測器（Electrochemical Sensors）

第六章　半導體化學感測器（Semiconductor Chemical Sensors）

第七章　表面電漿共振感測器（Surface Plasma Resonance (SPR) Sensor）

第八章　生化生物感測器（Biosensor）

第九章　熱化學感測器（Thermal Chemical Sensors）

第十章　磁化學感測器和磁感測器
（Magnetic Chemical Sensors and Magnetic Sensors）

第十一章　環境汙染現場化學感測器
（Field Chemical Sensors for Environmental Pollution）

第十二章　毒氣現場化學感測器（Toxic Gas Field Chemical Sensors）

第十三章　核輻射化學感測器（Chemical Sensors for Nuclear Radiations）

第十四章　微機電及微化學／生化感測器晶片
（MEMS and Micro-Chemical /Biologic Sensor Chips）

第十五章　奈米晶體化學感測器（Nano-Crystal Chemical Sensors）

第 1 章

化學感測器導論
(Introduction to Chemical Sensors)

化學感測器（Chemical sensors）顧名思義是偵測各種化合物種類及含量之各種感測器或用化合物當辨識元以偵測光、電、熱、磁及放射線之各種感測器，而特別用來偵測各種生化物質之化學感測器特稱為生化感測器（Biosensors）。由於化學感測器體積小、成本低但產值高，需求量大，就葡萄糖感測器一項每年世界產值就超過50億美元，所以世界各國都積極發展各種化學感測器及技術，我國行政院亦將感測器技術列為八大重點發展科技之一。

1-1. 化學感測器簡介與種類

化學感測器（Chemical sensors）[1-4]顧名思義是偵測各種化合物之各種感測器，或用化合物當辨識元以偵測光、電、熱、磁及放射線之各種感測器，而特別用來偵測各種生化物質之化學感測器特稱為生化感測器（Biosensors）。如圖1-1所示，化學感測器主要利用偵測化合物或待測物質（如中子及 α、β 粒子）之特性如質量／壓力，電化學，光感應，磁感應，與半導體作用力，生化

特性及溫度／熱等變化，以推算樣品中各種待測化合物之含量（定量）與種類（定性）。用於偵測化合物之質量或壓力變化的化學感測器有壓電晶體感測器（Piezoelectric crystal sensors, PZ）及表面聲波感測器（Surface acoustic wave (SAW) sensors）。應用化合物電化學反應之化學感測器稱為電化學感測器（Electrochemical sensors）。利用化合物與半導體作用力之化學感測器稱為半導體感測器（Semiconductor sensors）。應用化合物光感應的化學感測器稱為光學感測器（Optical Sensors），而利用具有生化辨識物質偵測生化物質（如葡萄糖及抗體）或有關化合物之化學感測器稱為生化感測器（Biosensors）。利用化合物熱反應或偵測溫度之化學感測器稱為熱／溫度感測器（Thermal／Temperature sensors），以及偵測化合物磁性之磁化學感測器（Magnetic chemical sensors）。

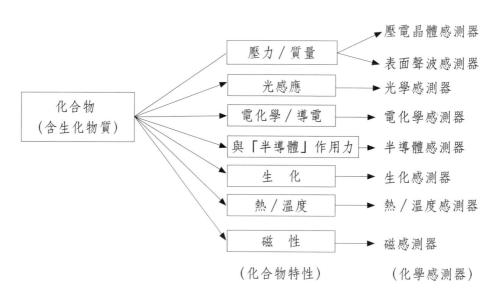

圖1-1　常用偵測化合物的化學／生化感測器及所應用之化合物特性

化學感測器常用在**現場偵測**（Field detection）成為現場化學感測器，依現場不同，現場化學感測器如圖1-2所示，常見的有(1)環境汙染化學感測器（Chemical sensors for environmental pollution）以現場偵測環境中空氣及水質中之有機及無機汙染物，(2)醫學生化感測器（Medical biochemical sensors）以現場偵測病人之血液及身體中生化物質（如血氧，葡萄糖及抗體），

(3)輻射化學感測器（Radiation chemical sensors）以用化學物質變化現場偵測各種輻射線（如α、β及γ射線）及中子，(4)溫度化學感測器以現場偵測化學物質溫度，(5)光及電磁波化學感測器以現場偵測環境中光波（如UV／VIS、IR及X光）及電磁波（如超音波及聲波），(6)毒氣化學感測器（Toxic chemical sensors）以現場偵測洩漏的煤氣與各種化學毒氣（如光氣和芥子氣），及(7)微化學感測器（Micro-chemical sensors）用微感測晶片以偵測危險環境（如原子爐及高溫環境）現場中之有害化學物質及放在病人體內外以現場偵測病人體內之生化物質含量。

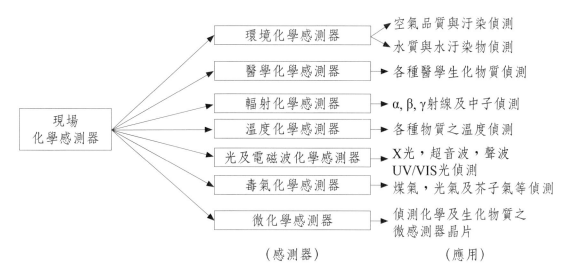

圖1-2 常見現場化學感測器之種類與應用

1-2. 化學感測器基本結構與元件

本節將介紹一般化學感測器之基本結構並介紹其主要的元件如感測元件（Sensing element（含基板（Substrate）及辨識元（Recognition element）））、能轉換器（Transducer）或偵測器（Detector）、電流／電壓放大器（I/V Amplifier,如運算放大器度（OPA（Operational amplifier）））、類比／數位轉換器（Analog/Digital converters）及微電腦或單晶微電腦（One-chip microcomputer）輸入／輸出界面訊號收集及處理系統

（Microcomputer I/O interfaces for signal acquisition and processing）。

1-2.1.　化學感測器基本結構

化學感測器主要包括感測元件（Sensing element）、能轉換器／偵測器（Transducer/Detector）、光／電源（Light source/Electric power）及訊號收集／數據處理／顯示（Signal acquisition/Data processing/Display）系統等四大部分。

如圖1-3所示，感測元件（Sensing element）主要含基板（Substrate）及辨識元（Recognition element）。感測元件之基板通常為晶片或電極，光纖及半導體所構成，而辨識元（如酵素及抗體）則是用來和待測物分子（如葡萄糖與抗原）結合以改變基板上之光強度或電壓或電流或振盪頻率，通常辨識元是附加在基板表面所塗的高分子膜（如PVC膜）或高感應膜（如壓電晶體膜）上面。

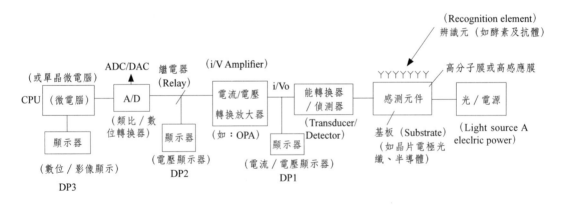

圖1-3　化學感測器基本結構圖

能轉換器／偵測器（Transducer/Detector）部分為偵測因待測物分子和辨識元結合所改變的光強度或電壓或電流或振盪頻率，能轉換器（Transducer）可將化學（如待測物濃度或重量）訊號轉換成光或電流／電壓／頻率訊號，或從一能量形式（如光能或熱能）先變成另一形式能量（如電流或電壓），然後再用一偵測器（如電流計或電位計）偵測此新的形式能量（如電

壓）。能轉換器為化學感測器必要之偵測元件。能轉換器將在下一節中詳細介紹。

　　訊號／數據收集／顯示（Signal acquisition/Data processing/Display）系統則如圖1-3所示，包括訊號放大器（如電流／電壓放大器），顯示器，類比／數位轉換器（A/D），繼電器（Relay）及微電腦等部分。訊號放大器最常見的電流／電壓轉換放大器為運算放大器（Operational amplifier, OPA），可將電壓訊號放大或將電流訊號轉換放大成電壓訊號。圖1-3之DP1~DP3分別為電流，電壓及數位／影像顯示器。類比／數位轉換器（A/D）可為類比－數位轉換器（ADC（Analog/Digital converter））將化學感測器電流／電壓轉換放大器出來的電壓類比訊號轉換成可輸入微電腦中做數據處理之數位訊號，亦可為微電腦控制感測器之數位-類比轉換器（DAC（Digital/Analog converter））以將電腦數位指令轉成類比電壓以控制感測器。

　　繼電器（Relay）為一選擇性系統，常見在化學感測器中，如圖1-3中電壓訊號要進入A／D轉換器或電壓顯示器就可用繼電器來控制，而微電腦可用來控制繼電器，繼電器在多頻道化學感測器中常做頻道選擇之用。因運算放大器（OPA），類比／數位轉換器（A/D）及繼電器（Relay）幾乎在各種化學感測器中都可見，故在本節1-2.3至1-2.5小節分別介紹此三元件。而微電腦在化學感測器中為縮小其體積常用單晶微電腦（One-chip microcomputer）。在本章1-3節將簡單介紹現在常用之單晶微電腦。

1-2.2.　訊號數據域函數及能轉換器

　　化學感測器所要偵測的物質性質與變化，以及最後轉換所得的電流、電壓或電磁波和量表所顯示的數字與指針的位置，這些都是表示這物質性質或變化，特將這些物質性質、變化、電流、電壓或電磁波和指針位置等訊號顯示皆通稱為訊號數據域函數（Data domains）[5]，換言之，原來物質性質是一數據域函數，轉變所得的電流也為一數據域函數，同樣量表所顯示的數字亦為一數據域函數。而由一數據函數（如物質性質）轉換成另一數據域函數（如電流）皆需一能轉換器或簡稱換能器（Transducers）。例如，如圖1-4所示，要偵測一雷射光之強度，第一個數據域函數（D_1）為要偵測之雷射光強度，第二個

可能的數據函數（D_2）為電流，第三個數據域函數（D_3）為電流顯示指針位置，不管是雷射強度，電流及指針位置皆為數據域函數，也都是表示要偵測之雷射光強度，而如前所述：兩數據域函數間必需有一個轉換器（Transducers），將一數據函數轉換成另一數據域函數，如由D_1數據域函數（雷射光強度）需用一光電流轉換器T_1（如PMT, Photomultiplier tube（光電倍增管））才會轉成數據域函數（D_2電流），同樣，由D_2電流則需用另一轉換器T_2（電流計）轉換成D_3（指針位置）。由此可知能轉換器（Transducers）可將一能量形式（如光）轉換成另一能量形式（如電），也可能由能（如電流）變成指針位置而非另一能量形式。

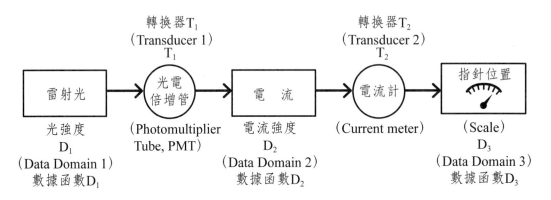

圖1-4　雷射光光強度偵測之數據域函數轉變及所需能轉換器

數據域函數種類繁多，可略分為**非電性數據域函數**[2]（Non-electric domain）及**電性數據域函數**（Electric domain）。圖1-5為常見的非電性與電性**數據域函數圖**（Domain map）。

非電性數據域函數包括擬偵測的物理性質（如光強度）及化學性質（如H^+濃度），和儀器顯示器所顯示的指針位置、數字等等。而電性數據域函數為儀器中可傳遞的訊號，其中含常見的電流（i）、電壓（v）、電量（q）及電磁波之頻率（f）、振幅、脈衝（Pulse, p）和電腦中之1,0二進位訊號（Binary signals），以及碳-14衰變（Decay）所發出的β射線粒子數（電子數）等等。電性數據域函數依訊號的連續性可略分為非連續性的**數位訊號**（Digital signal, D）數據域函數與連續性的**類比訊號**（Analog signal, A）數據函數，非連續性的數位數據域函數類似量子化的訊號如電腦中之1,0訊號與碳-14

衰變所發出電子數皆只能整數。反之，連續性的類比數據域函數如電流、電壓皆可有小數且可連續性如1.1, 1.2, 1.3等等。然而有些數據域函數（如波與脈衝）表面看來只能整數（如幾個波或幾個脈衝）應為數位訊號，但其訊號有部分（如波與脈衝之高度（振幅））之改變可以非連續性被改變而視為類比訊號，像此種具有類比／數位兩種性質之數據域函數常與時間有關，特稱此種**數據域函數為時間數據域函數**（Time domain, T）。

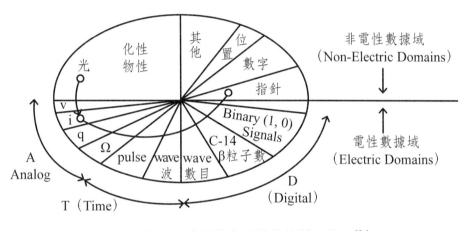

圖1-5　非電性與電性數據域函數圖[5a]

數據域函數圖可用來顯示擬設計的儀器之數據域函數變化，例如要偵測前述之雷射發出雷射光強度，如圖1-5所示，先要將雷射光強度數據域函數（D_1）變為電流數據域函數（D_2），再變成指針位置數據域函數（D_3），將**此數據域函數變化**圖交給儀器設計者，這些設計者知兩數據域函數間需找一適當的轉換器（Transducer, T），若將這些轉換器（光電倍增管及電流計）串聯起來就是一部可偵測螢光強度之儀器了。

一般常見的能量形式轉換為光→電，熱→電，物質（如O_2）氧化還原→電，電→指針位置及重量→電等。其常用的能轉換器（Transducers）分別為光電倍增管（PMT），熱電偶（Thermocouple），氧電極（Oxygen electrode），電流計（Current meter）及石英壓電晶體轉換器（Piezoelectric crystal transducer）。以下將簡介這些能轉換器之工作原理及應用。

光電倍增管（PMT）為一可將紫外線／可見光（UV/VIS）轉換成電子流之光偵測器，圖1-6(a)為光電倍增管之工作原理及結構示意圖。當UV/

VIS光照射到光電倍增管之Ag-Cs陰極，光先使Ag之電子從基態跳升到激態（Ag*），然後此激態Ag*能量傳給Cs而使之成激態Cs*，隨後離子化成Cs⁺及電子（e⁻即為光電子），此光電子（e⁻）即從Ag-Cs陰極發出，此光電子從陰極放出之方程式為：

$$光 + Ag \rightarrow Ag* \tag{1-1a}$$
$$Ag* + Cs \rightarrow Cs* + Ag \tag{1-1b}$$
$$Cs* \rightarrow Cs^+ + e^- （由陰極發出電子） \tag{1-1c}$$

從Ag-Cs陰極發出之電子如圖1-6(a)所示首先打到第一放大代納電極（Dynode D1）放出更多電子，再經更多的代納電極（Dynodes），可使原來陰極放出的一個電子到陽極時成為放大成約有百萬（$10^6 e^-$）電子之電子流。換言之，光經此光電倍增管之能轉換器可轉換成強大電子流。

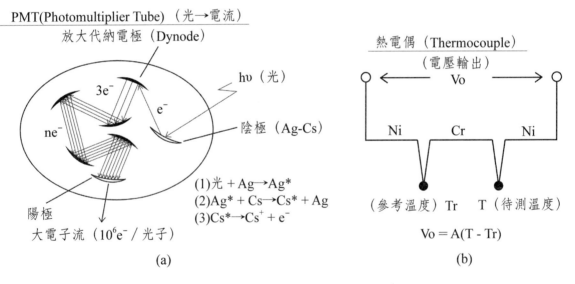

圖1-6　(a)光電倍增管（PMT）光電流轉換器與(b)熱電偶熱電轉換器[5c]

熱電偶（Thermocouple）為最常見測量溫度之熱能轉換器，如圖1-6(b)所示，熱電偶由兩種不同金屬（如Ni/Cr或Pt/Pt(Rh)）所組成。當兩金屬所結成的兩接點之溫度（如圖1-6(b)之Tr（參考溫度）與T（待測溫度））不同時，在輸出兩端點就會有電位差而可產生輸出電壓Vo，Vo和兩接點之溫度差（T－Tr）之關係為：

$$Vo（輸出電壓）\approx A (T-Tr) \tag{1-2}$$

式中A為此熱電偶之靈敏度（Sensitivity）。而熱電偶之參考溫度Tr常用室溫（約25℃）或用冰水溫度（0℃），一般常用在化學感測器中之熱電偶金屬Ni/Cr，但若用來偵測腐蝕性化學物質時則常用惰性金屬如Pt/Pt(Rh)。

氧電極（Oxygen (O₂)electrode）為一常用來偵測病人血液中氧氣（血氧）含量及廢水中含氧量。圖1-7(a)為其基本結構及工作原理。當液體（如血液）中之氧氣（O_2）到達Pt陰電極時會和Pt陰電極之電子（e^-）結合成氧陰離子O_2^-，然後此O_2^-，會漂至Ag/AgCl陽極並放出電子而產生電流可用其電流計測量。反應如下：

$$[Pt陰極] \qquad O_2 + e^- \rightarrow O_2^- \tag{1-3a}$$
$$[Ag/AgCl陽極] \qquad O_2^- \rightarrow O_2 + e^-（電子流）\tag{1-3b}$$

液體（如血液）中之氧氣（O_2）和產生電流強度（I）有如圖1-7(b)所示的直線關係。

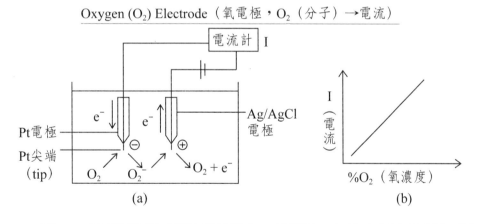

圖1-7 氧電極物質／電流轉換器之(a)結構及(b)氧濃度與電流關係圖[5c]

電流計（Current meter）顧名思義為偵測電流強度之能轉換器，其基本結構及工作原理如圖1-8所示。如電動機原理，當電流（I）進入在磁場下之線圈時產生偏轉力矩（Torque），會使依附在線圈上之指針產生偏轉，電流強度（I）越大產生的偏轉力矩與指針偏轉就越大，關係如下：

$$力矩（Torque）= 1/2 \ (I \times \ell \times \omega \times B) \tag{1-4}$$

式中ω及ℓ分別為線圈之長及寬，B為磁場強度。

Current meter（電流計，電流i→指針位置）

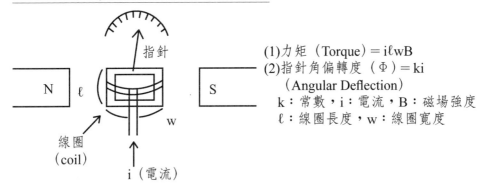

(1)力矩（Torque）= iℓwB
(2)指針角偏轉度（Φ）= ki
　　（Angular Deflection）
　　k：常數，i：電流，B：磁場強度
　　ℓ：線圈長度，w：線圈寬度

圖1-8　電流計-電流／指針指標轉換器基本結構圖[5c]

　　石英壓電轉換器（Piezoelectric transducer）之主體為石英壓電晶體，如圖1-9(a)所示此壓電晶體因一壓（表面所受壓力）就會產生電子流而生電因此得名，然反之，加電壓（V_1）給此石英壓電晶體就會如圖1-9(b)所示產生具有一定振盪頻率（Fo）之超音波，故此石英壓電晶體可做為產生超音波之石英振盪壓電晶體。石英壓電轉換器可用來當偵測微量（<μg）物質之重要壓力轉換器，此用來偵測微量（<μg）物質之石英壓電轉換器又稱為石英晶體微天平（Quartz crystal microbalance, QCM）[6-7]，其為偵測微量（< μg,可低至ng）物質之重量壓力轉換器。圖1-9(c)為市售石英振盪壓電晶體實物示意圖。

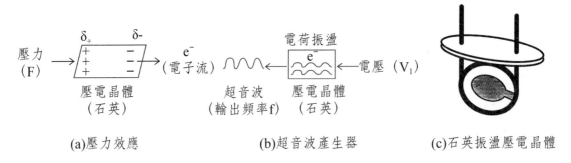

(a)壓力效應　　　　　　(b)超音波產生器　　　　　(c)石英振盪壓電晶體

圖1-9　石英壓電轉換器之(a)壓力效應，(b)超音波產生原理及(c)石英振盪壓電晶體實體[5c]

　　當此表面吸附有化學物質（如空氣汙染物）時，其原來振盪頻率（F_o）會下降而其石英壓電晶體振盪頻率改變（ΔF, Hz,例如下降50 Hz, 即$\Delta F = -50$ Hz）和其表面所吸附之化合物質量改變（ΔM, g）關係可用索爾布雷方程式（Sauerbrey Equation）表示如下：

$$\Delta F = -2.3 \times 10^6 \times F_o^2 \times \Delta M / A \qquad\qquad (1\text{-}5)$$

　　式中A爲石英晶體表面積（cm^2），F_o爲石英晶體原始振盪頻率（單位：MHz）。換言之，由其改變之頻率（ΔF）就可計算石英晶體表面所吸附之化合物質量（ΔM），若此化合物爲待測分析物，此石英晶體能轉換器就可當做偵測待測分析物之偵測器。

1-2.3.　運算放大器（OPA）

　　運算放大器OPA（Operational amplifier）[8-10]在大部分分析儀器皆可發現之元件，運算放大器雖小但功能很多，它可用來做儀器訊號處理（如訊號之放大、縮減、相加減、相乘除、微分、積分、對數化、反對數化及正負電壓轉換和電流／電壓轉換）與當訊號比較器和波形產生器，本節重點在應用運算放大器做分析儀器訊號處理之用。本節將簡單介紹OPA之特性、種類與放大原理。圖1-10顯示運算放大器（OPA）之符號與八支腳（8pins）OPA晶片（IC741或IC1458）示意圖及IC741實物和接腳圖。OPA具有可做輸入端之正（＋）與負（－）腳（Pins 3,2）和輸出端（Vo, Pin 1）並分別在第8,4腳（Pins 8,4）接正負電壓（$\pm Vcc$,常用$\pm 5V$或$\pm 12V$, $\pm 15V$）當電源。

　　在作爲儀器訊號放大器，OPA接儀器訊號常用方式有兩種，儀器訊號由OPA負（－）端輸入所構成的「反相負回授運算放大器（Reverse phase negative feedback OPA）」（圖1-11(a)）及訊號由OPA正（＋）端輸入的「非反相負回授運算放大器（Non-reverse phase negative feedback OPA）」（圖1-11(b)）。反相OPA之意爲其輸出輸入電壓正負相反，即一正電壓輸入經OPA放大後之輸出爲負電壓，而負回授指的是OPA負（－）端連接輸出端形成環路。在反相負回授OPA之圖（圖1-11(a)）中由外來儀器訊號流經R_1阻抗的電流爲i_1，經p點分成入OPA負（－）端的電流（i_d）及進入回授環路的電流

（i_2）即：

$$i_1 = i_2 + i_d \qquad\qquad (1\text{-}6)$$

由圖上所示OPA正負端之電位差爲V_d（即$V_d = V_+ - V_-$），在OPA設計上，使用負回饋時，OPA正負端電位差V_d幾乎等於0，換言之，P點及OPA負端間也就幾乎沒電流，即$i_d \approx 0$：

$$V_d = V_+ - V_- \approx 0 \qquad\qquad (1\text{-}7)$$

$$i_d \approx 0 \qquad\qquad (1\text{-}8)$$

由式1-6及1-8可得： $\quad i_1 = i_2 + i_d \approx i_2 + 0 \approx i_2$，即 $i_1 \approx i_2 \qquad (1\text{-}9)$

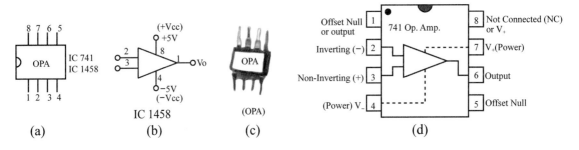

圖1-10 運算放大器（OPA）之(a)晶片外觀圖，(b)符號，(c)OPA-741晶片實物和(d)接腳圖[8a.8b]

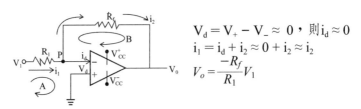

(a)反相負回授OPA

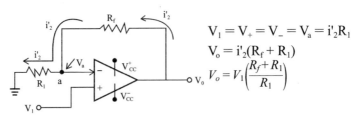

(b)非反相負回授OPA

圖1-11 (a)反相及(b)非反相負回授運算放大器（OPA）[8b]

由反相負回授OPA圖（圖1-11(a)）之左邊A線圈，左邊儀器訊號輸入電壓V_1應等於A線圈右邊之電壓總和，即：

$$V_1 = i_1R_1 + V_d \qquad (1-10)$$

由式1-7及1-10可得：

$$V_1 = i_1R_1 + V_d \approx i_1R_1 + 0 = i_1R_1 \qquad (1-11)$$

再由圖1-11(a)之右邊B線圈，左邊V_d電壓應等於B線圈右邊之電壓總和，即：

$$V_d = i_2R_f + V_0 \qquad (1-12)$$

由式1-7及1-12可得：

$$V_d = 0 = i_2R_f + V_0 \text{，即得 } V_0 = -i_2R_f \qquad (1-13)$$

由式1-11及1-13 $i_1 \approx i_2$（式1-9）可得：

$$V_0/V_1 = -i_2R_f/(i_1R_1) = -R_f/R_1$$

即：

$$V_0 = -(R_f/R_1)V_1 \qquad (1-14)$$

換言之，此OPA之放大倍數（A）＝R_f/R_1，故要放大多少倍，只要調R_f及R_1之電阻即可（但OPA最大輸出電壓為±Vcc電源電壓）。例如要利用反相負回授OPA來將0.1伏特之儀器訊號（即V_1=0.1V）放大10倍成負電壓輸出（即Vo =－1.0 V），依式1-14，只要在此OPA放置 R_f = 10 KΩ及R_1= 1.0 KΩ（即R_f/R_1 =10/1 =10）即可，其輸出電壓V_o為：

$$V_o = -(R_f/R_1)V_1 = -(10/1.0) \times 0.1V = -1.0 \text{ V} \qquad (1-15)$$

在非反相負回授OPA（圖1-11(b)）中，儀器訊號由OPA正（＋）端輸入，一股電流（i_2'）由輸出端經回授環路再經a點及R_1最後流入接地。故此電流（i_2'）由輸出電壓V_o及R_1, R_f大小來決定：

$$V_o = i_2'(R_1+R_f) \qquad (1-16)$$

而OPA正（＋）端電壓V+等於輸入電壓V_1，而V-電壓等於a點電壓V_a，即：

$$V_+ = V_1 \tag{1-17}$$

$$V_- = V_a \tag{1-18}$$

由式1-7（$V_d = V_+ - V_- \approx 0$）和式1-17與式1-18可得：

$$V_1 = V_+ = V_- = V_a \tag{1-19}$$

然 $\qquad V_a = i_2'R_1 \tag{1-20}$

故 $\qquad V_1 = V_a = i_2'R_1 \tag{1-21}$

由式1-16與式1-21可得：

$$V_o / V_1 = [i_2'(R_1+R_f)]/(i_2'R_1) \tag{1-22}$$

即 $\qquad V_o = [(R_1+R_f)/ R_1] V_1 \tag{1-23}$

換言之，非反相負回授OPA之放大倍數（A）$=(R_1+R_f)/R_1$，若用$R_1=1.0$ KΩ，$R_f=10$ KΩ放大從OPA正（+）端輸入0.1 V，可得輸出電壓 V_o 為：

$$V_o = [(R_1+R_f)/R_1]V_1 =[(10+1.0)/1.0]\times 0.1V = + 1.1 \ V \tag{1-24}$$

運算放大器OPA應用相當廣泛[9,10]，本節將注重在OPA應用在儀器訊號處理而組成的各種OPA儀器訊號處理器並舉例說明OPA應用在各種儀器控制或測定元件（如OPA光度計與溫度測定/控制器）與電流／電壓轉換器上。

1.OPA儀器訊號處理器

常見由OPA組成的儀器訊號處理器有：(1)非反相訊號放大器（Non-reverse phase amplifier），(2)反相訊號放大器（Reverse phase amplifier），(3)訊號相減放大器（Difference amplifier），(4)訊號相加器（Adder），(5)積分器（Integrator），(6)微分器（Differentiator），(7)電壓反相器（Inverting amplifier），(8)訊號對數化放大器（Logarithmic amplifier），(9)電壓隨耦器（Voltage follower），及(10)比較器（Comparator）。圖1-12為各種OPA訊號處理器線路圖與輸出輸入關係式。這些OPA訊號處理器中除「非反相訊號放大器（圖1-12(1)）」與「反相訊號放大器（圖1-12(2)）」之訊號放大原理與應用已在上節介紹外，其他OPA訊號處理器將在本節簡單介紹。

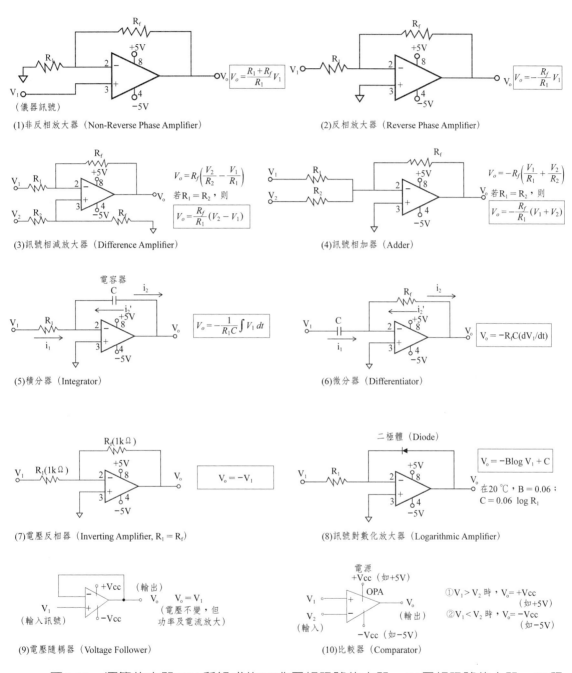

圖1-12 運算放大器OPA所組成的(1)非反相訊號放大器，(2)反相訊號放大器，(3)訊
號相減放大器，(4)訊號相加器，(5)積分器，(6)微分器，(7)電壓反相器，
(8)訊號對數化放大器，(9)電壓隨耦，及(10) 比較器[8b]

OPA訊號相減放大器（Difference amplifier）如圖1-12(3)所示，可應用

於將一類比訊號V_2減另外一類比訊號V_1，即兩訊號差並放大之，故又稱爲示差放大器，此兩訊號分別接OPA之正負端。其輸出輸入關係式爲：

$$V_0（訊號相減放大器）= R_f(V_2/R_2 - V_1/R_1)[V_2接OPA正端] \qquad （1-25）$$

若 $R_1 = R_2$，則

$$V_0（訊號相減放大器）=(R_f/R_1)(V_2 - V_1) \qquad （1-26）$$

此訊號相減放大器除用在得兩類比訊號之差外，也常用在經儀器中樣品室（Sample cell）之儀器訊號V_2去除經參考室（Reference cell）之雜訊V_1之用。

OPA訊號相加器（Adder）則爲兩儀器訊號相加，兩訊號皆接OPA之負端（如圖1-12(4)）（反相訊號相加器）或正端（非反相訊號相加器）。當$R_1 = R_2$，反相訊號相加器及非反相訊號相加器之輸出輸入關係式分別爲：

$$V_0（反相訊號相加器）= - (R_f/R_1)(V_1 + V_2) \qquad （1-27）$$
$$V_0（非反相訊號相加器）=[(R_f + R_1)/R_1](V_1 + V_2) \qquad （1-28）$$

OPA積分器（Integrator）在層析與光譜分析上波峰（Peak）面積之積分中相當有用，在OPA積分器線路（圖1-12(5)）中，電容器（C）取代了傳統OPA放大器中之電阻（R_f），具有電容C（Capacitance）之電容器中所存的電量（q）和積分器輸出電壓V_0之關係爲：

$$q = CV_0 \qquad （1-29）$$

又因i_2'及$-i_2$方向相反

$$i_2' = -i_2 = dq/dt = d(CV_0)/dt \qquad （1-30）$$

而
$$i_1 = V_1/R_1 \qquad （1-31）$$

因OPA`之$i_1 = i_2$故

$$-i_2 = dq/dt = d(CV_0)/dt = i_1 = V_1/R_1 \qquad （1-32）$$

可得
$$d(CV_0)/dt = -V_1/R_1 \qquad （1-33）$$

所以
$$dV_0 = -[V_1/(R_1C)]\ dt \qquad （1-34）$$

積分後可得 $\qquad V_0 = -(1/R_1C)\int V_1\, dt \qquad\qquad$ （1-35）

　　式1-35即積分器之輸出電壓V_0為其輸入訊號V_1之積分且放大之結果。

　　OPA**微分器**（Differentiator）也是由電容器與OPA所構成，其和積分器不同的是其將電容器取代傳統OPA放大器中之電阻R_1（如圖1-12(6)所示，其電容器之電量q是用輸入訊號V_1充電的，故其電容器中所存的電量（q）和積分器輸入電壓V_1之關係為：

$$q = CV_1 \qquad\qquad （1-36）$$

則 $\qquad\qquad i_1 = dq/dt = d(CV_1)/dt \qquad\qquad$ （1-37）

又因 $\qquad\qquad i_1 = -i_2' = -V_0/R_f \qquad\qquad$ （1-38）

式1-37代入式1-38中，可得：

$$C(dV_1/dt) = -V_0/R_f \qquad\qquad （1-39）$$

上式整理可得： $\qquad V_0 = -R_fC(dV_1/dt) \qquad\qquad$ （1-40）

　　換言之，微分器之輸出電壓V_0可證明其輸入訊號電壓V_1為微分且放大所得。

　　OPA**電壓反相器**（Inverting amplifier）顧名思義就是用來將一負電壓訊號轉變成正電壓訊號或反之，將正電壓轉變成負電壓訊號。如圖1-12(7)所示，電壓反相器只是將反相OPA放大器（圖1-12(2)）之R_f設定等於R_1而已，故電壓反相器中$R_f = R_1$（一般兩者（R_f, R_1）皆用1KΩ，但也有兩者皆不用，只用銅線代替，然只用銅線時輸出電壓常不穩）。電壓反相器輸出（V_0）/輸入（V_1）電壓之關係為：

$$V_0 （電壓反相器） = -V_1 \qquad\qquad （1-41）$$

　　在電子線路中，在很多OPA訊號處理器系統（如積分器與微分器）之輸出電壓常為負值，而在一般電子線路用正值電壓較方便，故常用此電壓反相器將負電壓訊號轉變成正電壓。

　　OPA**訊號對數化放大器**（Logarithmic amplifier）為一將輸入儀器訊號V_1對數化且放大成對數電壓訊號 $\log V_1$。如圖1-12(8)所示，對數化放大器是將傳統OPA放大器中之R_f改用二極體（Diode，二極體將在第六章討論）改裝

而成。對數化放大器之輸出（V_0）/輸入（V_1）電壓之關係為：

$$V_0（對數化放大器）= -B \log V_1 + C \qquad （1\text{-}42）$$

上式中B、C和溫度有關，在20℃時，B ＝ 0.06，C ＝ 0.06 $\log R_1$。對數化放大器常用在化學感測器中吸光度顯示器中。

OPA電壓隨耦器（Voltage follower）[9]之結構如圖1-12(9)所示，其輸出電壓（V_o）和輸入電壓（V_1）相等，即：

$$[\text{Voltage follower}]：\quad V_o（輸出電壓）= V_1（輸入電壓） \qquad （1\text{-}43）$$

雖然一訊號經電壓隨耦器後電壓不變，但經電壓隨耦器後，**訊號功率及電流都會放大。**

OPA比較器（Comparator）[9]之結構如圖1-12(10)所示，OPA比較器用來比較兩輸入電壓（V_1與V_2，V_1接OPA ＋ 極，V_2接 － 極，無R_1及R_f），OPA比較器之輸出電壓（V_o）和兩輸入電壓比較大小之關係如下：

$$若 V_1 > V_2，\qquad V_o = + V_{cc} \qquad （1\text{-}44）$$
$$若 V_1 < V_2，\qquad V_o = - V_{cc} \qquad （1\text{-}45）$$

式中$+V_{cc}$及$-V_{cc}$為OPA所用電源之正負電壓，通常：$+V_{cc}$ ＝ 5V或12V，而$-V_{cc}$ ＝ －5V 或 －12V。

2.OPA光度計

運算放大器（OPA）配合適當感測元件（如光感測元件CdS及PbS）亦可用來組裝各種偵測器（Detector）。圖1-13為利用可感測可見光之CdS晶片和OPA相減放大器連接而成的OPA光度計（OPA Photometer）。CdS晶片之阻抗會因光強度增大而下降，而使圖1-13中A點之電壓V_1升高（V_1即為OPA相減放大器正端輸入電壓），在特定的OPA相減放大器負端輸入參考電壓Vr, OPA相減放大器之輸出電壓V_0就會因而升高，由V_0上升值即可計算出可見光之強度。參考電壓V_r可用來調整偵測光強度範圍與輸出電壓V_0大小範圍。

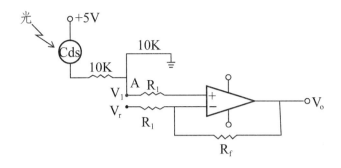

圖1-13　OPA-CdS光度計線路示意圖[8b]

3.OPA溫度測定／控制器

　　利用熱敏晶片LM334或LM335和OPA相減放大器連接可組成OPA溫度測定器（OPA Temperature measuring device or OPA-Thermometer，如圖1-14所示），LM334及LM335熱敏晶片之材料為混合過渡金屬氧化物（Mn-Cu-Ox），當溫度升高，熱氣使圖1-14中LM334熱敏晶片阻抗下降，使圖中電壓V_1升高，在固定的連接OPA負端之參考電壓Vr，此OPA溫度測定器之輸出電壓V_0因而增加，由V_0增加值就可計算環境之溫度值。

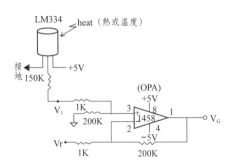

圖1-14　OPA溫度測定器線路示意圖[8b]

　　若利用比較器（如LM339）和前述的OPA溫度測定器連接就可組成自動OPA溫度控制器（OPA Temperature controller）。如圖1-15所示，此種OPA溫度控制器分「溫度測定」與「溫度控制」兩部分，溫度測定系統即為前述的OPA溫度測定器，而由溫度測定系統輸出電壓V_0接一比較器（LM339 IC晶片）負端，而將一設定電壓Vr（Vr和設定溫度成正比關係）接在比較器

LM339之正端，V_0及Vr之差和比較器LM339之輸出電壓Vc之關係如下：

當 V_0 < Vr則Vc（比較器LM339）= 5 V   （1-46）

                 V_0 > Vr則Vc（比較器LM339）≦ 0 V   （1-47）

在V_0 < Vr（溫度T低於設定溫度Tr）時，LM339輸出電壓 Vc為5V，此時固體繼電器（Solid state relay, SSR）就會呈ON，繼電器另一邊之110V電源就會ON，加熱器也就ON（繼續加熱）。反之，V_0 > Vr（溫度T高於設定溫度Tr）時，LM339輸出電壓 Vc為≦0V，此時繼電器就會呈OFF，繼電器另一邊之110V電源及加熱器也都會OFF（停止加熱）。即：

T（溫度）< Tr（設定溫度），則V_0 < Vr，Vc（比較器）

= 5 V，繼電器=ON，加熱器= ON   （1-48）

T（溫度）> Tr（設定溫度），則V_0 > Vr，Vc（比較器）

≦0 V，繼電器=OFF，加熱器= OFF   （1-49）

如此就可達到系統溫度自動控制，繼電器之原理及應用將在1-2.5節詳細說明。

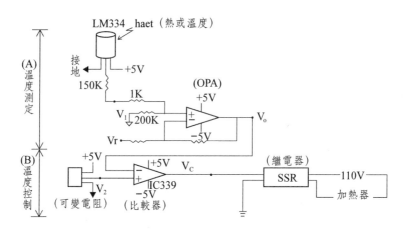

圖1-15 OPA溫度控制器線路示意圖[8b]

4.OPA電流/電壓轉換器

許多電化學儀器之訊號為電流訊號，若要用微電腦做訊號收集與數據處理，需先將電流訊號轉換成電壓訊號再行處理。圖1-16為OPA電流／電壓轉換器（Current/voltage converter）之線路示意圖，其輸出電位和其輸入電流訊

號i_1之關係式為:

$$V_0 = -i_2'R_f \cong i_1R_f \qquad (1-50)$$

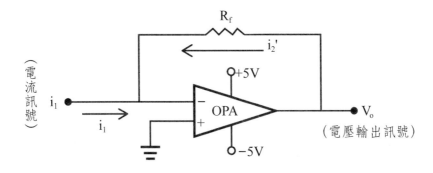

圖1-16 OPA電流／電壓轉換器之線路示意圖[8b]

1-2.4. 類比／數位訊號及轉換器

　　一般儀器之訊號大都屬於非量子化的**類比訊號**（A, Analog signal，如電流、電壓），而電腦所能接受的為量子化1或0的**數位訊號**（D, Digital signal），故儀器**類比訊號**要輸入電腦做數據處理或繪圖需如圖1-17先用一類比／數位轉換器（Analog/Digital converter, ADC）轉成數位訊號才可輸入電腦。反之，若要用電腦控制儀器如圖1-17所示，先要將電腦輸出之數位訊號（D）用一數位/類比轉換器（Digital /Analog converter, DAC）轉成類比訊號（A，如電壓）才可輸入與控制儀器。本節將分別介紹數位／類比轉換器（DAC）及類比／數位轉換器（ADC）。

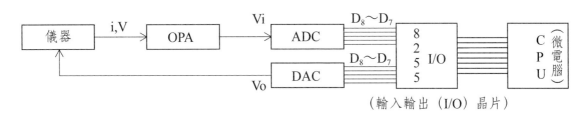

圖1-17 儀器-微電腦介面訊號處理與儀器控制結構示意圖[8b]

1-2.4.1. 數位／類比轉換器（DAC）[11,12]

　　IC 1408晶片為常用之8位元（8 bit）數位／類比轉換器晶片DAC（Digital to Analog converter），其內部之結構及接腳圖如圖1-18所示，當微電腦各位元（D7~D0）輸出二進位0或1訊號進入三態開關（3°- State Switch），三態開關功能只有在其位元D為1時，才會有電流由V_{cc}電源流至DAC輸出端，換言之，在位元D為1時，三態開關之三端才會完全通。因各位元所接電阻大小皆不同，各位元所流出的電流也不同，各位元流出的電流及總電流I為：

$$i_0 = D_0 V_{cc}/128R,\ i_1 = D_1 V_{cc}/64R,\ i_2 = D_2 V_{cc}/32R,\ i_3 = D_3 V_{cc}/16R,$$
$$i_4 = D_4 V_{cc}/8R,\ i_5 = D_5 V_{cc}/4R,\ i_6 = D_6 V_{cc}/2R,\ i_7 = D_7 V_{cc}/R\ （D為0或1）$$
$$\text{（1-51）}$$

$$I = i_0 + i_1 + i_2 + i_3 + i_4 + i_5 + i_6 + i_7 \qquad \text{（1-52）}$$

式1-51代入式1-52可得：

$$I = V_{cc}[D_0/128R+D_1/64R+D_2/32R+D_3/16R+D_4/8R+D_5/4R+D_6/2R+D_7/R]$$
$$\text{（1-53）}$$

　　因微電腦輸出之數據D為：

$$D = D_0(2^0)+D_1(2^1)+D_2(2^2)+D_3(2^3)+D_4(2^4)+D_5(2^5)+D_6(2^6)+D_7(2^7)\ \text{（1-54）}$$

即　$$D= D_0(1)+D_1(2)+D_2(4)+D_3(8)+D_4(16)+D_5(32)+D_6(64)+D_7(128)\ \text{（1-55）}$$

　　由式1-53及式1-55可得：

$$I =(V_{cc}/128R)[D_0(1)+D_1(2)+D_2(4)+D_3(8)+D_4(16)+D_5(32)+D_6(64)+D_7(128)]$$
$$\text{（1-56）}$$

式1-55代入式1-56即可得　$$I =(V_{cc}/128R)D \qquad \text{（1-57）}$$

因DAC輸出電壓V_0為：　　$$V_0 = -\ IR_f \qquad \text{（1-58）}$$

式1-57代入式1-58可得：　　$$V_0 = -(V_{cc}/128R)D\ R_f \qquad \text{（1-59）}$$

　　式1-59為DAC之輸出電壓V_0與其輸入數據（D）之關係，同時由式中可看出DAC之電壓V_0為負值，故常用市售DAC之IC晶片（如DAC 1408 IC晶片）的輸出V_0常為負電（最大值為－5V或－12V）。除8位元DAC外，常見市售有12位元及16位元DAC。

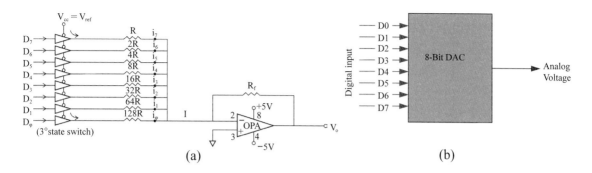

圖1-18 八位元數位/類比轉換器（DAC）(a)線路示意圖，及(b)接腳圖[8b]

當DAC輸入各位元D皆為1時，即$D_0=D_1=D_2=D_3=D_4=D_5=D_6=D_7=1$時，代入式1-55且式中D改稱為$D^{max}$，即

$$D^{max} = 2^0+2^1+2^2+2^3+2^4+2^5+2^6+2^7 = 255 \qquad （1-60）$$

在n位元之DAC、ADC或電腦資料線（Data bus）之D^{max}值一般式為：

$$D^{max} = 2^n - 1 \qquad （1-61）$$

此時DAC之輸出電壓V_0變成V_{FS}（Full-Scale voltage, DAC最大輸出電壓）並將$D = D^{max}$代入式1-59可得：

$$V_{FS} = - (V_{cc}/128R)D^{max} R_f \qquad （1-62）$$

式1-59/式1-62可得：

$$V_0 = V_{FS}(D/D^{max}) \qquad （1-63）$$

DAC最大輸出電壓（V_{FS}）可由改變所用電源V_{cc}而改變，一般在常用DAC中若用$-5V$或$-12V$當電源時，此DAC之V_{FS}為$-5V$或$-12V$。因而式1-63中，V_{FS}及D^{max}皆可預先知道。故若吾人從微電腦輸出一數據$D = 80$進入一V_{FS}為$-5V$之8位元DAC後，DAC之輸出電壓V_0應為：

$$V_0 = V_{FS}(D/D^{max}) = -5(80/255) = -1.57 \text{ V} \qquad （1-64）$$

因DAC輸出為負電壓，故在電化學中常用DAC輸出負電壓來還原或電解金屬離子。但有時希望能得正電壓，這時只要如圖1-19所示，將DAC接上反相OPA即可得正電壓且可放大原來DAC最大輸出電壓V_{FS}。在圖1-19中DAC（IC1408）之$V_{FS} = V_{ref}$，其輸出電壓V_4為負電壓，為得正電壓，且放大，在

DAC後加一反相OPA放大器，DAC輸出電壓V_4及最後得輸出電壓V_0分別為：

$$V_4 = -V_{ref}(D/D^{max}) \qquad (1\text{-}65)$$

及
$$V_0 = -V_4(R_f/R_{ref}) \qquad (1\text{-}66)$$

式1-65代入式1-66，可得：
$$V_0 = (V_{ref} \times R_f/R_{ref})(D/D^{max}) \qquad (1\text{-}67)$$

比較式1-67及式1-63，可知此新的DAC-OPA系統之最大輸出電壓（V_{FS}）為：

$$V_{FS} = V_{ref} \times R_f/R_{ref} \qquad (1\text{-}68)$$

由圖1-19可知吾人可用DAC-OPA系統隨心所欲得到負電壓及正電壓。

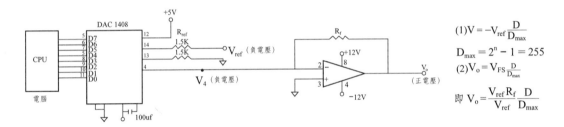

圖1-19　CPU-DAC-OPA供應正電壓系統[8b]

1-2.4.2. 類比／數位轉換器（ADC）[13,14]

儀器訊號大都屬於類比訊號，若要用微電腦收集及處理儀器訊號，因進出微電腦需為數位訊號，故在儀器訊號進入微電腦前需加裝一類比／數位轉換器ADC（Analog to Digital converter）將儀器類比訊號轉換成數位訊號進入微電腦，然而一般儀器訊號並不很強，故如圖1-20所示，儀器類比訊號（V_1）先用OPA放大器放大或處理後（V）再進入ADC轉換成數位訊號（D_0-D_7）再進入微電腦。由ADC轉換出來的數位訊號亦可如圖1-17先經輸入輸出（I/O，如8255 IC）元件再進入微電腦。

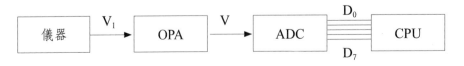

圖1-20　儀器-OPA-ADC-CPU訊號收集系統[8b]

　　ADC晶片有相當多種，若由輸出數位訊號方式可分並列（Parallel）ADC及串列（Serial）ADC兩類。圖1-21(a)中IC晶片ADC0804為8位元並列ADC，而圖1-21(b)中IC晶片ADC0831為8位元串列ADC，在並列ADC（ADC0804）輸出資料線有八條（D_0-D_7），資料由這八條線同時輸入微電腦中，而串列ADC（ADC0831）輸出資料線只有一條（D_0），其八位元（D_0-D_7）的資料是經由D_0輸出接腳一個接一個（先D_0，然後D_1、D_2、D_3-D_7）陸續傳入微電腦。而圖1-21(c)中ADC0816為多頻道（CH0-CH15）之8位元並列ADC，其和同為並列ADC的ADC0804之不同在ADC0816可接16部儀器（CH0-CH15）之16個輸入儀器訊號（V_0-V_{15}），而ADC0804只能接收一部儀器之訊號（V_{in}）。

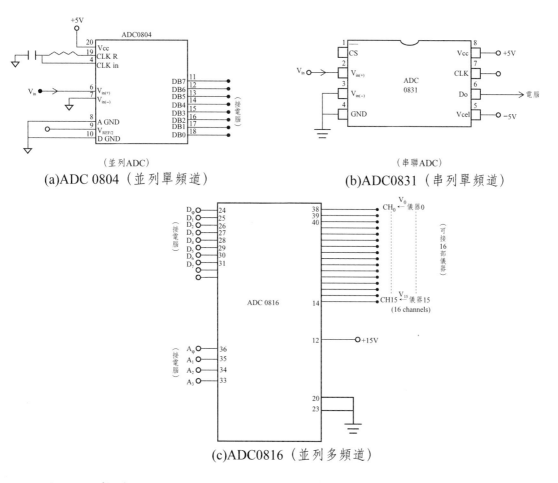

(a)ADC 0804（並列單頻道）　　　　　(b)ADC0831（串列單頻道）

(c)ADC0816（並列多頻道）

圖1-21　各種不同類比-數位轉換器（AC）。(a)IC晶片ADC 0804（並列單頻道）；(b)ADC0831（串列單頻道）；(c)ADC0816（並列多頻道）[8b]

以上各種8位元ADC之輸出數位訊號D（由D_0-D_7輸出到微電腦）和其輸入電壓（V_{in}）之關係為：

$$D = D^{max}(V_{in}/V_{FS}) \qquad\qquad (1\text{-}69)$$

式中V_{FS}為ADC之最大輸入電壓（Full Scale Voltage），在V_{FS}時，所有輸出位元皆為1訊號（5V，D_0=D_1=D_2=D_3=D_4=D_5=D_6=D_7=1），使D = D^{max}（在8位元ADC，D^{max} = 2^8－1 = 255，見式1-56）。例如一儀器輸入電壓為1.0 V輸入一V_{FS}為5.0 V之8位元ADC後，ADC之輸出數位訊號D為：

$$D = D^{max}(V_{in}/V_{FS}) = 255(1.0/5.0) = 51 \qquad\qquad (1\text{-}70)$$

由圖1-22之八位元資料數據線數據輸送換算法，此D＝51數位訊號換算成：D_0＝1、D_1＝1、D_2＝0、D_3＝0、D_4＝1、D_5＝1、D_6＝0、D_7＝0，經D_0-D_7位元輸入微電腦。

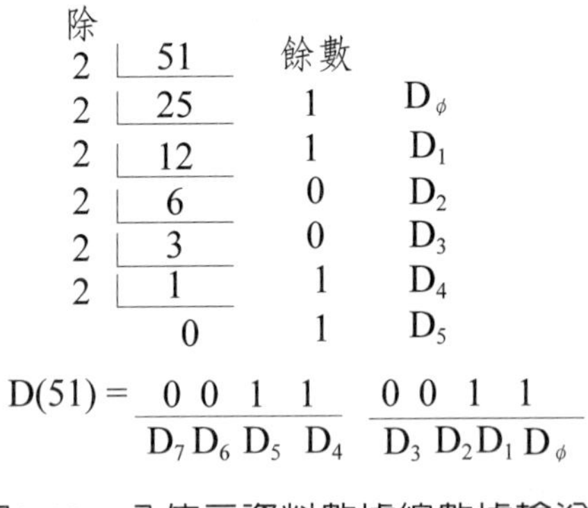

圖1-22　八位元資料數據線數據輸送換算法

圖1-23為儀器訊號-OPA-ADC0804-8255-CPU微電腦界面實際線路圖（8255晶片為一含三個輸出/輸入（O/I）埠（PA, PB, PC）之智慧型可程式界面晶片（Programmable peripheral interface chip, PPI 8255）），利用電腦程式可將數位訊號經此三個輸出／輸入埠進出微電腦。

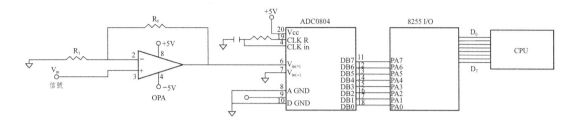

圖1-23　儀器訊號-OPA-ADC-8255-CPU微電腦界面線路圖[8b]

　　圖1-24為實際利用電位計（pH計）-OPA-ADC-8255-CPU微電腦界面系統來收集與處理酸鹼滴定之pH計儀器訊號。pH計中之pH電極偵測滴定溶液中pH值，然後pH計將pH電壓訊號傳入OPA放大，然後用ADC將放大後的電壓訊號轉換成數位訊號，然後透過輸出輸入（O/I）晶片（如IC PPI-8255）傳入微電腦（CPU）並利用撰寫的電腦程式收集及處理酸鹼滴定之數位訊號，由電腦所得到的酸鹼滴定曲線如圖1-24(b)所示。

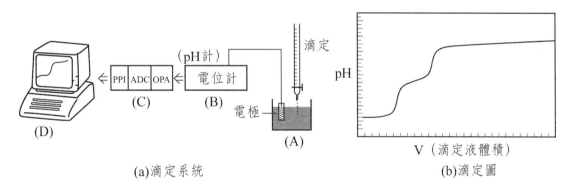

(a)滴定系統　　　　　　　　　　　　(b)滴定圖

圖1-24　pH計-OPA-ADC-PPI（8255）-CPU(a)滴定系統及(b)顯示的滴定圖[15,8b]
（資料來源：F.E.Chou and J. S. Shih（本書作者），Chemistry（化學），48, 117（1990））

1-2.5.　繼電器

　　繼電器（Relay）[16]通常接在兩個不同電壓或頻率之不同系統中間（如圖1-25所示），一系統A可利用繼電器起動或關閉另一系統B。系統A可能為從微電腦出來的5 V電壓DC（直流電）訊號，這電壓不足以起動一AC（交流電）110 或220 V做電源之機器（系統B），故需用繼電器連接AB兩系統，但

因兩系統常電壓不同，繼電器接兩系統線路不能連在一起，如圖1-25所示，繼電器內部分兩部分，一為接系統A輸入（Input）之發送端（Transmitter, T），另一部分為接系統B之輸出（Output）接受端（Receiver, R），發射端和接受端並不連接。當系統A發出ON訊號（二進位1或5V），繼電器之發射端T就會發出電磁波（如光波）或磁力線照射接受端R以起動110 或220 V之系統B。

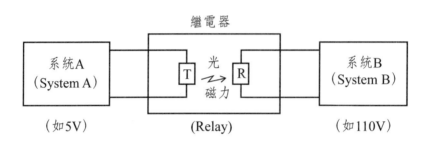

圖1-25　繼電器內部及外接示意圖[16b]

繼電器種類相當多，在分析儀器中較常用的繼電器為固體繼電器（Solid state relay, SSR）及磁簧繼電器（Reed relay），故本節僅介紹這兩種繼電器。固體繼電器SSR常用於單純控制系統與系統間之起動或關閉，而磁簧繼電器常用於系統中頻道選擇及轉換。

圖1-26(a)為用光波傳遞的固體繼電器之內部結構及輸入輸出系統，當微電腦CPU傳出1（5V）訊號經繼電器內發光二極體（Light emitting diode, LED）發射端發出光波並照射到繼電器內之光電二極體（Photodiode）產生電流再經放大電晶體（Transistor）放大電流以起動系統B，使系統B中之加熱器（Heater）或發光/發熱器（Load）起動（ON）。圖1-26(b)為此固體繼電器之外觀接線圖，當輸入端（系統A）輸入（Input）電壓 > 3V（二進位1為5V）時，輸出端（系統B, Output）就會ON（通路），加熱器就會起動。反之，輸入電壓< 3V（二進位0為0V）時，輸出端（系統B）就會OFF（斷路），加熱器就會停止加熱（OFF）。

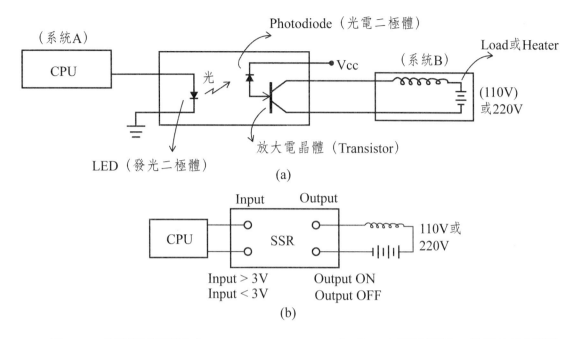

圖1-26　光固體繼電器（Solid-State Relay, SSR）之(a)內部結構與(b)外觀接線圖[16b]

　　圖1-27為用磁力傳遞（吸引）的磁簧繼電器（Reed Relay）之內部結構與外觀接線圖，圖1-27(a)中當輸入端（如微電腦CPU）無電壓（Input＝0）時，M線圈無電流不會產生磁力線，即不會吸引鐵片F，故COM（共通端）會和NC（Normal close）接在一起，會使接在COM-NC系統（如圖1-27(b)中之S1系統）起動（ON）。反之，當圖1-27(a)中之輸入端輸入電壓為5V（Input＝1）時，M線圈會產生電流並產生磁力線吸引鐵片F，使鐵片F轉接到NO（Normal open）端，而使COM和NO接在一起，會使接在COM-NO系統（如圖1-27(b)中之S2系統）起動（ON）。圖1-28為市售之固體繼電器SSR與磁簧繼電器外觀圖。

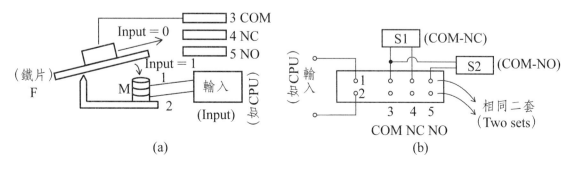

圖1-27　磁簧繼電器（Reed Relay）(a)內部結構與(b)頻道S1,S2選擇之接線圖[16b]

(a)　　　　　　　　　　　　　　　　　　(b)

圖1-28　市售之(a)固體繼電器SSR與(b)各種磁簧繼電器外觀實圖

1-2.6.　邏輯晶片

　　邏輯晶片（Logic gate microchip）常用在各種化學感測器之電子線路中以做感測器訊號轉換與訊號處理。邏輯閘（Logic gates）[17]在微電腦界面及微電腦如同人類之各種細胞一樣重要，其功能如同人之腦細胞有邏輯判斷抉擇之能力，故以邏輯閘命名之。不同的邏輯閘有不同的功能，基本的五種邏輯閘有AND、NAND、OR、NOR及NOT邏輯閘，其他邏輯閘（如EOR（Exclusive OR）和ENOR（Exclusive NOR））可由這五種基本邏輯閘所組成。本節將介紹各種常見的邏輯閘及其功能。

1-2.6.1.　邏輯閘 AND、NAND、OR、NOR 及NOT

　　這五種邏輯閘為最原始的基本邏輯閘，其他邏輯閘由這五種基本邏輯閘所組成。本小節將一一介紹這五種邏輯閘 :

1.AND邏輯閘

　　如表1-1所示，二輸入之AND邏輯閘之符號（Logic gate symbol）為$^{A}_{B}$◁▷－T，其輸入可為2~8個（A, B, C, D…），輸出為T，在所有IC（Integrated circuit，積體電路）晶片，其輸出輸入皆以二進位碼（Binary code）為1（5伏特，5V）或 0（0伏特，0V）進出晶片，而AND邏輯閘其布林輸出（T）（Boolean's output）和輸入（A, B, C…）之關係為：

$$T_{(AND)} = A \ B \ C \cdots \tag{1-71}$$

由上式可知,只有所有輸入皆為1(即各輸入線皆以5V輸入,$A = B = C = \cdots = 1$)時,經各輸入相乘後邏輯閘AND之輸出(T)才會為1(即5V),而只要有一輸入為0,則AND之輸出(T)就為0。二輸入之AND邏輯閘之輸出輸入真值表如表1-1所示,圖1-29(b)①中列有二輸入之AND邏輯晶片(商品名:IC 7408 晶片)之各接腳(Pins)之接線示意圖,由圖中可知一IC 7408晶片中含有四組AND邏輯閘。IC晶片各接腳命名基本原則如圖1-29(a)所示,將IC晶片之切口放在左邊,然後各接腳以反(逆)時針方向命名之(腳(Pin)1, 2, 3 ..)。常見的AND邏輯閘之輸入端數可能為2~8個,如圖1-29(b)②為四個輸入(ABCD)之AND邏輯晶片(IC 7421晶片)。

AND邏輯閘之基本線路示意圖如圖1-30(a)所示,在此三輸入(A,B,C)之AND邏輯閘中,只有當三輸入A、B、C皆接上(ON,即A=B=C=1),此AND線路才有電流流動及輸出電流(即T=1),反之只要三輸入中有一沒接上(Off,如 A=0),此AND線路就無輸出電流(即T=0)。

2.NAND邏輯閘

NAND邏輯閘之符號為 ^A_B⎓⊐-T,其可視為AND邏輯閘之反閘(即在各輸入一樣時,兩邏輯閘之輸出T剛好相反,一個為1另外一個就為0)。NAND邏輯閘之輸入亦可為多個(2~8個)。NAND閘之輸入(A, B, C,⋯)和輸出(T)之關係為:

$$T(NAND) = \overline{ABC} \tag{1-72}$$

上式表示NAND閘之輸出T為各輸入乘積後再1、0互相反轉(如各輸入乘積結果為1,經反轉其輸出T即為0)。此式表示只有在所有輸入訊號(A, B, C⋯)皆為1時,其輸出(T)才為0,反之只要有任何一輸入為0,其輸出T就為1(如表1-1所示)。其和AND邏輯閘輸入輸出關係相反(AND閘只在所有輸入訊號皆為1時,其輸出才為1,任何一輸入為0,其輸出T就為0),故可稱NAND閘為AND閘之反閘。另外,NAND閘之線路比AND閘較複雜。圖1-29(b)③為二輸入之NAND閘IC晶片(IC 7400晶片)內部示意圖。

表1-1　各種邏輯閘之輸出輸入真值表（Truth Table），布林輸出（T）及符號[8b]
（1 = 5 V（伏特），0 = 0 V）

輸入 A B 輸出	AND	NAND	OR	NOR	EOR or XOR	ENOR or XNOR	NOT(A)
0　0	0	1	0	1	0	1	1
0　1	0	1	1	0	1	0	1
1　0	0	1	1	0	1	0	0
1　1	1	0	1	0	0	1	0
布林輸出（T） （Boolean's Output）	AB	$\overline{AB}$	$A+B$	$\overline{A+B}$	$A \oplus B$	$A \odot B$ 或 $\overline{A \oplus B}$	$\overline{A}$
符號（Symbol）							

(a)IC晶片各腳（Pin）命名規則

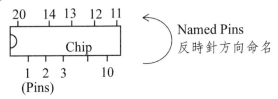

Named Pins
反時針方向命名

(b)各種邏輯晶片

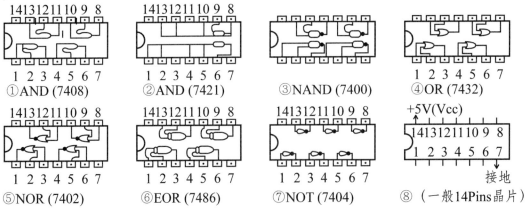

①AND (7408)　②AND (7421)　③NAND (7400)　④OR (7432)

⑤NOR (7402)　⑥EOR (7486)　⑦NOT (7404)　⑧（一般14Pins晶片）

圖1-29　邏輯閘各角(a)命名規則與(b)各種邏輯晶片內函示意圖[8b]

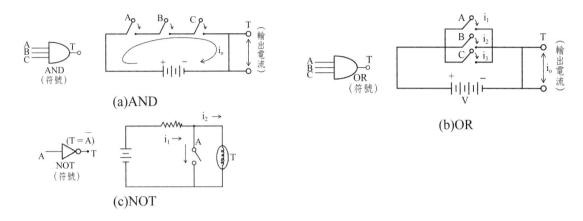

圖1-30　邏輯閘AND,OR及NOT之基本等效線路示意圖[8b]

3.OR邏輯閘

如表1-1所示，OR邏輯閘之符號為 $\substack{A\\B}$ T，其輸入亦可為多個（2~8）且其輸入（A,B,C,…）和輸出（T）之關係為：

$$T_{(OR)} = A + B + C + \cdots \qquad (1\text{-}73)$$

由式1-73可知，只要輸入訊號（A,B,C,…）中有一輸入為1，則OR閘之輸出T就會為1，其可由表1-1中二輸入OR閘之真值表看出來。圖1-29(b)④圖為二輸入OR閘（IC 7432晶片）內部示意圖。

OR閘之線路較簡單如圖1-30(b)所示，由圖中可看出三輸入OR閘之輸入（A,B,C）是以並聯在線路中，只要這些輸入中一輸入（如A或B,C）為1（接上即ON），此OR線路就有電流流動且會有輸出電流（即T=1）。

4.NOR邏輯閘

如表1-1所示，二輸入NOR邏輯閘之符號為 $\substack{A\\B}$ T，其為邏輯閘OR之反閘，同時，NOR邏輯閘也可有2~8個輸入（A,B.C…），其輸出（T）和各輸入間之關係如下：

$$T(NOR) = \overline{A+B+C} \qquad (1\text{-}74)$$

由上式可知只要有一輸入為1，其輸出T就為0，只有所有輸入皆為0時，NOR閘之輸出T才為1，這剛好和邏輯閘OR之輸出剛好相反（如表1-1

所示）。NOR閘之線路也比OR閘複雜。圖1-29(b)⑤圖為二輸入NOR閘（IC 7402晶片）內部示意圖。

5.NOT邏輯閘

NOT邏輯閘為單一輸入和單一輸出之邏輯閘，其符號為A─▷─$\overline{A}$，其輸出和輸入關係為：

$$T(NOT) = \overline{A} \hspace{3cm} （1\text{-}75）$$

即NOT閘之輸出和輸入互相相反（如表1-1所示），圖1-29(b)⑦圖為NOT閘（IC 7404晶片）內部示意圖。圖1-30(c)為NOT閘之線路示意圖，由圖中可知，當線路中之A（輸入）接上（ON,即A=1）時，此線路之電流流經A，而不會流到阻抗較大的T路線（即輸出T=0），反之，當線路中之A（輸入）未接上（OFF,即A=0），線路之電流必流經T路線（即輸出T=1）。換言之，輸入（A）及輸出（T）互相相反。邏輯閘NOT相當有用，廣泛應用在系統中斷（輸入為0）時，輸出1的訊號以便顯示系統異常或向外發出警告訊號。同時亦常用在組成其他邏輯閘，例如由圖1-31所示NAND邏輯閘可用AND＋NOT組成及NOR可由OR+NOT組成。

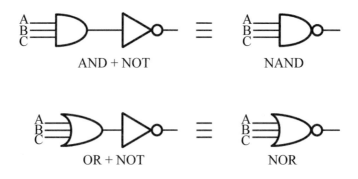

圖1-31　由NOT組成的NAND及NOR邏輯閘[8b]

1-2.6.2.　邏輯閘 EOR or XOR及ENOR or XNOR

EOR 及ENOR兩邏輯閘皆由前述基本邏輯閘所組成，其用途大都用於輸入訊號間之比較。

1.EOR or XOR邏輯閘

　　邏輯閘EOR（Exclusive-OR or XOR Gate）之符號為 $_A^B\!\!\!\!\Rightarrow\!\!\!-T$ ，通常用的為二輸入的EOR閘，其輸出和輸入之關係為：

$$T(EOR) = A \oplus B = \overline{A}B + B\overline{A} \tag{1-76}$$

　　由上式可得如表1-1所示之EOR邏輯閘真值表，由真值表可看出只有當二輸入訊號相同（A＝B＝1或A＝B＝0）時，其輸出T皆為0，其他情形（有的輸入為1,有的為0）皆為1。實際上，若將EOR和OR兩邏輯閘相比，可看出只有當輸入兩訊號皆為1（A＝B＝1）時，兩者之輸出T不同（OR輸出為1，EOR輸出為0）外（Exclusive），其他輸入情況兩邏輯閘（EOR和OR）之輸出T皆一樣，故EOR閘才被稱為Exclusive OR gate。圖1-29(b)⑥圖為EOR閘之晶片（IC 7486晶片）內容示意圖。EOR邏輯閘可由多個NAND或NOR及其他邏輯閘所組成，圖1-32(a)、(b)分別為由NAND及NOR-NOT-OR所組裝成的EOR邏輯閘線路示意圖。

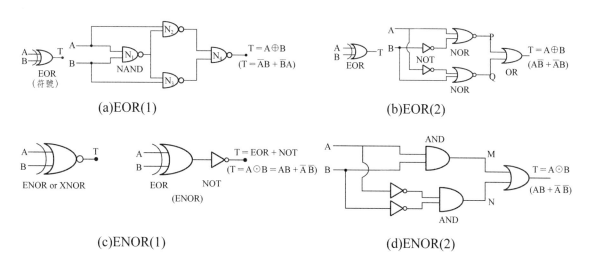

(a)EOR(1)　　　　　　　　　　　(b)EOR(2)

(c)ENOR(1)　　　　　　　　　　(d)ENOR(2)

圖1-32　EOR及ENOR邏輯閘組裝線路示意圖[8b]

2.ENOR or XNOR邏輯閘

　　邏輯閘ENOR（Exclusive-NOR or XNOR）之符號為 $_A^B\!\!\!\!\Rightarrow\!\!\!\circ\!-T$ ，由表1-1

比較ENOR及NOR兩閘，可看出除兩輸入（A,B,）皆為1時，ENOR與NOR輸出不同（ENOR輸出（T）為1，NOR輸出（T）為0）外（Exclusive），其他ENOR及NOR兩閘輸出（T）皆相同。另外由表1-1可看出當輸入一樣時，ENOR和EOR閘之輸出0或1剛好相反，故可視二輸入ENOR為二輸入EOR閘之反閘（Inversive gate），在前述二輸入EOR閘中只要兩輸入訊號相同，其輸出T為0，反之，ENOR閘在兩輸入訊號相同（1或0）時其輸出T為1，而兩輸入訊號不相同時輸出為0（見表1-1）。所以二輸入ENOR邏輯閘可由二輸入EOR閘連接NOT閘組裝而成（圖1-32(c)）。二輸入ENOR邏輯閘之輸出T和其兩輸入（A,B）訊號之關係式如下：

$$T(ENOR \ or \ XNOR) = A \odot B = \overline{A \oplus B} = AB + \overline{A}\ \overline{B} \qquad (1\text{-}77)$$

ENOR邏輯閘亦可由其他邏輯閘如AND、NOT、OR所組成（圖1-32(d)），二輸入ENOR閘最大應用在兩輸入訊號相同（1或0）時就會輸出1，起動所連接的系統，故二輸入ENOR邏輯閘亦有稱之為二輸入等式閘（Equality gate, EQ），其符號可為 $\overset{A}{\underset{B}{}}\!\!\!\!\!\rangle\!\!\!\bigcirc\!\!-\!T$ ，亦有用 $\overset{A}{\underset{B}{}}\!\!-\!\boxed{\oplus}\!-\!T$ 符號表示者。

1-3.　單晶微電腦

單晶微電腦（又稱單晶片微電腦（One-chip microcomputer（μC）或Single chip microcomputer））[18-25]常用在體積小的化學感測器中做數據處理和自動控制之用，單晶微電腦為一晶片就如一部微電腦，它如圖1-33及表1-2所示具有一般微電腦基本結構[26-28]含CPU（中央處理機）、RAM、ROM、I/O線及位址／資料線，可說是麻雀雖小五臟俱全。表1-2所列的為由Intel及Microchip兩公司所生產常用各種八位元單晶微電腦之結構及所用初始程式類別。單晶微電腦應用在許多自動控制系統，例如飛彈、飛機、人造衛星、汽車、紅綠燈、霓虹燈及其他控制系統，在這些自動控制系統若用傳統體積大的大電腦相當不方便，反之，用體積小的單晶微電腦就相當方便。表1-2中8671μC為人類最早（在一九七〇年代）製造之單晶微電腦之一，8671μC也是

表中唯一可用BASIC語言撰寫初始程式之單晶微電腦，表中其他單晶微電腦皆需撰寫組合語言（Assembly）初始程式。

　　早期許多單晶微電腦（如8048及8051μC（Microcoputers））中之執行程式燒錄進單晶微電腦就不能更換，而具有可擦可寫的EPROM（Erasable programming ROM）之單晶微電腦（如表中之8748,8751,16C71,16C74）就可用紫外線管照射將其中舊程式去除（擦掉），可重新燒錄新的程式進去，可多次重複燒錄。然而用紫外線管照射終究太麻煩，西元1990年左右各電子科技公司終於推出含EEPROM（Electric EPROM）之單晶微電腦（如表1-2中8951及16F877），不必用紫外線管照射，直接可用一指令就可將舊程式去除。另外，許多單晶微電腦（如8748,8751及8951）若要輸入一類比訊號，必先接一ADC將此類比訊號轉換成數位訊號始可輸入單晶微電腦中，所以含ADC之單晶微電腦就陸續被開發出來，表1-2中Microchip公司生產的PIC16C71,16C74及16F877皆為常用含ADC之單晶微電腦。表1-2中所列的皆為8位元之單晶微電腦，然實際上市售有16位元單晶微電腦（如Intel生產的8096及Motorola生產的MC68HC16）及32位元單晶微電腦（如Motorola生產的68300及6508系列[258]產品），但因16位元及32位元單晶微電腦比8位元單晶微電腦貴很多，所以一般學術界及一般自動控制系統以用8位元單晶微電腦最為普遍。以下將介紹化學感測器中最常用之Intel生產的MCS-48及51系列及Microchip生產的PIC-16C7x及16F8x系列單晶微電腦。

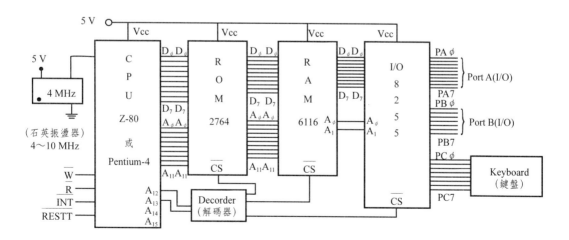

圖1-33　微電腦基本結構線路圖[5c]

表1-2　Inter及Microchip所生產常用8bit單晶微電腦內部組件[16b]

單晶微電腦	CPU	ROM	RAM	I/O線	住址線	資料線	程式語言	ADC
8671	8 bit	4K	124×8	32	$A_0 \sim A_{15}$	$D_0 \sim D_7$	BASIC	—
8048	8 bit	1K	64×8	27	$A_0 \sim A_{15}$	$D_0 \sim D_7$	Assembly	—
8748	8 bit	EPROM (1K)	64×8	16	$A_0 \sim A_{15}$	$D_0 \sim D_7$	Assembly	—
8051	8 bit	4K	128×8	32	$A_0 \sim A_{15}$	$D_0 \sim D_7$	Assembly	—
8751	8 bit	EPROM (4K)	128×8	32	$A_0 \sim A_{15}$	$D_0 \sim D_7$	Assembly	—
8951	8 bit	EEPROM (4K)	128×8	32	$A_0 \sim A_{15}$	$D_0 \sim D_7$	Assembly	—
16C71	8 bit	EPROM (1K)	36	13	住址／資料線共用 (3條)		Assembly	4ADC
16C74	8 bit	EPROM (4K)	192	24	$A_0 \sim A_{15}$	(24條)	Assembly	8ADC
16F84	8 bit	EEPROM (1K)	36	13	$A_0 \sim A_{15}$	(13條)	Assembly	—
16F877	8 bit	EEPROM (4K)	368	27	$A_0 \sim A_{15}$	(27條)	Assembly	8ADC

*16位元單晶微電腦：8096（Intel），MC68HC16 (Motorola), TMS9940 (T1), MPD70320 (NEC)，32位單晶微電腦：68300系列 (Motorola)

1-3.1.　單晶微電腦MCS-48及51系列

　　美國Intel公司所生產的MCS-48及51系列單晶微電腦（μC）晶片（Microcomputer chip）[18-20]有8048、8748、8031、8051、8751及8951晶片[252-254], 其中8748、8751及8951晶片因有EPROM或EEPROM較為常用。圖1-34為8748、8751及8951單晶微電腦晶片之外觀圖及內部結構示意圖。MCS-8748μC為西元1976年Intel公司推出產品，為一九八〇年代相當熱門的單晶微電腦，其內部（圖1-34(a)）有兩個8位元之輸入／輸出（I/O）埠（Port 1（P1）和Port 2（P2）共16條I/O線）及一8位元之資料線（D_0-D_7）以輸入／輸出資料，但其（I/O）埠屬平列（Parallel）埠，而無串列（Serial）I/O埠，不能接RS232做串列輸入／輸出。然而因其為人類第一個含EPROM之單晶微電腦，八十年代汽車、飛機、飛彈及人造衛星上許多自動控制系統都用8748單晶微電腦。

　　因8748μC無串列I/O埠，不能接RS232做串列輸入／輸出且只有兩個I/

O埠，西元1980年Intel公司推出含EPROM且可做串列／並列輸入／輸出之8751單晶微電腦，如圖1-34(b)所示，其內部有4個8位元之I/O埠，Port 0、Port 1、Port 2及Port 3，共32條I/O線，其中Port 0和Port 1除可做I/O埠外，還可做資料線（Data Bus）和位址線（Address Bus）。另外，Port 3之P3.0和P3.1線分別可做串列輸入（RXD）／輸出（TXD），可接RS232做串列輸入／輸出之用。單晶微電腦8751μC之EPROM（4K）比8748μC之EPROM（1K）大四倍且8751μC其他功能亦比8748μC強很多。然因要清除其EPROM中之程式時，需用紫外線燈照射，相當不方便。故西元1990年左右Intel公司推出含EEPROM之8951μC。由圖1-34(c)可看出其內容結構和8751μC一樣含4個8位元之I/O埠（Port 0~Port3）且可做串列輸入（RXD）／輸出（TXD）而其因含EEPROM，只按一指令就可清除EEPROM中之執行程式，不必用紫外線燈照射，相當方便，又因其價格不貴，功能又強，故8951μC已爲當今（西元2014年）普遍及常用之單晶微電腦。

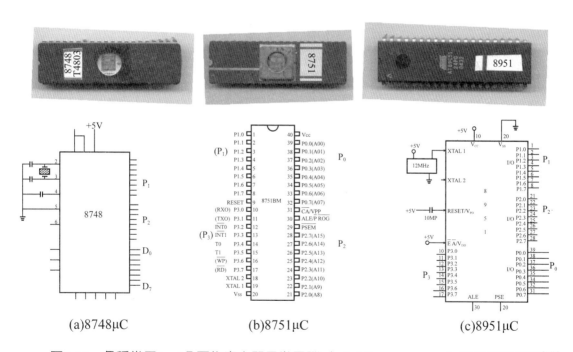

(a)8748μC　　　　(b)8751μC　　　　(c)8951μC

圖1-34　各種常用Intel公司生產之單晶微電腦（μC, Microcomputers）之外觀及結構[16b]

　　然而8951及8751μC若要接收由分析儀器輸出之類比（Analog）訊號（如電壓）和一般微電腦一樣，需接一類比／數位轉換器（Analog to Digital

converter, ADC）將類比訊號轉換成數位（Digital）訊號，再輸入這兩個單
晶微電腦中，因8951與8751μC晶片中皆無內建ADC。圖1-35為8951μC接上
ADC0804晶片接收外來之電壓類比訊號並用發光二極體（LED）陣列顯示與
用12MHz石英振盪晶體（OSC, Oscillating crystal）以起動8951μC之接線示
意圖及實際接線圖。

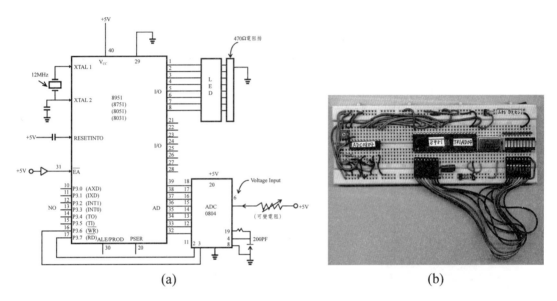

(a)　　　　　　　　　　　　　(b)

圖1-35　8951-ADC0804系統之(a)接線示意圖[16b]與(b)實際接線圖儀器分析

1-3.2.　單晶微電腦PIC-16C7x及16F8x系列

　　Microchip公司所生產的PIC單晶微電腦[21-23]實際上有PIC12Cxxx（如
PIC12C508及PIC12CE518），PIC16C5x（如PIC16C54及PIC16C56），
PIC16C6x（如PIC16C62及PIC16C64），PIC16C7x（如PIC 16C71
及16C74），PIC16F8x（如PIC16F84及16F877），PIC16C9x（如
PIC16C92），PIC17Cxx（如PIC17C752及17C756）及PIC18Cxx（如
PIC18C242及18C452）等。然而具有EPROM或EEPROM及內建ADC且可
做串列輸入（RXD）／輸出（TXD），功能強，價格適中現今常用之單晶微
電腦為PIC16C74及PIC16F877μC。圖1-36為PIC16C74及PIC16F877μC之

外觀圖及內部結構示意圖。PIC16C74μC具有EPROM及四個I/O埠（Port A, Port B, Port C及Port D共32條I/O線），其中Port A之八位元可做為8個ADC（AD0~AD7）之用，可輸入8種不同儀器之類比訊號。另外，16C74μC之Port C的PC7及PC6可做為串列輸入（RXD）／輸出（TXD），可接RS232做串列輸入/輸出之用。

　　PIC16F877μC則具有EEPROM，只要按一指令就可清除EEPROM中之執行程式，相當方便，如圖1-36(b)所示其含五個I/O埠（Port A（6 bits），Port B（8 bits），Port C（8 bits），Port D（8 bits）及Port E（3 bits）共33條I/O線），其中Port A之5位元（RA0-RA3及RA5）及PortE之3位元（RE0-RA2）等八位元可做為8個ADC（AD0~AD7）之用，可輸入8個類比訊號，其PortC之PC7及PC6可做為串列輸入（RX）／輸出（TX），亦可接RS232做串列資料輸入／輸出之用。由於PIC16F877μC有八個內建ADC可直接輸入8個類比訊號且有EEPROM功能相當強，用來做化學實驗相當方便。

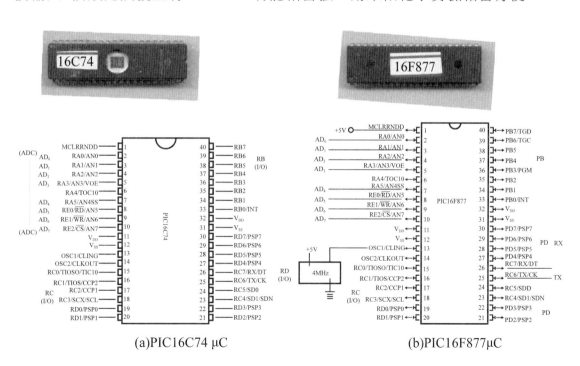

(a)PIC16C74 μC　　　　　　　　(b)PIC16F877μC

圖1-36　Microchip公司生產含8ADC之單晶微電腦（μC）(a)16C74和(b)16F877之外觀與結構[16b]

　　圖1-37(a)爲利用PIC16F877μC收集偵測一溶液中酸鹼值之pH計出來之電壓訊號線路示意圖，由pH計出來之電壓訊號就接到16F877μC之PortA之RA0（AD0），再經PIC16F877μC數位化出來之數位訊號可用發光二極體（LED）陣列（圖1-37(a)）顯示出來或經其Port B接大電腦之Printer port用並列傳送方式傳到大電腦做數據處理及繪圖。另外亦可將數位訊號由16F877μC之PC7（RX）與PC6（TX）接RS232及大電腦用串列傳送方式傳入大電腦中做數據處理及繪圖。另外，PIC16F877μC亦可接繼電器（Relay）以控制外在機械，圖1-37b爲PIC16F877μC接繼電器並用（LED）陣列監視繼電器輸出變化之實際接線圖。

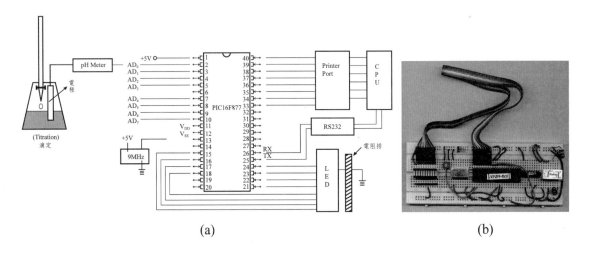

(a)   (b)

圖1-37　PIC16F877(a)pH計輸出電壓訊號處理系統示意圖[16b]與(b)外接繼電器（Relay）接線圖

1-4.　微電腦輸入／輸出界面訊號收集及處理系統

　　本節將介紹微電腦輸入／輸出界面（Microcomputer I/O interfaces）PPI 8255晶片與PIA6821晶片之結構、功能和訊號收集及處理系統（Signal acquisition and processing）以及如何撰寫簡單電腦程式指令來控制數位訊號輸出和輸入，一般PPI 8255用在數據輸出與輸入，而PIA 6821晶片則用在單位元（one bit）輸出輸入自動控制之用。本節也將介紹化學感測器中常用RS232

串列傳送及IEEE488並列傳送系統。

1-4.1.　PPI 8255/8155晶片

　　PPI 8255晶片（Programmable peripheral interface chip, PPI 8255）[29,30]和8155晶片（8155和8255之不同只是內部多一可暫存資料之暫存器）皆為一40支腳含有三組8位元輸出／輸入（O/I）埠（Ports）之常用輸出／輸入晶片，8255晶片基本結構及接線如圖1-38(a)所示。其三個O/I埠為 Port A、Port B及Port C，每一O/I埠之位元（如PA0 ～ PA7）皆輸出／輸入同步（即輸出時，8位元皆輸出，反之輸入亦然）。每一埠之位址取決於8255連接微電腦之位址解碼器（Decoder）和位址線A0及A1。如表1-3所示，當解碼器位址為640時，各埠位址為 640 + A0（2^0）+ A1（2^1）、Port A（A0=A1=0）位址= 640+0+0 =640、Port B（A0=1, A1=0）位址= 640+1+0 =641、Port C（A0=0,A1=1）位址= 640 +0+2 = 642、而控制 Ports A~C之晶片內建控制埠（Control port, CL, A0=A1=1）之位址= 640 +1+2 = 643。圖1-38(b)為PPI 8255晶片接腳圖。

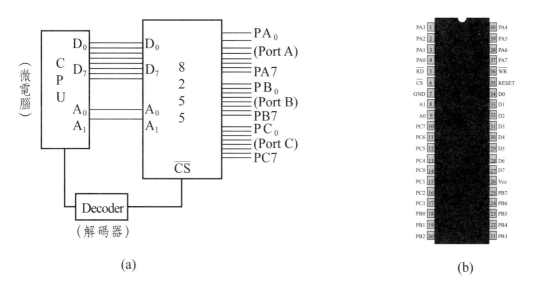

(a)　　　　　　　　　　　　　　　(b)

圖1-38　PPI 8255晶片(a)基本結構與接線[16b],和(b)接腳圖[29]（(b)原圖來源：Wikipedia, the free encyclopedia,http：//en.wikipedia.org/wiki/Intel_8255）

表1-3　PPI 8255晶片埠（Ports）位址

位址	$A_1(2^1)$	$A_0(2^0)$	各Port位址
640（Decoder位址）	0	0	Port A = 640 + 0 = 640
641	0	1	Port B = 640 + 1 = 641
642	1	0	Port C = 640 + 2 = 642
643	1	1	內部控制埠（CL）= 640 + 3 = 643

　　要使資料經8255晶片輸出輸入，需先設定及起動8255晶片。若要設定8255之Port A為輸入，Port B及Port C則皆為輸出。各埠輸出輸入由晶片8255內建控制埠（CL Port）所控制，控制埠之八位元（$D_7 \sim D_0$）所控制的Ports A~C及各位元要設定之數據如表1-4(a)所示。控制埠之D_4、D_3、D_1及D_0分別控制PA（Port A），PCH（PC7~PC4），PB及PCL（PC3~PC0）且輸出位元顯示為0（Output = 0）與輸入位元顯示為1（Input =1），8255只用在純輸出輸入時Mode =0（$D_6=D_5=D_3=0$），$D_7=1$為晶片Active（啟動），故這些設定使控制埠需呈現$D_7 \sim D_0$為10010000，換算成十進位數據D為144（如表1-4(a)所示）。

表1-4　8255晶片起動設定及輸出／輸入指令

(a)8255內部控制埠控制如：PA輸入(1)，PB輸出 = 0，PC輸出 = 0

D_7	D_6	D_5	D_4	D_3	D_2	D_1	D_0	（Input（輸入）= 1）
			↓	↓		↓	↓	↓ （Output（輸出）= 0）
1	Mode	PA	PC_H	Mode	PB	PC_L		
1	0	0	1	0	0	0	0	→ D = 144
(2^7)			(2^4)					

(b)控制指令（Decoder位址 = 640）
```
10   OUT   643,144 （啟動及設定8255）
20   OUT   641,80  （從PB輸出80）
30   Y = INP(640)  （從PA輸入資料）
```

　　若要啟動及設定8255，如表1-4(b)（第10行指令）所示，由微電腦CPU輸出一數據D=144給位址643之內建控制埠（即 OUT 643, 144）。現若要使微電腦從8255晶片之Port B（位址為641）輸出一數據80到外面，其指令如表1-4(b)（第20行指令）所示為：Out 641,80。若要由外界經由8255晶片之Port

A（位址為640）輸入數據到微電腦CPU,只要執行表1-4(b)第30行指令,即：
Y = INP（640）或 Y= IN（640）即可。

　　圖1-39為OPA-ADC-PPI8255-CPU-DAC實際線路圖,以接收和處理儀器訊號並經由DAC輸出電壓,儀器訊號V_{in}經運算放大器（OPA）接收放大後,再經接在8255 Port A上之ADC0804轉成數位訊號利用表1-4(b)第10與30行指令將外界儀器訊號經放大與數位化後即可輸入電腦,另外亦利用表1-4(b)第10與20行指令經由接在Port B上之DAC輸出負電壓V_o。

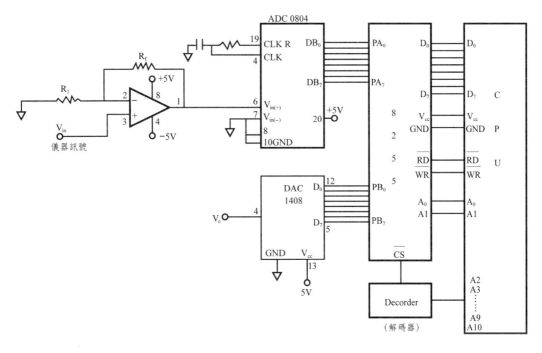

圖1-39　OPA-ADC-PPI8255-CPU-DAC儀器訊號接收和輸出電壓線路圖[16b]

1-4.2.　PIA 6821晶片

　　PIA 6821晶片（Peripheral interface adaptor , PIA 6821）[31]其輸出／輸入（O/I）埠有兩個（Port A及Port B）,這兩個O/I埠之八位元（8 bits）非同步,各位元輸出／輸入方向皆可不同,例如Port A中之PA0為輸出,PA1則可為輸入。圖1-40(a)為PIA 6821晶片基本結構與接線圖,PIA 6821有三個

控制線CS0, CS1及CS2, CS0及CS1分別接微電腦位址線A2及A3,而CS2則接
解碼器（Decoder）。PIA 6821為PIA 6820之改良晶片，圖1-40b為PIA 6821
和 6820晶片之實物圖。

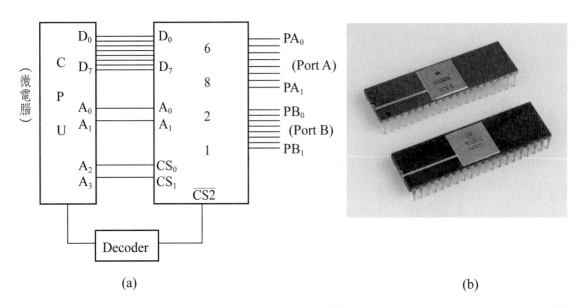

(a)

(b)

圖1-40　PIA 6821 晶片(a)基本結構及接線圖[16b],及(b)PIA 6821和6820晶片實物圖[31]
　　　　((b)原圖來源：Wikipedia, the free encyclopedia, http：//upload.wikimedia.
org/wikipedia/ commons/ thumb/3/33/Motorola_MC6820L_MC6821L.
jpg/220px-Motorola_MC6820L _MC6821L.jpg

　　因PIA 6821每一O/I埠之八位元（8 bits）非同步，每一個埠需一個內建
控制埠（CL Port），所以需用兩條位址線A0及A1來控制Port A、CL(A)，
Port B及CL(B)。若解碼器（Decoder）位址為640，因CS0及CS1分別接
在位址線A_2及A_3且$A_2=A_3=1$，為要使Port A工作，需如表1-5所示，設定
$A_1=A_0=0$，故Port A之位址為640 $+A_2(2^2)+A_3(2^3)+0+0$ =652，而Port A控制
埠CL(A)需設定$A_1=$ 0與$A_0=1$，其位址為640 $+A2(2^2)+A3(2^3)+0+1=653$。如
表1-5所示，Port B需$A_1=1$與$A_0=0$，其位址為$640+A_2(2^2)+A_3(2^3)+A_1(2^1)+0$
$=654$，而Port B控制埠CL(B)需設定$A_1=1$與$A_0=1$，其位址為640 $+A_2(2^2)+A_3$
$(2^3)+A_1(2^1)+A_0(2^0)=655$。

表1-5　PIA 6821晶片各埠（Ports）位址

Decoder位址	$A_3(2^3)$	$A_2(2^2)$	$A_1(2^1)$	$A_\phi(2^0)$	各Port位址
640	1	1	0	0	port A = 640 + 12 = 652
640	1	1	0	1	port A內部控制埠CL(A) = 640 + 13 = 653
640	1	1	1	0	port B = 640 + 14 = 654
640	1	1	1	1	port B內部控制埠CL(B) = 640 + 15 = 655

　　表1-6為起動和設定PIA6821晶片之Port A與Port B所用的指令，其設定Port A之單數位元（PA_1, PA_3, PA_5, PA_7）為輸入，而設定Port A之雙數位元（PA_0, PA_2, PA_4, PA_6）為輸出，而設定所有Port B皆輸出，PIA6821輸入為0，輸出為1，這和8255剛好相反，8255輸入為1，輸出為0，表1-6(a)顯示Port A各位元設定情形，各位元呈現01010101二進位數據，即等於十進位數據為85。要執行Port A（位址652），必先起動Port A之控制埠 CL(A)（位址653），表1-6(b)第10行指令為起動CL(A)控制埠：OUT 653,4（即內建控制埠CL(A)之$D_2(2^2)$位元= 1）。表1-6(b)第20行為Port A輸出（各雙數位元=1）與輸入（各單數位元=0）之指令。同樣地，要執行Port B輸出，先要起動Port B之控制埠CL(B)（位址655），即用表1-6(b)第30行指令：OUT 655，4（即CL(B)之$D_2(2^2)$位元= 1）。而表1-6(b)第40行指令為使所有Port B之八位元皆輸出（$D_7=D_6=D_5=\cdots=D_1=D_0=1$，即皆輸出電壓5V），Port B（位址654）各位元呈現11111111二進位數據，即等於十進位數據為255，故指令為：OUT 654, 255。

表1-6　6821晶片起動設定及輸出／輸入指令

設定port A（舉例）：PA1, PA3, PA4, PA7為輸入（0）
（輸入＝0，輸出＝1）PA0, PA2, PA4, PA6為輸出（1）
(a)port A各位元輸出／輸入情形：

PA7	PA6	PA5	PA4	PA3	PA2	PA1	PA0
0	1	0	1	0	1	0	1→D = 85
	(2^6)		(2^4)		(2^2)		(2^0)

(b)啓動及設定6821各埠
10　OUT　653,4（port A內部控制埠$D_2 = 1$，以啓動port A）
20　OUT　652,85（port A之1,3,5,7輸入，0,2,4,6輸出）
30　OUT　655,4（port B內部控制埠$D_2 = 1$，以啓動port B）
40　OUT　654,255（使port B各位元皆輸出(1)）

　　因PIA6821晶片之Port A和Port B各位元皆可自由獨立設定為輸出或輸入，和其他位元無關，每一位元線皆可接一電子元件做輸出或輸入動作，可做為這些電子元件做自動控制。例如由上述PIA6821設定，吾人可將家中之門、瓦斯及燈控制器接Port A之單數位元（PA1, PA3, PA5, PA7）看這些位元是否有電壓輸入PIA6821，就可知大門、瓦斯及燈是否有關好。反之，若要利用PIA6821打開大門、熱水及大燈，可將大門，熱水及大燈之控制器接Port A之雙數位元（PA0, PA2, PA4, PA6）為輸出(1)，即輸出5V給大門、熱水及大燈之控制器，以打開大門、熱水及大燈。

1-4.3.　串列／並列傳送組件

　　微電腦之資料線之各位元（D_0-D_7）資料對外輸出輸入有兩種方式：(1)串列傳送（Serial transmission），即資料線各位元（D_0-D_7）資料（1或0）只用一條線（TXD）一個一個（先D_0再D_1, D_2, D_3..D_7）依序輸出，反之亦只用一條線（RXD）從外界將資料（D_0-D_7）一個一個輸入微電腦中，(2)並列傳送（Parallel transmission），即資料線各位元（D_0-D_7）資料（1或0）分別各用一條線（8位元資料線（D_0-D_7）總共就用8條線）和外界做輸出輸入。本節將分別對串列／並列傳送組件簡單說明。

1-4.3.1 串列傳送元件RS232

　　常見的串列傳送組件為RS232，如圖1-41(a)所示，每部微電腦之RS232組件含有UART（Universal asynchronous receiver transmitter，通用非同步收發傳輸器）晶片（如IC6850或8251），電壓轉換驅動元件（含SN 75188與SN75189晶片或MC1488與MC1489晶片），和接頭（如DB25或RJ45）。UART晶片的功能為將微電腦輸出之並列訊號（D0-D7）轉換成串列訊號一個一個（先D_0再D_1, D_2, D_3...D_7）輸出或將外界輸入之串列訊號轉換成並列訊號輸入微電腦。

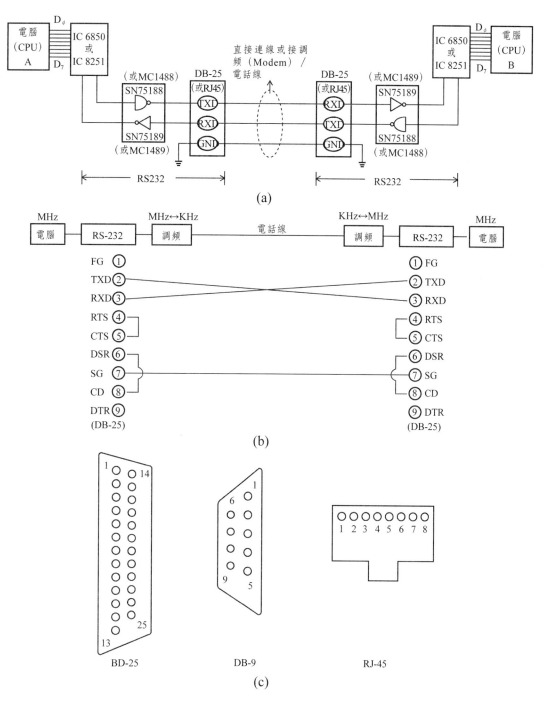

圖1-41 RS232串列介面之(a)線路系統，(b)輸送接線，及(c)DB-25, DB-9和RJ-45接頭[16b]

　　圖1-41(a)顯示由微電腦A出來八位元並列訊號（D_0-D_7）經UART晶片轉換成串列訊號，然後串列訊號（0或5V）一個一個經電壓轉換驅動元件中傳送晶片（SN75188晶片或MC1488）將0或5V電壓增高至－12或12V並增大驅動力，再經接頭（圖1-41(c)中DB25（25 bins）或DB9（9 bins）或RJ45（8 bins））由TXD端（圖1-41(b)）以串列方式經直接接線或Modem/電話線（圖1-41(b)）傳送到另一電腦（微電腦B）之RS232組件之DB25或DB9或RJ45接頭之RXD端，並經其電壓轉換驅動元件中接收晶片（SN75189晶片或MC1489）將電壓（－12或12V）轉換成0或5V，然後由微電腦B中之UART晶片將接收到的串列訊號轉換成並列訊號傳入微電腦做數據處理。

1-4.3.2　並列傳送元件 IEEE488

　　並列傳送常用於較近距離及主機和其他電腦連線應用，圖1-42為IEEE488並列傳送元件之結構圖，其主要含一驅動元件，資料匯流排（Data buses）與控制匯流排（Control buses）。由圖中顯示其資料傳送方式為由一主機（電腦A）將其數位資料（D_0－D_7）經一IEEE488或其他驅動元件（增加其驅動力）將其數位資料（D_0－D_7）輸入一資料匯流排中，接在資料匯流排上之所有終端電腦（如圖1-42中之電腦B及C）就都可收到此數位資料（D_0－D_7）。反之，各終端電腦亦可利用此資料匯流排將其數位資料經IEEE488驅動元件傳回主機（電腦A）中，而控制主機／終端電腦或終端電腦間之輸出輸入則由圖1-42中並列傳送元件之控制匯流排控制之。

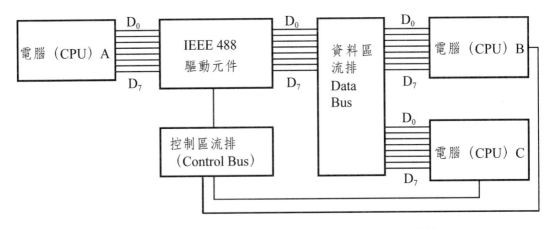

圖1-42　IEEE488並列輸送介面之線路系統[16b]

1-5.　化學感測器市場及發展

全世界化學感測器之市場需求（Market of chemical sensors）現階段總額每年約爲150~200億美金且年年增加，以美國爲例，2009年美國化學感測器市場需求達到40億美金，並以年率8.6%持續增加。圖1-43爲2009年全世界各國化學感測器市場需求分配圖，歐洲市場需求占32.3 %（約占全球1/3），美國市場需求占29.0%（約占全球30 %），日本和其他地區各約占1/5（約20%）。[1b,1c]

圖1-43　化學感測器2009年全球市場需求分配圖[1b]

化學感測器市場應用分布很廣，如表1-7所示，其應用在(1)生化醫學檢測：如裝在病人體內的微感測器以隨時偵測病人血壓與體內化學物質（如血氧與酸鹼度），亦可應用病人體外如床邊與佩帶型化學感測器，同時亦可用生化感測器偵測病人與研究用各種生化物質。(2)環境檢測：可用化學感測器偵測環境（空氣、水及土壤）中各種汙染物，並可用在毒氣恐怖攻擊時毒氣（如芥子氣與光氣）之現場檢測。(3)工業檢測：現場化學感測器可用在工廠內現場空氣中所含有害有機／無機物質（如高分子工廠空氣中常含其所用的CS_2及CH_3OH）。同時，化學感測器亦用在工廠所排放的廢水與廢氣中所含的有害物質。(4)食品檢測：可用化學感測器檢測各種食品（如食油、肉類及飲料）中可能所含之對人體健康有害之有機／無機物質。(5)商品檢測：化學感測器也可用來檢測各種商品（如農藥、塑膠及玩具）中各種有害之有機／無機物質。(6) 機場通關檢測：由於2002年911恐怖攻擊，世界各國機場通關安全檢

查變得嚴格，可用攜帶型化學感測器隨時檢測個人所攜帶行李中可能有害的化學物質。(7)輻射偵測：利用固定式或移動式（含佩章）化學感測器偵測原子爐內外輻射線（α、β、γ射線及中子）外洩含量，以及原子爐所在地或輻射汙染區空氣及水中輻射物質及輻射量。(8)海洋檢測：可用化學感測器檢測海水溫度與所含物質或汙染物，並可壓電化學感測器偵測海水流速與海波波動大小及方向。(9)地震檢測：可用壓電化學感測器偵測地震波大小與方向。(10)火山活動檢測：火山爆發前都會向火山附近空中或水中 出含硫物質及酸性物質，可用化學感測器偵測這些含硫物質及酸性物質以及火山附近土地振動以瞭解火山活動情形。(11)航太檢測：可用光化學感測器裝在衛星或太空航空器上偵測太空中化學物質及其變化，也可裝在偵查飛機上偵測高空中化學物質與物質流動，及(12)軍事偵測：化學感測器在軍中應用日益擴大，例如應用攜帶型紅外線化學感測器可在夜間偵測敵人活動及檢測敵人所發射的毒氣。

化學感測器最近的新發展有(1)微小化化學感測器：利用微機電與奈米機電技術將化學感測器成一小晶片上，成微晶片化學感測器，(2)攜帶型個人化液晶化學感測器：在一超薄液晶上鍍一層化學物質當接受器（如酵素、抗原或蛋白質），當和特殊的待測物質（如生化物質的抗體）接觸作用後，會使液晶排列改變而改變顏色，就可由液晶顏色改變多寡就可估算此待測物質（如葡萄糖或抗體）含量，因液晶微晶片化學感測器體積小攜帶方便成為攜帶型個人化之化學感測器。(3)奈米化學感測器：在同一大小感測元件上使用奈米級感測器辨識元材料會比傳統感測器辨識元材料，會使化學感測器可感測的待測分子數量增加幾千幾萬倍，故世界各國對奈米化學感測器的開發如雨後春筍，及(4)光纖及纖維化學感測器：由於光可在微小的光纖中多次全反射，可多次偵測樣品，這微小光纖探頭上若塗上一接收物質（如抗原或蛋白質），就可多重多次接受偵測樣品中特殊化學物質（如抗體）感應而改變光強度。此光纖化學感測器經多次反射光強度變化其靈敏度比傳統光感測器要大很多，故世界各國對各種光纖化學感測器的開發與研究亦如雨後春筍並蓬勃發展。

表1-7 化學感測器應用之領域

領域	化學感測器	偵測項目
生化醫學檢測	(1)病人體內微化學感測器 (2)生醫檢測用之各種生化感測器	偵測生化（如葡萄糖，抗體）及代謝物質
環境檢測	(1)空氣汙染化學感測器 (2)水汙染感化學測器 (3)土壤汙染化學感測器 (4)現場毒氣化學感測器	偵測空氣、水及土壤中各種有機／無機汙染物以及毒氣恐怖攻擊時之毒氣量
工業檢測	(1)工廠內現場空氣化學感測器 (2)工廠排放空氣與水現場化學感測器	偵測工廠內現場空氣及所排放廢氣與廢水中有害物質
食品檢測	(1)食品（如食油、肉類及飲料）用感測器	偵測食品中所含有害物質
商品檢測	(1)商品（如農藥、塑膠及玩具）檢測用化學感測器	偵測各種商品中所含對人體有害物質
機場通關檢測	(1)通關現場化學感測器	偵測出入旅客行李及身上所攜帶之有害化學物質
輻射偵測	(1)原子爐內外現場輻射化學感測器 (2)原子爐所在地空氣及水輻射感測器 (3) 汙染區空氣及水輻射感測器	偵測原子爐內外現場與所在地或輻射汙染區空氣及水中輻射物質及輻射量
海洋檢測	(1)海水檢測化學感測器 (2)海流流動化學感測器	偵測海水溫度及海水中物質與海流流動速度及方向
地震檢測	(1)地震波化學感測器	利用化學感測器（如壓電感測器）偵測地震波
火山活動檢測	(1)火山活動感測器 (2) 火山爆發前後水／空氣感測器	偵測火山活動中土地振動與火山附近空氣及水含硫物質
航太檢測	(1)太空中物質化學感測器 (2)高空中物質化學感測器	用化學感測器（如光感測器）偵測太空及高空中微量物質
軍事偵測	(1)夜間紅外線化學感測器 (2)毒氣化學感測器	偵測夜間敵人活動及所放出毒氣

第 2 章

壓電晶體化學感測器－質量感測器(I)

(Piezoelectric Crystal Chemical Sensors-Mass-Sensitive Sensors (I))

　　壓電晶體化學感測器（Piezoelectric crystal chemical sensors）為用於偵測化合物之壓電晶體感測器（Piezoelectric crystal sensors），其屬於質量感測器（Mass- sensitive sensors）之一種，而質量感測器顧名思義為偵測待測化合物重量之化學感測器，而其所用的感應元件為對質量與壓力相當靈敏的壓電晶體（Piezoelectric crystal）。故本章先介紹質量感測器及其感應元件-壓電晶體，然後介紹各種壓電晶體化學感測器之原理及其應用。

2-1. 質量感測器與壓電晶體簡介

　　質量感測器（Mass- sensitive sensors）顧名思義為偵測待測化合物重量之化學感測器，是用一會產生振盪且對質量和壓力相當靈敏的壓電晶體

（Piezoelectric crystal，如石英晶體（Quartz crystal））當感應元件，此種壓電晶體之振盪頻率會隨其表面待測化合物重量之改變而改變。故本節將介紹質量感測器及其感應元件-壓電晶體。

2-1.1. 質量感測器簡介

質量感測器之訊號（如頻率）對感應元件-壓電晶體表面所附有的待測化合物重量有相當高的感應靈敏度，故可用來偵測樣品中待測化合物含量。常用做化學感測器之質量感測器為壓電晶體化學感測器（Piezoelectric crystal (PZ) chemical sensors）[4]與表面聲波化學感測器（Surface acoustic wave (SAW) chemical sensors）[4]。

圖2-1與圖2-2分別為壓電晶體感測器（Piezoelectric crystal (PZ) sensors）與表面聲波感測器（Surface acoustic wave (SAW) sensors SAW）之基本結構示意圖。兩化學感測器都需有振盪線路以產生晶體原始振盪頻率（Fo），並需有計頻器以測定經在含待測分子之感測元件後之輸出頻率（F）和顯示器或微電腦以顯示頻率變化（ΔF）。兩感測器主要不同在感測元件（含感測晶體與電極）和原始晶體振盪頻率（Fo）之不同。如圖2-1所示，壓電感測器（PZ）之感測元件含被兩圓形電極夾住之具有振盪頻率（Fo）為10～100 MHz無線電波範圍的圓形壓電晶體（常用石英晶片（Quartz chip），無線電波經電極（頻率Fo）→晶片→電極（含樣品）→頻率下降成F→計數器頻率偵測），而表面聲波感測器（SAW）之感測元件（圖2-2）含較高振盪頻率（Fo =100～400 MHz，聲波範圍）的長方形壓電晶體（常用$LiTaO_3$晶片（$LiTaO_3$ chip）與石英晶片）和入射（Fo）／出射（F）兩組指叉陣列微電極，聲波在壓電晶體（如$LiTaO_3$晶片）表面行進，Fo聲波由入射指叉電極→待測分子（吸收部分聲波也改變聲波頻率下降成F）→F聲波由出射指叉電極輸出到計數器偵測。

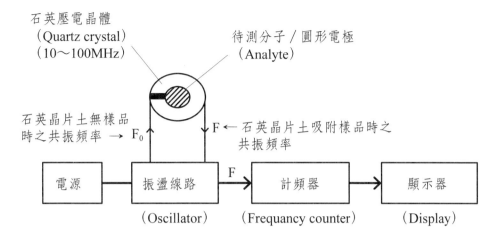

圖2-1　壓電晶體（PZ）化學感測器基本構造及原理示意圖

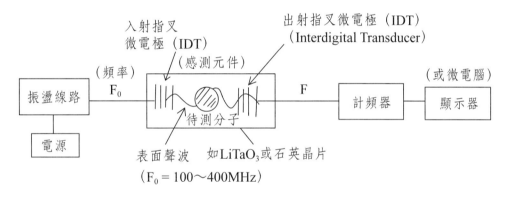

圖2-2　表面聲波（SAW）化學感測器基本構造及原理示意圖

2-1.2. 壓電晶體簡介

　　壓電晶體（Piezoelectric crystals）[5c,32-35]顧名思義是一壓晶體就產生電（流），這稱為壓電效應（Piezoelectric effect）。反過來，當壓電晶體外加電壓就會產生振盪而會有振盪頻率（Fo）輸出，此稱為反壓電效應（Converse piezoelectric effect）。

　　壓電晶體之壓電效應如圖2-3所示，當無外力施加在壓電晶體上（圖2-3(a)）時，無電流產生，但若施加壓力（F）於壓電晶體表面（圖2-3(b)）時，會產生正向電流（I>0），反之，當壓電晶體表面遭受拉力（圖2-3(c)）時，會產生反向電流（I< 0）。這是因當壓電晶體表面受到壓力（如物質重

量），晶體內之正負電荷就會分離（電分極，如圖2-3(d)所示），只要接上一金屬電極就可將電子流輸出。

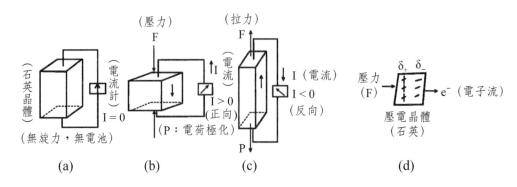

圖2-3　壓電晶體表面受壓力產生電流之壓電效應[5c]

　　壓電晶體之反壓電效應則如圖2-4所示，當加正電壓（V_+）給此壓電晶體之負電荷（E）就會往上移動（向電壓正極移動，圖2-4(a)），反之，當加負電壓（V_-）此時壓電晶體之負電荷（E）就會往下電壓正極移動（向電壓正極移動，圖2-4(b)）。若加一交流電正負電壓（V_+/V_-）交替而使壓電晶體之負電荷（電子）上下來回振盪（圖2-4(c)）而產生超音波（Ultrasonic wave, 頻率f）輸出（圖2-4(d)），石英壓電晶片為最普遍超音波產生器元件，常用在化學感測器及微電腦中當振盪元件（微電腦中常用頻率4~20MHz超音波兩面含銀（Ag）電極之石英晶片振盪元件，如圖2-4(e)所示），其4~20MHz超音波由一面Ag電極穿過石英晶片由另一面Ag電極輸出。

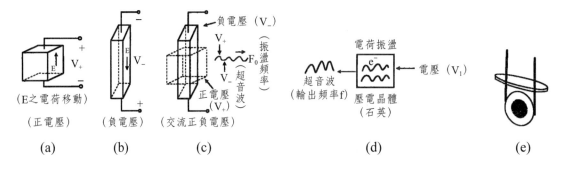

圖2-4　壓電晶體(a)外加正電壓，(b)外加負電壓，(c)外加交流正負電壓產生振盪超音波，(d)石英壓電晶體外加電壓產生頻率f超音波，及(e)石英振盪晶片外觀圖[5c]

　　石英壓電晶片由石英晶體切片而成，圖2-5(a)為一般石英晶體形狀，通常令較長的軸為Z軸。如圖2-5(b)所示沿著Z軸向右轉35°25'角（35度25分）橫切所得切片（切面晶片）稱為AT切面石英晶體（AT-Cut quartz crystal），同樣若向左轉49度橫切所得的為BT切面石英晶體。圖2-5(b)為各種切面石英晶體之切面及名稱，而圖2-5c為各種切面石英晶體之振盪頻率穩定性和溫度關係，由圖可看出AT切面晶體之振盪頻率隨溫度改變較其他切面（如BT、CT）晶體較小，換言之，AT切面晶體之頻率穩定性較佳，故一般用在化學感測器與微電腦之振盪元件大都用AT切面石英晶體。

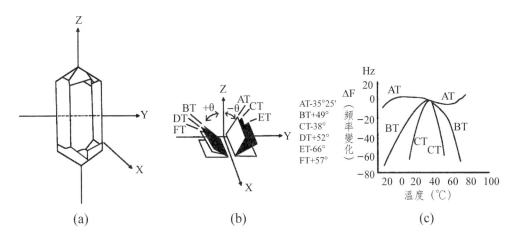

圖2-5　石英壓電晶體之(a)實物示意圖，各種橫切面晶片(b)切面圖及(c)頻率穩定性[35b]

2-2.　壓電晶體化學感測器簡介

　　壓電晶體化學感測器（Piezoelectric crystal chemical sensors）常用在環境中微量有機與無機化合物或汙染物之含量分析，同時由於其對感應壓電晶體表面之微小壓力改變有相當靈敏感應，故壓電晶體化學感測器亦可當微壓力感測器（Micro-pressure sensor），此微壓力感測器可用來偵測空氣中微塵含量，此微塵偵測用之微壓力感測器將在第11章環境化學感測器中介紹。本章將介紹各種壓電晶體化學感測器原理，結構及應用，而本節將介紹壓電晶體化學感測器之基本原理，結構與辨識元感應元件和其偵測系統中之計頻器與頻率／

電壓轉換器。

2-2.1. 壓電晶體化學感測器原理

壓電晶體感測器（Piezoelectric crystal (PZ) sensors）[32-42]是利用壓電晶體（如兩面含銀（Ag）電極）之石英晶片）會因其表面之化合物質量（壓力）改變而改變壓電晶體振盪頻率，由晶體振盪頻率改變（ΔF）就可計算晶體表面上化合物質量（ΔM）。此種壓電晶體感測器之偵測下限可低至10^{-9} g或濃度ppm-ppb，故可做化合物微量分析。

一般市售壓電晶體大都為石英，由石英製成的壓電晶體感測器因可測量微量化合物，故此種石英壓電晶體感測器特稱為石英晶體微天平（Quartz crystal microbalance, QCM）或稱石英壓電感測器（Quartz piezoelectric (PZ) sensor）。石英壓電晶體振盪頻率改變（ΔF, Hz，例如下降50 Hz，即ΔF = −50 Hz）和其表面化合物質量改變（ΔM, g）關係可用索爾布雷方程式（Sauerbrey equation）[40]表示如下：

$$ \Delta F = -2.3 \times 10^6 \times Fo^2 \times \Delta M / A \qquad (2\text{-}1) $$

式中A為石英晶體表面積（cm^2），Fo為石英晶體原始振盪頻率（單位：MHz）。壓電晶體感測器所用之石英晶體一般採用如圖2-6(a)所示之圓盤形薄膜石英晶片，一般市售石英晶片原始振盪頻率約在4~100 MHz範圍，在晶片上下表面分別裝上圓形電極，用與於接振盪線路之用。一般都在石英晶片表面（一面或雙面）上先塗佈一吸附劑（Adsorbent）以當辨識元吸附待偵測的化合物，由吸附待偵測化合物之質量改變（ΔM）所引起的石英晶片振盪頻率改變（ΔF），就可估算此被吸附待偵測化合物之質量（M）。例如要偵測高分子工廠之空氣中有機汙染物丙醛分子含量，可在石英晶片表面塗佈可吸附丙醛之吸附劑（如碳六十，C60），再由吸附劑吸附丙醛造成石英晶片表面重量增加及其所引起的石英晶片振盪頻率改變（ΔF），然後依式（2-1）即可計算空氣中丙醛之含量（ΔM）。吸附劑塗佈在石英晶片表面之製備過程如圖2-6所示，用一吸附劑溶液（如C60/benzene）當塗佈液均勻滴至石英晶片表面塗佈（圖2-6(a)）或可用旋轉塗佈機（Spin coater）將塗佈液均勻塗佈在石英晶片

上（圖2-6(b)）並乾燥，然後將此塗佈有吸附劑石英晶片放入壓電晶體感測器之樣品槽中。依擬測樣品為氣體或液體，壓電晶體感測器可當氣體感測器或液體感測器。

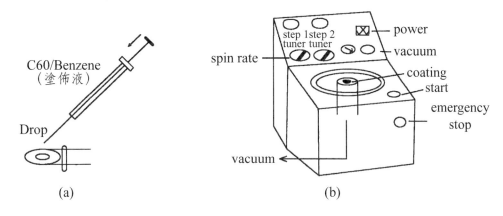

圖2-6　石英晶片塗佈碳六十的(a)直接滴入塗佈法，和(b)使用旋轉塗佈機（Spin coating system）塗佈法[36]

2-2.2.　壓電晶體感測器基本結構

　　一般壓電晶體感測器（Piezoelectric crystal (PZ) sensors）基本結構與線路如圖2-7所示，含有樣品槽（Sample cell）、振盪線路（Oscillator）、樣品注入系統（Sample injection system）、計頻器（Frequency counter）、微電腦及載體輸送系統（Carrier introduction system，載體（carrier），氣體如air、N_2，而液體如水和其他溶劑）。**樣品注入系統**常用空氣壓縮機（Air compressor）抽入氣體樣品，而液體樣品可用針頭注入器（injector）直接打入樣品槽中。**樣品槽**中含有塗佈有吸附劑石英晶片（此種用石英晶片之壓電晶體感測器又稱石英壓電感測器（Quartz piezoelectric (PZ) sensor）和加熱器（Heat mantle），使用加熱器主要目的是使不易揮發樣品（如極性有機物，如丙醛）維持揮發狀態。樣品槽可用體積（100~250 mL）較大的廣口瓶改裝或用體積小的壓克力中空槽（可裝樣品約5mL）。**振盪線路**是用來使石英晶片產生振盪頻率，而**計頻器**中含計數晶片（IC 8253或8254）與

輸送界面晶片（IC 8255），8253計數晶片用來將壓電感測器輸出頻率（F）訊號轉換成數位訊號（圖2-7途徑(A)），並利用8255界面晶片將數位訊號傳入**微電腦**（IBM PC）中做數據處裡與繪出頻率（F）訊號和時間關係圖（圖2-8）。另外，壓電感測器輸出頻率（F）訊號亦可經由圖2-7途徑(B)先用頻率／電壓轉換晶片（如IC9400）轉成電壓訊號，再用類比／數位轉換器（ADC）轉成數位訊號再輸入微電腦中做數據處理及繪圖。當偵測實驗完成時，要利用空氣壓縮機或幫浦當**載體輸送系統**，將乾淨載體（不含待測樣品成分）沖掉樣品槽中之樣品，以便下一次新的偵測實驗。常用的載體爲乾淨空氣（Clean air），氮氣（N_2）或純溶劑（Solvent）。

偵測過程如圖2-8(a)所示，當石英晶片上吸附劑（Ag(I)/Cryptand22銀離子錯合物）開始（Time(T)=0，振盪頻率=Fo，A點）吸附樣品槽中待測分子（順-2庚炔（cis-2-heptene）有機氣體）時，石英晶片振盪頻率（F）下降，當幾乎所有待測氣體被吸附劑吸附後（Time(T) ≈ 300 sec.），頻率就不會隨時間改變而成水平狀（B點），計算從T=0 到 T=300 sec（水平）之頻率變化ΔF = Fo (T=0) – F(T=300)，然後將ΔF值代入式（2-1）即可計算被吸附之待測分子重量（ΔM，如圖2-8b關係式）及空氣中待測分子（順-2庚炔）濃度。然當注入大量乾淨純空氣（Zero-air）於樣品槽時（圖2-8a中C點），將石英晶片上被吸附之待測分子（順-2庚炔）吹走，此時石英晶片上重量開始減少，而石英晶片之振盪頻率也開始回升增加，一直到當晶片上所有待測分子都被吹走，晶片之振盪頻率也恢復到其原始振盪頻率Fo（圖2-8(a)中D點）。 換言之，此石英晶片可再重複使用。

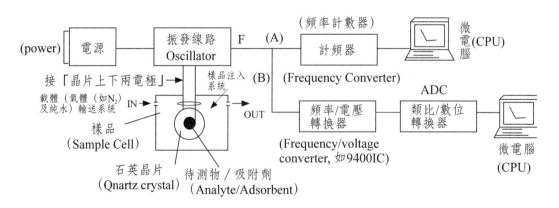

圖2-7 壓電晶體感測器之偵測基本結構及線路示意圖[4]

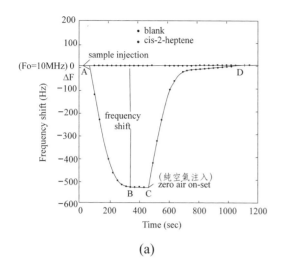

Sauerbrey公式：

$$\Delta F = -\frac{2.3 \times 10^6 \times F_0^2 \times \Delta M}{A}$$

ΔF：頻率變化（Hz）

ΔM：質量改變（g）

F_0：原始頻率（MHz）

A：物質覆蓋表面積（cm^2）

(a)　　　　　　　　　　　　　　　(b)

圖2-8　塗佈Ag(I)/Cryptand22吸附劑之壓電晶體感測偵測順-2庚炔（cis-2-heptene）有機氣體之(a)頻率／感應時間關係圖及(b)頻率改變（ΔF）／晶片上質量改變（ΔM）關係式(a)原圖來源[44]：H. J. Sheng and J.S.Shih, Anal. Chim. Acta, 3350, 109 (1997)

2.2.3.　振盪線路、計頻器及頻率／電壓轉換器

1.振盪線路

　　壓電晶體振盪器（Piezoelectric crystal oscillator）為常用之高頻（MHz）振盪器（Oscillator），最常用的壓電晶體為石英（Quartz），即為石英振盪器，石英振盪器（Quartz oscillator）用在所有的大小電腦，其常用在電腦之頻率範圍為4~20 MHz。圖2-9(a)及圖2-9(b)分別為一般或偵測氣體用的石英晶體振盪器結構接線圖（含石英晶片、電容C及兩NOT邏輯閘）及其市售實物外觀圖，而偵測液體用的石英晶體振盪器結構（如圖2-9(c)所示）為在氣體用的振盪線路上多加一個約10 mh之電感（Inductor, L），始可穩定。最常用在振盪器中石英晶體元件為石英圓形薄膜（半徑約4mm，膜厚約0.18mm）接上兩銀（或金）電極所組成。

　　石英振盪器之輸出頻率取決於石英晶體振盪頻率，相當穩定，常用石

英振盪器輸出頻率為1~100 MHz。但因石英晶體振盪頻率是固定的（如10 MHz），所以石英振盪器輸出頻率（如10 MHz）是固定的。若要用一石英晶體但卻要得多頻率輸出，就要如圖2-10所示，將一振盪頻率為f_0的石英晶體接上一當「頻率分倍器（Frequency divider）」之IC晶片4060，此石英晶體-4060IC振盪系統所輸出頻率就為多頻率（從f_0至$f_0/16384$）。

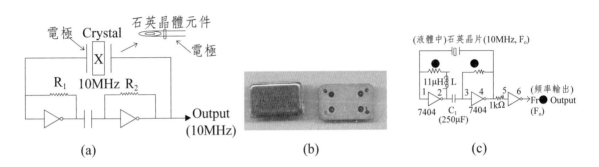

(a)　　　　　　　　　　(b)　　　　　　　　　　(c)

圖2-9　一般或偵測氣體用石英晶體振盪器(a)結構接線圖與(b)振盪器實物外觀圖，和(c)液體用之石英晶體振盪器結構接線圖（比一般或氣體用振盪器多一電感器（L）

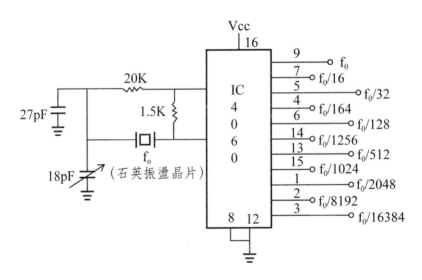

圖2-10　石英晶體/IC4060所組成的多頻率振盪器[16b]

2.計頻器

計頻器（Frequency counters）的主要功能為將頻率訊號轉換成數位訊號

以便輸送至微電腦做數據處理。在壓電晶體感測器中則常用計數晶片（如IC 8253與IC 8254晶片）為元件建構一計數器。圖2-11為利用8253晶片與8255輸出輸入晶片所組成的計數系統。若要利用8253測定一未知頻率訊號Fu，可設定一特定時間（如1秒）8253所收到的波數即可測到其頻率並轉換成數位訊號（D0~D7）由8253傳送到8255再到電腦CPU做數據處理。在8253晶片中共有三組計數單元（Counts 0, 1, 2, 即C0, C1, C2），為要設定一特定時間1秒，如圖2-11與圖2-12所示，從8253之C0（Count 0）的CLK0輸入一標準頻率訊號F_0（如3 MHz），然後利用Count 0 將標準頻率F_0除一個N值（即F_0/N，因8253晶片只能轉換 < 2.6 MHz訊號），如F_0= 3 MHz, N=50，則新的頻率f= F_0/N = 60022Hz（見圖2-12），換言之，振盪60022次剛好1秒，再將此新頻率f由C0之Out 0輸入8253之Count 1，然後連接Count 1及Count 2之G_1及G_2，同時將未知頻率Fu及由Count 0出來的新頻率f = 60022Hz分別輸入Count 1及Count 2（見圖2-11與圖2-12），同時啟動。當Count 1振盪60022次後（即剛好1秒）會送一個1訊號經一NOT閘（反閘）轉成0訊號給8255之Port C_6(PC6)，8255即會由其PC7送1訊號經一NOT閘轉成0訊號給G_1與G_2以使Count 1及Count 2同時停止計數，那此時Count 2所收到未知頻率F_{in}總波數即為其頻率，然後利用8253轉成數位訊號並經其資料線（D0~D7）傳送到8255再到電腦CPU做數據處理。

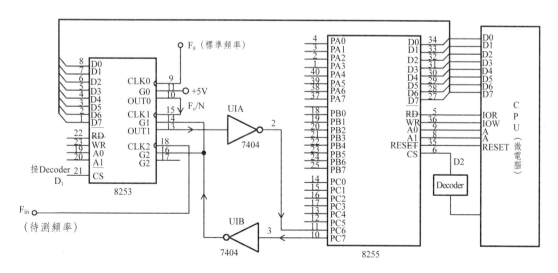

圖2-11　計數IC8253-8255-CPU 頻率計數系統[45,16b]（原圖來源及參考：(a) C. J. Lu, M.S. Theses, National Taiwan Normal University(1993), (b) C. J. Lu and J. S. Shih, Anal. Chim. Acta 306, 129 (1995)）

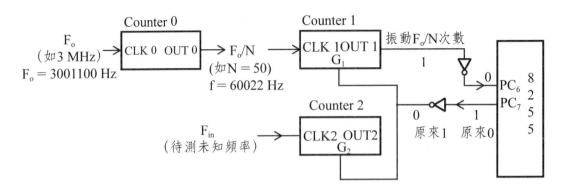

圖2-12　計數IC8253-8255頻率計數系統之工作步驟[16b,45]

　　圖2-13爲含計頻器（Frequency counter）之壓電化學感測器頻率檢測系統，因爲一般壓電化學感測器常用振盪頻率爲10 MHz，12 MHz及16 MHz之石英振盪器和樣品室出來之頻率也接近10 MHz或更高頻率，而8253 IC晶片所能偵測的最高頻率只爲2.6 MHz，故在8253~8255計頻系統中通常如圖2-13所示，先利用一頻率相減器（7474晶片）將由樣品室出來之頻率Fs先和一參考晶片（不經樣品）出來之參考頻率Fr相減得相差頻率F ＝ Fr － Fs（通常F ＜ 1 MHz），然後將相差頻率F輸入8253計數器中轉成數位訊號經8255輸入／輸出晶片傳入微電腦中做數據處理及繪圖。 此系統亦可用偵測最高頻率爲10 MHz的8254計數晶片代替8253晶片，但8254晶片仍然只能偵測 ＜ 10 MHz 頻率，不能直接偵測由樣品室出來接近10 Mz之或更高頻率，故亦可如圖2-14所示應用24 位元計數器（24 bit Counter）和24 位元暫存器（24 bit Register）自行設計組裝成的ALTERA計頻系統，此ALTERA系統可直接偵測由樣品室出來接近10 Mz或更高之頻率訊號轉成數位訊號直接輸入8255晶片並傳入微電腦，而不需用如圖2-13的含參考晶片之8253相減式相當麻煩的計頻系統。

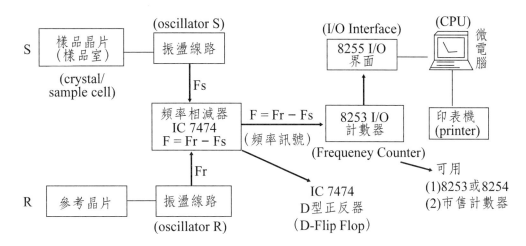

圖2-13　8253-8255計頻器（Frequency counter）系統之壓電化學感測器頻率檢測系統[45]（原圖參考：C. J. Lu and J. S. Shih, Anal. Chim. Acta 306, 129 (1995)）

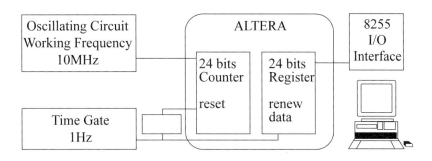

圖2-14　可自製之24位元ALTERA計頻器（Frequency counter）之壓電化學感測器頻率檢測系統（原圖來源[46]：P. Chang and J.S.Shih（本書作者），Anal. Chim. Acta, 389, 55 (1999)）

　　壓電化學感測器亦可直接應用市售計頻器偵測輸入／輸出頻率，圖2-15為應用市售計頻器-RS232界面之壓電化學感測器頻率檢測系統，如圖所示，利用市售計頻器（如FC2700型計頻器頻器）可直接顯示樣品室出來之壓電晶體頻率，亦可由計頻器輸出數位訊號，然後利用串列輸出介面RS232輸送數位訊號至微電腦中做數據處理與繪圖。

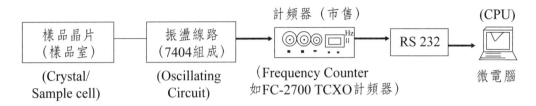

圖2-15 應用市售計頻器-RS232界面之壓電化學感測器頻率檢測系統

3.頻率／電壓轉換器

壓電化學感測器中亦可不直接偵測輸出頻率訊號，可先如圖2-16所示，利用頻率／電壓（F/V）轉換器（ Frequency/Voltage converter ，如9400 F/V晶片）將頻率訊號轉換成電壓訊號，再利用放大器（如運算放大器OPA）和類比／數位轉換氣（ADC）將電壓訊號放大並轉換成數位訊號，然後輸入微電腦做數據處理和繪圖。圖2-17為 IC9400輸出頻率／電壓（Fo/Vo）轉換器晶片接線圖及頻率／電壓（Fo/Vo）轉換關係式。

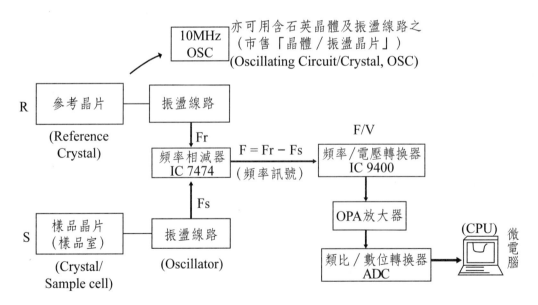

圖2-16 含頻率／電壓轉換器（IC9400, F/V Converter）之壓電化學感測器頻率檢測系統

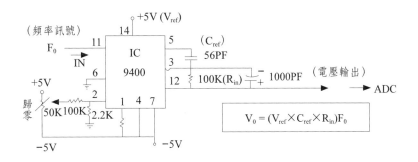

圖2-17　IC9400頻率／電壓（F/V）轉換器晶片接線圖

2-3.　氣體壓電晶體感測器

一般氣體壓電石英晶體感測器（Piezoelectric (PZ) quartz crystal gas sensor）基本結構如圖2-18(a)所示，含有樣品注入系統（Sample injection system）、樣品槽（Sample cell）、振盪線路（Oscillator）、計數器（Counter）、微電腦及載體輸送系統（Carrier Introduction System，載體（carrier，如air, N_2或solvent））。**樣品注入系統**常用空氣壓縮機（Air compressor）抽入氣體樣品，而液體樣品可用針頭注入器（injector）直接打入樣品槽中。**樣品槽**中含有塗佈有吸附劑石英晶片與加熱器（Heat mantle），使用加熱器主要目的是使不易揮發樣品（如極性有機物，如丙醛）維持揮發狀態。樣品槽可用體積（100~250mL）較大的廣口瓶改裝或用體積小的壓克力中空槽（可裝樣品約5mL）。**振盪線路**是用來使石英晶片產生振盪頻率，而**計數器**中含計數晶片（IC 8253或8254）與輸送界面晶片（IC 8255），8253計數晶片用來將壓電感測器輸出頻率（F）訊號轉換成數位訊號，並利用8255界面晶片將數位訊號傳入**微電腦**（IBM PC）中做數據處裡及繪出頻率改變（ΔF）訊號和時間關係圖（圖2-18b）。當偵測實驗完成時，要利用空氣壓縮機當**載體輸送系統**，將乾淨載體（不含待測樣品成分）沖掉樣品槽中之樣品，以便下一次新的偵測實驗。常用的載體為乾淨空氣（Clean air），氮氣（N_2）或純溶劑（Solvent）。

　　氣體壓電感測器之頻率訊號和時間關係如圖2-18(b)所示，當石英晶片上吸附劑（C60）開始（Time(T) =0，振盪頻率= Fo，A點）吸附樣品槽中待測分子（丙醛）時，石英晶片振盪頻率（F）下降，當幾乎所有待測氣體被吸附劑吸附後（Time(T) ≈ 750sec.），頻率就不會隨時間改變而成水平狀（B點），計算從T=0 到 T=750 sec（水平）之頻率變化ΔF = Fo (T=0) – F(T=750)，然後將ΔF值代入式（2-1）即可計算被吸附之待測分子重量（M）及空氣中待測分子（丙醛）濃度。

　　偵測計算得知待測分子（丙醛）濃度後，就需將吸附在石英晶片吸附劑上的待測分子脫附，就需用載體輸送系統（Carrier introduction system）將乾淨氣體載體（如 Clean air）或液體載體（如 Solvent）送入樣品槽中將吸附在石英晶片的待測分子脫附沖出。如圖2-18(a)所示，在氣體感測器中，利用空氣壓縮機（Air compressor）當氣體載體輸送系統，將空氣抽入系統中並用分子篩與活性碳純化成乾淨空氣（Clean air）送入樣品槽中將待測分子脫附。當待測分子開始脫附時，石英晶片振盪頻率（F）會如圖2-18(b)所示由C點回升，待測分子完全脫附後，振盪頻率會回到原來Time = 0時之振盪頻率（Fo，即圖2-18(b)中D點），換言之，此石英晶片可重複使用。

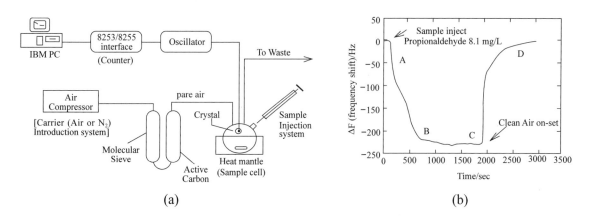

(a) 　　　　　　　　　　　　　　(b)

圖2-18　氣體壓電石英晶體感測器之(a)偵測系統，與(b)用塗佈C60晶片吸附並偵測氣中丙醛分子所得石英晶片頻率變化（ΔF）圖及其與石英晶片表面吸附丙醛質量（ΔM）關係。（原圖取自[36]：Y. C. Chao and J. S. Shih, Anal. Chim. Acta , 374, 39 (1998)）

　　石英壓電晶體感測器（PZ）只要石英晶片上吸附劑選擇得宜，可用來偵測幾乎所有有機或無機化合物，所以石英壓電晶體感測器可視爲一通用型偵測器（Universal detector）。然因石英壓電晶體感測器通用型偵測器，雖可用來偵測幾乎所有化合物，可做爲各種化合物之定量，若想做化合物之定性就必須和層析（氣體層析或液體層析）或電化學技術合用，就可同時做各種化合物定性及定量之用。換言之，石英壓電晶體感測器（PZ）用來做氣體層析（GC）與液體層析（LC）可偵測（定量和定性）所有化合物之通用型偵測器。

　　圖2-19(a)爲用來分離及分析一含各種醇類（ROH）樣品之**氣體層析-壓電晶體偵測器**（GC-PZ）偵測系統基本結構圖，此GC-PZ偵測系統包括C-RCA型GC儀，壓克力壓電晶體偵測器（PZ，外接振盪線路（Oscillation circuit)），熱導偵測器（TCD, Thermal conductivity detector），分離管柱（Separation column），參考管柱（Reference column），注入器（Injector），載體N_2輸送系統及微電腦。分析樣品注入後由載體N_2送入分離管柱分離樣品中各種醇類（ROH），分離後各種醇類化合物先經壓電晶體偵測器（PZ）偵測，所得PZ層析圖如圖2-19(b)所示。

　　然後這些醇類化合物再經熱導偵測器（TCD，傳統通用型GC偵測器），所得TCD層析圖（圖2-19(c)）。由圖2-19(b)之PZ層析圖及圖2-19(c)之TCD層析圖比較，可看出壓電晶體偵測器（PZ）和熱導偵測器（TCD）一樣可用來偵測所有各種醇類化合物，也可當一種通用型GC偵測器。另外，由圖2-19(b)及圖2-19(c)比較可看出PZ偵測器比TCD偵測器有較強的感應訊號（訊號／雜訊比）。換言之，價格低廉（< 600 US$）的壓電晶體偵測器（PZ，含計頻器）比價格較高（>3000 US$）市售的熱導偵測器（TCD）可有較高靈敏度。

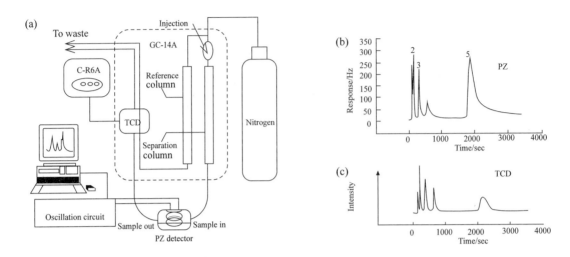

圖2-19 氣體石英壓電晶體感測器（PZ）當氣體層析儀（GC）偵測器(a)GC-PZ系統結構圖及(b)PZ偵測各種醇類之層析圖和(c)傳統氣體層析TCD(Thermal Conductivity Detector）偵測器層析圖比較。1. Water, 2. Methanol, 3. Ethanol, 4. Propanol, 5. Butanol,.（原圖取自[37]：P. Chang and J. S. Shih, Anal. Chim. Acta, 360, 61 (1998)）

2-4. 液體壓電晶體感測器

石英壓電晶體感測器（Piezoelectric quartz crystal sensor）亦可用來偵測液體樣品，成液體壓電晶體感測器（Liquid-PZ sensor）。同樣地，只要選擇適當塗佈在石英晶片上吸附劑，以吸附與偵測液體樣品中之生化物質（如抗體或抗原、葡萄糖、蛋白質等），陰陽離子（如重金屬離子Hg^{2+}、Ag^+、Cu^{2+}、Cd^{2+}和NO_2^-、CN^-、CrO_4^{2-}）及有機分子（如有機酸（RCOOH））、有機胺（RNH_2）及酯類（RCOOR'）。圖2-20(a)為典型液體壓電晶體感測器之基本結構圖，圖中含塗佈有吸附劑之石英晶片、振盪線路（Oscillator circuit）、樣品槽及頻率計數系統等壓電晶體感測器之基本元件，圖中頻率計數系統是採9400F/V-OPA-ADC-微電腦系統，首先將由石英晶片出來的頻率（F）訊號經9400 F/V轉換成電壓（V）訊號，再經運算放大器（OPA）放大，然後將放大的電壓訊號經類類比／數位轉換器（ADC）轉換成數位訊號傳入微電腦做數據處理及繪圖。當然亦可用價格較昂貴的市售頻率計數器

（Frequency counter）當頻率計數系統。在液體壓電晶體感測器中需加一脫附液體儲存槽（Desorption cell），用以沖洗石英晶片上被吸附劑吸附的待測液體分子，以便使塗佈吸附劑之石英晶片可再重複使用。圖2-20(a)中石英晶片上所塗佈的吸附劑爲C60-Anti IgG以吸附及偵測生化樣品中IgG抗體含量。圖2-20(b)爲塗佈C60-Anti IgG之石英晶片細部結構圖。圖2-20(c)爲當注入IgG抗體樣品時（A點），會被晶片上吸附劑吸附而使石英晶片表面重量增加，石英振盪頻率因而會如圖所示隨時間而下降。但若其間注入純水（B點）將被吸附的IgG抗體沖洗脫附，石英晶片表面重量會因而減少，故石英振盪頻率會如圖所示，回升至原來頻率（C點）。圖2-20(d)爲頻率變化訊號和IgG.濃度關係所建立的標準曲線圖（Calibration curve）。由頻率變化訊號大小就可依圖推算IgG抗體含量。

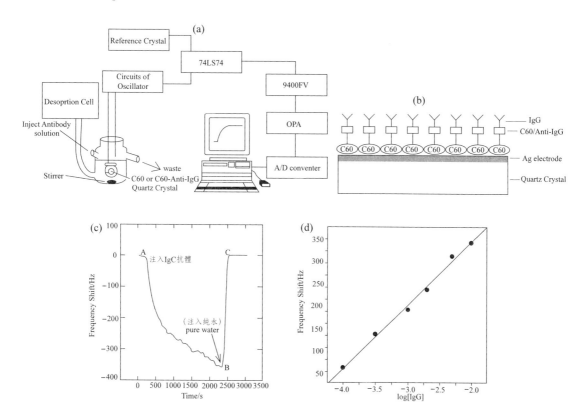

圖2-20　塗佈C60-Anti-IgG液體石英壓電晶體感測器偵測抗體IgG之(a)結構圖，(b)塗佈C60-Anti-IgG石英晶片，(c)頻率訊號和時間關係圖及(d)頻率訊號和IgG.濃度關係圖（原圖取自[47]：N.Y. Pan and J.S. Shih, Sensors & Actuators, 98,180 (2004)）

在液體石英壓電晶體感測器技術中，有時很難找到適當石英晶片上吸附劑以吸附待測液體分子（S），此時可在樣品槽中放入一藥劑（Reagent, R），先將待測分子（S）轉換成可被吸附劑（A）吸附的可偵測分子（C），以便偵測。過程如下：

$$S（樣品分子）+ R（藥劑）\rightarrow C（轉換後分子或離子）\qquad（2\text{-}2）$$
$$C + A（吸附劑）/ 晶片 \rightarrow C\text{-}A（吸附劑）/ 晶片 \qquad（2\text{-}3）$$

以用液體石英壓電晶體感測器偵測生化液體樣品中脂肪酯類L-Amino acid ester為例，如圖2-21(a)所示，首先先用塗佈碳六十／脂肪分解酵素（C60-lipase）濾片上之脂肪分解酵素（lipase）將待測物L-Amino acid ester水解成胺基酸L-Amino acid（但D型之D-Amino acid ester不會被lipase酵素催化水解），反應如下：

$$\underset{\text{D,L-Amino acid ester}}{H_2N-\overset{R}{\underset{|}{C}}H-COOR'}+H_2O \xrightarrow{\text{lipase}} \underset{\text{L-Amino acid}}{H_2N-\overset{\blacktriangledown}{\overset{R}{C}}H-COOH} + \underset{\text{D-Amino acid esters}}{H_2N-\overset{\overline{\underline{R}}}{C}H-COOR'} \qquad（2\text{-}4）$$

然後利用塗佈C60-Cryptand22石英晶體（如圖2-21(a)）上之吸附劑吸附被lipase酵素催化水解所產生的胺基酸L-Amino acid，然後使石英晶體之振盪頻率下降（如圖2-21(b)所示），由頻率下降（ΔF）訊號可計算出液體樣品中原有的L-Amino acid ester含量。

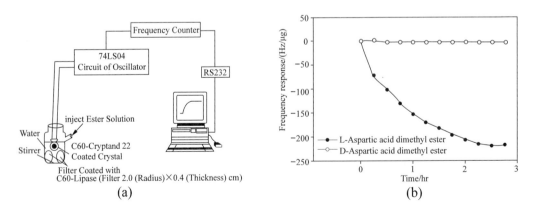

圖2-21　含塗佈C60-Lipase 濾片及塗佈C60-Cryptand22石英晶體之液體石英壓電晶體感測器的(a)結構圖與(b)偵測光學異構物D和L-Aspartic acid dimethyl esters（原圖取自[48]：C.H. Chen and J. S. Shih, Sensors and Actuators B 123, 1025 (2007)）.

　　液體石英壓電晶體感測器亦可當液體層析儀（LC）之偵測器形成LC-PZ偵測系統，圖2-22(a)為LC-PZ（液體層析-壓電偵測系統）結構示意圖，而圖2-22(b)及圖2-22(c)分別為應用此LC-PZ偵測系統分離及偵測各種有機胺類（Amines）及各種金屬離子之層析圖。如圖2-22(a)所示，此LC-PZ偵測系統含HPLC液體層析儀（主要含幫浦（Pump）與管柱（Column）），壓克力壓電晶體偵測器（PZ，外接振盪頻率產生線路（Oscillating frequency generator）），紫外線／可見光偵測器（UV/VIS detector）（做為偵測各種有機胺類參考偵測器）或導電偵測器（Conductivity detector）（做為偵測各種金屬離子參考偵測器）及微電腦介面（Computer interface）和微電腦。從HPLC液體層析管柱分離出來的各種有機胺類或金屬離子分別先經UV/VIS偵測器或導電偵測器偵測，然後再流經壓電晶體偵測器（PZ）偵測，然後將這些偵測器輸出訊號都經微電腦介面轉換成數位訊號，再輸入微電腦做數據處理及繪層析圖。由圖2-22(b)之UV/VIS層析圖與PZ層析圖可看出，壓電晶體偵測器（PZ）可偵測各種（五種）有機胺類，但常用在液體層析之UV/VIS偵測器卻只能測出一種胺類（Aniline），再次證明壓電晶體偵測器（PZ）通用性。

　　另外，液體壓電晶體感測器（PZ）亦可相當靈敏用來做偵測各種陰陽離子之液體層析偵測器。如圖2-22(c)所示，利用塗佈Dibenzo-16-crown-5-oxy-dodecanic acid冠狀醚（Crown ether）之LC-PZ偵測各種金屬離子。若石英晶片上塗佈的吸附劑改用大環胺醚（Cryptand）衍生物（如圖2-23(a)所用的雙十二烷大環胺醚（$(C_{12}H_{25})_2$-Cryptand 22）），則只要控制樣品槽溶液的pH值，用同一吸附劑就可偵測陽離子，亦可偵測陰離子。如圖2-23(a)所示，當溶液接近中性時（如圖2-23(a)(A)），大環胺醚可吸附樣品中各種陽離子（如M^+）形成錯合物，此時液體壓電晶體感測器就可用來偵測各種陽離子（如圖2-23(b)）。然當溶液接近酸性（pH<5）時（如圖2-23(a)(B)），大環胺醚環上的N原子會質子化（Protonation）成帶正電的NH^+，因而可吸附樣品中各種陰離子（如X^-）形成$-NH^+X^-$錯合物，此時液體壓電晶體感測器就可用來偵測各種陰離子（如圖2-23(c)）。如此，用同一部液體壓電晶體感測器及同一吸附劑晶片塗佈物，只要利用控制樣品pH值，就可偵測陽離子，亦可偵測陰離子了。

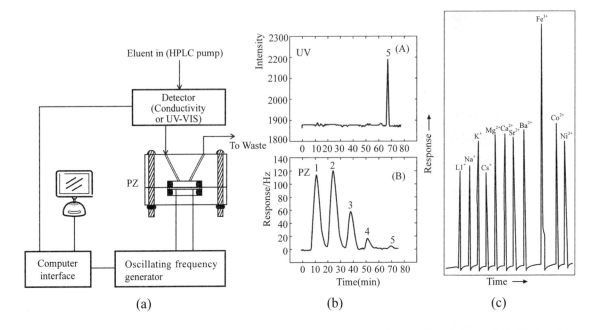

圖2-22.　石英壓電晶體感測器（PZ）當液體層析儀（LC）偵測器(a)塗佈雙十二烷大環胺醚（(C$_{12}$H$_{25}$)2-Cryptand 22）之LC-PZ系統結構圖及應用偵測水溶液中，(b)各種有機胺類（Amines）[49.4]（1. Propyl amine, 2. Butyl amine, 3. Trimethyl amine, 4. Acetyl amide, 5. Aniline）及(c)塗佈冠狀醚（dibenzo-16-crown-5-oxydodecanic acid）之LC-PZ偵測各種金屬離子[50.4]（原圖取自：(a)(b) C. S. Chiou and J. S. Shih（本書作者），Anal. Chim. Acta, 392,125 (1999)[49]；(c) Y. S. Jane and J. S. Shih, Analyst, 120, 517 (1995)[50]）

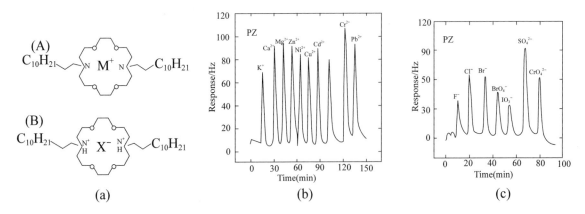

圖2-23.　液體層析-石英壓電晶體感測器（LC-PZ）應用塗佈(a)雙十二烷大環胺醚（(C$_{12}$H$_{25}$)$_2$-Cryptand 22）之石英晶體偵測，(b)各種陽離子及(c)各種陰離子（原圖取自[49]：C. S. Chiou and J. S. Shih, Anal. Chim. Acta, 392,125 (1999)）

2-5.　多頻道壓電晶體感測器及電腦物種分析法

本節將介紹可同時偵測多種化合物之多頻道壓電晶體感測器（Multi-channel piezoelectric crystal sensors）和用來鑑別樣品中各種化學成分定性及定量之電腦物種分析法（Computer analysis for sample components），如主成分分析法（Principal component analysis, PCA）、倒傳遞神經網路分析（Back-propagation neural network, BPN）及多元線性回歸分析法（Multivariate linear regression (MLR) analysis）。

2-5.1.　多頻道壓電晶體感測器

因一般石英壓電晶體感測器（PZ）只設計一個石英晶片，只能偵測一種化合物，若想同時偵測多種化合物就必須設計如圖2-24所示的**多頻道石英壓電晶體感測器**（Multi-channel quartz piezoelectric crystal sensor）[51]。在多頻道壓電感測器（圖2-24）中，在樣品槽中設計一含多個石英壓電晶片之多頻道晶片系統並在每個晶片上塗上不同的吸附劑，以吸附樣品中不同的化合物分子。此多頻道系統可利用多頻道繼電器（Relay）系統選擇各頻道，撰寫電腦程式使振盪線路（Oscillation circuit）依序和每個石英晶片連接，並依序將各個石英晶片之輸出頻率訊號送至計數器（Counter）轉換成數位訊號經8255介面晶片傳至微電腦做數據處理及繪每一頻道頻率／時間關係圖。圖2-25為利用六頻道壓電感測器偵測氣體樣品中甲醇（CH_3OH）、二硫化碳（CS_2）及丙醛（CH_3CH_2CHO）之六頻道雷達圖（Radar profile discrimination map）。由圖可知，甲醇分子只會被塗佈高分子Polyvinyl pyrrolidone（PVP）當吸附劑之石英晶片吸附而有頻率改變訊號，而二硫化碳及丙醛則只會分別被塗佈C60/PPA（Polyphenyl acetylene）及Cryptand-22（CP-22）之石英晶片吸附而有訊號。如此一來就可由不同頻道石英晶片所出來的頻率改變訊號去計算樣品中各種化合物分子（甲醇、二硫化碳及丙醛）之個別含量。圖2-26為六頻道壓電晶體感測器之頻道選擇控制系統與振盪系統詳細線路圖，圖中用微電腦平行埠（Parallel Port）程式控制一驅動選擇器（IC 2003. Selector）選擇性啟

動六個繼電器（Relays）用來選擇頻道（Channel）與振盪器（Oscillator）
輸出，在六個頻道中分別具有塗怖不同吸附劑之六個石英晶片，每一晶片出來
之振盪頻率用計頻器（Frequency counter）計數成數位訊號經RS232介面傳
入微電腦做數據處理與繪圖。

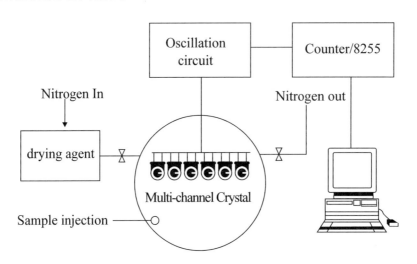

圖2-24　多頻道石英壓電晶體感測器之偵測系統圖（原圖取自[51]：Y. L. Wang and J.
S. Shih, J. Chin. Chem. Soc., 53, 1427 (2006)）。

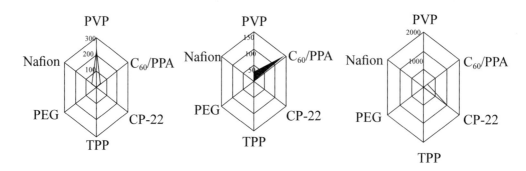

圖2-25　六頻道壓電感測器偵測氣體樣品中甲醇（CH$_3$OH）、二硫化碳（CS$_2$）及丙
醛（CH$_3$CH$_2$CHO）之六頻道雷達圖。六頻道晶片上吸附劑：(1)Polyvinyl
pyrrolidone (PVP), (2)C$_{60}$-Polyphenyl acetylene (C$_{60}$-PPA), (3)Cryptand-22
(CP-22), (4)Triphenyl phosphine (TPP), (Polyethylene glycol (PEG), (6)
Nafion。（原圖取自[51]：Y. L. Wang and J. S. Shih, J. Chin. Chem. Soc., 53,
1427 (2006)）。

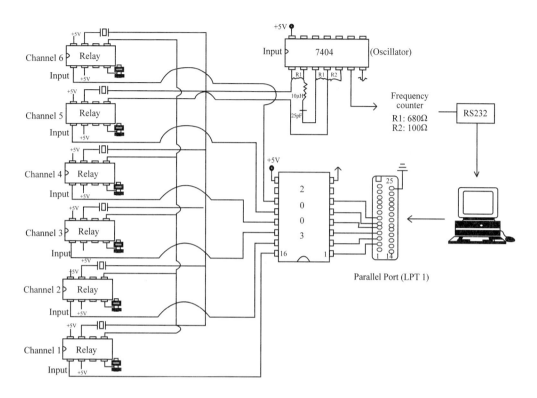

圖2-26　六頻道壓電晶體感測器之頻道選擇控制系統及振盪系統線路圖（原圖取自[52]：C. C. Chen and J. S. Shih, J. Chin. Chem. Soc., 55, 979 (2008)）。

　　在多頻道石英壓電晶體感測器中，每一石英晶片上之吸附劑對樣品中各種成分都會有不同吸附力，也就會有不同振盪頻率輸出。如圖2-27所示，塗佈SE30（Poly (dimethyl siloxane）之石英晶片對樣品中各種有機分子（octane, styrene, hexyne, chloroform, benzene, hexane）之感測頻率時間變化圖。可知SE30吸附劑對octane（辛烷）與styrene（苯乙烯）吸附較好，對其他四種有機分子吸附就相當弱。反之，每一有機分子對不同石英晶片上塗佈的不同吸附劑也會有不同感測頻率，如圖2-28所示，各頻道之石英晶片上各種塗佈吸附劑對苯乙烯（styrene）吸附感測頻率變化圖，由圖可知吸附劑Polyisobutylene,SE30與Cholesteryl chlorofomate對苯乙烯分子吸附感應力比其他吸附劑較強。

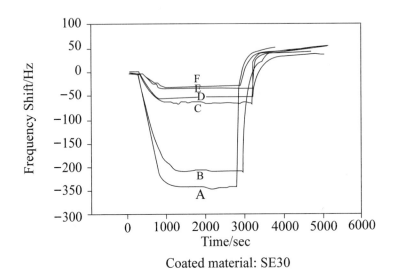

Coated material: SE30

圖2-27　塗佈SE30(10μg)之石英晶片對樣品中各種有機分子(A) octane (9.59 mg/L)，
(B) styrene (13.86 mg/L), (C) hexyne (12.43 mg/L), (D) chloroform (7.75mg/
L)，(E) benzene (12.71 mg/L) and (F) hexane(9.51 mg/L）之感測頻率變化
圖（原圖取自[52]：C. C. Chen and J. S. Shih, J. Chin. Chem. Soc., 55,979
(2008)）

Styrene concentration (13.86mg/L)

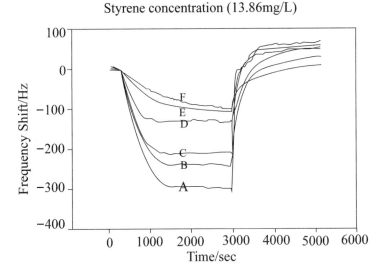

圖2-28　六頻道石英壓電晶體感測器中各石英晶片上各種塗佈吸附劑(10 μg)：
(A) polyisobutylene，(B) SE30，(C) cholesteryl chlorofomate，(D) Ag(I)/
cryptand-2,2/NH3/ethylene diamine/PVC，(E) 4-tCA[6]及(F) C60-PPA對
styrene（苯乙烯）吸附感測頻率時間變化圖（原圖取自[52]：C. C. Chen and
J. S. Shih, J. Chin. Chem. Soc., 55,979 (2008)）

2-5.2. 主成分分析法

　　主成分分析法（Principal component analysis, PCA）為電腦物種分析法（Computer analysis for sample components）之一種，其主要利用電腦程式（如PCA-SAS程式）將許多偵測元件與各種被偵測物各自分類並一一比對，看兩者是否屬於會互相吸引的同類，同類性越高就表示這偵測元件是適當的。　主成分分析法（PCA）用在多頻道石英壓電晶體感測器中是用來找出適當塗佈吸附劑以分辨樣品中各種成分分子並可一一作定性與定量分析。例如若要從22種塗佈吸附劑選擇6種適當吸附劑以塗佈在六頻道石英壓電晶體感測器以分辨一氣體樣品中Octane, Hexene, Benzene, Chloroform, Styrene及Hexyne等6種有機汙染物。圖2-29為主成分分析法之進行步驟，首先（步驟(1)）偵測塗佈此22種吸附劑之石英晶片對擬分析的此6種有機分子之吸附及感應頻率訊號（Responses，如表2-1所示），然後將這些頻率訊號（6×22個訊號）讀入主成分分析SAS統計程式計算（圖2-29步驟(2)），可得（圖2-29 步驟(3)）如表2-2所示的塗佈物和待測有機汙染物分子間之相關關係矩陣（Correlation matrix）主成分分析摘要表（PCA summary table）之特徵值（Eigenvalues）和特徵向量（Eigenvectors，含Difference（相差）、Proportion（所占比率）、Cumulative（累積關係係數）），此相關關係矩陣總共為22組（22種塗佈吸附劑）×4項。此主成分分析摘要表之用處在於由此表可歸納塗佈物和待測有機分子間之相關作用力種類（如極性對極性作用力或非極性對非極性作用力），那到底有多少種之相關作用力？由表2-2中可看出在PC項次（主成分項次6以後（項次6~22））之特徵值及三個特徵向量之值皆一樣。換言之，這些塗佈物和待測有機分子間之相關作用力可總括成5種作用力，又稱5個主成分因子（PC factors）。接下去（圖2-29步驟(4)）就要計算這22種塗佈吸附劑和這5個主成分因子關係係數（PCA Correlation coefficients），即這些吸附劑和這5個主成分因子（作用力）之關係。表2-3為此22種塗佈吸附劑和這5個主成分因子相關係數總表，若一塗佈吸附劑的和這5個主成分因子相關係數大，就表示此吸附劑為適當吸附劑足以分辨樣品中這些待測有機分子。通常選出步驟（一）先選出Factor 1係數（絕對值）大於0.5及Factors 2~5中有一個係數大於0.5之吸附劑，如表2-3所示，附合此條件之吸附劑有

Poly(dimethylsiloxane)(SE-30)、Polyisobutylene、C60-Polyphenylacety-lene等三種。步驟（二）選Factors 1~5中有一係數特大，由表2-3可選出Cho-lesteryl chloroformate(Factor 1 = 0.94914)、Ag（Ⅰ)/cryptand-2,2/NH₃/en/PVC(Factor 3 = 0.89989）等二個吸附劑，步驟（三）再選一個Factors 1~5各因子係數平均值大者，由表2-3可選出4-tert-Butylcalix[6]arene (4-tCA)，如此就可選出六個適當塗佈吸附劑（圖2-29步驟(5)）以組成六頻道石英壓電晶體感測器以分辨一氣體樣品中各有機汙染物分子。

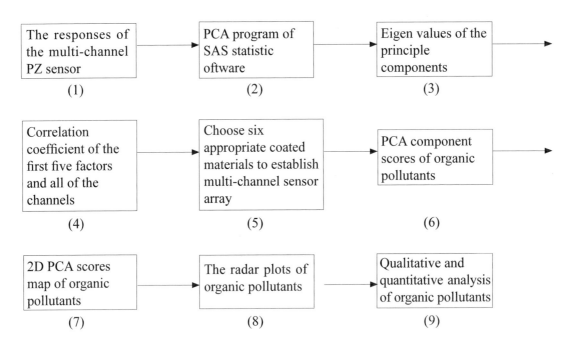

The responses of the multi-channel PZ sensor	PCA program of SAS statistic oftware	Eigen values of the principle components
(1)	(2)	(3)

Correlation coefficient of the first five factors and all of the channels	Choose six appropriate coated materials to establish multi-channel sensor array	PCA component scores of organic pollutants
(4)	(5)	(6)

2D PCA scores map of organic pollutants	The radar plots of organic pollutants	Qualitative and quantitative analysis of organic pollutants
(7)	(8)	(9)

圖2-29　主成分分析法（Principal component analysis）之進行步驟

（原圖取自[52]：C. C. Chen and J. S. Shih, J. Chin. Chem. Soc., 55,979 (2008)）.

　　為檢驗所選擇的塗佈吸附劑是否得宜正確，需利用主成分分析PCA-SAS程式（PCA-SAS program）計算（圖2-29步驟(6)）所選的六種吸附劑對待測有機汙染分子之各主成分因子（PCA Factors 1~5）相關係數相對感應主成分分數（PCA Component scores）並用Factor 1主成分分數對Factor 2主成分分數作圖（圖2-29步驟(7)），即圖2-30所示的主成分分析之PRIN1(Factor 1)/PRIN2(Factor 2)二維主成分分數散佈圖（PCA Scores Map）。由圖2-30可看出這些待測有機分子中Octane、Hexene、Chloroform、Styrene都可清晰

獨力分辨，只有Benzene及Hexyne互相分分辨不很好（有點混在一起），這表示所選的六種吸附劑雖可分辨大部分待測有機汙染分子，但不盡完美，換言之，所選的六種吸附劑不完全合適，爲要完美需重選。然對可分辨的待測有機汙染分子則可進一步（圖2-29步驟(8)）繪六頻道吸附劑對待測有機分子感應頻率訊號之雷達圖（Profile discrimination map, Radar map）如圖2-31所示）做定性分析。然後再應用六頻道吸附劑對每一種待測有機分子之感應頻率訊號之工作曲線圖用本章2-5.4節所介紹的多元線性回歸分析法（Multivariate Linear Regression (MLR) Analysis）做定量分析（圖2-29步驟(9)）以計算出每一待測有機分子在樣品中含量。

表2-1　塗佈各種塗佈物之多頻道壓電感測晶片對樣品中各種有機分子（部分）頻率感應訊號

晶片塗佈物（Coating material）	Octane	Hexene	Benzene	Chloroform	Styrene	Hexyne
Poly(vinylidene fluoride)	101	191	150	202	279	172
Ag(Ⅰ)/cryptand-2,2	36	22	19	20	29	28
Polysulfone resin	30	34	55	78	56	32
Cholesteryl chloroformate	150	82	101	357	119	60
Fullerenes(C60)	74	62	36	33	70	42
Poly(dimethylsiloxane) (SE-30)	304	83	60	145	220	213
α-cyclodextrin	39	36	39	31	21	27
Calix[4]arene	32	25	25	45	105	31
Polyisobutylene	379	123	105	178	441	163
β-cyclodextrin	43	148	75	102	263	97
4-tert-Butylcalix[6]arene	236	162	205	400	460	330
α-cyclodextrin	39	36	39	31	21	27
Ag(Ⅰ)/cryptand-2,2/NH₃ /Ethylene diamine/PVC	39	420	55	145	206	146
Polyvinylacetate	16	25	27	47	109	26
C60-Polyphenylacetylene (C60/PPA)	38	67	64	324	227	159
Polystyrene	30	31	78	105	200	58

(a)原表取自[52]：C. C. Chen and J. S. Shih, J. Chin. Chem. Soc., 55,979 (2008).
(b)總共試用22種塗佈吸附劑，表中僅列其中16種塗佈吸附劑對這些有機分子之頻率訊號。

表2-2 塗佈物和待測有機分子間之相關關係矩陣（Correlation matrix）主成分分析摘要表（PCA summary table）之特徵值（Eigenvalues和特徵向量（Eigenvectors）：Total = 22種塗佈物

PC項次	Eigenvalue	Difference	Proportion	Cumulative
1	13.159	8.7882	0.5982	0.5982
2	4.3712	1.9802	0.1987	0.7968
3	2.3909	0.8617	0.1087	0.9055
4	1.5292	0.9799	0.0695	0.9750
5	0.5493	0.5493	0.0250	1.0000
6	0.0000	0.0000	0.0000	1.0000
7	0.0000	0.0000	0.0000	1.0000
8~22	0.0000	0.0000	0.0000	1.0000

（原表取自[52]：C. C. Chen and J. S. Shih, J. Chin. Chem. Soc., 55, 979 (2008)）.

表2-3 應用各種不同晶片塗佈物（吸附劑）之各頻道的前五個主成分因子（Factors）之相關係數（correlation coefficients）

Coating Materials (Adsorbents)	Factor1	Factor2	Factor3	Factor4	Factor5
Poly(vinylidene fluoride)	0.82204	-0.42754	0.36794	-0.04054	0.06663
Ag(Ⅰ)/cryptand-2,2	0.19441	0.92425	-0.23918	-0.22526	0.0032
Polysulfone resin	0.41481	-0.71619	-0.5197	0.17792	0.11516
ΔCholesteryl chloroformate	0.94914	0.30387	0.07676	0.00528	0.02978
Fullerenes(C60)	0.36007	0.76223	0.33286	0.35233	0.2333
ΔPoly(dimethylsiloxane)(SE-30)	0.53781	0.75886	-0.32823	-0.41641	0.16998
α-cyclodextrin	-0.90445	0.17368	-0.00837	0.38565	0.05482
Calix[4]arene	0.99534	0.01863	-0.01826	0.08753	-0.03105
ΔPolyisobutylene	0.7213	0.61888	-0.20866	0.06258	0.22196
β-cyclodextrin	0.8293	-0.17835	0.51994	0.09542	0.03189
Δ4-tert-Butylcalix[6]arene (4-tCA)	0.8379	-0.19416	-0.29374	-0.41468	0.04456
ΔAg(Ⅰ)/cryptand-2,2/NH₃/Ethylene diamine(en)/PVC	0.03127	-0.23774	0.89989	-0.06523	0.3584
Polyvinylacctate	0.98806	-0.14614	-0.00527	0.04819	-0.00503
ΔC60-Polyphenylacetylene(C60/PPA)	0.56965	-0.57411	-0.24021	-0.46522	0.2679

（下頁繼續）

（接上頁）

Coating Materials (Adsorbents)	Factor1	Factor2	Factor3	Factor4	Factor5
Polystyrene	0.94191	−0.29316	−0.11717	0.07243	−0.08878

(1)Factors 2-4（中間一個）> 0.5（絕對值），(2)Factor 1 > 0.5，(3) Factors 1-5平均數大者（如Cholesteryl chloroformate），(4) △：被選塗佈物（Selected coating material）。
（原表取自[52]：C. C. Chen and J. S. Shih, J. Chin. Chem. Soc., 55,979 (2008)）.

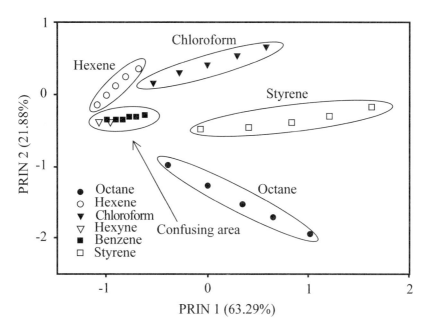

圖2-30　主成分分析之PRIN1(Factor 1)/PRIN2(Factor 2)主成分分數散佈圖（PCA Scores Map）。（原圖取自[52]：C. C. Chen and J. S. Shih, J. Chin. Chem. Soc., 55,979 (2008)）.

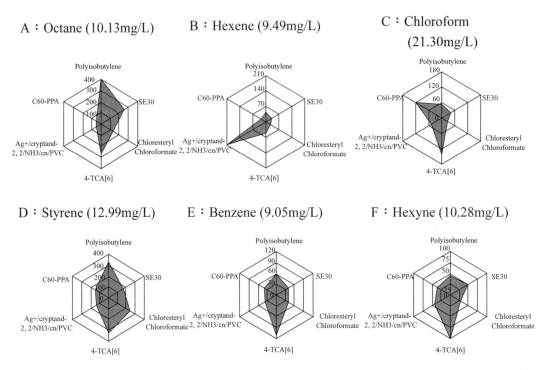

圖2-31 各種待測有機氣體之六頻道壓電感測器感應頻率雷達圖。（原圖取自[52]：
C. C. Chen and J. S. Shih, J. Chin. Chem. Soc., 55,979 (2008)）.

2-5.3. 倒傳遞神經網路分析法（BPN）

　　人體神經網路（Neural network）是由外在刺激神經末梢並發送神經傳送（Neural transmitter）刺激神經網路將訊號傳入神經中樞。若反過來，由人工製成的神經中樞裝置（如電腦）經利用相關資料學習及訓練和判斷過程，然後將判斷過的外在刺激之資料經人工電腦神經網路送出來（給人類），這種電腦分析法就叫倒傳遞神經網路分析法（Back-propagation neural network, BPN），而此倒傳遞神經網路（BPN）屬於人工神經網路（Artificial neural network, ANN）之一種。對多頻道石英壓電感測器來說，倒傳遞神經網路（BPN）和前一節（2-5.2節）所述的主成分分析法（PCA）功能不同，PCA法主要是用來選擇適當石英晶片吸附劑以分辨樣品中各種成分分子，而BPN卻是利用執行BPN-SAS程式進一步確認各種成分分子屬於何物。在此倒神經網路（BPN）分析法中電腦需先經學習（Learning in BPN）與訓練（Training in BPN）才會有判斷外在刺激資料之能力，同時在此法應用在多頻道石英壓電感測器中不只用各頻道石英晶片之原始頻率訊號，而且用加權過的頻率訊號來做判斷，故在此法中除輸入層及輸出層外含有大於1之隱藏層（Hidden layers (n) in BPN，若n=2，表示加權2次）。

　　圖2-32為一般倒傳遞神經網路分析法（BPN）之實驗步驟（Experimental flowchart）。首先如圖2-32中步驟(1)所示，先將已用塗佈有經主成分分析法（PCA）選出適當吸附劑之六頻道石英晶片對已知樣品中六種待分析有機物之頻率感應訊號（Response signals）讀入BPN-SAS程式（BPN-SAS program）中並設定BPN參數（步驟(2)）並組成BPN訓練數據組（Training set data，圖2-32步驟(3)）。然後利用六頻道石英壓電感測器訊號及BPN程式探討電腦學習速率效應（Learning rate effect）以確定何種學習速率判斷誤差最小（圖2-32步驟(4)）。例如由圖2-33(a)可看出學習速率越大，所需學習次數也就越大，而當學習速率 ≤ 0.35次／秒及學習次數≤1000時，誤差（Error rate）就可為0（無誤差），而如圖2-33(b)所示所需學習次數（Learning cycles）只要大於一定次數（圖2-33(b)之A點）後，誤差就可為0。接下去要決定此六頻道壓電感測器偵測有機分子的BPN分析法中所需加權之隱藏層層數（圖2-32步驟(5)）才可使誤差為0。如圖2-34所示，用學習速率 = 0.35，學習次數 = 1000時，只要隱藏層層數為3時，就可得誤差為0。所以這整個六頻道偵測六種待分析有機物之BPN系統應為6（Input，訊號）- 3（隱藏層）- 6（Output，鑑別6種待測有機物），這6-3-6 BPN系統如圖2-35所示。BPN系統確立後，就要用此系統先試用測試樣品估算此系統之正確性（圖2-32步驟(6)）。表2-4為此6-3-6 BPN系統偵測每一待測有機氣體之測試數據（Testing data），由表中可知每一種待測有機氣體皆可精確判斷。例如A1樣品含辛烷（Octane），由其理論輸出值（Theoretic output）[1, −1, −1, −1, −1, −1]和實際輸出值（Output）[1, −1, −1, −1, −1, −1]完全一樣（+1表存在，−1表不存在），就可精確判斷（Judgment）原樣品中含有辛烷（Octane）。如測試後若有不完美就要調整BPN參數（圖2-32步驟(7)、(8)），但若測試美滿，就可利用此BPN系統應用在未知樣品中各成分之定性及定量（圖2-32步驟(9)），BPN系統主要應用在分析物定性，而定量則需用下一節（2-5.4節）之多元線性回歸分析法。BPN系統亦可應用在混合氣體樣品分析，圖2-36為六

頻道壓電感測器偵測含三種有機物之混合氣體樣品之6-3-3 BPN系統，而表2-5
為混合氣體樣品應用此6-3-3 BPN分析法（BPN）之測試數據，由表可知每一
種含兩種有機氣體之樣品皆可精確判斷。例如含Octane & Hexyne 之B1樣品，
其理論輸出值和實際輸出值皆為[1，−1，1]（兩個+1表示有兩種成分存在），
表示此6-3-3 BPN系統可完全精確判斷混合氣體樣品之成分。

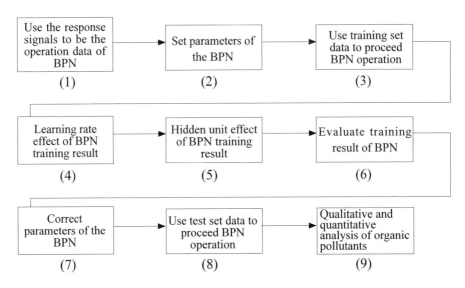

圖2-32　倒傳遞神經網路分析法（BPN）之實驗步驟（Experimental flowchart）（原
　　　　圖取自[52]：C. C. Chen and J. S. Shih, J. Chin. Chem. Soc., 55,979 (2008)）

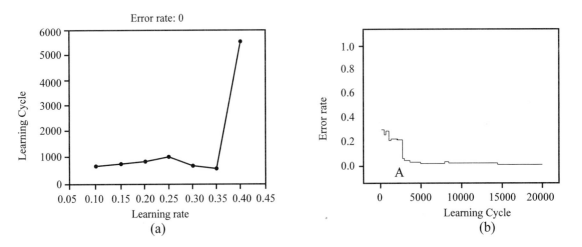

圖2-33　六頻道壓電感測器偵測有機分子的倒傳遞神經網路分析法（BPN）中之(a)
　　　　學習速率（Learning rate，次／秒）與(b)學習次數（Learning cycles）效
　　　　應。（原圖取自[52]：C. C. Chen and J. S. Shih, J. Chin. Chem. Soc., 55,979
　　　　(2008)）.

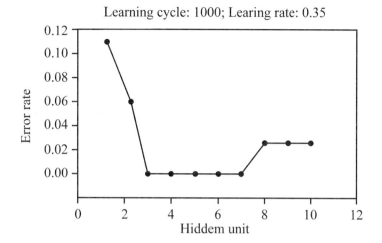

圖2-34　六頻道壓電感測器偵測有機分子的倒傳遞神經網路分析法（BPN）中之隱藏層數目效應（學習速率=0.35，學習次數=1000）。（原圖取自[52]：C. C. Chen and J. S. Shih, J. Chin. Chem. Soc., 55,979 (2008)）.

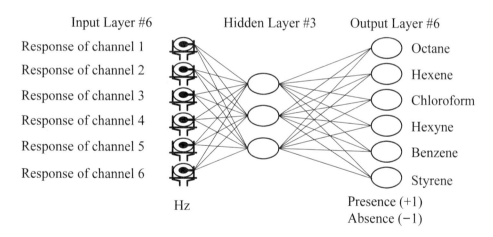

圖2-35　六頻道壓電感測器偵測六種有機分子的倒傳遞神經網路分析法（BPN)6-3-6結構（6輸入頻道，3隱藏層，6-BPN輸出）與步驟示意圖。（原圖取自[52]：C. C. Chen and J. S. Shih, J. Chin. Chem. Soc., 55,979 (2008)）.

表2-4 倒傳遞神經網路分析法（BPN）偵測每一有機待測氣體之測試數據（Testing data）.

Sample#[a]	Input/Hz（六頻道訊號）[b]	Output[c]	Theoretic output[d]	Judgment
A1(Octane)	[231,183,72,182,27,24]	[1,−1,−1,−1,−1,−1]	[1,−1,−1,−1,−1,−1]	Octane
A2(Octane)	[345,262,110,230,36,31]	[1,−1,−1,−1,−1,−1]	[1,−1,−1,−1,−1,−1]	Octane
B1(Hexene)	[36,24,15,36,122,5]	[−1,1,−1,−1,−1,−1]	[−1,1,−1,−1,−1,−1]	Hexene
B2(Hexene)	[48,29,21,51,162,15]	[−1,1,−1,−1,−1,−1]	[−1,1,−1,−1,−1,−1]	Hexene
C1(Chloroform)	[75,65,39,229,82,177]	[−1,−1,1,−1,−1,−1]	[−1,−1,1,−1,−1,−1]	Chloroform
C2(Chloroform)	[104,87,53,289,104,235]	[−1,−1,1,−1,−1,−1]	[−1,−1,1,−1,−1,−1]	Chloroform
D1(Hexyne)	[34,37,19,72,33,17]	[−1,−1,−1,1,−1,−1]	[−1,−1,−1,1,−1,−1]	Hexyne
D2(Hexyne)	[45,54,28,96,41,35]	[−1,−1,−1,1,−1,−1]	[−1,−1,−1,1,−1,−1]	Hexyne
E1(Benzene)	[49,29,29,92,34,30]	[−1,−1,−1,−1,1,−1]	[−1,−1,−1,−1,1,−1]	Benzene
E2(Benzene)	[62,37,36,117,38,37]	[−1,−1,−1,−1,1,−1]	[−1,−1,−1,−1,1,−1]	Benzene
F1(Styrene)	[253,125,180,245,107,91]	[−1,−1,−1,−1,−1,1]	[−1,−1,−1,−1,−1,1]	Styrene
F2(Styrene)	[345,172,262,340,130,141]	[−1,−1,−1,−1,−1,1]	[−1,−1,−1,−1,−1,1]	Styrene

Total error rate = 0

(a)A1/A2, B1/B2, C1/C2, D1/D2, E1/E2, F1/F2皆為同一有機物，但濃度不同。

(b)六頻道晶片塗佈物依頻率訊號順序如下：Polyisobutylene, SE30, Cholestryl chloroformate, 4-tert-Butylcalix[6]arene, Ag^+/Cryptand-2,2/NH_3/en/PVC, C_{60}-PPA

(c)Output：實際輸出訊號，+1表存在，−1表不存在。

(d)Theoretic output：理論輸出訊號，+1表存在，−1表不存在。

（原表取自[52]：C. C. Chen and J. S. Shih, J. Chin. Chem. Soc., 55,979 (2008)）.

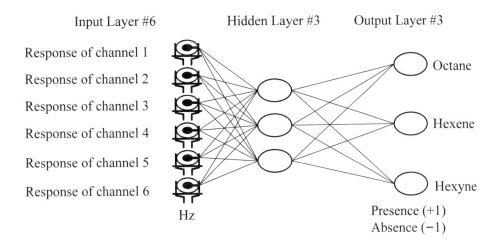

圖2-36 六頻道壓電感測器偵測含三種有機物之混合氣體樣品之倒傳遞神經網路分析法（BPN）6-3-3結構（6頻道，3隱藏層，3-BPN輸出）示意圖。（原圖取自[52]：C. C. Chen and J. S. Shih, J. Chin. Chem. Soc., 55,979 (2008)）.

表2-5 混合氣體樣品（含三種有機物）應用倒傳遞神經迴路分析法（BPN）之測試數據（Testing data）

Sample#[a]	Input/Hz[b]	Output[c]	heoretic[d] output	Judgment
A1	[80,20,3,113,124,21]	[1,1,−1]	[1,1,−1]	Octane & Hexene
A2	[142,66,61,157,160,32]	[1,1,−1]	[1,1,−1]	Octane & Hexene
A3	[275,144,113,224,264,38]	[1,1,−1]	[1,1,−1]	Octane & Hexene
B1	[86,42,30,156,26,16]	[1,−1,1]	[1,−1,1]	Octane & Hexyne
B2	[130,63,44,173,48,26]	[1,−1,1]	[1,−1,1]	Octane & Hexyne
B3	[201,114,67,205,75,34]	[1,−1,1]	[1,−1,1]	Octane & Hexyne
C1	[52,14,20,110,85,20]	[−1,1,1]	[−1,1,1]	Hexene & Hexyne
C2	[63,23,29,137,176,29]	[−1,1,1]	[−1,1,1]	Hexene & Hexyne
C3	[75,36,42,160,243,44]	[−1,1,1]	[−1,1,1]	Hexene & Hexyne
D1	[82,47,25,133,118,21]	[1,1,1]	[1,1,1]	Octane & Hexene & Hexyne
D2	[145,72,48,182,157,26]	[1,1,1]	[1,1,1]	Octane & Hexene & Hexyne

（下頁繼續）

（接上頁）

Sample#[a]	Input/Hz[b]	Output[c]	heoretic[d] output	Judgment
D3	[180,89,61,201,209,33]	[1,1,1]	[1,1,1]	Octane & Hexene & Hexyne
				Total error rate = 0

(a)A1/A2/A3, B1/B2/B3, C1/C2/C3, D1/D2/D3皆為同一混合有機樣品，但濃度不同。

(b)六頻道石英壓電晶片塗佈物：Polyisobutylene, SE30, Cholestryl chloroformate, 4-tert-Butylcalix[6]arene, Ag^+/Cryptand-2,2/NH_3/en/PVC, C_{60}-PPA

(c)Output：實際輸出訊號，+1表存在，-1表不存在，訊號順序：[Octane, Hexene, Hexyne]

(d)Theoretic output：理論輸出訊號，+1表存在，-1表不存在。

　（原表取自[52]：C. C. Chen and J. S. Shih, J. Chin. Chem. Soc., 55,979 (2008)）．

2-5.4.　多元線性回歸分析法

　　多頻道壓電感測器可用多元線性回歸分析法（Multivariate linear regression (MLR) analysis）來定量混合物樣品中每一成分之濃度，然多元線性回歸分析法（MLR）是建立在每一成分濃度（如成分A之濃度CA）與其在各頻道感應訊號（如成分A在頻道i之訊號X_{Ai}）皆為線性（直線）關係，故由其線性標準曲線（Calibration curve，如圖2-37）所得成分A在頻道i之回歸方程式（Regression equation）為：

$$X_{Ai} = s_{Ai} C_A + k_{Ai}（六頻道： i = 1\sim6）\tag{2-5a}$$

整理可得：
$$X_{Ai}/s_{Ai} = C_A + k_{Ai}/s_{Ai}\tag{2-5b}$$

即：
$$C_A = (1/s_{Ai})X_{Ai} + K_{Ai}\tag{2-6}$$

式中s_{Ai}及k_{A1}為標準曲線之斜率（或定為靈敏度（Sensitivity）和直線截距，$K_{Ai} = k_{Ai}/s_{Ai}$，故成分A之濃度（CA）和多頻道（如6頻道）之各頻道感應訊號之關係可得如下：

$$6C_A = [(1/s_{Ai})X_{A1} + K_{A1}] + [(1/s_{A2})X_{A2} + K_{A2}] + \cdots + [(1/s_{A6})X_{A1} + K_{A6}]\tag{2-7}$$

即：
$$C_A = [(1/s_{Ai})X_{A1} + K_{A1}]/6 + [(1/s_{A2})X_{A2} + K_{A2}]/6 + \cdots$$
$$+ [(1/s_{A6})X_{A6} + K_{A6}]/6\tag{2-8}$$

令：
$$K = K_{A1}/6 + K_{A2}/6 + K_{A3}/6 + K_{A4}/6 + K_{A5}/6 + K_{A6}/6\tag{2-9}$$

及
$$a_A = (1/s_{Ai}),\ b_A = (1/s_{A2}),\ c_A = (1/s_{A3}),\ d_A = (1/s_{A4}),$$

$$e_A = (1/s_{A5}), \ f_A = (1/s_{A6}) \qquad (2\text{-}10)$$

可得：$C_A = K + a_A X_{A1} + b_A X_{A2} + c_A X_{A3} + d_A X_{A4} + e_A X_{A5} + f_A X_{A6}$ （2-11）

式（2-11）爲成分A之6頻道多元回歸方程式（Regression equation）。同理，對混合物中成分B之濃度（C_B）和其在六頻道感應訊號（X_{B1}, X_{B2}, X_{B3}, X_{B4}, X_{B5}, X_{B6}）之多元回歸方程式爲：

$$C_B = K + a_B X_{B1} + b_B X_{B2} + c_B X_{B3} + d_B X_{B4} + e_B X_{B5} + f_B X_{B6} \qquad (2\text{-}12)$$

對各成分（y，如y = A或B）及總頻道（i，如i = 1,2,3,…）之多元回歸方程式一般式可寫成：

$$C_y = K + a_y X_{y1} + b_y X_{y2} + c_y X_{y3} + d_y X_{y4} + e_y X_{y5} + f_y X_{y6} + \cdots + i_y X_{yi} \qquad (2\text{-}13)$$

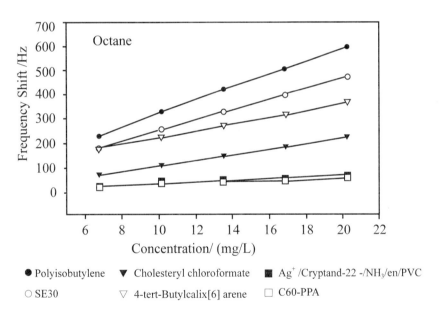

圖2-37　塗佈不同塗佈物之六頻道石英壓電晶片對辛烷（Octane）氣體的線性頻率感應圖（原圖取自[52]：C. C. Chen and J. S. Shih, J. Chin. Chem. Soc., 55, 979 (2008)）.

　　由式（2-11）和式（2-12）成分A及B之濃度和在各頻道訊號關係，可經執行多元線性回歸SAS電腦程式（MLR-SAS program）計算此混合物中之成分A與B之濃度（C_A及C_B）。表2-6爲利用六頻道壓電感測器偵測含 Octane, Hexene 及Hexyne之有機樣品中各成分之多元線性回歸方程式。利用

這些MLR回歸方程式與各頻道之感應頻率訊號就可計算樣品中待測有機物濃度，表2-7即為應用多元線性回歸（MLR）和六頻道偵測各單一有機物所得濃度之理論值與實測值和誤差，由表中可看出對各待測有機物濃度之實測值和理論值相當接近，其誤差範圍約為0.1～4.4 %而已，可見此多元線性回歸法（MLR）有相當好的精確性。除對單一有機物外，此MLR回歸分析法亦可應用在含有兩種有機物之混合氣體樣品。表2-8即為應用多元線性回歸（MLR）與六頻道偵測所得混合氣體中各成分濃度之理論值及實測值和誤差，由表可看出混合氣體中各成分濃度之實測濃度誤差範圍大都小於10%。

表2-6　有機混合氣體樣品中各有機成分之六頻道多元線性回歸方程式[52]

Organic gas	Regression equations
Octane	$Y = -0.860 + 0.043X_1 - 0.013X_2 - 0.016X_3 - 0.001X_4 - 0.007X_5 + 0.022X_6$
Hexene	$Y = 0.561 - 0.021X_1 - 0.002X_2 + 0.077X_3 - 0.005X_4 + 0.022X_5 - 0.056X_6$
Hexyne	$Y = -6.427 + 0.028X_1 - 0.018X_2 - 0.134X_3 + 0.057X_4 - 0.003X_5 + 0.146X_6$

(a)Y：各成分之濃度；$X_1 - X_6$為各成分在六頻道之感應頻率訊號。

(b)六頻道石英壓電晶片塗佈物：Polyisobutylene, SE30, Cholestryl chloroformate, 4-tert-Butylcalix [6] arene, Ag$^+$/Cryptand-2,2/NH$_3$/en/PVC, C$_{60}$-PPA（原表取自[52]：C. C. Chen and J. S. Shih, J. Chin, Chem. Sec., 55, 979, (2008)）.

表2-7　應用多元線性回歸（MLR）與六頻道偵測各有機物所得濃度之理論值與實測值和誤差

Analyte	Theoretic conc. (mg/L)	Testing conc. (mg/L)	Error (%)
Octane	6.75	6.74	−0.09
	10.13	10.42	2.91
	13.50	13.87	2.76
Hexene	6.33	6.29	−0.65
	9.49	9.36	−1.33
	12.65	13.21	4.41
Hexyne	6.86	6.91	0.72
	10.28	10.16	−1.16
	13.71	13.55	−1.19

（原表取自[52]：C. C. Chen and J. S. Shih, J. Chin. Chem. Soc., 55,979 (2008)）

表2-8　混合氣體應用多元線性回歸（MLR）及六頻道偵測所得各成分濃度之理論值及實測值和誤差

Analyte	Organic gas	Theoretic conc. (mg/L)	Testing conc. (mg/L)	Error (%)
A1	Octane	6.75	6.09	−9.78
	Hexene	6.33	5.81	−8.21
A2	Octane	10.13	9.69	−4.34
	Hexene	9.49	9.67	1.90
A3	Octane	13.50	14.36	6.37
	Hexene	12.65	12.50	−1.19
B1	Octane	5.06	5.22	3.16
	Hexyne	5.14	4.46	−13.23
B2	Octane	6.75	6.94	2.81
	Hexyne	6.86	6.96	1.46
B3	Octane	8.44	7.83	−7.23
	Hexyne	8.57	8.08	−5.72
C1	Hexene	4.74	4.36	−8.02
	Hexyne	5.14	4.13	−19.65
C2	Hexene	6.33	6.26	−1.11
	Hexyne	6.86	7.34	7.00
C3	Hexene	7.91	7.95	0.51
	Hexyne	8.57	8.74	1.98

（原表取自[52]：C. C. Chen and J. S. Shih, J. Chin. Chem. Soc., 55,979 (2008)）．

2-6.　電化學石英壓電晶體微天平感測器（EQCM Sensor）

　　石英壓電晶體感測器雖在生化樣品可用特殊酵素或抗體抗原精確做生化分子之定性與定量，但對一般有機或無機分子之定性與定量則除用適當吸附劑外還需用上一節（2-5節）所述的主成分分析法（PCA）或倒神經網路分析法

（BPN），此兩法雖是可行，但過程繁雜。故若能用可做定性的電化學分析儀和可做微量分析的石英壓電感測器結合起來成所謂電化學石英壓電晶體微天平感測器（Electrochemical quartz crystal microbalance (EQCM) sensor），此EQCM感測器可彌補電化學分析法微量分析困難和石英壓電感測法定性之困難，換言之，具有石英壓電感測法微量分析優點及電化學分析法定性優異性。

　　圖2-38為典型的電化學石英壓電晶體微天平（EQCM）之構造圖及電路圖。如圖2-38(a)所示，在EQCM之樣品工作槽（Working cell）中具有三支電極（工作電極（Working electrode）、相對電極（Counter electrode）及參考電極（Reference electrode））和塗佈吸附劑之石英晶片。三電極接循環伏安法（Cyclic voltammetry）之恆電位器CV27，而石英晶片接計頻器（Frequency counter）再用繼電器（Relay）來選擇及控制恆電位器CV27工作或石英晶片工作。以此EQCM系統偵測液體樣品中各種金屬離子為例，如圖2-39所示，工作電極上金屬離子還原（$M^{n+} + ne^- \rightarrow M$）而產生的還原電流由恆電位器CV27接收放大並用類比／數位轉換器（ADC）轉成數位訊號輸出至微電腦，而石英晶片所產生的感應頻率訊號則經計頻器偵測並轉成數位訊號傳入微電腦中做數據處理及繪圖。圖2-40為利用此EQCM系統偵測Ag^+及Cu^{2+}離子，每一個圖（圖(a)及圖(b)）中均有石英晶片感應頻率訊號和電化學工作電極傳出的電流訊號與外加電壓（V）變化關係圖。由電流訊號之還原電位波峰可做金屬離子定性（如圖2-40(a)中Ag^+之還原電位為400 mV），而由石英晶片感應頻率訊號下降最大值（石英晶片吸附金屬最大值）可做為金屬離子微量定量分析。如圖2-41所示，金屬離子（如Cu^{2+}）濃度不同所得頻率／電壓關係圖也不同（圖2-41(a)），而由各濃度之頻率變化最大值對濃度作圖，即可得如圖2-41(b)所示相當好的直線標準工作曲線（Calibration curve），可用此工作曲線估算一未知樣品中金屬離子濃度。

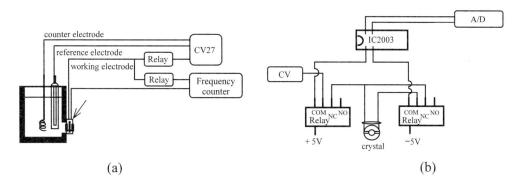

圖2-38　電化學石英壓電晶體微天平（EQCM）之(a)構造圖，及(b)電路圖＊（原圖取自[43]：M. F. Sung and J. S. Shih（本書作者）, J. Chin. Chem. Soc., 52, 443 (2005)）

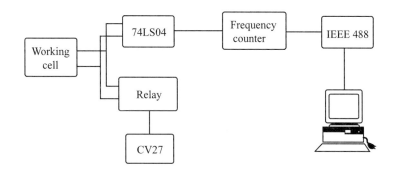

圖2-39　電化學石英壓電晶體微天平（EQCM）之偵測系統結構示意圖。（原圖取自[43]：M. F. Sung and J. S. Shih, J. Chin. Chem. Soc., 52, 443 (2005)）

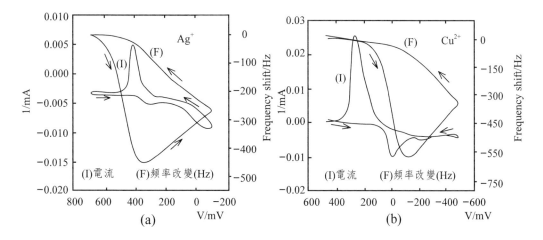

圖2-40　電化學石英壓電晶體微天平（EQCM）偵測(a)Ag$^+$及(b) Cu^{2+}離子的頻率變化及電流變化圖。（原圖取自[43]： M. F. Sung and J. S. Shih, J. Chin. Chem. Soc., 52, 443 (2005)）

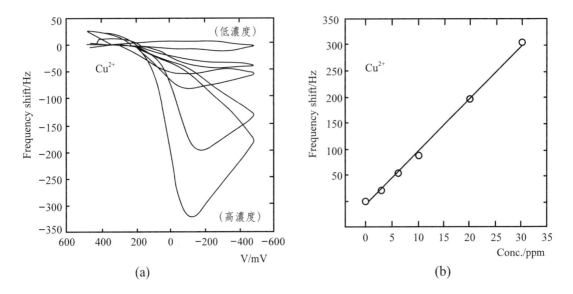

圖2-41　Cu²⁺離子用電化學石英壓電晶體微天平（EQCM）偵測之(a)頻率／電壓和
　　　　Cu²⁺離子濃度關系圖，與(b)Cu²⁺離子濃度／頻率關係之線性標準工作曲線
　　　　（Calibration curve）。（原圖取自[43]：M. F. Sung and J. S. Shih, J. Chin.
　　　　Chem. Soc., 52, 443 (2005)）

　　此電化學石英壓電晶體微天平（EQCM）對各種金屬離子偵測有相當
好的靈敏度。如表2-9所示，此EQCM感測系統之外加電壓可用固定電壓
（EQCM(a)）及掃描式電壓（EQCM(b)），若以用固定外加電壓（Fixed
V，表2-9中EQCM(a)）為例，EQCM對各種金屬離子（Ag⁺,Cu²⁺,Ni²⁺）之靈
敏度大約在60~110 Hz/ppm，而偵測下限（Detection limits）則可低至大約
在0.1 ppm。若比較此EQCM和傳統的石英壓電晶體微天平（Quartz crystal
microbalance, QCM），如表2-9所示，EQCM(a)法對Ni²⁺及Cu²⁺之靈敏度分
別為111.58及81.77 Hz/ppm，而偵測下限皆約為0.13 ppm，但QCM法對Ni²⁺
及Cu²⁺之之靈敏度分別只有6.34及4.94 Hz/ppm，而偵測下限則分別為1.40及
1.80ppm，顯示EQCM法對各種金屬離子之靈敏度遠優於QCM。

表2-9　EQCM和QCM偵測各種金屬離子之靈敏度及偵測極限比較[43]

Method	Metal ions	Sensitivity (Hz/ppm)	Detection limit (ppm)
EQCM (a) (Fixed V)	Ag^+	68.76	0.10
	Cu^{2+}	111.58	0.13
	Ni^{2+}	81.77	0.13
EQCM (b) (Scanned V)	Ag^+	15.16	-
	Cu^{2+}	10.31	-
QCM	Ni^{2+}	6.34	1.40
	Cu^{2+}	4.94	1.80

（原表取自：M.F. Sung and J.S. Shih, J.Chin, Chem. Soc., 52n 443n (2005)）

第 3 章

表面聲波化學感測器-質量感測器(II)
(Surface Acoustic Wave (SAW) Chemical Sensors- Mass-Sensitive Sensors(II))

　　表面聲波化學感測器（Surface acoustic wave (SAW) chemical sensors）[53-60]爲利用聲波通過樣品與感測元件表面來偵測化合物之表面聲波感測器（Surface acoustic wave (SAW) sensors），其亦爲質量感測器的一種，其感測元件晶片亦會隨著其表面吸附分析物質量不同而會使經過其表面之表面聲波的頻率改變，由表面聲波頻率改變多少就可計算出分析物質量有多少，可做爲分析物定量工具。表面聲波化學感測器（SAW）雖與壓電晶體感測器（PZ）同屬質量感測器的一種且其元件亦用壓電晶體，但表面聲波化學感測器所常用表面聲波頻率在100~400MHz超音波，而壓電晶體感測器（PZ）則常用10MHz左右超音波，因壓電晶體感受分析物質量靈敏度會隨所通過的頻率平方成正比，故表面聲波化學感測器之偵測靈敏度比壓電晶體感測器大約高1000~10000倍，故世界各國亦積極研發各種表面聲波化學感測器。同時，表面聲波感測器之100~400MHz超音波只通過壓電晶體（含樣品）表面，而壓電

晶體感測器之4~20MHz超音波則由一面Ag電極穿過石英晶片由另一面Ag電極輸出。本章將先簡單介紹表面聲波與聲波感測器，然後再詳細介紹表面聲波化學感測器之原理、結構及應用並介紹各種表面聲波化學感測器之工作原理及結構和應用。

3-1. 聲波及聲波感測器簡介

　　本節將分兩小節簡介(1)聲波（Acoustic wave）和(2)聲波波動傳播方式及(3)聲波感測器（Acoustic wave sensors）。在聲波傳播方式中將介紹包括表面聲波之各種傳播方式，而在聲波感測器簡介小節中將介紹常見之各種聲波感測器。

3-1.1. 聲波簡介[61-66]

　　聲波（Acoustic wave 或稱 **Sound wave**）依頻率波段範圍不同常分為(1)次聲波，(2)可聽聲波，(3)超聲波及(4)微波超聲波，一般將頻率小於20Hz則稱為次聲波（Infra sound waves），而將人類可聽到的頻率波段範圍20~20000Hz（0.02-20KHz）稱為可聽聲波（Audible sound wave），而頻率20KHz~1GHz 稱為超聲波（Ultrasonic wave）或超音波（其中100-400MHz為表面聲波感測器常用波段），然頻率 1~1000GHz一般則稱為微波超聲波（Ultrasonic microwave）。

　　表3-1為各種聲波之頻率波段、特性與偵測應用。**次聲波**（< 20Hz）為人類聽不到的聲波，天然災害如地震、火山爆發及核爆皆會發出次聲波。由於次聲波頻率很低，大氣對其吸收甚小，所以它傳播的距離較遠，能傳到幾公里至十幾萬公里。次聲波還具有很強的穿透能力，可以穿透建築物、掩蔽所、坦克、船隻等障礙物，但因次聲波頻率和人體器官共振頻率相近對人體傷害很大，次聲波能使人耳聾、昏迷、精神失常甚至死亡。在軍事上，利用次聲波能穿透坦克、裝甲車特性製成次聲波武器，此種武器一般只傷害人員，不會造成物體破壞與環境汙染。

可聽聲波（20~20000Hz）為人類可聽到的聲音，可在氣、液、固體中傳播，但因傳播需介質故不會在真空中傳播。在20℃時，空氣中傳播速率（音速）約為340m/s（米／秒），海水中：約1500m/s，水中：約1473m/s；鐵中：約5188m/s。可聽聲波遇到物體具有反射、折射及回音等特性，可偵測物體所在，軍事上，常用1-10KHz中頻聲納偵測敵艦之所在。

超聲波或稱超音波（20KHz~1GHz，即0.02~1000MHz）為人類聽不到波段，可在氣、液、固體及真空中傳播。本章所介紹的表面聲波感測器（Surface acoustic wave (SAW) sensor）常用的波段（100~400 MHz）和第二章介紹過的石英壓電感測器（Quartz piezoelectric (PZ) sensor, 1~100 MHz）和核磁共振儀（NMR, 60~1000 MHz）所用波段皆在超聲波範圍內。用於廣播的無線電波（KHz-MHz）和追蹤魚群的高頻聲納（200/83KHz）也都在超聲波範圍。

微波超聲波或簡稱微波（約1~1000GHz）也為人類聽不到且可在氣、液、固體及真空中傳播波段，但微波較易被氣／液／固體吸收，常用在雷達（如常用1~2GHz(30-15cm)雷達波）及微波爐（如常用2.45GHz（2450MHz）微波）和無線電波（如手機常用的0.85~2.1GHz（850~2100MHz））中，微波也常用在分析儀器（如電子自旋共振儀（ESR））中。

表3-1　聲波有關波段之頻率、特性與偵測應用

波段	次聲波	可聽聲波	超聲波	微波超聲波
頻率	< 20 Hz	20~20000Hz (0.02~20KHz)	20KHz~1GHz (0.02~1000MHz)	約1~1000GHz
特性	人類聽不到，可穿過建築物，不易被物體吸收	人類可聽到，可在氣、液、固體中傳播，但不會在真空中傳播	人類聽不到，可在氣、液、固體及真空中傳播	人類聽不到，可在氣、液、固體及真空中傳播，但易被氣／液／固體吸收
應用	可偵測地震、火山爆發及核爆所發出的次聲波	可聽聲波之反射、折射及回音可偵測物體所在（中頻聲納1~10KHz）	可用在石英壓電感測器（PZ,1~100MHz）及表面聲波感測器（SAW,100~400MHz）和核磁共振儀（NMR,60~1000MHz）與無線電波（KHz-MHz）和高頻聲納（200/83KHz）	可用在電子自旋共振儀（ESR）及雷達、微波爐、無線電波（包括手機0.85~2.1GHz）中

3-1.2. 聲波波動方式及表面聲波

聲波依通過物體之波動方式（Acoustic wave mode）可如圖3-1所示概分為(a)表面聲波（Surface acoustic wave, SAW）與(b)本體聲波（Bulk acoustic wave）[65-66]。

表面聲波顧名思義是通過物體表面之聲波，如圖3-1(a)所示主要的表面聲波可分成瑞雷表面聲波（Rayleigh SAW wave）與水平剪切表面聲波（Shear horizontal displacement SAW wave, SH-SAW）。瑞雷表面聲波為一種縱橫向表面聲波，而水平剪切表面聲波則為橫向表面聲波。縱向波又可簡稱縱波，是指波經物體時所引起的物體中粒子振動方向和波行進方向平行（即同向）。反之，橫向波又可簡稱橫波，粒子振動方向和波行進方向垂直。如圖3-2(a)(A1)所示，瑞雷表面聲波（縱橫向波）又稱為地滾波，是指經物體表面會引起物體粒子上下垂直及左右平行振動之聲波，粒子運動方式類似海浪，經表面聲波基板材料（如$LiNbO_3$）之瑞雷表面聲波可用來檢測氣體或固體樣品，但因垂直能量分量遇液體時會有機械振盪造成大量能量消耗，故瑞雷表面聲波不宜用來偵測液體樣品。而圖3-2(a)(A2)橫向的水平剪切表面聲波，是指會引起物體粒子和波前進方向垂直方向振動之聲波，大部分能量被限制在剪力水平位移，缺乏剪力垂直分量，可以確保表面聲波經表面聲波基板材料（如$LiTaO_3$）和待測液體介面時表面聲波無過量能量消耗，因而水平剪切表面聲波（SH-SAW）可用來偵測液體樣品。

本體聲波意指穿過物體內部之聲波，如圖3-1(b)所示，本體聲波可概分為縱向本體聲波、橫向本體聲波及縱橫雙向本體聲波。縱向本體聲波是指會穿過物體並引起物體粒子和波前進方向平行（同方向）振動之聲波，最著名的縱向本體聲波為地震所引起的P波（Primary wave）或稱為壓縮波（Pressure wave）的一種縱波（如圖3-2(b)(B1)），在所有地震波中，前進速度最快，也最早抵達。P波能在固體、液體或氣體中傳遞。橫向本體聲波則會穿過物體並如圖3-2(b)(B2)所示引起和波前進方向垂直的粒子振動，地震所引起的S波（Secondary wave）就屬於橫向本體聲波。縱橫雙向本體聲波則為會穿過物體並引起物體粒子上下垂直和左右平行振動之聲波。

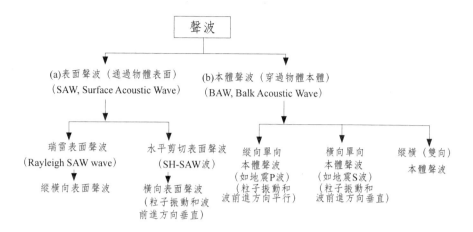

圖3-1 聲波通過物體之波動方式分類圖

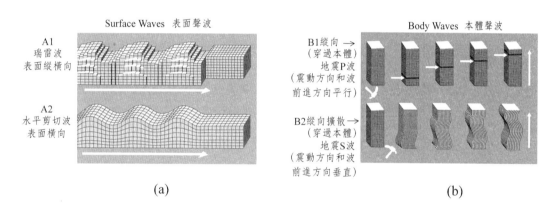

圖3-2. (a)表面聲波（Surface Acoustic Wave, SAW）及(b)本體聲波（Bulk Acoustic Wave）波動行進示意圖（原圖來源：http://en.wikipedia.org/wiki/Seismic_wave; zh. wikipedia.org/zh-tw/地震波[65]）

3-1.3. 聲波感測器簡介[58]

聲波感測器也依聲波分類如圖3-3所示分為(a)表面聲波感測器（Surface acoustic wave (SAW) sensor）和(b)本體聲波感測器（Bulk acoustic wave(BAW) sensor）。如圖3-3(a)所示，表面聲波感測器依上一節（3-1.2節）表面聲波分類又可分為瑞雷表面聲波感測器（Rayleigh Surface acoustic wave (Rayleigh-SAW) sensor）與水平剪力表面聲波感測器（Shear horizontal displacement SAW (SH-SAW) sensor）。然如圖3-3(b)所示，依聲波穿過之本體聲波元件裝置不同而本體聲波感測器又可分為直穿型的厚度剪切式-本體聲波感測器（Thickness shear mode- bulk acoustic wave (TSM-BAW) sensor）和反射板型的聲板式-本體聲波感測器（Acoustic plate mode-bulk acoustic wave (APM-BAW) sensor）。在所有的聲波感測器所用的聲波元件材料都為壓電晶體（Pizoelectric crystal，如$LiNbO_3$，$LiTaO_3$及石英晶體（Quartz crystal）晶片）。

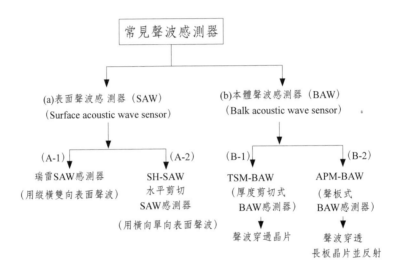

圖3-3　常見聲波感測器（Acoustic Wave Sensor）分類圖

　　這些表面聲波感測器及本體聲波感測器之靈敏度大小比較及特性如表3-2所示。由表3-2可知這些聲波感測器中靈敏度最高的為水平剪切-表面聲波感測器（SH-SAW），$LiTaO_3$-SAW晶片為其常用的表面聲波壓電基板，常用的SAW晶片頻率為30~500 MHz，可用來偵測各種氣體、液體及固體樣品，SH-SAW感測器之基本結構圖如圖3-4(c)所示。次高靈敏度的為瑞雷表面聲波感測器（Rayleigh-SAW），然因其垂直的橫向波會被液體吸收而大量消耗或消失，故其對液體樣品感測不佳不太適用，反之，對氣體及固體樣品感應不錯，其常用的頻率也是30~500MHz，常用的表面聲波壓電基板為$LiNbO_3$基板。由表3-2可看出一般表面聲波感測器之靈敏度比本體聲波感測器較佳，而聲板式-本體聲波感測器（APM-BAW）靈敏度比厚度剪切式-本體聲波感測器（TSM-

BAW）較佳。APM-BAW感測器壓電基板常用的頻率為20~200MHz，可偵測氣體、液體及固體樣品，而其靈敏度會隨聲板（長板晶片）厚度變小而越大，APM-BAW感測器之基本結構圖如圖3-4(b)所示。TSM-BAW感測器中聲波完全穿過感測晶片，常用的壓電基板（如石英晶片）之頻率為4~20MHz，比一般聲波感測器為低，故靈敏度相對較低（聲波感測器靈敏度和壓電感測器一樣會隨壓電基板頻率增加而變大），第二章所介紹過的石英壓電感測器QCM即屬此類。TSM-BAW感測器之基本結構圖如圖3-4(a)所示。同樣地TSM-BAW感測器亦可偵測氣體、液體及固體樣品。由於表面聲波感測器之靈敏度比本體聲波感測器較佳，因而較常用於一般樣品與材料分析，故本章主要介紹表面聲波感測器為主。

表3-2　常見之聲波感測器之特性及靈敏度比較表[58]

感測器	靈敏度比較	縱橫波（聲波傳遞）	常用頻率	偵測樣品	備註
SH-SAW（水平剪切-表面聲波感測器）	最高	橫向波（粒子振動和波行進方向垂直）（通過晶片表面）	30~500 MHz	氣／液／固體（可測液體）	適合偵測液體,可用LiTaO₃-SAW晶片
Rayleigh-SAW 瑞雷表面聲波感測器	次高	縱向波／橫向波（粒子振動和波行進方向平行及垂直皆有）（通過晶片表面）	30~500 MHz	氣／液／固體（測液體不佳）	垂直的橫向波會被液體吸收而大量消耗或消失,如用LiNbO₃-SAW晶片
APM-BAW（聲板式-本體聲波感測器）	次低	橫向波（穿透晶片並反射）	20~200 MHz	氣／液／固體（可測液體）	聲板（長板晶片）厚度越小，靈敏度越大
TSM-BAW（厚度剪切式-本體聲波感測器）	最低	橫向波（穿透晶片）	4～20 MHz	氣／液／固體（可測液體）	石英壓電感測器QCM即屬此類

註：SH-SAW: Shear-Horizontal-Surface Acoustic Wave Sensor; SAW: Surface Acoustic Wave Sensor; APM-BAW: Acoustic Plate Mode-Bulk Acoustic Wave Sensor; TSM-BAW: Thickness Shear Mode-Bulk Acoustic Wave Sensor.

　　各種聲波感測器主要組件為聲波感測元件，圖3-4為各種聲波感測器之元件結構和聲波行進圖。如圖3-4(a)所示，石英晶片所構成的TSM-BAW本體

感測器主要由兩圓型電極（Ag或Au電極，半徑約4.0mm）所夾著的石英晶片（厚度只約0.18mm）組成，而待測樣品及吸附劑塗佈在圓型電極上。聲波（F_{in}）進入一邊含樣品的電極，聲波頻率因樣品被吸附在電極石英表面改變頻率成F_{out}穿過石英晶片輸出。樣品的重量越大，則TSM-BAW感測器輸出輸入頻率差ΔF（$\Delta F = F_{in} - F_{out}$）越大。APM-BAW本體感測器（圖3-4(b)）則用長板型壓電晶片基板，聲波（Fo）經IDT（In）指叉換能電極（Interdigital transducer (IDT) electrodes）穿入壓電晶片並衝擊晶片上含吸附劑／樣品而經在晶片上多次反射改變其頻率成F而由IDT（out）電極輸出。SH-SAW表面聲波感測器（圖3-4(c)）用的是壓電晶體薄片，聲波只在壓電晶片表面傳輸，聲波（F1）由輸入指叉換能電極（IDT(1)）電波轉換成聲波（壓電晶體功能）進入壓電晶片表面，然後行經含被吸附在吸附劑上樣品之波通（Wave-guide）樣品區，部分聲波能量被樣品吸收或阻擋而造成聲波速度改變進而使聲波頻率改變成F2由輸出指叉換能電極（IDT(2)）將聲波轉換回電波（壓電晶體功能）輸出。

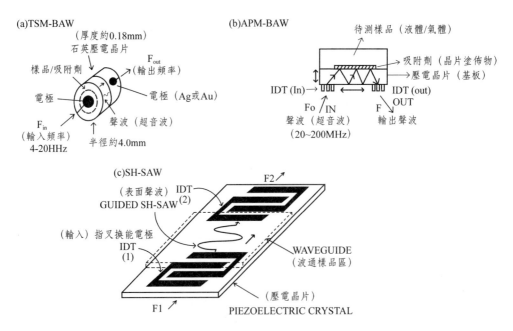

圖3-4　各種聲波感測器(a)TSM-BAW, (b)APM-BAW[58]及(c)SH-SAW之元件結構和聲波行進圖（c圖來源：H. W. Chang and J. S. Shih, J. Chin. Chem. Soc., 55, 318 (2008)[57]）

3-2.　表面聲波化學感測器簡介[54-60]

本節將介紹表面聲波化學感測器（Surface acoustic wave (SAW) chemical sensor）之偵測原理、儀器基本結構及所用的SAW晶片和元件。

3-2.1.　表面聲波化學感測器原理

表面聲波化學感測器為用來偵測化合物之表面聲波感測器（Surface acoustic wave (SAW) sensor），圖3-5為表面聲波化學感測器之基本結構圖，聲波Fo由無線電振盪放大器所組成的振盪器產生，當頻率Fo之聲波波動電流從元件左邊換能指叉陣列電極A（IDT）進入，並由左邊指叉電極將電流頻率轉換成聲波輸出到壓電基材表面形成表面聲波，表面聲波經兩電極間被吸附劑（如C60-Cryptand22）所吸附的待分析物（如乙醇）的吸附劑／樣品區後，因部分表面聲波能量被樣品／吸附劑吸收或阻擋，使表面聲波之速度（V）及頻率（F）都變小，但波長λo不變，即：

$$\lambda o = V_o/F_o = V/F \qquad (3-1)$$

V_o和F_o為原來聲波之速度及頻率，而V和F則為經分析物後之聲波的速度與頻率。頻率改變（$\Delta F = F - Fo$）和在SAW壓電基材表面分析物質量密度（質量／面積=m/A）關係式如下：

$$\Delta F = -s \times F_o^2 \times (m/A) \qquad (3-2)$$

式中s為SAW壓電基材感應靈敏度，若用石英晶片當SAW壓電基材，則式（3-2）可改為：

$$\Delta F = -2.3 \times 10^6 \times F_o^2 \times (m/A) \qquad (3-3)$$

經分析物後改變速度及頻率之表面聲波再經圖3-5右邊換能指叉陣列電極B（IDT）轉成聲波波動電流輸出至計頻器測量其頻率（F）並計算頻率變化（ΔF），再利用式3-2或式3-3計算被吸附劑吸附之分析物（如乙醇）重量（m）。

圖3-6為此塗怖C60-Cryptand22吸附劑之SAW氣體感測器偵測和吸附空

氣中乙醇之乙醇蒸氣的頻率變化和濃度關係圖與和用石英壓電晶體（QCM）
感測器（PZ）做比較圖。由圖中可看出表面聲波（SAW）感測器對乙醇蒸氣
的靈敏度比壓電晶體感測器（PZ）高很多。由於此表面聲波（SAW）感測器
所用壓電晶體頻率（常用250 MHz）比壓電晶體感測器（PZ）所用壓電晶體
（常用10 MHz）大很多。依式（3-3）及式（2-1）壓電晶體頻率改變感應性
（ΔF）與其原始頻率平方（F_o^2）成正比，故此表面聲波（SAW）感測器之靈
敏度比壓電晶體感測器（PZ）高很多是可理解的。表面聲波感測器（SAW）
對各種分析物之偵測下限可低至10^{-12}g，較壓電晶體感測器（PZ）之偵測下限
（約爲10^{-9}g）更低。

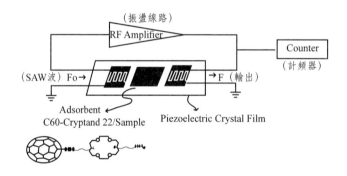

圖3-5　含塗佈碳六十衍生物（C60-Cryptand22）SAW元件之氣體表面聲波感測器
　　　　（SAW gas sensor）偵測系統（原圖取自：H. B. Lin and J. S. Shih, Sensors
　　　　and Actuators B, 92, 243 (2003)[54]）

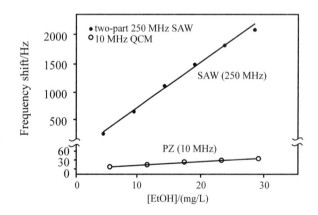

圖3-6　含塗佈碳六十衍生物（C60-Cryptand22）SAW元件之氣體表面聲波感測器
　　　　（SAW gas sensor）偵測系統偵測乙醇蒸氣濃度和頻率變化關係圖並和石
　　　　英壓電晶體（QCM）感測器（PZ）比較圖（原圖取自：H. B. Lin and J. S.
　　　　Shih, Sensors and Actuators B, 92, 243 (2003)[54]）

3-2.2.　表面聲波化學感測器基本結構[54-60]

　　表面聲波化學感測器的基本結構（如圖3-7所示）主要包括表面聲波（SAW）發射元件（Transmitter）、共振壓電晶片（Resonator）、計頻器（Frequency counter）及微電腦（Microcomputer），通常所稱的SAW元件即包括發射元件及共振壓電晶片。其中SAW發射元件主要含可產生表面聲波的振盪線路（Oscillator），而共振壓電晶片上含有左右兩組指叉換能微電極（Interdigital transducer electrodes, IDT）與塗在晶片中間區之吸附劑（吸附待測物）樣品區。由SAW發射元件所發出具有原始頻率Fo之表面聲波（SAW）電波先進入左邊指叉換能微電極，將頻率Fo之SAW電波轉換成波動型表面聲波（SAW波）通過吸附劑／樣品區，部分表面聲波能量會被樣品／吸附劑吸收或阻擋，使表面聲波之速度（V）與頻率（F）都變小（但波長λo不變），輸出變小之SAW波頻率F經右邊指叉換能微電極，將SAW波轉換回頻率F之電波訊號，然後進入計頻器計數並將頻率訊號轉成數位訊號，再經RS232電腦介面將數位訊號傳入微電腦做訊號收集（Signal acquisition）與數據處理（Data processing）和繪圖。

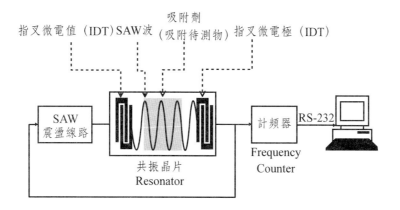

圖3-7　表面聲波（SAW）化學感測器基本結構示意圖。（原圖來源：H. W. Chang, Y. C. Chou, H. J. Tsai, H. P. Hsu and J. S. Shih, Chemistry, 65, 487（2007）[59]）．

3-2.3.　表面聲波化學感測器元件／晶片

　　一般所稱的表面聲波元件（SAW Module，SAW元件）包括聲波發射器（含共振線路）與共振壓電表面聲波晶片（SAW Chip）。市售SAW元件大都為通訊用的，少數為感測器專用之SAW元件，然這些通訊用SAW元件只要在其發射器（Transmitter）上之共振壓電晶片塗上可吸附待測樣品之吸附劑及稍修改外接線路即可成為表面聲波化學感測器元件[59]。

　　SAW元件結構如圖3-8(a)所示含SAW共振晶片及共振線路，其共振線路內接SAW晶片，外接電源（5伏特（V））及計頻器（Frequency counter）或天線（ANT）可做無線電傳送，若接計頻器可再連微電腦做數據處理，而SAW晶片上可塗佈吸附樣品之吸附劑。圖3-8(b)及(c)為外觀不同的兩種市售SAW元件（Type I, Type II）之實物圖與接腳圖。

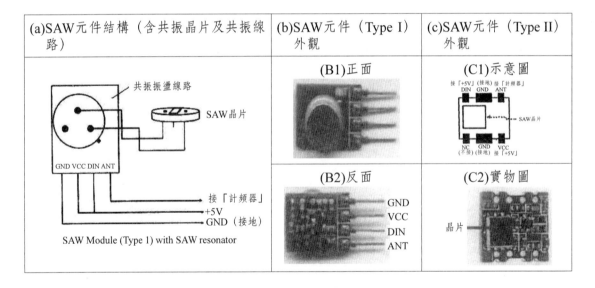

(a)SAW元件結構（含共振晶片及共振線路）	(b)SAW元件（Type I）外觀	(c)SAW元件（Type II）外觀

圖3-8　SAW元件（含共振晶片及共振線路）之(a)結構和連線示意圖，及外觀不同之(b)市售SAW元件（Type I），與(c)SAW元件（Type II）之正反面外觀圖。（原圖來源：(a)(b)台灣文星（WENSHING）電子公司TWS-BS6型元件[67]，(c)台灣正晨（SUMMITEK）科技公司ST-TX03-ASK型元件[68]）

　　SAW元件依兩數位間轉能器陣列指叉電極（Interdigital transducer, IDT electrodes）在SAW晶片上相對位置不同可分為(1)延遲型（Delay）SAW元

件，(2)雙埠型（Two-port）SAW元件及(3)單埠型（One-port）SAW元件。

　　圖3-9(a)為常用的延遲型表面聲波（Delay SAW）元件結構圖，其由輸入／輸出的兩轉能器陣列電極（IDT electrodes）、兩陣列電極間之濾波波柵（Reflection grating）及壓電基材（$LiTaO_3$或石英）組成，而吸附樣品之吸附劑就塗佈在波柵區。圖3-9(a)兩陣列電極間之濾波波柵是用來濾掉除聲波外其他不同波長之雜訊，兩波柵間之間距需為λ_o/4（λ_o為聲波波長）。

　　圖3-9(b)為雙埠型表面聲波（Two-port SAW）元件晶片結構示意圖，其與延遲型SAW元件不同在其濾波用波柵不在兩電極間，而在輸入輸出兩指叉電極（IDTs）外面，而兩電極間距離縮短，然分析物／吸附劑仍放在相隔一段距離之兩指叉電極間，通常感測器專用之SAW元件大都屬於雙埠型SAW元件。圖3-10為雙埠型SAW元件（含共振晶片及共振線路）結構示意圖、SAW晶片實物外觀圖及SAW晶片內部結構圖。圖3-9(c)則為單埠型表面聲波（One-port SAW）元件，其濾波用波柵也在兩指叉電極（IDTs）外面，但輸入與輸出兩指叉電極（輸入輸出，In/Out）成互夾式，而分析物／吸附劑就塗佈在互夾式兩指叉電極上，此型SAW元件雖分析物／吸附劑可塗佈量較前兩種元件來得少且易汙染兩指叉電極，但感應快，成本價格低，也常被使用，一般通訊用表面聲波元件即屬於單埠型SAW元件，但亦可被應用成表面聲波化學感測器元件。圖3-11為應用單埠型SAW元件（振盪頻率250 MHz）之氣體表面聲波感測器（SAW Gas sensor）偵測有機氣體系統圖，如圖3-11所示，在SAW元件兩電極間塗佈Ag(I)-Cryptand22吸附劑以吸附空氣中有機氣體（如己烯），而圖3-12為用此Ag(I)-Cryptand22塗佈單埠型SAW元件偵測和吸附己烯及用純N_2氣吹氣脫附圖譜，由圖可知雖然在單埠型SAW元件上氣體樣品（如己烯）和兩指叉電極混在一起，實驗完成後用純N_2氣吹氣使被吸附的待測氣體脫附，待完全將氣體樣品吹除後，壓電晶體頻率會恢復到原來頻率，換言之，此種單埠型SAW元件可重複使用。

(a)延遲線型（Delay）SAW元件

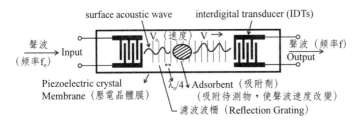

(b)雙埠型（Two-Port）SAW元件

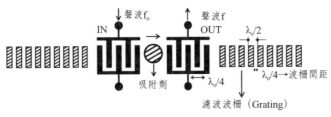

(c)單埠型（One-port）SAW元件

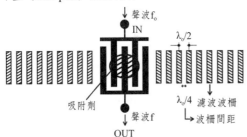

圖3-9　各種表面聲波（SAW）元件(a)常用的延遲型SAW元件晶片結構及偵測原理，(b)雙埠型及(c)單埠型SAW元件晶片結構示意圖[4]

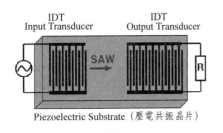

(a)

(b)

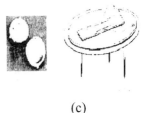

(c)

圖3-10　(a)雙埠型SAW元件（含共振晶片及共振線路）結構示意圖，(b)各種SAW晶片實物外觀圖，及(c)SAW晶片內部結構圖。（資料來源：(a)(b)Wikipedia, the free encyclopedia, http://en.wikipedia. org /wiki/Surface_ acoustic_ wave[53]，(c)台灣文星（WENSHING）電子公司SAW元件[69]）

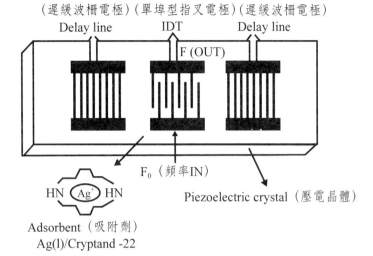

圖3-11　表面聲波感測器所用之塗佈Ag$^+$-Cryptand22吸附劑以吸附待測物（如己烯）之單埠型SAW元件晶片結構圖（原圖來源：H. P. Hsu and J. S. Shih, Sens. Actuators B, 114,720 (2006)[60]）

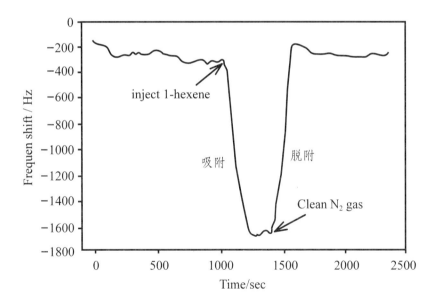

圖3-12　塗佈Ag$^+$-Cryptand22吸附劑之單埠型SAW元件晶片吸附與脫附己烯氣體分子之頻率訊號變化圖（原圖來源：H. P. Hsu and J. S. Shih, Sens. Actuators B, 114,720 (2006)[60]）

3-3.　表面聲波氣體感測器

　　表面聲波化學感測器之SAW感測元件晶片上只要塗佈可以吸附空氣中有機或無機氣體分子的吸附劑就可成吸附與偵測這些氣體之表面聲波氣體感測器（Surface acoustic wave gas sensors）。在此感測器中，通過樣品區的表面聲波速率變慢（但波長不變），導致表面聲波之頻率變小，由頻率改變量ΔF依式（3-3）就可估算空氣中有機或無機氣體分子的含量（m）。圖3-13為應用單埠型SAW元件晶片之氣體表面聲波化學感測器之基本結構示意圖，其主要含具有SAW晶片之樣品室（Sample cell）、聲波振盪線路（Oscillation circuit）、計頻器（Frequency counter）、訊號傳送介面RS232及微電腦。樣品室中除具有塗佈吸附劑之SAW晶片外，還需要樣品注入孔（外接送氣機或注入器）及氮氣（N_2）充氣孔（外接氮氣鋼瓶及流量閥），需溫度控制時要再加溫度偵測及控制系統。聲波振盪線路產生的原始頻率（Fo）經SAW晶片上吸附的樣品後，頻率變小，輸出頻率F進入計頻器計數可得數位頻率訊號，並經RS232介面傳入微電腦中做數據處理（如計算頻率改變量ΔF）與繪圖（如$\Delta F/t$（時間）圖）。

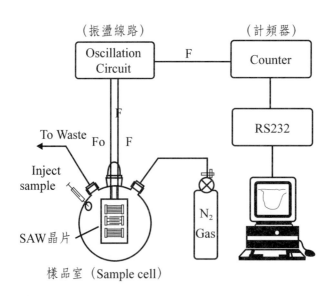

圖3-13　氣體表面聲波化學感測器之基本結構示意圖。（原圖取自：H. B. Lin and J. S. Shih（本書作者）, Sensors and Actuators B, 92, 243 (2003)[54]）

　　氣體表面聲波感測器（SAW Gas sensor）亦屬於可偵測任何分析物之通用型偵測器（Universal detector），故很適合當氣體層析儀（GC）之偵測器而形成氣體層析／表面聲波（GC-SAW）偵測系統。圖3-14(a)為SAW感測器當氣體層析（GC）偵測器之GC-SAW偵測系統結構圖，SAW偵測器亦含SAW元件晶片、振盪線路（Oscillation circuit）及頻率計數器（Counter）並接微電腦做數據處理和繪圖。在此GC-SAW偵測系統中特含傳統通用型GC偵測器TCD（氣體層析-熱傳導偵測系統，GC-Thermal conductivity detector, GC-TCD），用以和SAW偵測器做比較。圖3-14(b)為應用SAW偵測器與TCD偵測器所得之兩層析圖，由圖中可看出兩偵測器因皆為通用型偵測器，因而皆可偵測出所有分析物（6種化合物），然可看出SAW偵測器對各化合物之訊號強度（或靈敏度）都比TCD偵測器強很多。

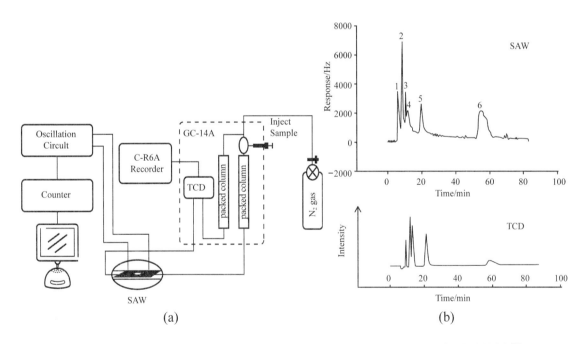

(a)　　　　　　　　　　　　　　　(b)

圖3-14　SAW感測器當氣體層析（GC）偵測器之(a)GC-SAW偵測系統結構圖，和(b)偵測常用溶劑之GC-SAW層析圖並與傳統GC-TCD層析圖比較[54,4]（原圖取自：H. B. Lin and J. S. Shih, Sensors and Actuators B, 92, 243 (2003)[54]）1. Water, 2. Ethanol, 3. Acetone, 4. Chloroform, 5. Ethyl ether, 6. Toluene.

3-4. 液體表面聲波化學感測器[56-57,66]

　　液體表面聲波感測器（**Liquid surface acoustic wave (SAW) sensors, Liquid-SAW**）所用的SAW元件壓電晶片規格要求要比氣體聲波感測器嚴格多了，這是因為液體對聲波吸收力大，若用一般介電常數（ε）較小的壓電晶體（如石英，ε = 4.6）聲波很容易消散，故液體表面聲波感測器需用介電常數較高的壓電晶體（如$LiTaO_3$, ε = 47），然高介電常數之壓電晶片（如$LiTaO_3$）價格相對相當貴。本節將以偵測生化樣品中**蛋白質**（如**血紅素抗體**（**Anti-Hemoglobin**））為例介紹液體表面聲波感測結構及其應用。

　　圖3-15為用$LiTaO_3$SAW元件之**血紅素抗體表面聲波免疫生化感測器**（**SAW immuno-biosensor for anti-Hemoglobin**）偵測系統結構示意圖，此系統一樣含振盪線路（**Oscillation circuit**）產生聲波與偵測頻率改變的頻率計數器（**Frequency counter**）和塗佈吸附劑之$LiTaO_3$SAW元件與溫度控制系統（因液體SAW元件頻率感應訊號對溫度相當敏感，故要用定溫樣品室（**Constant temperature chamber**））以及訊號處理／繪圖用的微電腦。圖3-16(a)為此塗佈碳六十／血紅素（**C60-Hemoglobin, C60-Hb**）吸附劑之SAW元件結構示意圖，此C60-Hb吸附劑用以吸附及偵測液體樣品中之血紅素抗體（**Anti-Hemoglobin, Anti-Hb**）。圖3-16(b)為分析物Anti-Hb被吸附所形成聲波頻率下降及偵測完成後用glycine-HCl溶液清洗晶片使分析物脫附後，聲波恢復到其原始頻率圖，如此一來$LiTaO_3$SAW晶片可重複使用。因$LiTaO_3$SAW晶片相當貴（一片現約2000US$），晶片重複使用相當重要。

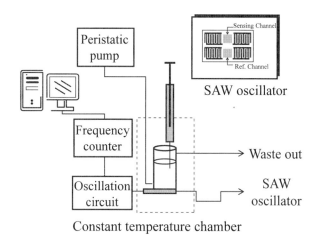

圖3-15　液體表面聲波（Liquid-SAW）偵測系統之結構示意圖（原圖取自：H. W. Chang and J. S. Shih, Sensors and Actuators B, 121,522 (2007)[56]）

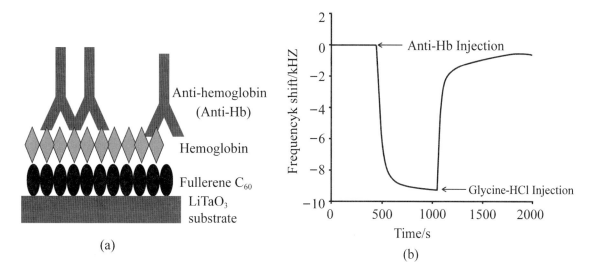

圖3-16　液體表面聲波（Liquid-SAW）偵測系統之(a)應用塗佈碳六十／血紅素（C60-Hemoglobin, C60-Hb）之SAW元件，和(b)以偵測溶液中血紅素抗體（Anti-Hemoglobin）之頻率變化圖。（原圖取自：H. W. Chang and J. S. Shih, Sensors and Actuators B, 121,522 (2007)[56]）

　　此用$LiTaO_3$ SAW元件之血紅素抗體表面聲波免疫生化感測器對生化樣品中血紅素抗體相當靈敏且其頻率訊號和血紅素抗體濃度成線性正比關係（如圖3-17(a)所示）。然而如同其他液體表面聲波感測器一樣，此血紅素抗體表

面聲波感測器（SAW）之頻率感應對溫度相當敏感，如圖3-17(b)所示，此液體SAW感測器在溫度約27℃頻率感應訊號最佳最大，而大於或小於27℃皆不佳。因而液體表面聲波感測器中含SAW晶片之樣品室溫度控制是很重要的，故液體SAW感測器常用溫度控制的定溫樣品室。

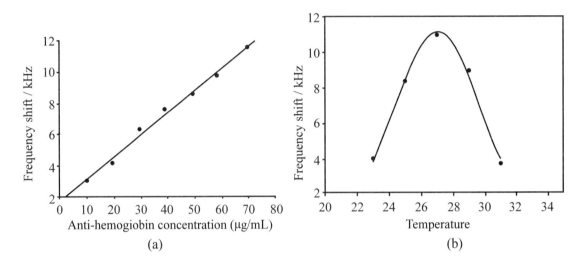

圖3-17　含塗佈碳六十／血紅素（C60-Hb）晶片之液體表面聲波感測器偵測血紅素抗體（Anti-Hemoglobin）之(a)血紅素抗體濃度效應，和(b)溫度效應。（原圖來源：H. W. Chang and J. S. Shih, Sensors and Actuators B, 121,522 (2007)[56]）

　　為瞭解血紅素抗體液體表面聲波感測器（Anti-Hb SAW sensor）對血紅素抗體選擇性及其他生化物質（如Glucose 、 Ascorbic acid 、 Tyrosine、Urea及Ca^{2+}、K^+、Na^+等）存在於樣品中時是否會對偵測血紅素抗體之頻率感應有所影響或干擾，特偵測在這些可能干擾的其他生化物質存在時與不存在時Anti-Hb SAW感測器之頻率情形，如含血紅素抗體與其他干擾物質樣品的頻率感應改變訊號為ΔF，而僅含血紅素抗體樣品（其他生化物質不存在）的頻率感應改變訊號為ΔF_0時，Anti-Hb SAW感測器對血紅素抗體選擇係數（Selectivity, S）與其他生化物質對血紅素抗體偵測的干擾因數（Interfering factor, I）可計算如下：

$$I = \frac{|\Delta F_0 - \Delta F|}{\Delta F} \qquad (3\text{-}4)$$

$$S = \Delta F / \Delta F_0 \qquad (3\text{-}5)$$

如表3-3所示，不管何種其他干擾物質（Interfering compounds，如Tyrosine或Glucose或Na^+）存在時頻率感應改變訊號（ΔF）及不存在時頻率改變訊號（ΔF_0）差異不大且Anti-Hb SAW感測器對血紅素抗體（Anti-Hb）之選擇係數（S, Selectivity coefficient）都相當好（$S \cong 1.0$），而其他生化物質對血紅素抗體偵測的干擾因數（I, Interfering factor）也都不大（I=0.02~0.06即2~6%），這表示這些生化物質存在時不會對此Anti-Hb SAW感測器偵測血紅素抗體造成多大干擾或影響。

表3-3　血紅素抗體液體表面聲波感測器對血紅素抗體選擇係數（S）與其他生化物質的干擾因數（I）

Interfering compounds	$\Delta F(kHz)^a$	$\Delta F_0(kHz)^b$	I^c	S^d
10^{-3} M Tyrosine	10.45	11.04	0.06	0.94
10^{-3} M Ascorbic acid	10.59	11.04	0.04	0.96
10^{-3} M Urea	11.75	11.04	0.06	1.06
10^{-3} M Glucose	10.35	11.04	0.06	0.94
10^{-3} M Ca^{2+}	11.34	11.04	0.02	1.03
10^{-3} M K^+	11.27	11.04	0.02	1.02
10^{-3} M Na^+	10.72	11.04	0.03	0.97

(a)ΔF：含血紅素抗體及其他干擾物質樣品的頻率感應改變訊號。
(b)ΔF_0：僅含血紅素抗體樣品的頻率感應改變訊號。
(c)I：其他生化物質的干擾因數（Interfering factor），$I = \dfrac{|\Delta F_0 - \Delta F|}{\Delta F}$
(d)S：血紅素抗體的選擇係數（Selectivity）$S = \Delta F / \Delta F_0$
（原表來源：H. W. Chang and J. S. Shih, Sensors and Actuators B, 121,522 (2007)[56]）

3-5.　多頻道表面聲波化學感測器及SAW電腦物種分析法

本節將介紹可以同時分析一樣品中各種化合物成分之多頻道表面聲波化學感測器（Multi-channel SAW chemical sensor）和用來鑑別各種化合物（定性）及估算各種化合物在樣品中含量之SAW電腦物種分析法（SAW Computer analysis for sample components）。

3-5.1. 多頻道表面聲波化學感測器

因只含一個SAW元件之表面聲波感測器只能偵測一種化合物，若要同時偵測一樣品中多種化合物，就需要含多個SAW元件之**多頻道表面聲波感測器**（Multi-channel SAW sensor）。圖3-18為多頻道表面聲波感測系統之結構示意圖，圖中有6個SAW元件，即為六頻道表面聲波感測系統，每一個頻道的SAW晶片都塗佈一種吸附劑以吸附一種分析物，六個頻道晶片含六種不同吸附劑就可吸附與偵測六種不同的化合物。如圖3-19所示，此六頻道表面聲波感測系統含一由六個繼電器（Relays）與頻道控制晶片IC 2003所組成的頻道選擇器（Channel selector），以選擇和共同一個振盪線路（Oscillation circuit）與共同頻率計數器（Counter，即計頻器）連接之頻道，而圖3-20為此六頻道表面聲波感測器之實際接線電路圖。經頻道選擇器選擇之頻道頻率訊號先經計頻器轉換成數位訊號再經串列電腦介面RS232傳入微電腦中做數據處理及繪圖，兩頻道間訊號傳送時間相差通常只在幾秒中而已，因而六個頻道之頻率訊號改變（ΔF）／時間（t）關係圖幾乎同時可看到存在微電腦螢幕上。

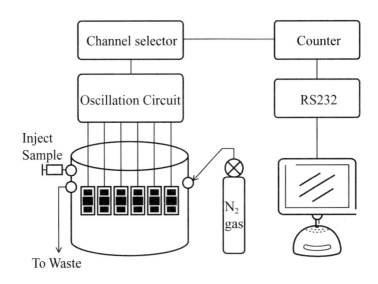

圖3-18 多頻道表面聲波感測系統（Multi-Channel SAW）結構示意圖[70,4]（原圖取自：H. P. Hsu and J. S. Shih, J. Chin. Chem. Soc., 53, 815 (2006)[70]）

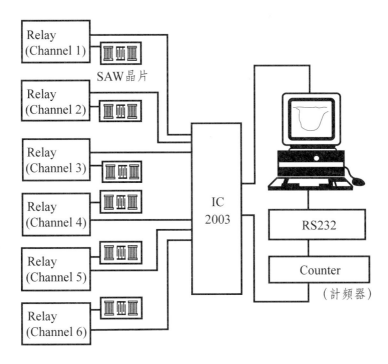

圖3-19　六頻道表面聲波感測器之頻道選擇控制電路系統示意圖。（原圖取自：H. P. Hsu and J. S. Shih（本書作者），J. Chin. Chem. Soc., 53, 815 (2006)[70]）

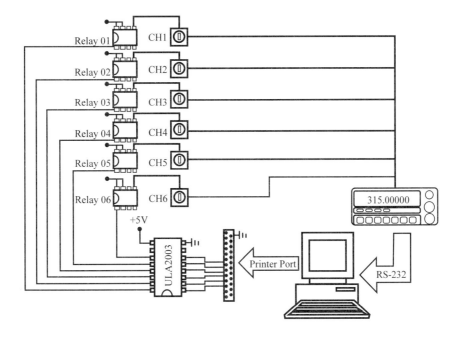

圖3-20　六頻道表面聲波感測器之實際接線電路圖。（原圖取自：H. P. Hsu and J. S. Shih, J. Chin. Chem. Soc., 53, 815 (2006)[70]）

3-5.2. SAW電腦物種分析法

本節將介紹配合多頻道SAW感測器用來鑑別樣品中各種化學成分定性及定量之SAW電腦物種分析法（SAW Computer analysis for sample components），一般電腦物種分析法（Computer analysis for sample components），如主成分分析法（Principal component analysis, PCA）、倒傳遞神經網路分析（Back-propagation neural network, BPN）及多元線性回歸分析法（Multivariate linear regression (MLR) analysis）皆可用在此SAW電腦物種分析。這些電腦物種分析法（PCA、BPN及MLR）之原理及執行步驟已在本書第二章壓電感測器第2-5節中詳細介紹並請參考。本節僅將介紹這些電腦物種分析法配合多頻道SAW感測器來鑑別定性與定量樣品中各種化學成分之實驗結果一一介紹如下：

1.SAW主成分分析法（PCA）

主成分分析法（Principal component analysis, PCA）利用電腦PCA-SAS程式，在化學感測器中常用來將各種感測元件與各種待測物各自分類並一一比類將適合偵測待測物的感測元件找出來。主成分分析法（PCA）之原理與執行步驟（如第二章之圖2-29所示）已在本書第二章第2-5.2節中詳細介紹並請參考。本節將以利用主成分分析法來選擇偵測各種有機氣體的多頻道SAW感測器之各頻道適當SAW晶片上塗佈物（吸附劑）為例，說明主成分分析法在表面聲波感測器之應用，其進行步驟依序包括：

(1)偵測多頻道SAW感測器各頻道感測元件（含塗佈不同吸附劑（19種）的不同SAW晶片）對各種待測物（7種）感測訊號（如表3-4所列的SAW頻率訊號）。

(2)利用這些感測訊號執行主成分分析PCA-SAS電腦程式，可得如表3-5所示的主成分分析摘要表（PCA Summary table）並由表3-5之特徵值（Eigenvalues）和特徵向量（Eigenvectors）中之差異值（Difference）和比例值（Proportion）可看出在PC項次大於6後（項次7~19）之數值皆為零（0），故決定有效的主成分因子（PCA Factors）數目為6（即Factors 1~6）。

(3) 計算各感測頻道（塗佈各種不同吸附劑）之各有效的主成分因子（Factors 1~6）的相關係數（correlation coefficients，如表3-6），並由此相關係數表（表3-6）中找出各相關係數較大的感測元件（含吸附劑SAW晶片）選出來六種適當吸附劑當SAW晶片塗佈物組成六頻道SAW感測器以偵測和分辨各種待測的有機氣體。由表3-6可選出Polyethylene glycol、18C6、Cr^{3+}/cryptand22、Stearic acid、Polyvinylpyrrolidone、Triphenyl phosphine當SAW晶片塗佈吸附劑以分辨及偵測Hexane,1-Hexene, 1-Hexyne,-Propanol, Propionaldehyde, Propionic acid, 1-Propylamine等有機氣體。

(4) 繪「主成分分析因子分數散佈圖（PCA Scores map）」，以進一步證明所選擇的六頻道晶片上六種吸附劑塗佈物是否真的合適。圖3-21為利用主成分分析因子PRIN1~PRIN3（Factors 1~3）之百分比相關係數繪成三度空間分數散佈圖，由圖3-21可看出大部分有機氣體分子都可獨自被分辨出來，只有hexene、hexyne及propionaldehyde等三種有機分子互相有重疊之處，即沒辦法分得很清楚。這可能所選的作圖的主成分分析因子或所選的吸附劑不適當。如圖3-22所示，若改用主成分分析因子PRIN2/PRIN4作圖所得的二度空間分數散佈圖，就可將此三種有機分子互相分開，換言之，就可分辨出這些有機分子了。

表3-4　多頻道SAW感測器中各種不同晶片塗佈物對各種待測有機氣體頻率感應訊號（Hz）

Coating materials（晶片塗佈物）	Test gas（待測有機氣體）						
	Hexane	1-Hexene	1-Hexyne	1-Propanol	Propion-aldehyde	Propion-acid	1-Propyl amine
B15C5	35.408	57.867	69.602	54.854	106.02	198.28	169.15
B18C6	44.342	40.96	46.811	34.285	56.685	97.279	84.845
18C6	40.856	62.35	79.137	88.818	206.95	321.34	356.51
Cryptand 22	10.05	27.35	96.11	44.34	96.76	628.9	349.18
Cr^{3+}/cryptand 22	15.563	36.02	57.53	36.56	65.03	608.1	240.12
Ag^+/cryptane 22	10.415	46.92	142.7	37.43	193.6	635.3	239.13

（下頁繼續）

（接上頁）

Coating materials（晶片塗佈物）	Test gas（待測有機氣體）						
	Hexane	1-Hexene	1-Hexyne	1-Propanol	Propion-aldehyde	Propion-acid	1-Propyl amine
Fe^{3+}/cryptand 22	3.6731	11.78	12.19	13.36	55.1	243	109.93
C60	40.3	65.57	82.73	66.94	160.5	433.1	174.2
PS	22.51	26.04	37.94	21.22	58.45	132.5	87.38
Polyethyleneadipate	7.752	25.81	30.9	19.8	67.41	153	56.81
Stearic acid	11.37	26.05	29.89	18.19	42.82	74.27	78.82
C60-PPA	126.1	46.58	54.77	37.39	121.2	342.8	149.6
Polyvinylpyrrolidone	11.75	15.63	21.48	18.1	317.6	1432	86.8
Triphenyl-phosphine	19.35	26.61	26.34	20.16	120	148.5	80.05
4-tB[8]	18.9	23.68	27.03	16.75	77.4	108	68.31
Polyethylene glycol	25.09	47.26	64.41	35.55	172	221.7	121.3
4-tB[6]	54.2	82.55	90.68	35.18	133	254.8	172.6
SE30	16.29	15.51	20.58	16.21	56.4	83.52	43.54
Polyvinyl alcohol	21.3	30.99	35.78	33.55	161	231.6	121.4

[a]Response unit（頻率感應單位）：$\Delta F / \Delta m$ in Hz/ng
（原來來源：H, P. Hsu and J.S. Shih, Chin. Chem. Soc., 53, 815 (2006)[70]）

表3-5　塗佈物和待測有機分子（7種）間之相關關係之主成分分析摘要表

PC項次（19種塗佈物）	特徵值 Eigenvalue	特徵向量（Eigenvectors）		
		Difference	Proportion	Cumulative
1	17.2187517	16.3208950	0.9063	0.9063
2	0.8978567	0.2307242	0.0473	0.9535
3	0.6671325	0.5330205	0.0351	0.9886
4	0.1341120	0.0669536	0.0071	0.9957
5	0.0671584	0.0521698	0.0035	0.9992
6	0.0149886	0.0149886	0.0008	1.0000
7	0.0000000	0.0000000	0.0000	1.0000
8	0.0000000	0.0000000	0.0000	1.0000
9~19	0.0000000	0.0000000	0.0000	1.0000

（原表來源：H. P. Hsu and J. S. Shih, J. Chin. Chem. Soc., 53, 815 (2006)[70]）

表3-6　應用各種不同SAW晶片塗佈物（吸附劑）之各頻道的前六個主成分因子（Factors）之相關係數（correlation coefficients）

	Factor1	Factor2	Factor3	Factor4	Factor5	Factor6
B15C5	0.96040	0.26049	−0.07562	−0.05754	0.02749	0.00027
B18C6	0.95195	0.21942	−0.15642	0.12668	−0.07010	−0.01463
18C6　Δ	0.88395	0.44773	0.00497	0.03039	0.13087	−0.00917
Cryptand22	0.96000	0.01160	−0.27362	- 0.03841	0.02977	−0.03204
Cr^{3+}/Cryptand22Δ	0.94710	−0.14907	−0.27862	−0.03690	0.03745	0.01966
Ag^+/Cryptand22	0.97473	−0.15857	−0.08573	−0.09842	−0.05524	−0.06832
Fe^{2+}/Cryptand22	0.98161	−0.07733	−0.15656	0.00039	0.06656	0.03909
Fullerenes(C60)	0.97891	−0.18436	−0.05029	−0.06590	0.02914	0.00607
Polystyrene(PS)	0.99259	0.06376	−0.09476	0.00909	−0.02937	−0.02796
Polyethylene adipate(PEA)	0.97465	−0.19086	0.04479	−0.10568	−0.01048	0.01837
Stearic acid(SA)Δ	0.89025	0.44095	−0.08283	−0.06324	−0.03716	0.02776
C60-PPA	0.92276	−0.23635	−0.13590	0.27230	−0.00408	−0.00500
Polyvinyl-pyrrolidone (PVP) Δ	0.89894	−0.43400	−0.03461	−0.03038	0.02881	0.02437
Triphenyl-phosphine(TPP) Δ	0.93130	−0.01057	0.36079	0.03996	0.01523	0.02378
4-tert-Butylcalix [8]arene (TB8)	0.96985	0.05418	0.23304	0.04119	−0.01906	0.00965
Polyethylene - glycol(PEG) Δ	0.94268	−0.00885	0.32666	−0.04673	−0.03988	−0.02807
4-tert-Butylcalix [6]arene (TB6)	0.98255	0.07951	−0.03150	−0.00903	−0.15804	0.04710
Poly(methylphenyl siloxane) (SE30)	0.97183	−0.06997	0.22058	0.03044	0.01432	−0.02948
Polyvinyl alcohol(PVA)	0.96153	−0.02071	0.26774	0.01267	0.05633	0.00141

Δ：被選為適當的晶片塗佈吸附劑
（原表來源：H. P. Hsu and J. S. Shih, J. Chin. Chem. Soc., 53, 815 (2006)[70]）

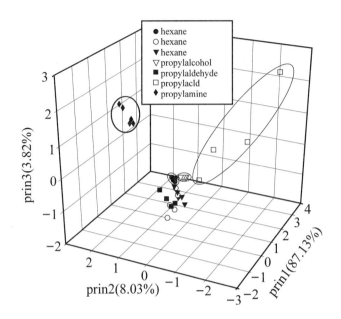

圖3-21　六頻道表面聲波感測器偵測各種有機氣體之主成分分析因子PRIN1~PRIN3
（Factors 1~3）三度空間分數散佈圖（PCA Scores Map）。SAW晶片
吸附劑塗佈物（Coating materials）：Polyethylene glycol、18C6、Cr^{3+}/
cryptand22、Stearic acid、Polyvinylpyrrolidone、Triphenyl phosphine.（原
圖來源：H. P. Hsu and J. S. Shih, J. Chin. Chem. Soc., 53, 815 (2006)[70]）

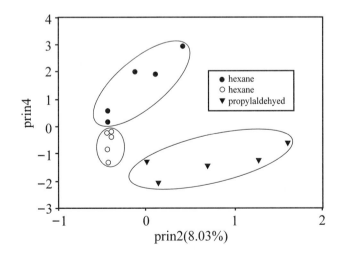

圖3-22　各種有機氣體之主成分分析因子PRIN2/PRIN4二度空間分數散佈圖（PCA
Scores Map）。SAW晶片吸附劑塗佈物（Coating materials）：Polyethylene
glycol、18C6、Cr^{3+}/cryptand22、Stearic acid、Polyvinylpyrrolidone、
Triphenyl phosphine.（原圖來源：H. P. Hsu and J. S. Shih, J. Chin. Chem.
Soc., 53, 815 (2006)[70]）

　　圖3-23為利用此主成分分析法（PCA）所選出來的六種晶片吸附劑所建立的六頻道SAW感測器偵測各種待測有機氣體之雷達辨識圖（Profile discrimination map, Radar map）。由圖可看出每一種有機氣體之雷達圖都相當不同，由這些不同雷達圖，就可分辨這些有機氣體分子。

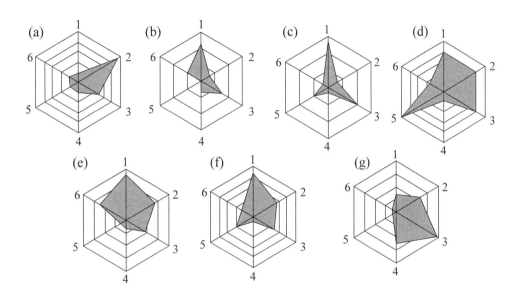

圖3-23　各待測有機化合物(a)Hexane, (b)1-Hexene, (c)1-Hexyne, (d)1-Propanol, (e)Propionaldehyde, (f)Propionic acid, (g)1-Propylamine.之雷達辨識圖（各頻道晶片塗佈物：(1)Polyethylene glycol, (2)18C6, (3)Cr^{3+}/cryptand22, (4)Stearic acid, (5)Polyvinylpyrrolidone, (6)Triphenyl phosphine; 原圖來源：H. P. Hsu and J. S. Shih, J. Chin. Chem. Soc., 53, 815 (2006)[70]）

2.倒傳遞神經網路分析法

　　倒傳遞神經網路分析法（Back-propagation neural network, BPN）亦可用來驗證經主成分分析法（PCA）選出的吸附劑是否真的可分辨一樣品中各種成分化合物，倒傳遞神經網路分析法（BPN）之原理與進行步驟已在本書第二章詳細說明（請見第二章第2-5.3節與圖2-32）。本節將以倒傳遞神經網路分析法（BPN）應用在六頻道表面聲波感測器（含六種晶片吸附劑）偵測與分辨七種有機氣體分子為例說明BPN法在表面聲波感測器之應用。

倒傳遞神經網路分析法（BPN）應用在此六頻道表面聲波感測器之進行步驟如下：

(1)將各種待分析有機物之頻率感應訊號讀入BPN-SAS程式

　　將六頻道中經先前所介紹的主成分分析法（PCA）所選用的六種晶片吸附劑（stearic acid，polyethylene glycol, 18 crown 6 (18C6), Cr^{3+}/cryptand22, polyvinylpyrrolidene, stearic acid，triphenyl phosphine）對七種待測有機氣體分子（**hexane, 1-hexene, 1-hexyne, 1-propanol,** propionaldehyde, propionic acid and 1-propylamine）之頻率感應訊號（Response signals）讀入BPN-SAS程式中）並設定BPN參數並組成BPN訓練數據組（Training set data）。

(2)探討電腦BPN學習速率效應及學習次數效應

　　此倒傳遞傳遞神經網路（BPN）分析法中電腦需先經學習（Learning）及訓練（Training）才會有判斷過外在刺激資料之能力。故要執行BPN-SAS程式並探討電腦BPN學習速率效應（Learning rate effect）及學習次數（Learning cycles）效應。如表3-7所示，可得誤差（Error rate）為0（無誤差）的最好的學習速率為0.4次／秒及最快的學習次數為2113次。

表3-7　倒傳遞神經網路分析法（BPN）之學習速率和學習次數對六頻道SAW感測器偵測有機分子的誤差效應

學習速率[a]（Learning rate）	最低學習次數（Min of Learning cycle）	誤差（Error rate）
0.3	2249	0
0.4	2113	0
0.5	2429	0
0.6	2962	0.0343

(a)Hidden layers（隱藏層數目）＝7

（原表來源：H. P. Hsu and J. S. Shih，J. Chin.Chem.Soc. 54, 401 (2007)[55]）

(3)建立含隱藏層之倒神經網路（BPN）架構

　　此BPN法應用在多頻道表面聲波感測器中不只用各頻道晶片之原始頻率訊號，而且用加權過的頻率訊號來做判斷，故在此法中除輸入層與輸出層

外含有大於1之隱藏層（Hidden layers）層數（n），若n = 3，表示要加權3次）。故不管是單一成分或多種成分混合之樣品皆需要先探討隱藏層層數（n）效應。對單一成分之樣品如圖3-24所示，雖然在隱藏層層數（n）為**3、4、7**時皆可得誤差（Error rate）為0（無誤差），但另由學習次數效應研究顯示在層數（n）為3、4、7時為得誤差為0，而所需學習次數分別為4789、2973及2429，顯示隱藏層層數（n）為7時可用較少的學習次數就可得誤差為0的圓滿結果，故此六頻道表面感測器對單一成分樣品之偵測就可用如圖3-25所示的6-7-7倒神經網路（BPN）架構（6 Input（6頻道訊號），7（Hidden layers隱藏層），7（辨識七種有機分子））。同樣方法亦可建立對多種成分混合之樣品之倒神經網路（BPN）架構。如圖3-26所示，對三種成分（hexene、hexyne及propionaldehyde）混合之樣品，適合用6(Input)-9(Hidden layers)-3（辨識三種有機成分）之倒傳遞神經網路（BPN）架構。

(4)完成倒傳遞神經網路分析法（BPN）偵測與測試數據表

　　將倒傳遞神經網路（BPN）架構中所有輸入所有6頻道訊號，隱藏層層數（n）及待測有機物數目和種類輸入BPN-SAS程式中計算可得如表3-8偵測／測試數據表中之實際測試輸出值（Output）及理論輸出值（Theoretic output，顯示真實樣品中真實成分）並由此兩輸出值比較就可判斷（Judgment）哪一種有機分子存在樣品中。表3-8為對七種有機分子中每單一分子樣品之BPN偵測與測試數據表，以A1樣品為例，由輸入（Input）六頻道頻率訊號[300,200,300,133,67,300]/Hz可得BPN之測試輸出值為[1,−1,−1,−1,−1,−1,−1]和理論輸出值[1,−1,−1,−1,−1,−1,−1]（1 = 存在，−1 = 不存在，輸出值依序為表示hexane, 1-hexene,1-hexyne, 1-propanol, propionaldehyde, propionic acid and 1-propylamine存在與否）完全一樣都顯示可判斷（Judgment）只有Hexane有機分子存在。同樣對三種成分（hexene, hexyne及propionaldehyde）混合樣品可得表3-9之BPN偵測與測試數據表，如表3-9中BM1樣品讀入六頻道頻率訊號[1600,1800,900,1300,1000,1500]/Hz可得BPN之測試輸出值為[1,−1,1]和理論輸出值[1,−1,1]（輸出值依序為表示Hexene, Hexyne, Propionaldehyde存在與否）完全一樣都顯示可判斷樣品中有Hexane及Propionaldehyde有機分子存在。同樣DM1之測試輸出值[1,1,1]為和理論輸

出值[1,1,1]也都一樣，這證實此DM1樣品中此三種有機物（Hexene, Hexyne, Propionaldehyde）都存在。可見倒傳遞神經網路分析法（BPN）確可用來驗證經主成分分析法（PCA）選出的吸附劑之正確性並可用來分辨一樣品中各種成分化合物 。

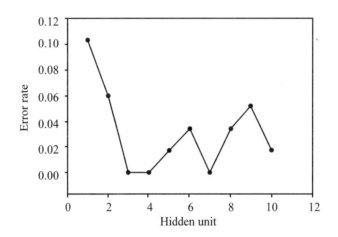

圖3-24　六頻道壓電感測器偵測有機分子的倒傳遞神經網路分析法（BPN）中之隱藏層數目效應（原圖來源：H. P. Hsu and J. S. Shih, J. Chin.Chem. Soc. 54, 401 (2007)[55]）

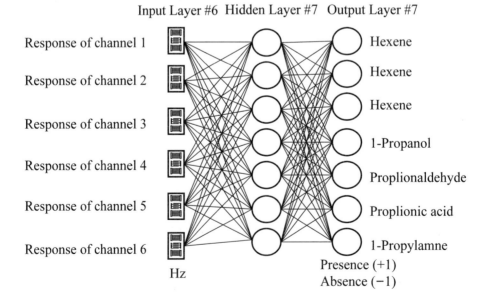

圖3-25　六頻道表面聲波感測器偵測每一種單一有機分子的倒傳遞神經網路分析法（BPN）6-7-7結構（6輸入頻道，7隱藏層，7-BPN輸出）與步驟示意圖。（原圖來源：H. P. Hsu and J. S. Shih ,J. Chin.Chem. Soc. 54, 401 (2007)[55]）

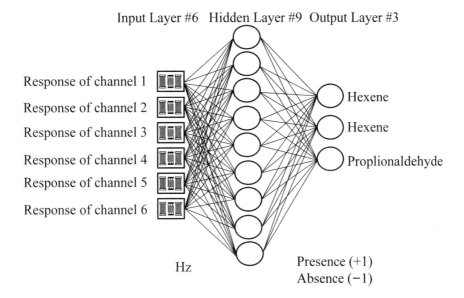

圖3-26　六頻道SAW感測器偵測含三種有機物之混合氣體樣品之倒傳遞神經網路分析法（BPN）6-9-3結構（6頻道，9隱藏層，3-BPN輸出）示意圖。（原圖取自：H. P. Hsu and J. S. Shih, J. Chin.Chem. Soc. 54, 401 (2007) [55]）

表3-8　倒傳遞神經網路分析法（BPN）偵測每一種有機待測氣體之測試數據表

Sample#[a]	Input/Hz（六頻道訊號）[b]	Output[c]	Theoretic output[d]	Judgment
A1	[300,200,300,133,67,300]	[1,−1,−1,−1,−1,−1,−1]	[1,−1,−1,−1,−1,−1,−1]	Hexane
A2	[300,300,300,300,200,500]	[1,−1,−1,−1,−1,−1,−1]	[1,−1,−1,−1,−1,−1,−1]	Hexane
B1	[1000,1600,600,1200,400,1000]	[−1,1,−1,−1,−1,−1,−1]	[−1,1,−1,−1,−1,−1,−1]	1-Hexene
B2	[1100,1800,1200,1500,466,1250]	[−1,1,−1,−1,−1,−1,−1]	[−1,1,−1,−1,−1,−1,−1]	1-Hexene
C1	[500,400,300,200,100,500]	[−1,−1,1,−1,−1,−1,−1]	[−1,−1,1,−1,−1,−1,−1]	1-Hexyne
C2	[700,700,300,400,200,700]	[−1,−1,1,−1,−1,−1,−1]	[−1,−1,1,−1,−1,−1,−1]	1-Hexyne
D1	[400,200,100,100,300,100]	[−1,−1,−1,1,−1,−1,−1]	[−1,−1,−1,1,−1,−1,−1]	1-Propanol
D2	[500,400,200,200,500,300]	[−1,−1,−1,1,−1,−1,−1]	[−1,−1,−1,1,−1,−1,−1]	1-Propanol
E1	[1700,1400,1200,1000,0,1200]	[−1,−1,−1,−1,1,1,−1,−1]	[−1,−1,−1,−1,1,1,−1,−1]	Propionaldehyde

（下頁繼續）

（接上頁）

Sample#[a]	Input/Hz（六頻道訊號）[b]	Output[c]	Theoretic output[d]	Judgment
E2	[2300,2000,1800,1500,667,2200]	[−1,−1,−1,−1,1,−1,−1]	[−1,−1,−1,−1,1,−1,−1]	Propionaldehyde
F1	[2000,2300,1500,1300,2200,2000]	[−1,−1,−1,−1,−1,1,−1]	[−1,−1,−1,−1,−1,1,−1]	Propionic acid
F2	[3000,3200,3000,2600,4300,3500]	[−1,−1,−1,−1,−1,1,−1]	[−1,−1,−1,−1,−1,1,−1]	Propionic acid
G1	[900,1100,3200,1000,400,1000]	[−1,−1,−1,−1,−1,−1,1]	[−1,−1,−1,−1,−1,−1,1]	1-Propylamine
G2	[900,1200,3500,1150,500,1400]	[−1,−1,−1,−1,−1,−1,1]	[−1,−1,−1,−1,−1,−1,1]	1-Propylamine

Total error rate = 0

(a)A1/A2, B1/B2, C1/C2, D1/D2, E1/E2,F1/F2, G1/G2皆為同一有機物，但濃度不同。
(b)六頻道晶片塗佈物依頻率訊號順序如下：polyethylene glycol(PEG), 18 crown 6 (18C6), Cr³⁺/cryptand22, stearic acid, polyvinylpyrrolidene and triphenyl phosphine
(c)Output：實際輸出訊號，+1表存在，−1表不存在，訊號順序：[Hexane, 1-Hexene, 1-Hexyne, 1-Propanol, Propionaldehyde, Propionic acid, 1-Propylamine]。
(d)Theoretic output：理論輸出訊號，+1表存在，−1表不存在。
（原表來源：H. P. Hsu and J. S. Shih ,J. Chin.Chem. Soc. 54, 401 (2007)[55]）

表3-9　混合氣體樣品（含2~3種有機物）應用倒傳遞神經網路分析法（BPN）之測試數據

Sample#	Input/Hz[b]	Output[c]	Theoretic output[d]	Judgement
AM1	[500,900,500,500,600,800]	[1,1,−1]	[1,1,−1]	Hexene&Hexyne
AM2	[800,1600,700,700,900,1100]	[1,1,−1]	[1,1,−1]	Hexene&Hexyne
AM3	[1100,2100,1000,900,1400,1500]	[1,1,−1]	[1,1,−1]	Hexene&Hexyne
BM1	[1600,1800,900,1300,1000,1500]	[1,−1,1]	[1,−1,1]	Hexene&Propionaldehyde
BM2	[2500,2600,1300,1700,1200,2200]	[1,−1,1]	[1,−1,1]	Hexene&Propionaldehyde
BM3	[3200,3800,1900,2300,1600,2800]	[1,−1,1]	[1,−1,1]	Hexene&Propionaldehyde
CM1	[600,900,600,700,500,500]	[−1,1,1]	[−1,1,1]	Hexyne&Propionaldehyde
CM2	[1000,1500,800,1000,500,800]	[−1,1,1]	[−1,1,1]	Hexyne&Propionaldehyde
CM3	[2000,2100,1600,1600,500,1500]	[−1,1,1]	[−1,1,1]	Hexyne&Propionaldehyde
DM1	[600,300,200,300,400,300]	[1,1,1]	[1,1,1]	Hexene&Hexyne&Propionaldehyde
DM2	[1000,700,500,500,600,600]	[1,1,1]	[1,1,1]	Hexene&Hexyne&Propionaldehyde
DM3	[1100,1000,500,700,700,700]	[1,1,1]	[1,1,1]	Hexene&Hexyne&Propionaldehyde

Total error rate=0

(a)AM1/AM2/AM3, BM1/BM2/BM3, CM1/CM2/CM3, DM1/DM2/DM3皆為同一混合有機樣品，但濃度不同。
(b)六頻道晶片塗佈物：polyethylene glycol(PEG), 18 crown 6 (18C6), Cr³⁺/cryptand22, stearic acid, polyvinylpyrrolidene and triphenyl phosphine
(c)Output：實際輸出訊號，+1表存在，−1表不存在，訊號順序：[1-Hexene, 1-Hexyne, Propionaldehyde]
(d)Theoretic output：理論輸出訊號，+1表存在，−1表不存在。
（原表來源：H. P. Hsu and J. S. Shih, J. Chin.Chem. Soc. 54, 401 (2007)[55]）

3.多元線性回歸分析法

多元線性回歸分析法（Multivariate linear regression (MLR) analysis, MLR）是建立在一樣品中每一成分濃度（如成分A之濃度C_A）與其在各頻道感應訊號（如成分y在頻道i之訊號X_{yi}）皆為線性（直線）關係，故由各頻道（i，如i = 1,2,3,…）對各成分化合物y（如y = A或B）之線性標準曲線（Calibration curve，如圖3-27）可得如第二章第2-5.4節所導出成分y之濃度（Cy）和其在各頻道訊號X_{yi}（i = 1, 2, …）關係之多元回歸方程式（Regression equation）如下：

$$Cy = K + a_yX_{y1} + b_yX_{y2} + c_yX_{y3} + d_yX_{y4} + e_yX_{y5} + f_yX_{y6} + \cdots + i_yX_{yi} \quad （3-6）$$

式中K, a_y, b_y, c_y, d_y…i_y皆為各頻道對y成分之靈敏度有關之常數。

例如六頻道表面聲波感測器偵測成分A化合物之多元回歸方程式為：

$$C_A = K + a_AX_{A1} + b_AX_{A2} + c_AX_{A3} + d_AX_{A4} + e_AX_{A5} + f_AX_{A6} \quad （3-7）$$

由各成分濃度和在各頻道訊號關係，可經執行多元線性回歸SAS 電腦程式（MLR-SAS program）計算此混合物中之各成分濃度（如C_A及C_B）。表3-10為利用六頻道壓電感測器偵測含Hexane, 1-Hexene, 1-Hexyne,1-Propanol, Propionaldehyde, Propionic acid, 1-Propylamine等七種有機氣體之樣品中各成分之多元線性回歸方程式。

表3-11及表3-12分別為應用多元線性回歸（MLR）和六頻道偵測單一氣體及混合氣體中各成分濃度之理論值及實測值和誤差，由表3-11可看出對單一成分濃度之實測濃度誤差範圍皆小於10%，可見此多元線性回歸法（MLR）有相當好的精確性。然而如表3-12所示，對混合氣體對含兩種有機物之混合氣體（如A1-1, A1-2, B1-1及B1-2樣品）各成分實測濃度誤差範圍也大多為小於10% ，然對含有三種有機物之混合氣體（如D1-1及D1-2樣品）誤差就較大一些。

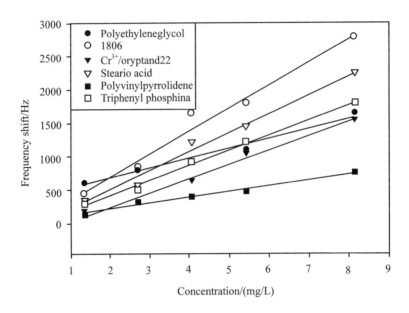

圖3-27 各頻道SAW晶片塗佈物對1-hexene感應頻率訊號和濃度關係之標準曲線
（原圖來源：H. P. Hsu and J. S. Shih ,J. Chin.Chem. Soc. 54, 401 (2007)[55]）

表3-10 各種有機氣體之多元回歸方程式

Organic vapors	Regression channel	Regression equation	R^2
Hexane	Stearic acid	$Y = 59.9452X - 131.4514$	0.9966
1-Hexene	Triphenyl phosphine	$Y = 227.9658X - 39.1892$	0.9933
1-Hexyne	Polyethylene glycol	$Y = 217.8227X + 93.2432$	0.9958
1-Propanol	Polyethylene glycol	$Y = 129.8407X + 191.8919$	0.9971
Propionaldehyde	Triphenyl phosphine	$Y = 1115.2882X + 300$	0.9972
Propionic acid	18C6	$Y = 845.9215X + 1520$	0.9928
1-Propylamine	Triphenyl phosphine	$Y = 152.9903X + 810$	0.9918

（原表來源：H. P. Hsu and J. S. Shih ,J. Chin.Chem. Soc. 54, 401 (2007)[55]）

表3-11　應用多元線性回歸（MLR）及六頻道偵測各單一有機物所得濃度之理論及實測值和誤差

Analyte	Theoretic conc. (mg/L)	Test conc. (mg/L)	Error (%)
	4.613	4.116	−4.367
Hexane	8.567	8.3151	−2.9401
	13.18	12.202	−7.4203
	1.356	1.4879	9.7268
1-Hexene	5.424	5.8745	8.306
	8.136	8.5065	4.5537
	1.43	1.4083	−1.5184
1-Hexyne	4.29	4.1628	−2.9646
	8.58	8.2946	−3.3261
	1.608	1.6028	−0.324
1-Propanol	4.824	4.6835	−2.913
	6.432	6.2238	−3.236
	0.798	0.8070	1.1236
Propionaldehyde	2.394	3.3312	−2.6217
	3.192	3.2279	1.1236
	0.993	0.9221	−7.143
Propionic acid	1.986	1.986	0
	3.972	4.1139	3.5714
	0.719	0.7305	1.6
1-Propylamine	2.157	2.1378	−0.8889
	2.876	2.9048	1

（原表來源：H. P. Hsu and J. S. Shih, J. Chin. Chem. Soc. 54, 401 (2007)[55]）

表3-12　混合氣體應用多元線性回歸（MLR）及六頻道偵測所得各成分濃度之理論值及實測值和誤差

Analyte	Organic gas	Theoretic conc. (mg/L)	Testing conc. (mg/L)	Error(%)
A1-1	Hexene	2.71	2.49012	−8.1137
	Hexyne	2.86	3.09981	8.385
A1-2	Hexene	2.71	2.65606	−1.9904
	Hexyne	2.86	3.00007	4.8976
B1-1	Hexene	3.05	2.84816	−6.6177
	Propionaldehyde	1.20	1.31394	9.495
B1-2	Hexene	3.05	2.94433	−3.4646
	Propionaldehyde	1.20	1.31376	9.48
C1-1	Hexyne	2.14	2.18131	1.9304
	Propionaldehyde	0.80	0.6694	−16.325
C1-2	Hexyne	2.14	2.18131	1.9304
	Propionaldehyde	0.80	0.6694	−16.325
D1-1	Hexene	1.16	1.38574	19.4603
	Hexyne	1.23	1.52089	23.6496
	Propionaldehyde	0.46	0.5859	27.3696
D1-2	Hexene	1.16	1.38574	19.4603
	Hexyne	1.23	1.52089	23.6496
	Propionaldehyde	0.46	0.5859	27.3696

（原表來源：H. P. Hsu and J. S. Shih, J. Chin.Chem. Soc. 54, 401 (2007)[55]）

第 4 章

光化學感測器
(Optical Chemical-Sensors)

　　光化學感測器（Optical chemical-sensors or photochemical sensors）為最早用於偵測化學物質以瞭解化學物質之特性、種類及組成的化學感測器之一。常用於光化學感測器之光波有可見光／可見光、螢光、紅外線光、X光及雷射光，本章將介紹利用這些光源所發展出來的常見各種光化學感測器如光纖化學感測器（Optical fiber chemical sensors）、衰減紅外線全反射化學感測器（Attenuated total reflectance (ATR) infra-red chemical sensor）、液晶光化學感測器（Liquid–crystal optical chemical-sensor）、螢光化學感測器（Fluorescence optical chemical-sensors）、X光源及X光化學感測器（X-ray light sources and X-ray chemical sensors）、雷射光源及雷射光化學感測器（Laser light sources and laser chemical sensors）、表面電漿共振化學感測器（Surface plasma resonance (SPR) chemical sensor）及化學發光化學感測器（Chemical luminescence chemical sensor）。其中表面電漿共振感測器為較特殊光感測器，將在第七章特別介紹。

4-1.　光化學感測器及光偵測器簡介

本節將簡介光化學感測器（Optical chemical-sensors）[71-72]之感測原理、偵測項目及儀器基本結構和常用之光偵測器（Optical detector）。

4-1.1.　光化學感測器原理及結構簡介

本小節將介紹光化學感測器之感測原理、偵測項目及儀器基本結構如下：

1.光化學感測器之感測原理及偵測項目

光化學感測器之感測原理基本上如圖4-1所示，應用一光源（常用紫外線／可見光、紅外線光，X光及雷射光）發出一光波照射一含樣品／辨識元（若樣品本身可辨識就不需辨識元）及基板（如晶片／半導體／金屬板或陶瓷板或石英槽）之感測元件，因光波和樣品／辨識元作用而可能產生[73](1)光強度改變，(2)吸收波長改變，(3)產生波長不同之螢光（Fluorescence），(4)產生各種不同波長之發射（Emission）光，(5)產生反射（Reflection）與折射（Refraction），(6)產生繞射（Diffraction），(7)產生散射（Scattering）及(8)其他（舉例如照射奈米金膜產生表面電漿共振波（Surface plasma resonance (SPR) wave））。

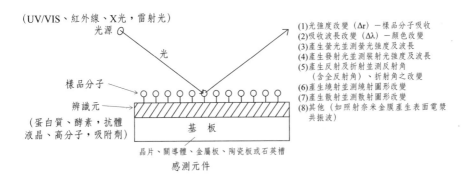

圖4-1　光化學感測器感測原理及偵測項目（註：若樣品中待測物本身對光有反應可被辨識就不需辨識元）

以上光波照射樣品／感測元件所引起各種現象之產生原理及偵測項目分別簡單說明如下：

(1)光強度改變

當一光波穿透一樣品時，因部分光波被樣品原子或分子所**吸收**（Absorption，如圖4-2所示），使原來光強度I_0減弱成I。若應用下列比爾定律（Beer's law）[74]可計算出物質之含量（濃度c）：

$$\log (I_0/I) = A = \varepsilon bc \qquad\qquad (4\text{-}1)$$

式中A為吸光度（Absorbance）有時稱光密度（Optical density），b為光通過樣品所走之光徑，ε為樣品溶液之莫耳吸收係數（Molar absorptivity coefficient），c為待測物質在樣品中含量。

(2)吸收波長改變

在光化學感測器中常利用樣品或辨識元顏色變化來偵測。例如常利用一樣品（如蛋白質或金屬離子）加入一液晶中可能會使液晶顏色改變，可偵測液晶吸收波長的改變和新波長光強度而推算樣品中待測物種類及含量。另外，一無色待測物常利用一配位基（Ligand）當辨識元產生有色溶液加以偵測，例如在無色Ag^+離子樣品中加入無色SCN^-離子當辨識元，就會使Ag^+樣品溶液變成磚紅色（Ag(SCN)顏色），吸收波長當然改變。

(3)產生波長不同之螢光

當樣品中分子或原子吸收一光源所發出某特定波長之光波到激態，然後再由激態返回基態而可發出來之各種不同波長之螢光（如圖4-2所示），因而螢光所用的光源通常為只含特定波長之**線光源**（Line source），故一般多波長光源出來的多波長光波需經單光器（Monochromator）選擇一特定波長光波再照射樣品。在化學感測器常利用一樣品所發出之螢光顏色或波長來判斷樣品中有何種特殊化學成分，並可用螢光強度來估算此特殊化學成分在樣品中之含量。

(4)產生各種不同波長之發射光

和螢光常用的線光源不同的，發射光是由樣品中分子或原子吸收一**連續光源**（Continuum source）所發出多波長之光波到各激態，然後再由各激態

返回基態而可發出來之各種不同波長光波（如圖4-3所示）。由原子所發出的原子發射光譜（Atomic emission spectrum）線之線寬（Line width）一般要比分子所發出的分子發射光譜（Molecular emission spectrum）線的要窄多了，因而待測分子（如原子A）之原子光譜也比分子光譜較不易受干擾原子（如原子M及R）干擾。藉由一樣品所發出發射光波長及光強度可推算樣品中有何種成分與含量。

(5)產生反射與折射

當一光波照射一待測物質表面時一部分光會如圖4-4(a)所示從表面反射（Reflection）出來，但可能另一部分光會進入物質內部產生折射（Refraction）。通常光的反射角等於光波入射角，但進入物質內部產生折射光之折射角常不等於光入射角。然當光入射角大於一特定臨界角θ時，光波並不會進入物質內部而全部從物質表面反射出來，即常稱為如圖4-4(b)所示的全反射（Total reflection）。全反射可發生在固體表面（圖4-4(b)(A)），亦可發生在管（如光纖）中（圖4-4(b)(B)）。由於不同物質之全反射臨界角與折射率（Refraction index）不同，可藉由全反射臨界角或折射角偵測可推算物質組成或物質變化。

(6)產生繞射

光繞射（Diffraction）現象乃光波不同光子照射待測物質晶體之不同地方（如不同深度或不同結晶面）產生不同反射光，這些反射光之間產生建設性或破壞性干擾而形成一串一明一暗之光譜線，如圖4-5(a)所示，當波長λ之光波以入射角θ照射待測物質之晶體時，當照射到表面一層的原子之光波N_1反射出來的光波Q和照射到內面第二層原子之光波N_2而反射出來的光波P可能會產生建設性干擾（兩反射光波波峰對波峰，波谷對波谷）而產生明亮光譜線，反之，當兩反射光波波峰對波谷形成破壞性干擾的暗線。然而並不是所有的入射角θ或波長都會有繞射現象發生而是需要符合下列布拉革方程式（Bragg's equation）[75]的入射角才會產生繞射現象：

$$m\lambda = 2d\sin\theta \qquad (4\text{-}2)$$

式中λ及θ分別為光波之波長與入射角，d為晶體中兩層間距，m為整數1,2,3…等。若m = 1，而晶體兩層間距d與波長λ固定，依上式入射角θ就需固

定，換言之，只有一特定的入射角Θ才會有繞射現象，所以只要測出有繞射現象的入射角θ，依此方程式就可計算晶體（如半導體）兩層間距d。

(7)產生散射

當光波經一些微粒樣品時，若顆粒直徑（d）小於光波波長（λ）之1/4時，如圖4-5(b)(A)所示幾乎所有的光波都穿過微粒。然當顆粒大小稍大，其直徑d和光波波長之1/4差不多時，大部分光透過微粒，而小部分光波折回或折射到各方向（如圖4-5(b)(B)所示），此種光波因照射到物質而使光波改變方向且向各方向折射之現象稱為光散射（Scattering），換言之，在圖4-5(b)(B)中，部分光波散射，部分光波透過。當光波照到大顆粒（顆粒直徑d大於1/4光波長）時，如圖4-5(b)(C)所示，大部分光波折回散射，只有很小部分光波直接透過。一般光散射偵測器都放在和原來光波行徑方向成90°位置（如圖4-5(b)(C)所示），這樣散射光受原來光波干擾較小。

(8)其他

舉例如照射奈米金膜產生表面電漿共振波（SPR wave），當部分SPR波之強度及向量和金膜折射率會因待測樣品而改變，而使雷射光強度改變和全反射臨界共振角q（Critical angle）及吸收波長改變，然後利用光強度改變、臨界共振角q和吸收波長改變做待測物之定量及定性。表面電漿共振感測器為較特殊光感測器，將在第七章特別介紹。

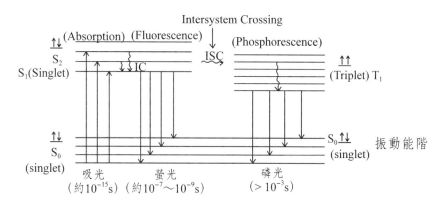

圖4-2　光波照射一分子或原子所產生之吸收光、螢光及磷光示意圖[103]（IC: Internal conversion）

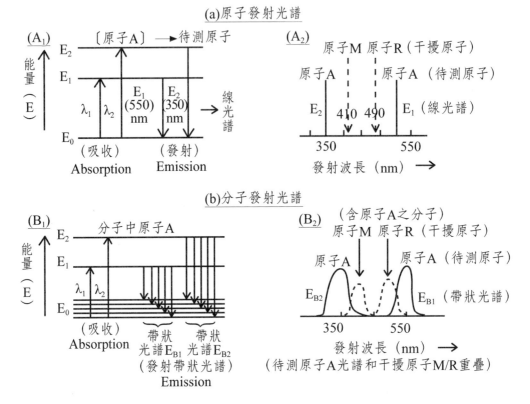

圖4-3 應用多波長光源照射一分子或原子所產生之(a)原子發射光譜線和(b)分子發射光譜線示意圖[76]

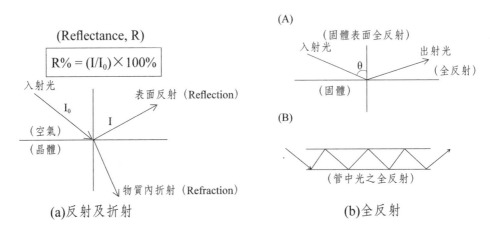

圖4-4 應用一入射光照射一樣品所產生之(a)反射及折射和(b)全反射示意圖[73]

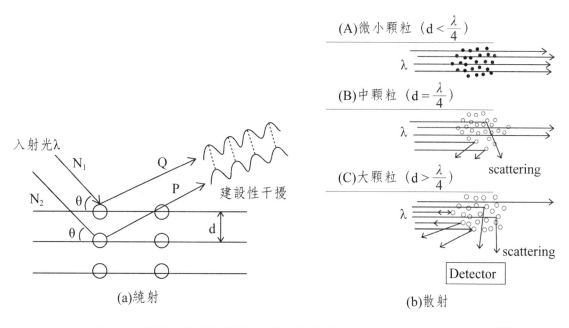

圖4-5 應用一入射光照射一樣品所產生之(a)繞射及(b)散射示意圖[73]

2.光化學感測器之儀器基本結構

依據上述光化學感測器之原理，一光化學感測器（Optical chemical sensors）之儀器基本結構需如圖4-6所示含(1)光源（Light source）、(2)感測元件（Sensing element）、(3)光偵測器（Optical detector）、(4)電流／電壓放大器（I/V Amplifier）、(5)類比／數位轉換器（Analog/Digital converters）及(6)微電腦輸入／輸出界面（Microcomputer I/O interfaces）訊號收集及處理系統（Signal acquisition and processing system）。

光化學感測器常用的光波為紫外線／可見光（UV/VIS）、紅外線（IR）、X光及雷射光。其常用可見光源有(1)可發出紫外線／可見光（230~650 nm）之汞燈（Mercury lamp）與(2)可發出可見光的**鎢鹵燈**（Tungsten-halogen lamp）和(3)**雷射光**（Laser，如He-Ne紅光雷射，Nd：YAG綠光雷射（Nd：$Y_3Al_5O_{12}$ Laser 或簡稱YAG雷射（YAG Laser）），Ar-Kr藍綠光雷射（Ar-Kr Laser））及(4)**發光二極體**（Light emitting diode, LED），而不可見光之光源中紫外線方面，常用**重氫燈**（D_2 Lamp, 160~380nm）做為紫外線光源。紅外線方面，常用的紅外線光源，在近紅外線（12,500~4000cm^{-1}），較常用的為鎢絲燈（Tungsten lamp, W-lamp），

鎢絲燈外加電壓使鎢絲熾熱後會發出可見光、近紅外線光及電子。**奈斯特熾熱燈**（Nernst glower, $ZrO_2/ThO_2/Y_2O_3$燈絲）和**CO_2雷射光**（如CO_2 laser）為中紅外線（4000~200cm^{-1}）波段常用的光源，而**高壓汞弧光燈**（High pressure mercury Arc lamp）為常用遠紅外線（200~10cm^{-1}）光源。常用X光源則為**X光管**（X-ray tube），X光管含當陰極之加熱絲（如W燈絲，及LaB6燈絲）及陽極的金屬靶（如Mo），當外加電壓使陰極之加熱絲加熱產生電子並射向當陽極的金屬靶產生X光。

　　光化學感測器之感應元件主要含基板（Substrate）或樣品槽（Sample cell）及辨識元（Recognition element，但若樣品本身可辨識（如有顏色）就不需辨識元）。基板常用的材料有晶片/半導體/金屬板或陶瓷板或石英槽。

　　光化學感測器中之光偵測器為偵測因待測物分子和辨識元結合所改變的光強度或波長、折射角、反射角、散射角及繞射角之變化。光化學感測器之光偵測器常偵測的為紫外線/可見光（UV/VIS）、紅外線（IR）及X光，偵測這些光波常用之各種光偵測器將在下一節（4-1.2節）詳細介紹。

　　電流/電壓放大器則將光偵測器出來電壓或電流訊號放大成為放大電壓訊號，常用在光化學感測器中之電流/電壓放大器為運算放大器（Operational amplifier, OPA）。

　　類比/數位轉換器（ADC）是將電流/電壓放大器輸出的放大電壓類比訊號（A）轉換成換成可輸入微電腦中做數據處理之數位訊號（D）。

　　電腦輸入/輸出界面訊號收集與處理系統是用來處理由類比/數位轉換器（ADC）輸出之數位訊號（D）經輸入/輸出界面（如RS232串列或IEEE488並列系統）再輸入微電腦中做訊號收集、數據處理及繪圖。

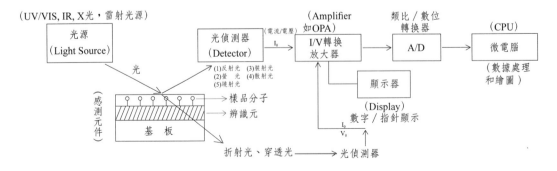

圖4-6　光化學感測器之基本結構示意圖

4-1.2.　光偵測器簡介

　　常用於光化學感測器之光波有紫外線／可見光、螢光、紅外線光、X光及雷射光，而雷射光所涵蓋範圍爲紫外線／可見光及紅外線光，常用的螢光範圍則爲紫外線／可見光、紅外線光及X光光波。表4-1爲紫外線／可見光、紅外線光及X光光波頻率和波長。本節將介紹紫外線／可見光、紅外線光及X光等光偵測器（Optical detectors）。

表4-1　常用於化學感測器之光波頻率及波長

波段	紅外線（IR）	可見光（VIS）	紫外線（UV）	X射線（X-ray）
頻率	$\sim 10^{14}$ Hz	$\sim 10^{15}$ Hz	$\sim 10^{17}$ Hz	$\sim 10^{19}$ Hz
波長	$10^3 \sim 0.8\,\mu$m	$800 \sim 380$ nm	$380 \sim 3.0$ nm	$10^2 \sim 10^{-2}$ Å

1.紫外線／可見光偵測器

　　最常用在化學感測器的紫外線／可見光偵測器（UV/VIS detectors）爲光電二極體陣列偵測器（Photo-diode array detector）和光電倍增管（Photo-multiplier tube）[77]。

(1)光電二極體陣列偵測器

　　光電二極體陣列偵測器因爲體積小且靈敏高爲最近最常用在一般紫外線／可見光光譜儀之偵測器，如圖4-7(a)所示，光電二極體由n極（四價電子Si晶體含微量五價電子As，帶負電）與p極（四價電子Si晶體含微量三價電子B，帶正電）外接電壓（V_{bias}）所構成，當紫外線／可見光照射到二極體，會使帶負電之n極中電子（e^-）往外接電壓正極移動，同時也會使p極帶正電的電洞（h^+）往外接電壓負極移動而形成電流（i），此電流和照射到光電二極體之光強度有一正比例關係（如圖4-7(b)所示），此光電二極體（Photodiode,Photo-diode）可感應到約200~1000nm之紫外線／可見光。然因一個光電二極體之輸出電流並不大，故常串聯好幾個光電二極體（如圖4-7(c)所示）形成光電二極體陣列（市售含有1024~4096個二極體，每一個二

極體寬度約爲0.05mm），做爲紫外線／可見光光譜儀之偵測器。

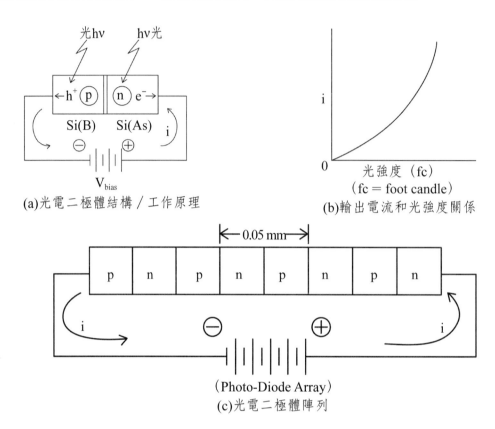

(a)光電二極體結構／工作原理

(b)輸出電流和光強度關係

(Photo-Diode Array)
(c)光電二極體陣列

圖4-7　光電二極體（Photo-Diode）之(a)結構／工作原理，(b)輸出電流和光強度關係及(c)光電二極體陣列（Photo-Diode Array）示意圖[77]

(2)光電倍增管

　　光電倍增管（Photomultiplier tube）也爲紫外線／可見光光譜儀常見的偵測器（可偵測波長範圍110~1100 nm），圖4-8爲光電倍增管（PMT）之結構與線路示意圖，如圖4-8(a)所示，當光照射到光電倍增管之陰極（如Ag-Cs）會使Ag原子激化，而激化Ag再將能量傳給Cs而使Cs離子化並從陰極放出電子，此陰極電子首先會射向第一個放大代納電極（Dynode, D_1），因這放大電極雖具負電壓（－550V，如圖4-8(b)），但比陰極電壓（－600V）較正，故從陰極出來的電子會加速撞擊第一個放大電極（D_1），然第一個放大電極仍然爲負電壓即其表面有多餘電子，所以當陰極出來的電子撞擊第一個

放大電極後會撞出更多電子（如圖4-8(b)），然後出來的電子再撞擊第二、第三、第四（$D_2 \sim D_4$）放大電極，撞出更多更多電子（每一放大電極可視為一電子流放大器），再經更多的放大電極放大，最後傳至陽極並由陽極輸出強大電子流，一般市售光電倍增管受一光子照射後最後會從陽極輸出約$10^6 \sim 10^7$個電子。

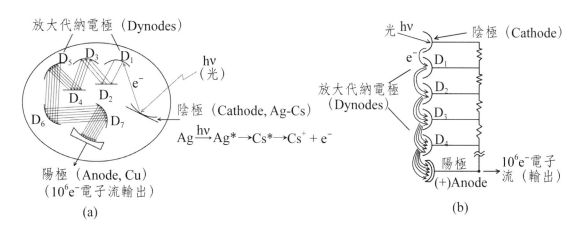

圖4-8 光電倍增管（Photomultiplier Tube, PMT）之(a)結構與(b)線路示意圖[77]

2.紅外線偵測器

最常用的紅外線偵測器（IR detectors）為硫化鉛（PbS）晶體光導電偵測器（PbS photoconductive detector），熱電偶陣列（Thermopile），輻射熱計（Bolometer）及焦電偵測器（Pyroelectric detector）[78]。

(1)硫化鉛（PbS）晶體光導電偵測器

常用來偵測近紅外線光之**硫化鉛（PbS）晶體光導電偵測器**結構如圖4-9(a)所示，當外接電壓Vs（通常為5V），PbS為光敏物質可吸收紅外線光而使其電阻下降，即其輸出電壓Vo會比未照光時之電壓為大，由輸出電壓的變化可換算紅外線光強度。

(2)熱電偶偵測器

熱電偶（Thermocouple）兩種不同金屬連結所構成的偵測器，常用來偵測紅外線光和溫度用。

圖4-9(b)為常用來偵測紅外線光之Au-Pb熱電偶（Thermocouple）結構

示意圖，紅外線光易被Au吸收，未照光前Au/Pb兩接點A、B溫度（T與Tr）相同，當紅外線光照射A點，Au吸收了紅外線光而使A點溫度T升高，以致於A、B兩接點溫度不同而在熱電偶輸出端產生輸出電壓Vo：

$$Vo（輸出電壓）\cong A(T-Tr) \tag{4-3}$$

式中A為熱電偶靈敏度（sensitivity），**熱電堆（Thermopile）偵測器**則為多個熱電偶成陣列連結而成，由一連串熱電偶連接所形成的熱電偶堆可得相當高輸出電壓，由熱電偶陣的輸出電壓可知紅外線光之光度。

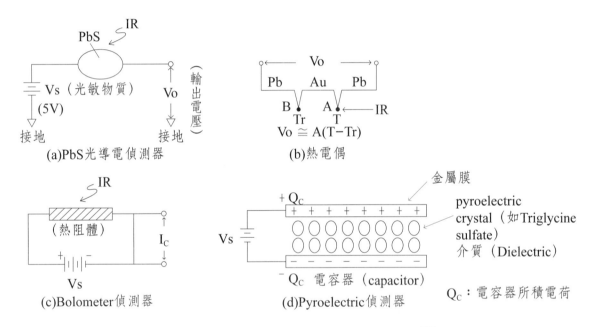

圖4-9　各種紅外線偵測器結構示意圖[78]

(3)輻射熱計

輻射熱計（**Bolometer**）當紅外線偵測器（圖4-9(c)）是利用某些物質之電阻對溫度有相當靈敏感應，當這些物質吸收紅外線光後溫度上升而使其電阻相當靈敏的改變，此種物質常稱為熱阻體（Thermistor），有一些這類物質（如半導體Ge或InSb）其電阻隨溫度升高而減小，將這些對溫度敏感的熱阻體在低溫外接電壓形成Bolometer偵測器（圖4-9(c)），當吸收紅外線光後溫度升高，其電阻下降，導致其輸出電流（Io）增大，即可估算這紅外線光之光度。Bolometer偵測器也有用金屬（如Pt及Ni）熱阻體代替半導體熱阻體，這

些金屬熱阻體反過來其電阻會隨溫度升高而變大，故其吸收紅外線這熱射線會使其電阻因溫度升高而變大，並使其輸出電流減小。

(4)焦電偵測器

　　焦電偵測器（Pyroelectric detector）[78-79]之結構如圖4-9(d)所示，其為用Triglycine sulfate（(NH₂NH₂COOH)₃·H₂SO₄）介質（Dielectric）之電容器（Capacitor）改裝而成，電容器由兩金屬膜中間夾介質所製成，當外加電壓Vs使電容器金屬膜間充電儲存電荷量Qc，放電後即可得輸出電流（Io）。一般電容器外加電壓Vs去除後此電容器儲存電量Qc就失去，但此種介質Triglycine sulfate一經充電後即使去除外加電壓後仍會保持其儲存電荷量Qc，此種介質晶體特稱為焦電晶體（Pyroelectric crystal），含此種焦電晶體之電容器稱為焦電偵測器。此種焦電偵測器之電容（Capacitance, C）對溫度相當靈敏，其電容（C）和其儲存電荷量Qc及外加電壓之關係為：

$$Qc = CVs \qquad\qquad (4\text{-}4)$$

　　當其介質吸收紅外線後溫度上升，靈敏地改變其電容C，即大大改變其儲存電荷量Qc，當其放電時即可得到與照光前相當不同的輸出電流，由輸出電流不同即可計算紅外線光之光強度。

3.X光偵測器

　　X光偵測器（X-ray detector）[80]依是否先將不同波長的X光分開再偵測可分為(a)能量分散偵測器（Energy dispersive detector）和(b)波長分散偵測器（Wavelength dispersive detector）兩大類，波長分散偵測器是先將不同波長的X光先分開再偵測，而能量分散偵測器則不必將不同波長的X光先分開就可偵測，故一般實驗室大部分用能量分散偵測器偵測X光，然而波長分散偵測器先將不同波長的X光先分開，不同波長的X光互相干擾小且穩定，故我國與其他世界各國商品標準局大都用波長分散偵測器偵測X光，但在X光化學感測器為減少體積，通常用X光能量分散偵測器。

　　常用偵測X光之能量分散偵測器為：(1)正比例計數器（Proportional counter），(2)NaI閃爍計數器（NaI Scintillation counter），及(3)鋰漂移鍺／矽半導體偵測器（Li drifted Ge/Si (Ge(Li)/Si(Li)) Semiconductor detector），本節將一一介紹如下：

(1)正比例計數器

　　正比例計數器（Proportional counter）為氣體離子化偵測器（Gas ion-ization detectors）之一種，圖4-10為氣體離子化偵測器系列之共同儀器結構示意圖。X光進入一含Ar且具有外加電壓之正負電極的氣體箱，X光會將Ar離子化產生Ar^+及e^-（電子），此電子會撞擊正電極而形成電子流，此電子流經運算放大器（Operational amplifier, OPA）轉成電壓訊號且放大，此放大的電壓訊號再由類比／數位轉換器（Analog to Digital converter, ADC）輸入電腦做數據處理。此偵測器出來的訊號為斷斷續續的脈衝（Pulse）訊號，此脈衝訊號高度（Pulse height, PH）和外加電壓（V）之關係如圖4-11所示，在電壓$V_1\sim V_2$時，脈衝高度低，不適合當X光偵測，而偵測X光所用電壓範圍為$V_2\sim V_3$（約200～300volt），這段脈衝高度（PH）和電壓成正比，所以特稱用此段的電壓偵測X光的氣體離子化偵測器為正比例計數器（Proportional counter）。至於圖4-11中電壓範圍為$V_3\sim V_4$不規則沒被應用，而更高的$V_4\sim V_5$（約400～600 volt）則用在偵測α及β放射線的**蓋革-米勒計數器**（Geiger-Miller (GM) counter）。在正比例計數器偵測X光所得脈衝高度（PH）和X光頻率或波長有關，頻率或波長不同其脈衝高度就不同，而脈衝寬度（Pulse width, t_p）會隨特定頻率X光之光子數（或光強度）增大而變大。

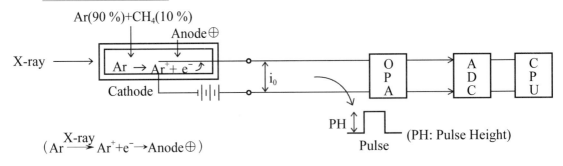

圖4-10　氣體離子化偵測器（Gas ionization detector）之基本結構示意圖[80]

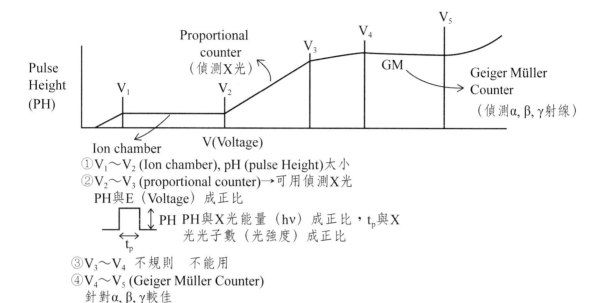

①V_1~V_2 (Ion chamber), pH (pulse Height)太小
②V_2~V_3 (proportional counter)→可用偵測X光
　　PH與E（Voltage）成正比
　　PH PH與X光能量（hν）成正比，t_p與X
　　光光子數（光強度）成正比
③V_3~V_4 不規則 不能用
④V_4~V_5 (Geiger Müller Counter)
　　針對α, β, γ較佳

圖4-11 氣體離子化偵測器輸出脈衝訊號高度（Pulse height）和外加電壓（E）關係圖[80]

(2)NaI閃爍計數器

　　NaI閃爍計數器（NaI Scintillation counter）可用來偵測X光及加馬（γ）射線，其結構（如圖4-12）主要由NaI單晶（Single crystal）和光電倍增管（Photomultiplier tube, PMT）所組成。因光電倍增管（PMT）沒辦法直接感測X光，只可感應紫外線／可見光（UV/VIS），故先用NaI晶體接收X光，激化NaI晶體並放出紫外線／可見光到光電倍增管中，將光波轉換成電子流並放大，可得脈衝（Pulse）式電流訊號（光電倍增管PMT之工作原理請見本節前文和圖4-8）。電流脈衝高度（Pulse height, PH）與X光頻率（ν）成正比，而脈衝寬度（Pulse width, tp）和特定頻率X光之光子數（光強度）成正比。

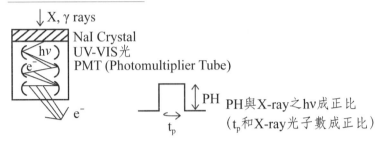

圖4-12　NaI閃爍計數器結構及偵測X光原理示意圖[80]

(3)鋰漂移鍺／矽半導體偵測器

　　鋰漂移鍺／矽半導體偵測器（Li drifted Ge/Si semiconductor detec-tors）如圖4-13(a)所示，爲由含狹窄n極（約1nm Li/Ge 或Li/Si）及p極（B/Ge或B/Si）和中間的Li接面所組成，可視爲一種逆壓二極體偵測器（逆壓二極體（p極接負電壓）平時無電流，照光時才會有電流，逆壓二極體將在本書第6章6-4.1節光電二極體感測器介紹）。Ge(Li)或Si(Li)偵測器常用在偵測X光波及γ射線。圖4-13(a)、(b)分別爲Si(Li)偵測器之結構示意圖與實體外觀圖。如圖4-13(a)所示，當X光照射到Si(Li)偵測器之中間寬廣的Li接面（Junction）時，會使Li離子化成Li^{+*}和e^{-*}，Li^{+*}離子會向接負電壓（−500 ~ −1000伏特）之p極漂移（drift）移動，而電子（e^{-*}）向n極移動並以電流訊號輸出。如圖4-13(c)所示，所得電流訊號再經放大器放大並以脈衝（Pulse）訊號輸出。如圖4-13(d)所示，輸出脈衝高度H_1和此X光頻率（v）有關（高度一樣表示頻率及波長一樣），而脈衝寬度（t_p）和此波長之X光子數目（或光子強度）成正比，這些脈衝訊號傳入多頻道光波分析器（Multi-channel analyzer），將同頻率（脈衝高度H_1相同）的X光（如v_2）集在一起，即形成頻率（v）／光強度（I）之光譜圖。鋰漂移Ge/Si偵測器因體積小（2~3cm長寬）且靈敏度高，廣爲學術及工業界所使用。然此偵測器卻因在常溫下雜訊不小，常需在低溫下操作，這是因爲Si(Li)偵測器主件中之Si和Li若在溫度大於27℃下即使無X光照射也會發出電流雜訊，故Si(Li)偵測器操作時需用液態氮維持低溫，以免產生雜訊。

(a)Si(Li) or Ge(Li) drifled detector

(b)

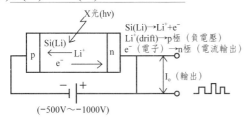

(c)受光後電子及電洞移動

(d)電流脈衝（pulse）訊號處理

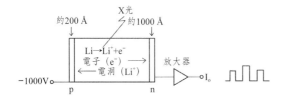

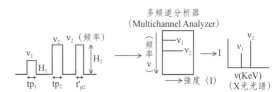

①H（pulse Height，脈高）和X光能量（hν）有關

②tp（pulse width，脈寬）和X光強度（光子數目）成正比

圖4-13　Si(Li)遷移（Li-draft）偵測器(a)偵測X光原理[80]，(b)實體外觀圖[81]，(c)偵測器中受光後電子及電洞之移動情形，及(d)電流脈衝訊號處理示意圖。（(b)圖：Wikipedia, the free encyclopedia, http://upload.wikimedia.org/wikipedia/commons/thumb/9/9c/Dmedxrf SiLiDetector.jpg/350px-DmedxrfSiLiDetector.jpg）

4-2.　光纖化學感測器

　　光纖化學感測器（Optical fiber chemical Sensors）為以光纖當光波導管之化學感測器。光纖化學感測器主要由光源-光纖-探頭（Probe）-光纖-光偵測器所組成。圖4-14為光纖化學感測器之光纖組件及光纖探頭實物圖。由圖4-14(b)顯示其探頭可直接接觸樣品表面偵測。然依探頭和樣品接觸情形如圖4-15所示可將探頭概分吸收型探頭，反射型探頭，及全反射衰減型探頭。在吸收型探頭（Absorption probe，圖4-15(a)）中，液體或氣體樣品經探頭中光纖表面上小孔進入光纖中，因而通過光纖之光波部分被光纖中液體或氣體

樣品中待測物質所吸收，致使到達光偵測器光強度減弱，由光強度改變量（光強度由I_0減少至I）依比爾定律（式4-1）可計算出樣品中待測物質之含量。反射型探頭（Reflectance Probe）則如圖4-15(b)所示，含有透光性發射端頭（Transmitter, T）與反射光接收端頭（Receiver, R）。光源出來光波（光強度Io）經光纖至發射端射入樣品中或表面，一部分光波被樣品中待測物質吸收，反射光波強度因而減弱（光強度I）且被反射至接收端，然後傳送至光偵測器，由其反射率R（Reflection %, R = (I/Io)100%）可測知樣品中待測物質含量與種類，因不同樣品材質吸光度A（A = log (Io/I)）不同，反射率R也不同。圖4-14(b)即為用反射型探頭偵測樣品表面實圖。圖4-15(c)為含全反射衰減型探頭（Attenuated total reflectance (ATR) probe）之光感測器示意圖。在全反射衰減型探頭（ATR）中光波在光纖中全反射，但光波射到光纖／樣品界面時可能會有一小部分被樣品中待測物質吸收，經多次全反射多次小吸收，光波強度會從原來Io衰減至I到達光偵測器，由其光強度減少量（$\Delta I = I_0 - I$），可估算出樣品中待測物質之含量。此全反射衰減（ATR）系統原理及應用將在下一節（4-3節）以紅外線ATR系統為例詳細介紹。

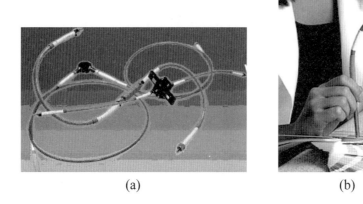

(a)   (b)

圖4-14　光纖化學感測器之(a)光纖組件與(b)光纖探頭（Probe）。（資料來源：http://www. oceanoptics.com/Products/opticalfibers.asp）[82]

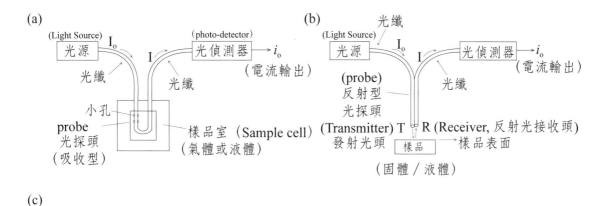

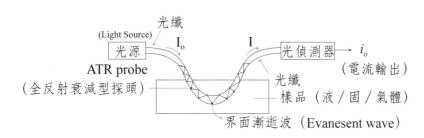

圖4-15 光纖化學感測器之(a)吸收型探頭，(b)反射型探頭，及(c)全反射衰減型探頭
（Attenuated Total Reflectance (ATR) Probe）

4-3. 紅外線衰減全反射化學感測器

　　紅外線衰減全反射[78,83-87]式化學感測器（Attenuated total reflectance (ATR) IR chemical sensor）為現在相當廣泛應用在生化與化學樣品微量分析重要工具。在ATR紅外線化學感測器中主要元件為用溴化銀（AgBr）晶體所拉成的AgBr光纖（Optical fiber）管（圖4-16(a)），紅外線光以光強度Io進入AgBr光纖全反射（入射角θ大於臨界角θ。），此全反射光經液體樣品中，其部分上下振動之衰剪漸逝波（Evanescent wave）會滲入液體中被吸收（圖4-16(b)），光強度會隨在液體中全反射次數增多而變弱成I，由吸光度（A, A = log (Io/I)）大小可估算液體樣品中待測成分含量，在液體中光纖長度越長或全反射次數越多（有積分效果），吸光度也就越大，此ATR儀之偵測靈敏度也就越高。漸逝波滲透入液體中之距離dp（圖4-16(b)）和紅外線波長λ及入射角θ有關，一般漸逝波在液體中滲透距離dp約為0.5~2.0μm。圖4-17為紅外線

光在ATR元件中行進示意圖與實物圖。

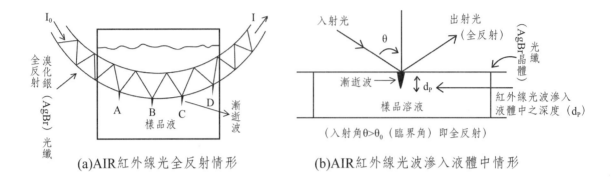

(a)AIR紅外線光全反射情形　　　　　(b)AIR紅外線光波滲入液體中情形

圖4-16　衰減式全反射紅外線化學感測器（Attenuated Total Reflectance (ATR) IR Chemical Sensor）之IR光(a)全反射及(b)光波滲入液體中情形[78]

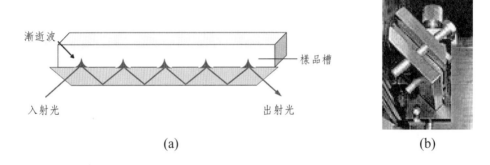

(a)　　　　　　　　　　　　　(b)

圖4-17　紅外線衰減式全反射感測器ATR元件中(a)光在樣品中行進示意圖，與(b) ATR元件實物圖。（原圖來源：http://upload.wikimedia.org/wikipedia/ commons/thumb/3/36/ATR-Halterung.jpg/220px-ATR-Halterung.jpg）[87]

4-4.　液晶及物質呈色光化學感測器

本節將分別介紹用液晶和待測分析物作用使液晶變色或透光性改變之液晶光化學感測器（Liquid-crystal photochemical sensors）與由物質顏色變化之物質呈色光化學感測器（Material coloring photochemical sensors）。

4-4.1.　液晶光化學感測器

液晶光化學感測器（Liquid-crystal photochemical sensors）概分為：(1)液晶呈色光化學感測器（Liquid-crystal coloring photochemical sensors）、(2)光透式液晶光化學感測器（Light transmission type liquid-crystal photochemical sensors）及(3)折射／繞射型液晶光化學感測器（Refraction / diffraction type liquid-crystal photochemical sensors）。

液晶呈色光化學感測器[88-90]乃基於液晶與待測分析物作用時，會因液晶排列不同而改變顏色，偵測後在所接觸的待測分析物被移除後感測器之液晶會恢復其原來顏色。圖4-18為可偵測水溶液中尿素與銅離子（Cu^{2+}）之液晶呈色光化學感測器。如圖4-18(a)所示，一塗佈Urase尿素分解酵素／5CB液晶／Au（金）片（圖4-18(a)(A), 5CB = 4-cyano-4'-pentyl biphenyl）放入含尿素（Urea）中，液晶顏色會從明亮（Bright）變成黑暗色（Dark，圖4-18(a)(B)），此因金（Au）片中Urase酵素催化水溶液中尿素分解而使液晶變色，因而可確定尿素的存在。然而如圖4-18(b)所示，若此Urase/5CB金片放入含尿素及銅離子（Cu^{2+}）樣品中金片上之液晶仍然保持其原來明亮（Bright）色（圖4-18(b)(C)），這是因為樣品中Cu^{2+}離子會使尿素分解酵素（Urase）失去活性使其不能分解尿素也就不能使液晶變色。然若水溶液中加入會和Cu^{2+}離子錯合之配位基EDTA形成Cu^{2+}-EDTA錯合物，溶液中沒有自由的Cu^{2+}離子就會使Urase酵素恢復活性，因而會催化尿素分解而使液晶變成黑暗色（圖4-18(b)(D)），如此可確定原來水溶液中確有Cu^{2+}離子存在。許多生化物質（如蛋白質）亦可用液晶呈色光化學感測器偵測，但不同分析物可由不同液晶測試。現已有市售微小型液晶感測器，其大小約僅小型OK繃（OK-Bandage）大小，可偵測空氣中汙染物和食品中化學成分。

光透式液晶光化學感測器則基於液晶與待測分析物作用時，會使排列整齊的液晶部分排列打亂而使入射光通過。如圖4-19(a)所示，當無分析物時，液晶排列整齊，而可擋住光源射過來的光波使光波通不過液晶而全反射回來，故無任何光波可達光偵測器（如圖4-19(a)所示）。然當有待測分析物與待測分析物作用時，會使部分液晶排列變為混亂（如圖4-19(b)所示），就會有一部分光波可通過液晶而到達光偵測器，而會有光波訊號，由光波訊號多寡即可估

計待測分析物含量。

　　折射型與繞射型液晶光化學感測器乃基於液晶與待測分析物作用時，分別會使原來液晶之折射率與繞射波長改變。例如美國匹茲堡大學Asher博士實驗室（K. Lee and S.A. Asher *J. Am. Chem. Soc., 122*, 9534(2000)）發現溶液中pH值及離子強度（Ionic Strength）的改變會使由polyacrylamide hydrogel- polystyrene形成的水解性液晶的繞射波長改變。

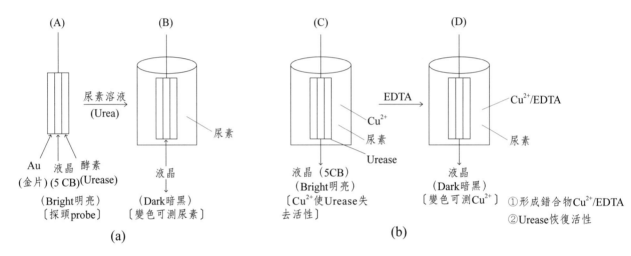

圖4-18　液晶化學感測器偵測(a)尿素與(b)銅離子（Cu^{2+}）之呈色偵測原理示意圖
　　　　（液晶5CB = 4-cyano-4'-pentyl biphenyl；參考資料：Q.Z. Hu and C. H.Jang, Colloids Surf B Biointerfaces. 88, 622 (2011)）[89]

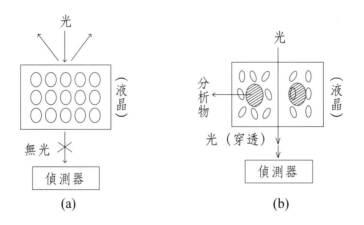

圖4-19　透光式液晶光化學感測器之液晶(a)原來不透光結構與(b)液晶和分析物作用後使液晶變成部分透光結構

4-4.2. 物質呈色光化學感測器

　　物質呈色光化學感測器（Material coloring photochemical sensors）乃基於一待測分析物本身顏色或和外加呈色劑（Coloring agent）使其顏色變化而偵測。當有色待測分析物在樣品中含量多時可直接偵測，然當在樣品中待測物含量極微時很難偵測得到。例如Fe^{2+}離子為淡藍色，量多時可用約640 nm波長測其光吸收度以定量，但若微量時很難偵測到，故仍然需要加呈色劑產生容易偵測到的顏色更強的錯合物。

　　應用外加呈色劑之外加式物質呈色光化學感測器較常見的為(1)酸鹼（pH）呈色感測器（Acid-base(pH) colorimetric sensor），(2)溶劑（Solvent）呈色感測器（Solvent colorimetric sensor）及(3)離子呈色感測器（Ion colorimetric sensor）。外加式物質呈色光化學感測器依顯示方法又可分為直接顯色式、吸收式及光反射式呈色光感測器。直接顯色式呈色感測器（Direct coloration colorimetric sensor）之結構如圖4-20(a)所示，其用呈色劑塗佈在矽膠／高分子基材形成酸鹼或溶劑檢驗之探頭（Probe）插入樣品溶液中探頭會因隨溶液中酸鹼性或溶劑不同而變色。而吸收式呈色光感測器（Absorption coloring photo-sensors）之結構則如圖4-20(b)所示，用由光源射出光波經濾光片或單光器選定一特定波長λ（光強度Io）射入含樣品及呈色劑之樣品槽，部分光波被呈色樣品溶液所吸收而使從樣品槽出來的光波強度減弱成I並射向光偵測器，經由其吸光度A及式4-1的比爾定律（Beer's law）：$\log (I_0/I) = A = \varepsilon bc$，式中 b 為光通過樣品所走之光徑，$\varepsilon$為呈色溶液之莫耳吸收係數（Molar absorptivity coefficient），即可計算待測物質在樣品中含量c。

　　光反射式呈色光感測器（Reflectance coloring photo-sensors）則之結構如圖4-21所示，是將呈色劑溶於樣品溶液中使之變色，再用光源照射然後用色彩偵測器偵測不同波長的反射光。光反射式感測器之結構如圖4-21所示，又分為光纖型及直射型。在光纖型光反射式感測器（如圖4-21(a)所示）中是用光纖當導波管將光源出來光波經探頭（Probe）之發射端T（Transmitter）以光強度Io射入樣品溶液中，然後由樣品溶液反射出來的反射光（光強度I）射回探頭之接收端R（Receiver）再經光纖導入色彩偵測器中，可由其反射

率R（Reflection %,R =(I/Io)100%）測知樣品中待測物質含量及種類。圖
4-21(c)、(d)分別為光纖型光反射式感測器實物圖及常用三色光源。而直射型
光反射式感測器（如圖4-21(b)所示）中並不用任何光波導管也不用探頭，光
源出來的光波（Io）直接就射到樣品溶液中，而由樣品溶液反射出來的反射
光（I）也不用導管就直接射到色彩偵測器（圖4-21(e)為色彩偵測器實物圖）
中，經由偵測各種不同波長之反射光強度可測知樣品中待測物質含量及種類。
以下分別簡單介紹各種呈色感測器：

1.酸鹼呈色感測器

　　酸鹼（pH）呈色感測器（Acid-base(pH) colorimetric sensor）為外加
酸鹼指示劑（如酚酞及甲基紅）使樣品溶液因不同酸鹼度而變色之感測器。
圖4-20(a)為顯色式酸鹼呈色感測器之結構，在判斷一溶液為酸或鹼常用酚酞
（Phenolphthalein，變色範圍：pH 8.2（無色）~10.0（粉紅色））和石蕊
（Litmus，變色範圍：pH = 4.5（紅色）-8.3（藍色））做酸鹼指示劑。其變
色原理如圖4-20(c)(A)所示，以酚酞（HIn）為例，酸鹼變色原理如下：

$$\text{HIn（無色）} \underset{\text{H}^+}{\overset{\text{OH}^-}{\rightleftharpoons}} \text{In}^-\text{（粉紅色）} \qquad\qquad (4\text{-}5)$$
　　　　　　（酸中）　　　　　　（鹼中）

如圖4-20(a)所示，將酸鹼指示劑（如酚酞或石蕊）當呈色劑塗佈在矽膠／高
分子基材形成酸鹼檢驗之探頭（Probe），當探頭插入酸鹼溶液中探頭會因隨
溶液中酸鹼性而變色。一般也常將石蕊試紙做酸鹼檢驗。

　　　但若不只要測知溶液是酸或鹼，還要看溶液中大約的pH值，則圖4-20(a)
探頭上之呈色劑就要用廣用酸鹼指示劑，其通常由4~5種酸鹼指示劑混合而
成。表4-2為常用含四種酸鹼指示劑（酚酞（1.3克）、溴百里酚（0.9克）、
甲基紅（0.4克）、百里酚藍（0.2克）／1升70~80%酒精）之廣用酸鹼指示
劑pH變色範圍。也可用其他染色劑（pH dyes）當廣用酸鹼指示劑感測不同
pH樣品溶液。[90]

　　　酸鹼呈色感測器除顯色式外，亦常用結構如圖4-21(a)之光反射式酸鹼呈
色光感測器。在光反射式酸鹼呈色感測器中，酸鹼指示劑當呈色劑直接放入
樣品溶液中並用光波（強度Io）照射，然後用色彩偵測器偵測其反射光（強度
I），由其反射率R（R = (I/Io)100%）可測知樣品中酸鹼度。

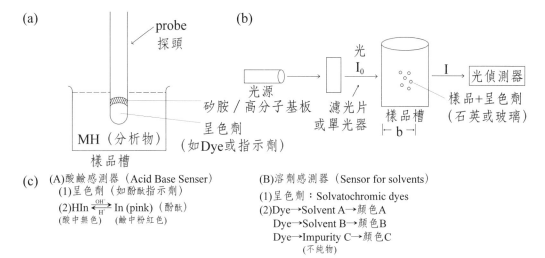

(a)

probe
探頭

光源
I_0

光
I_0

光偵測器

MH（分析物）

矽胺／高分子基板

濾光片
或單光器

樣品槽

呈色劑
（如Dye或指示劑）

樣品槽
├ b ┤

樣品＋呈色劑
（石英或玻璃）

(b)

I

(c) (A)酸鹼感測器（Acid Base Senser）
 (1)呈色劑（如酚酞指示劑）
 (2)HIn $\xrightleftharpoons[\text{H}^+]{\text{OH}^-}$ In (pink)（酚酞）
 （酸中無色） （鹼中粉紅色）

(B)溶劑感測器（Sensor for solvents）
 (1)呈色劑：Solvatochromic dyes
 (2)Dye→Solvent A→顏色A
 Dye→Solvent B→顏色B
 Dye→Impurity C→顏色C
 （不純物）

圖4-20 (a)直接顯色式化學感測器及(b)吸收式呈色光化學感測器之結構與(c)常用呈色感測器的(A)酸鹼呈色感測器及(B)溶劑呈色感測器之呈色劑（Dyes）及變色原理[88~93]

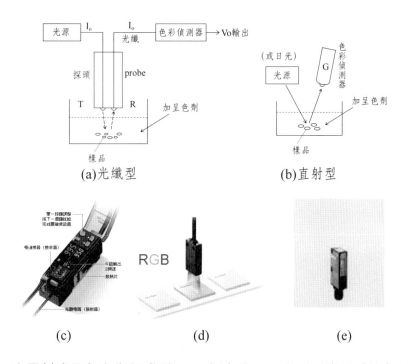

(a)光纖型

(b)直射型

(c)

(d)

(e)

圖4-21 光反射式呈色光化學感測器(a)光纖型及(b)直測型感測系統與(c)光纖型色彩偵測器實物圖[94]，(d)三色光源探頭[95]以及(e)色彩偵測器[96]。（原圖來源：(c)http://www.keyence. com. tw/products/sensors/rgb/czv20/czv20ap_amplifier.gif, (d)http://www.keyence.com.tw/products/sensors/rgb/cz/cz_topimage.gif,,(e)http://www.sick. com.tw/products/DIVO1/ marksensor/main.html（台灣西克公司產品））

表4-2　常用廣用酸鹼指示劑pH變色範圍[97]

pH值	<4	5	6	7	8	9	>10
廣用指示劑顏色	紅	橙	黃	綠	藍	靛	紫

註：廣用試劑：酚酞（1.3克）、溴百里酚（0.9克）、甲基紅（0.4克）、百里酚藍（0.2克）
　　／1升70~80%酒精

2.溶劑呈色感測器

溶劑（Solvent）呈色感測器（Solvent colorimetric sensor）[98]是用專門使特定溶劑呈色之呈色劑使溶劑溶液呈色之感測器。溶劑呈色感測器常用直接顯色式及光反射式溶劑呈色光感測器。顯色式溶劑呈色光感測器之結構亦如圖4-20(a)所示，將溶劑呈色劑（常用特殊溶劑染色劑（Solvatochromic dyes，如Phenolbetaine））塗佈在矽膠／高分子基材成探頭（Probe），其呈色原理如圖4-20(c)(B)所示，用同一溶劑染色劑當呈色劑可使不同溶劑或雜質（不純物）產生不同顏色因而可鑑定樣品中為何種溶劑。而光反射式溶劑呈色光感測器則如圖4-21(a)所示，將溶劑呈色劑直接放入溶劑樣品中，並用光波（強度Io）照射，然後用色彩偵測器偵測其反射光（強度I），由其反射率R（R=(I/Io)100%）可測知樣品中溶劑含量。

3.離子呈色感測器

離子呈色感測器（Ion colorimetric sensor）通常是利用無色或淡色之離子與呈色劑產生強烈顏色之錯合物。例如用來偵測樣品中Ag^+或Fe^{2+}所用呈色劑（SCN^-或Oph（Ortho-phenanthroline））及呈色原理如下：

$$Ag^+（無色）+ SCN（無色）\rightarrow Ag(SCN)（磚紅色） \qquad (4-6)$$
$$Fe^{2+}（淺綠色）+ 3\,Oph（無色）\rightarrow Fe(Oph)_3^{2+}（橘色，\lambda_{max} = 510nm） \qquad (4-7)$$

一般離子呈色感測器常用**吸收式**（圖4-20(b)）及**光反射式**光纖型（圖4-21(a)）呈色光感測器。在兩種離子呈色感測器中，呈色劑都直接放入樣品溶液中使溶液產生顏色變化並用特定波長（光源出來光波皆先經濾光片或單光器選波長）直接（吸收式）或經光纖導波（光纖型）照射含離子及呈色劑之離子樣品溶液。在吸收式離子呈色感測器（圖4-20(b)）中測其光照射樣品之光

強度變化（Io→I）及吸光度A，用式4-1之比爾定律（$\log (I_0/I) = A = \varepsilon bc$）計算錯合物及離子濃度。而在光反射式光纖型離子呈色感測器（圖4-21a）中，由其探頭（Probe）之發射端（T）照射呈色離子樣品溶液光強度Io及由溶液反射回來射到探頭之接收端（R）的光強度I，可計算其反射率R（R = (I/Io)100%）可估算樣品中錯合物及離子濃度。

4-5. 螢光化學感測器

　　螢光化學感測器（Fluorescence optical chemical-sensors）[99-102]依待測分析物是否爲螢光物質分爲螢光性分析物螢光化學感測器與非螢光性分析物螢光化學感測器兩大類。兩者之不同在辨識感應元件結構不同。圖4-22爲螢光性分析物螢光感測器之辨識感應元件結構，在此辨識感應元件中分析物含有螢光團（Fluorphore），經特定波長的入射光照射會產生螢光，然此**螢光性分析物**（如螢光性抗原）之螢光強度或波長會因接上辨識元（如抗體）而改變，由螢光強度改變量（ΔF）即可估算樣品中螢光性分析物含量。而**非螢光性分析物**螢光化學感測器依辨識元與分析物結合方式可分爲**本徵型**螢光化學感測器（Intrinsic fluorescent chemosensor）與聯合型螢光化學感測器（Conjugate fluorescent chemosensor）。**本徵型**螢光感測器是指辨識元包含螢光團（如圖4-23(a)所示），當非螢光性分析物（如抗原）接上含螢光團辨識元（如螢光性抗體），會使辨識元之螢光強度或波長改變，一樣由螢光強度改變量（ΔF）即可估算樣品中非螢光性分析物含量。然聯合型螢光化學感測器中（如圖4-23(b)所示），辨識元與螢光團是被一些其他連接元（Linker）所連接，當非螢光性分析物（如抗原）接上辨識元（如抗體）時，會使辨識元經連接元所連接之螢光團之螢光強度或波長改變，同樣由螢光強度改變量（ΔF）即可估算樣品中非螢光性分析物含量。

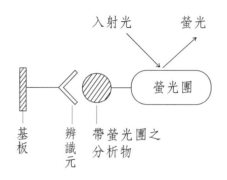

圖4-22　螢光性分析物所用的螢光感測器之辨識感應元件結構示意圖

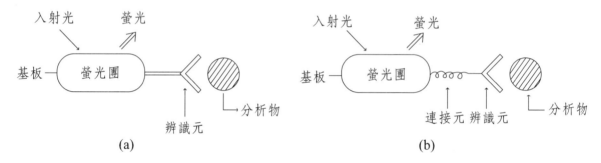

(a)　　　　　　　　　　　　　　　　　　(b)

圖4-23　非螢光性分析物所用的(a)本徵型（Intrinsic）螢光感測器和(b)聯合型
（Conjugate）螢光感測器之辨識感應元件結構示意圖

　　除了辨識感應元件結構不同外，螢光化學感測器對螢光性及非螢光性分析物之儀器結構都類似。螢光化學感測器依結構不同可概分完整型與簡易型螢光感測器。

　　圖4-24為一般完整型螢光化學感測器之基本結構示意圖。其中含光源、濾光片、樣品槽或感測元件（含分析物／辨識元／螢光團）、光偵測器、電流／電壓放大器、類比／數位轉換器（ADC）及微電腦。其偵測原理與步驟為從光源出來各種波長之光波先經濾光片或單光器F_1選一特定波長λo之光波照射含分析物／辨識元／螢光團之樣品槽或感測元件，產生螢光（波長λ_F）並由和入射光成90°的濾光片或單光器F_2（濾去原來散射入射光）及光偵測器（如光電倍增管，PMT）偵測螢光強度並以電流訊號（Io）輸出（光偵測器和入射光成90°受入射光干擾最小）。然後再用電流／電壓放大器（如運算放大器，OPA）將電流訊號轉換成放大的電壓訊號（Vo），此放大的電壓類比訊號再經類比／數位轉換器（ADC）轉換成數位訊號（D）並輸入微電腦做數據處理

與繪螢光譜圖。

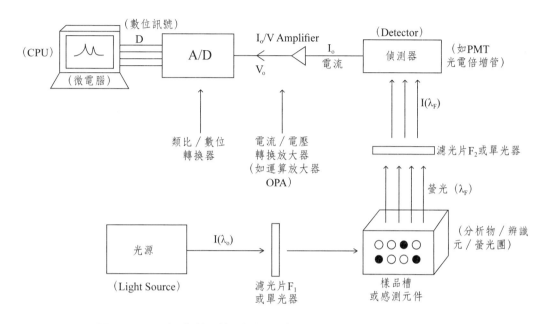

圖4-24　一般完整型螢光化學感測器之基本結構示意圖

簡易型螢光感測器（Fluorescence sensors）是將光源、濾光片及小的光偵測器皆緊裝在一起所成的小型感測器組件（Module）。圖4-25(d)為一簡易型螢光感測器之實物圖，而如圖4-25(a)、(b)、(c)所示，簡易型螢光感測器依探頭（Probe）結構及外觀不同又可分雙鏡頭型，單鏡頭型及複合鏡頭型螢光感測器。在雙鏡頭型螢光感測器（Dual lens fluorescence sensors，圖4-25(a)）中，入射光（λo）由發射端鏡頭（T）射向含樣品及辨識元之感測元件產生不同波長之螢光（λ_F），部分螢光會射向探頭的接受端鏡頭（R）並經濾光片將純螢光（λ_F）射入光偵測器偵測。而單鏡頭型螢光感測器（Single-lens fluorescence sensors）如圖4-25(b)所示，發射端T及接受端透鏡R藏在單一鏡頭內，入射光（λo）由發射端透鏡T經單一鏡頭射向樣品／辨識元感測元件產生螢光，而螢光也經同一單鏡頭射向接受端透鏡R到濾光片，再射入光偵測器偵測。然複合鏡頭型螢光感測器（Composite lens fluorescence sensors）則如圖4-25(c)所示，利用內外圈複合式鏡頭，入射光（λo）由外圈鏡頭射向樣品／辨識元感測元件產生螢光，而部分螢光會射入內圈鏡頭經濾光

片，再射入光偵測器偵測。圖4-25(d)爲單鏡頭型探頭實物圖。

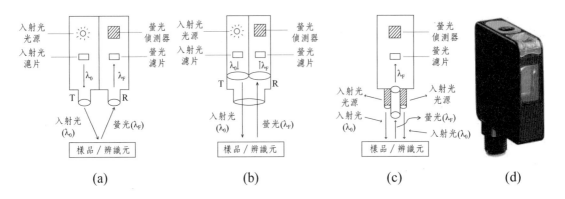

圖4-25　簡易型螢光感測器(a)雙鏡頭型，(b)單鏡頭型，(c)複合鏡頭型之探頭
　　　　（Probe）示意圖及(d)單鏡頭型探頭實物圖[102]（(d)圖來源：http://www.
　　　　bannerengineering.com/zh-TW/products/69/Sensors/257/Luminescence-
　　　　Sensors（美商邦納公司產品））

　　依分析物種類不同，簡易螢光感測器又可分爲(1)非螢光性有機分子螢光
感測器（Non-fluorescent organic molecule fluorescence sensors），(2)螢
光性有機分子螢光感測器（Fluorescent organic molecule fluorescence sen-
sors），(3)離子螢光感測器（Ion fluorescence sensors），(4)溶液極性測量
用螢光感測器（Fluorescence sensors for measurement of solution polar-
ity）。以下將分別舉例介紹這些簡易螢光感測器之偵測原理：

1.非螢光性有機分子螢光感測器

　　就以應用雙鏡頭簡易型螢光感測器（如圖4-26(a)所示）偵測非螢光性生
化物質多巴胺（Dopamine）介紹非螢光性有機分子螢光感測器（Non-fluo-
rescent organic molecule fluorescence sensors）。此例中所用之辨識元爲
Calcein blue (CB)-Fe^{2+}錯合物（CB-Fe^{2+}）[101]。如圖4-26(b)偵測原理所示，
原本Calcein blue（CB）有螢光性可吸收340 nm入射光而放出440 nm螢光，
但接上Fe^{2+}成(CB)-Fe^{2+}就沒有螢光性，然樣品中若有分析物多巴胺，多巴胺
會和(CB)-Fe^{2+}中Fe^{2+}結合，而釋放出Calcein blue(CB)，而CB恢復其螢光性
可放出440 nm螢光。反應如下：

Dopamine + (CB)-Fe^{2+} → Dopamine-Fe^{2+} + CB（CB可發出440nm螢光）

(4-8)

　　用以偵測CB所發出之螢光的雙鏡頭簡易型螢光感測器結構如圖4-26(a)所示，當入射光（340nm）經探頭的發射端鏡頭T射入含Dopamine-Fe^{2+}+CB樣品槽中所產生的440 nm螢光部分會射到接受端鏡頭R進入螢光偵測器（如光電倍增管，PMT）偵測其螢光強度，以估算此生化樣品中多巴胺含量。

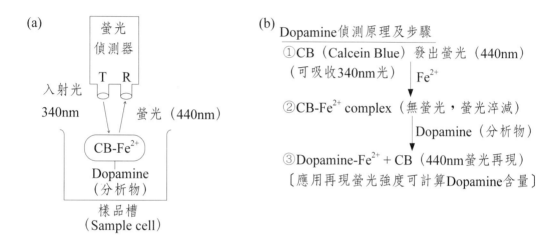

圖4-26　偵測多巴胺（Dopamine）之螢光感測器的(a)偵測系統示意圖，與(b)偵測原理和步驟[101]

2.螢光性有機分子螢光感測器

　　許多有機分子具有螢光性[103]，可用圖4-27(a)所示的簡易螢光性有機分子螢光感測器（Fluorescent organic molecule fluorescence sensors）偵測。現就舉例（圖4-27(b)）說明一些具有螢光性之生化醫學有機藥物之產生螢光與偵測原理如下：

(1)阿司匹靈（Aspirin）可用螢光光譜法偵測，Aspirin可吸收290nm激發光並放出300~420nm螢光，對Aspirin之偵測下限為2ppm。

(2)色胺酸（Tryptophan, C$_{11}$H$_{12}$N$_2$O$_2$）亦可用螢光光譜法偵測，其可吸收220和280nm激發光並放出438nm螢光。

(3)迷幻藥LSD（Lysergic acid diethylamide），因LSD會吸收325nm紫

外線激發光並放出445nm螢光，此螢光法對在血液中LSD之偵測下限相當低為1ppb。

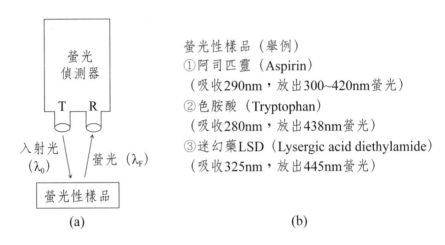

螢光性樣品（舉例）
①阿司匹靈（Aspirin）
　（吸收290nm，放出300~420nm螢光）
②色胺酸（Tryptophan）
　（吸收280nm，放出438nm螢光）
③迷幻藥LSD（Lysergic acid diethylamide）
　（吸收325nm，放出445nm螢光）

(a)　　　　　　　　　　　　　　　　(b)

圖4-27　螢光性有機分子之(a)偵測示意圖與(b)偵測實例[103]

3.離子螢光感測器

　　大多數之陰陽離子都不具有螢光性，然可應用這些離子和具有螢光團之有機分子或配位基（Ligand）當辨識元形成陰陽離子錯合物（Complexes），因而改變這些有機分子或配位基之螢光強度或螢光波長。由原來螢光強度的改變或新螢光波長之螢光強度即可估算樣品中陰陽離子之濃度。這些設計用來偵測各種陰陽離子之螢光偵測器就稱為離子螢光感測器。以下分別舉例說明這些離子螢光感測器（Ion fluorescence sensors）偵測陰陽離子之原理：

(1)陽離子（M^+）螢光感測器

　　圖4-28為可用來偵測鹼金屬離子（如Na^+、K^+）之陽離子（M^+）螢光感測器（Cation fluorescence sensors）所常用的接有螢光團（如Anthracene，蒽）之環狀醚（Cyclic ether）分子辨識元之辨識原理（不同大小陽離子要用不同大小的環狀醚當辨識元，始可分辨）[99]。如圖4-28所示，鹼金屬離子（M^+）會和此帶螢光團環狀醚辨識元形成$2M^+$-環狀醚錯合物，而使此環狀醚之螢光團的螢光強度或螢光波長改變，由原來螢光波長的螢光強度的改變或新螢光波長的螢光強度即可估算樣品中鹼金屬離子之濃度。

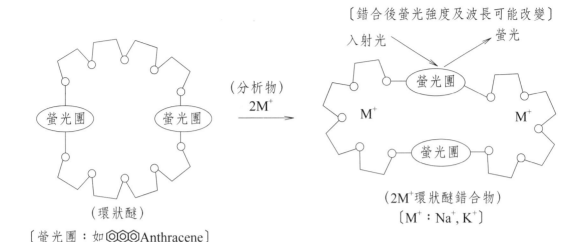

〔螢光團:如⬡⬡⬡Anthracene〕

圖4-28 陽離子(M⁺)螢光感測器常用的帶螢光團之環狀醚分子辨識元之辨識原理
(資料來源:http://www.chemedu.ch.ntu.edu.tw/lecture/molecular/2.htm)[99]

(2)陰離子(X⁻)螢光感測器

　　圖4-29為偵測陰離子(X⁻,如Cl⁻、CN⁻、I⁻)之陰離子螢光感測器
(Anion fluorescence sensors)所用的接螢光團之大環胺醚(Cryptand)分
子辨識元和陰離子作用辨識原理。此含螢光團之大環胺醚辨識元在酸性溶液中
會質子化(和H⁺結合)而帶正電就會與帶負電的陰離子結合成錯合物,而使
大環胺醚辨識元中螢光團之螢光強度及螢光波長都可能改變。由原螢光波長或
新螢光波長之螢光強度變化都可估算樣品中陰離子(X⁻)含量。然不同大小
陰離子(X⁻)要用不同大小的大環胺醚當辨識元,始可分辨。

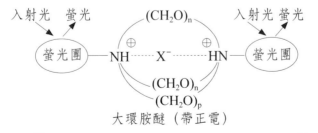

圖4-29 陰離子(分析物,X⁻)螢光感測器常用的接螢光團帶正電荷之大環胺醚分
子辨識元和陰離子作用辨識原理[99]

4.溶液極性測量螢光感測器

用在測量一溶液之極性的螢光感測器（Fluorescence sensors for measurement of solution polarity）通常用Pyrene[103−105]當辨識元，這是因為如圖4-30所示，Pyrene（圖4-30(c)）之螢光峰中第一波峰強度I及第三波峰強度III之比（I/III）和Pyrene所處的溶液環境之微極性（Em, Micropolarity）[105]有下列關係：

$$Em\ (Micropolarity) = 86.3 \times (I/III) - 87.8 \qquad (4\text{-}9)$$

由上式可知，當Pyrene處於極性溶液（即Em大）中時，其I/III螢光強度比就會大，反之，在非極性溶液中其I/III螢光強度比就會變小。由此I/III螢光強度比就可用來估算一溶液之極性大小。如圖4-30(a)(b)所示，Pyrene在丁醇（n-Butanol）中之I/III螢光比（1.02）要比在正己烷（n-Hexane）中（0.61）大，這表示丁醇比正己烷極性大。

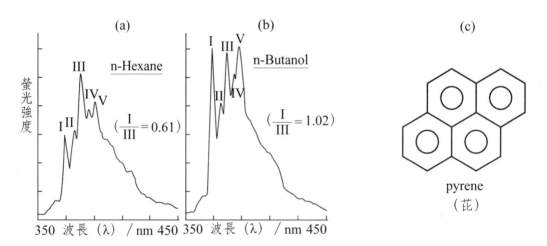

圖4-30　Pyrene 在(a)正己烷溶劑、(b)丁醇中之螢光光譜及(c)其分子結構[103]

4-6. X光化學感測器

本節將介紹X光源（X-ray light sources）、X光偵測探頭（X-ray detection probes）及各種X光化學感測器（X-ray chemical sensors, 如X光吸收感

測器和X光螢光感測器）。

4-6.1.　X光源[106-107]

　　X光化學感測器是利用一待測化學物質（分析物）對X光源所發出的X光之吸收，反射及產生螢光和繞射現象而做為分析物之定性與定量之基礎。在X光化學感測器中常用的X光源（**X-ray light sources**）為X光管（X-ray tube），本節將介紹X光管產生X光原理與裝置。X光管之結構如圖4-31所示，其主要包括產生電子之加熱絲及產生X光的金屬靶（Target）。當加陰陽極間之外加電壓（V）會使當陰極（Cathode, C）之加熱絲（如W及LaB6）產生電子並射向當陽極（Anode, A）的金屬靶（如Mo），可將金屬靶原子之內層（如K層）電子被打掉，而外層（如L層）電子掉下來到內層（如K層）並放出X光。如圖4-32(a)所示，當K層電子（主量子數n = 1）被打出，若L層電子（n = 2）掉下來到K層遞補，會放出X光且被命名為K_αX光由鈹（Be）窗放出（因Be對X光吸收率很小），但L層（圖4-32(a)）又有幾個次層，由不同次層掉到K層所放出的X光就稱為$K_{\alpha 1}$, $K_{\alpha 2}$ X光（$K_{\alpha 1}$, $K_{\alpha 2}$ X-Rays）。若由再上一層的M層電子（n = 3）與N層電子（n = 4）掉下來到K層所發出的X光就分別稱為K_β與K_γX光。同樣地，當L層電子被打出，上一層的M與N層電子掉到L層遞補放出來的X光就分別稱為L_α與L_β X光（L_α、L_βX-Rays）。

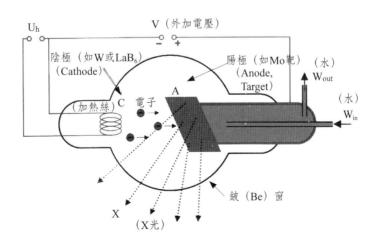

圖4-31　X光管（X-ray tube）結構示意圖[106,80]（資料來源：From Wikipedia, the free encyclopedia, http://en.wikipedia.org/wiki/X-ray_tube）

　　圖4-32(b)為X-光管所放出來典型的X光光譜圖，其中K_α與K_β光譜線為X光管之金屬靶所放出來的特性X光（Characteristic X-ray），其最高波峰頻率為ν_{max}。此特性ν_{max}會隨金屬靶原子之原子序（Z）增大而變大，此關係即為莫斯利定律（Moseley's law）：

$$\nu_{max} = K\ (Z - 1)^2 \tag{4-10}$$

　　式中K為常數，另外圖4-32(b)中還有連續X光（Continuum X-ray），又稱為制動輻射X光（Bremsstrahlung X-ray），其光強度（I）會和隨所用陰陽極間之外加電壓（V）與原子序（Z）增加而增大。

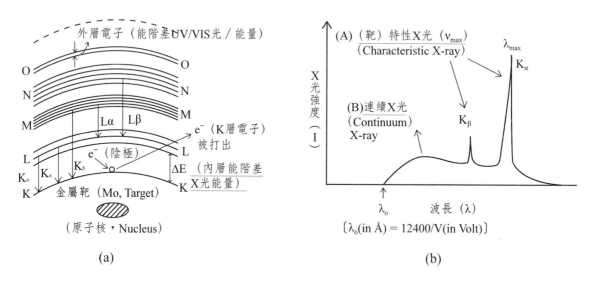

圖4-32　X-光管之(a)X光線產生原理示意圖和(b)X-光管之發出之光譜圖[80,107]

4-6.2.　X光感測器所用X光探測器

　　X光感測器中所用X光探測器（**X-ray detection probes**）[108-109]所得影像不像傳統用X光底片顯示，現今之X光感測器皆以數位訊號顯示，而依偵測探頭之X光轉換過程，數位式光感測器概分(1)閃爍劑電子式X光感測器，(2)半導體式X光感測器，(3)光電二極體式X光感測器及(4)照相數位式X光感測器。圖4-33為X光感測器常見的各種X光探測器之結構與偵測原裡示意圖。

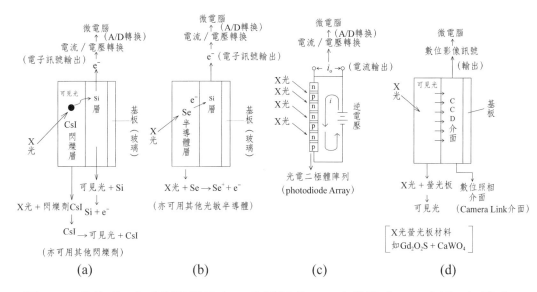

圖4-33 數位式X光感測器常用之(a)閃爍劑式，(b)半導體式，(c)光電二極體式，及(d)照相式數位X光探測器之結構與偵測原理示意圖[108–109]

閃爍劑電子式X光探測器（X-ray scintillator electronic detector，圖4-33(a)）中含閃爍劑層及Si層，X光先射到閃爍劑層中，使閃爍劑（如CsI）激化到激態（如CsI*），然後放出可見光，以CsI閃爍劑爲例，其反應如下：

$$X光 + CsI（閃爍劑） \rightarrow CsI* \qquad (4\text{-}11)$$

及
$$CsI* \rightarrow CsI + 可見光（h\nu） \qquad (4\text{-}12)$$

如圖4-33(a)所示，閃爍劑層產生的可見光會射入Si層，而使Si原子解離產生電子（e^-），並以電子訊號輸出，反應如下：

$$可見光（h\nu） + Si \rightarrow Si^+ + e^-（電子訊號輸出） \qquad (4\text{-}13)$$

然後將電子訊號轉成電流訊號並輸入電流／電壓轉換放大器（如運算放大器，OPA）轉成放大電壓訊號，再經類比／數位轉換器（ADC）轉成數位訊號輸入微電腦做術據處理與顯示。

半導體式X光探測器（Semiconductor X-ray detector）如圖4-33(b)所示，含Se感光半導體層與Si層，X光先射到Se半導體使Se解離產生電子（e^-），然後將電子（e^-）傳至入Si層，並以電子訊號輸出，反應如下：

$$X光 + Se（半導體） \rightarrow Se^+ + e^- \qquad (4\text{-}14)$$

同樣，此電子訊號經電流／電壓轉換放大器和類比／數位轉換器（ＡＤＣ）轉成數位訊號輸入微電腦做術據處理與顯示。其他感光半導體（如鎝／金／Si）亦可用來當半導體式X光探測器之基材。

光電二極體式X光探測器（Photodiode X-ray detector）如圖4-33(c)所示，是由光電二極體陣列（Photodiode array）所組成，X光照射到每個光電二極體（逆電壓np二極體）就會產生電流輸出，並以電流（i）訊號輸出，反應如下：

$$\text{X光} + \text{光電二極體} \rightarrow e^- \text{（電子訊號輸出）} \qquad (4\text{-}15)$$

此電流訊號經電流／電壓轉換放大器和類比／數位轉換器（ＡＤＣ）轉成數位訊號輸入微電腦做數據處理與顯示。

照相式數位X光探測器（Digital X-ray photographic detector）如圖4-33(d)所示，含螢光板層（含螢光劑如$Gd_2O_2S + CaWO_4$）與CCD數位照相介面層（Charge-coupled device (CCD) digital interface），X光照射到螢光板產生可見螢光，然後此可見光用CCD數位照相介面攝影而產生數位影像訊號輸出至微電腦做數據處理與顯示。反應如下：

$$\text{X光} + \text{螢光板} \rightarrow \text{可見光（螢光）} \qquad (4\text{-}16)$$
$$\text{可見光} + \text{CCD數位照相介面} \rightarrow \text{數位影像訊號} \qquad (4\text{-}17)$$

圖4-34為照相數位式小型X光偵測器（含CCD照相介面）之實物外觀，內部結構與內部光行徑示意圖。

現市面較常見的X光偵測探頭大都為**平面數位式X光探測器**（Digital X-ray plane detector，如圖4-35所示），此平面數位式探測器常含多個（如4個）CsI閃爍劑／Si晶片，由X光照射到CsI閃爍劑可產生可見光，可直接用CCD數位照相介面產生數位影像訊號輸出（如式4-17所示）或利用產生的可見光射入Si晶片而使Si原子解離產生電子（e^-），並以電子訊號輸出（如式4-13所示）。圖4-35(a)和圖4-35(b)分別為大型及小型平面數位式探測器實物圖。

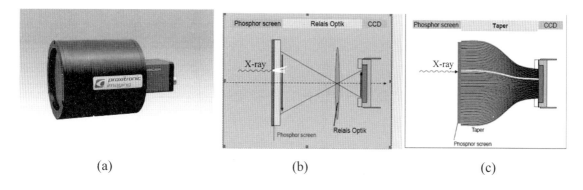

(a)　　　　　　　　　　　(b)　　　　　　　　　　　(c)

圖4-34　照相數位式小型X光探測器（含CCD照相介面）之(a)實物外觀，(b)內部結構及(c)內部光行徑示意圖。（原圖來源：http://www.teo.com.tw/prodDetail.asp?id=372（先鋒科技））[109]

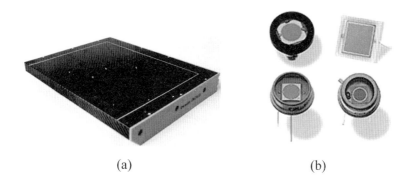

(a)　　　　　　　　　(b)

圖4-35　(a)大型平面數位式X光探測器（閃爍劑電子式或照相式），與(b)小型平面X光偵測探測器實圖（原圖來源：http://www.teo.com.tw/prodDetail.asp?id=372（先鋒科技）[109]；大型平面數位式X光探測器：4個CsI閃爍劑/Si晶片→可見光(1)Si→e^- + Si^+, (2)CCD介面）

4-6.3.　X光感測器結構及偵測原理

圖4-36是以市面較常見的具有閃爍劑電子式或半導體平面數位式X光探測器之X光感測器為例，介紹X光感測器基本結構及偵測原理。由圖4-36(a)所示，當X光管射出X光（主要波長λ_o，光強度I_o）射向分析物樣品（通常為固體或液體），部分X光穿過樣品成穿透光，部分X光從樣品表面反射出來成和

原波長λo一樣的反射光，同時從樣品表面射也可能射出繞射光及和不同波長
（λ_F）之螢光。這些穿透光、反射光、螢光及繞射光射到常用的閃爍劑電子式
或半導體之平面X光探測器上。如同上一節（4-6.2節）所述，在閃爍劑電子
式探測器上，X光射到閃爍劑（如CsI）層產生可見光再撞擊Si內層產生電子
輸出。而在半導體探測器上，X光射到半導體射到感光半導體（如Se）層產生
電子再經Si內層以電子訊號輸出。X光探測器所輸出的電子經導線傳入含電流
／電壓轉換放大器（如運算放大器OPA）和類比／數位轉換器（ADC）產生
數位訊號輸入微電腦做數據處理與顯示。圖4-36(b)為市售一種平面數位式X
光感測器實物圖。

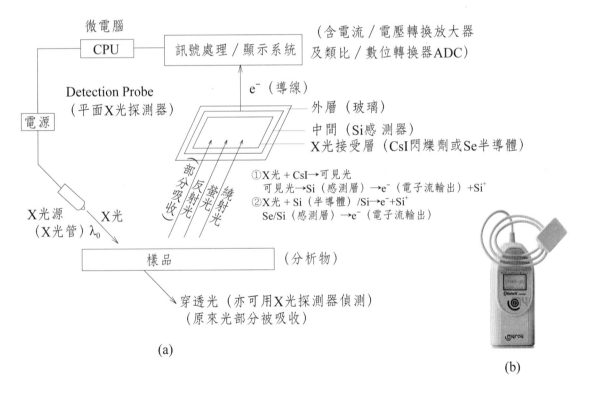

(a)

(b)

圖4-36　常見的閃爍劑／半導體平面數位式X光感測器（X-ray sensor）之(a)結構與
　　　　原理示意圖，和(b)市售一種具有平面數位式X光探測器之X光感測器實物圖[110]
　　　　（(b)圖來源：www.lionsdentalsupply.com/Dental_Digital_X_Ray）

　　　X光感測器依X光照射樣品而產生的穿透光，反射光，螢光及繞射可分為
穿透式X光感測器、反射式X光感測器、螢光式X光感測器，及繞射式X光感測

器。一般較常見的為穿透式X光感測器與螢光式X光感測器，分別介紹如下：

1.穿透式X光感測器

穿透式X光感測器（**Transmission X-ray sensor**）中部分X光可能被吸收，由被吸收的多寡可測知樣品之材質與厚度，為常用的吸收式X光感測器（**X-ray absorption (XRA) sensor**）之一種。圖4-37與圖4-38分別為穿透式X光感測器之感測系統示意圖與實物圖。穿透式X光感測器不只應用在學術研究上，也應用在工業，醫學及海關監測上，此檢驗法基本上建立在一物質吸收X光前後X光強度對比之訊號差或圖譜，不只可得樣品影像又可推算此樣品中各成分含量。

如圖4-37所示，若一金屬薄膜樣品（厚度為b）被具有Po強度（Power）的X光（hv_o）穿過時，部分X光可能會被此樣品原子吸收，而使X光（hv_o）的強度減弱成P，吸收前後X光強度比（Po/P）和此樣品之密度（ρ）關係如下[111]：

$$Po/P = e^{\mu_m \rho b} 或 \ln(Po/P) = \mu_m \rho b \qquad (4\text{-}18)$$

式中μ_m為此樣品原子之質量吸收係數（Mass absorption coefficient），而X光對一待測物質之穿透力（Transmission, T%）則可用下式表示：

$$T\%（穿透力）= (P/Po) \times 100\% \qquad (4\text{-}19)$$

不同原子有不同的質量吸收係數（μ_m），每一種原子之質量吸收係數（μ_m）皆固定的且會隨原子的原子序（Z）與X光波長（λ）增加而變大。質量吸收係數和原子序及所用X光波長關係如下：

$$\mu_m = cZ^4\lambda^3/w_A \qquad (4\text{-}20)$$

式中c為常數（constant），w_A為原子之原子量。由於μ_m和原子序（Z）四次方成正比，故可知原子序越大之重元素是要比輕元素較易吸收X光。在電子產業上常利用原子之質量吸收係數與金屬薄膜吸光度來測量一相當薄（如<0.1mm）金屬薄膜，例如利用一由Cu所發出之K_αX光射入一密度（ρ）為8.9g/cm³之Ni金屬薄膜，以測量此Ni膜之厚度（b），結果發現有45.2%X光可穿透此Ni金屬薄膜（Ni之質量吸收係數（μ_{Ni}）為49.2cm²/g），即Po/P =

1/0.452, 代入式（4-18）可得：

$$\ln(Po/P) = \ln(1/0.452) = \mu_{Ni}\rho b = 49.2 \times 8.9 \times b \qquad （4-21）$$

故　b（Ni膜厚度）$= [\ln(1/0.452)]/(49.2 \times 8.9) = 1.81 \times 10^{-3} cm = 0.0181 mm \qquad （4-22）$

　　這麼薄的金屬薄膜是很難用任何量厚器直接測量，用此穿透式X光感測器測定就相當方便。

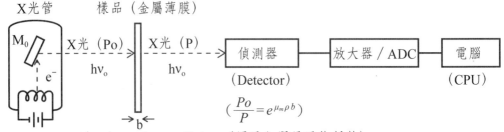

$\mu_m =$ Mass absorption coefficient（原子之質量吸收係數）
$\rho =$ Density of the sample（樣品密度、單位g/cm^3）
$b =$ Thickness in cm（光在樣品中走的光徑）
$P =$ Radiant power（X光光強度）

圖4-37　穿透式X光感測器感測結構及偵測原理[80,107]

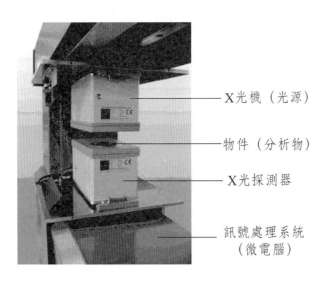

圖4-38　穿透式X光感測器（Transmission X-ray sensor）實物圖[112]（原圖來源：http://www.emg-automation.com/en/measuring-technology-emg-protagon/consens-coating-thickness-measurement/x-ray-sensor-technology/）

2.螢光式X光感測器

　　螢光式X光感測器（X-ray fluorescence (XRF) sensors）是應用X光照射分析樣品所產生的螢光，並以螢光波長與螢光強度偵測分析樣品中待測物材質與含量之感測器。圖4-39(a)為一般所用單鏡頭型螢光式X光感測器之基本結構示意圖。X光源通常用X光管產生X光，而由發射端T所發出的X光入射光之波長（λ_0）可由X光管中所用之靶材（如Mo、Ru、Rh、Au）及入射光濾片或濾波器來選擇。而入射光照射樣品所產生的螢光（波長λ_F）則部分經接受端R進入螢光濾片或濾波器去除原本入射光（波長λ_0）從樣品反射出來之反射光干擾，經濾波後之螢光即可進入X光探測器偵測螢光波長及螢光強度，以推算樣品中待測物材質及含量。圖4-39(b)為含小型銠／金靶X光管高性能Si-X光探測器，八組可選擇式濾波器，可測各種元素（週期表P到U）之手持X光螢光感測器實物圖。

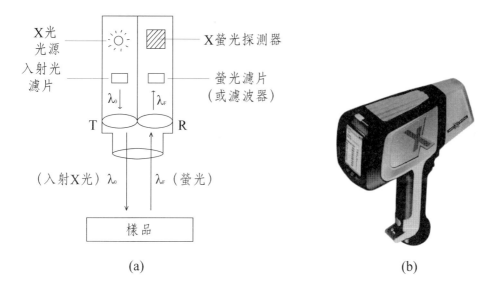

(a)　　　　　　　　　　　　　　(b)

圖4-39　螢光式X光感測器之(a)基本結構示意圖，與(b)市售含X光感測器之Delta Classic-手持X光螢光感測器[113]（Delta Classic XRF，內含小型銠／金靶X光管高性能Si-X光探測器，八組可選擇式濾波器，可測各種元素（週期表P到U））實物圖（原圖來源：http://www.tisamax.com/product/view/22#）

4-7.　雷射光源和雷射光化學感測器

　　本節將介紹感測器常用之雷射光源（Laser light sources）與用雷射做光源之雷射光化學感測器（Laser chemical sensors）。

4-7.1.　雷射光源[114-118]

　　表4-3 為常見之可見光雷射光源，常用在光感測器之雷射光源為He-Ne雷射（簡稱Ne雷射）、**Nd：YAG**雷射（釔鋁石榴石雷射）及Ar-Kr雷射（氬氪雷射）。He-Ne雷射（He-Ne Laser，氦氖雷射）發射紅光雷射（632.8 nm Red Laser）雷射，Nd：YAG雷射（Nd：YAG Laser, Neodymium (Nd)-doped-yttrium aluminium garnet (YAG) laser）其發射元件為釔鋁石榴石（Nd：$Y_3Al_5O_{12}$），其發射綠光雷射（532.0nm Green laser），而Ar-Kr雷射可由Ar或Kr原子發射各種顏色雷射光（如表4-3），而常用在拉曼光譜法的Ar-Kr雷射光為由Ar原子發出的藍綠光（488.0nm Bluish Green Laser）。

　　人類第一支雷射光為紅寶石雷射（Ruby laser），為西元1960年由美國加州的梅曼博士（Dr.Theodore H. Maiman）利用紅寶石做元件開創出發射波長為694.3nm深紅光雷射（Deep red laser）[44]。圖4-40為紅寶石雷射元件之基本構造與實物圖，其用高電壓產生電弧閃光（Arc flash或簡稱弧光），紅寶石中含有約0.05%之鉻離子（Cr^{3+}）會吸收電弧閃光中之綠（Green）光而使Cr^{3+}離子之電子激化提升（Pumping，或簡稱「激升」）至激態（Exciting state），然後利用觸發電極（Trigger electrode）發出能量以刺激（Stimulating）激態的Cr^{3+}離子發射紅色雷射光（Red laser light），發出的雷射光又會刺激其他激態的Cr^{3+}離子而發射更多的紅色雷射光，此種利用外來的刺激而發出的發射光特稱為**刺激發射光**（Stimulated emission），其有別於一般的**自然發射光**（Spontaneous emission），刺激發射所產生的雷射光一刺激就會有許多光子一起發射，換言之，刺激發射在相當短的單位時間所產生的雷射光光強度就相當高，反之，自然發射光因慢慢發射，其單位時間所產生的光強度就相對弱很多。另外，因刺激時用的能量都一定，以致於刺激發射所產生的

雷射光波長與能量幾乎固定，換言之，雷射光不只強度高且其雷射光譜線寬（Line width）很窄（如圖4-41(a)），反之，自然發射光因同時會有不同波長光出現，其光譜線寬就如圖4-41(a)所示相當寬。

在兩能階間產生雷射光有一基本條件就是處於高能階的電子數（N_H）要比低能階的電子數（N_L）要大（即$N_H > N_L$），即所謂的Population inversion（居量反轉），一般為$N_H < N_L$，因一般基態的電子數（N_0）根據Maxwell-Boltzman equation即使在幾千度溫度也很難有一半電子激化到激態（N_1），因之由激態（N_1）回到基態（N_0）放出雷射光是不可能的（因$N_0 > N_1$，違反Population inversion產生雷射法則），故沒有二能階（N_0與N_1）雷射，反之有三能階、四能階或更多能階雷射。圖4-41(b)為四能階雷射產生示意圖，圖中先用υ_0光激發N_0電子到N_3後，N_3激態電子以自然衰變（Spontaneous decay）到N_2激態，然後利用一具有刺激頻率（υ_s）光波或刺激能量刺激在N_2激態的電子發射雷射光（頻率υ_2）並降至N_1激態，因此時電子數$N_2 > N_1$符合Population inversion產生雷射法則，可產生雷射光。一般所用之刺激光波的頻率（υ_s）或能量（E）越接近雷射光之頻率（υ_L）或能量（ΔE）大小，所產生的雷射光之光強度越大。若刺激之光波的頻率（υ_s）和所發出之雷射頻率（υ_L）相同時，此時雷射就可當放大器（Amplifier），實際上，雷射英文名稱Laser，就由Light amplification by stimulated emission of radiation（Laser）的各字的開頭字母所組成，其將雷射定義為經由刺激光發射（Stimulated emission of radiation）來放大光波（Light amplification）的一種裝置。

表4-3　常見可見光雷射之發射光

雷射（Laser）	發射光波長（nm）	雷射光顏色
He-Ne	632.8	紅光（Red）
Ruby（紅寶石）	694.3	深紅光（Deep red）
Nd:YAG*	532.0	綠光（Green）
Cd	441.6	藍光（Blue）
Ar-Kr	488.0(Ar)	藍綠光（Bluish Green）
	514.5(Ar)	綠光（Green）
	568.2(Kr)	黃綠光（Yellowish green）
	647.1(Kr)	橘紅色（Orange-red）

*Nd:YAG（釔鋁石榴石雷射neodymium-doped yttrium aluminium garner; Nd: $Y_3Al_5O_{12}$）

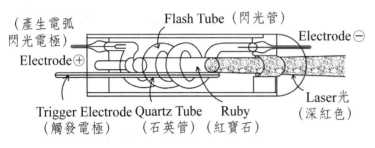
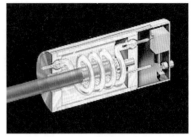

（紅色雷射光）

(a)　　　　　　　　　　　　　　　　(b)

圖4-40　電弧（Arc）起動的紅寶石雷射管（Ruby Laser Tube）之(a)基本結構，
　　　　與(b)實體圖[115,118]（b圖來源：Wikipedia, the free encyclopedia http://
　　　　en.wikipedia.org/wiki /Ruby_laser）

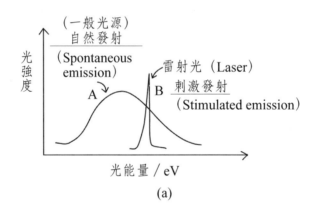

(a)

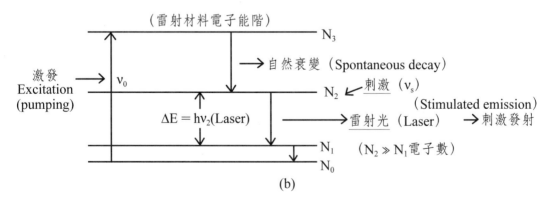

(b)

圖4-41　雷射刺激性光發射（Stimulated Emission）之(a)雷射波峰（Peaks）和自
　　　　然光發射（Spontaneous Emission）波峰之比較，與(b)四能階雷射（Four-
　　　　Lever Laser）產生系統示意圖[118]

雷射光感測器中除了用紅寶石雷射（Ruby laser）外，也常用He-Ne雷射（He-Ne Laser）與氬離子雷射（Argon-ion laser）當光源。圖4-42為He-Ne雷射產生紅雷射光（波長632.8nm）之能量轉移系統示意圖與He-Ne雷射管實物圖，而圖4-43為氬離子雷射之裝置與發出藍綠色雷射光（波長488nm）實圖。

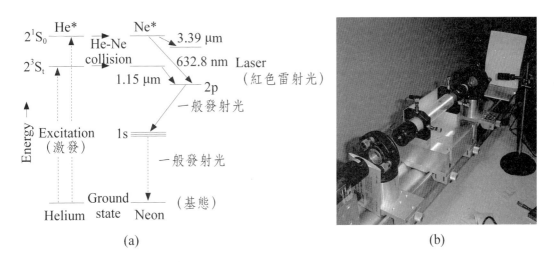

(a)　　　　　　　　　　　　　　　　(b)

圖4-42　He-Ne 雷射產生紅雷射光之能量轉移系統(a)示意圖，和(b)He-Ne雷射管實物圖[116,118]（資料來源：Wikipedia, he free encyclopedia,http://en.wikipedia.org/wiki/Helium% E2%80%93neon_laser.）

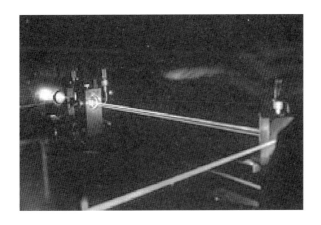

圖4-43　氬離子雷射（Argon-ion laser）裝置與發出藍綠色雷射光實圖[117]。

（資料來源：Wikipedia, he free encyclopedia, http://upload.wikimedia.org/wikipedia/commons/thumb/e/e6/Nci-vol-2268-300_argon_ion_laser.jpg/220px-Nci-vol-2268-300_argon_ion_laser.jpg）

4-7.2.　雷射光化學感測器

雷射光化學感測器（Laser chemical sensors）大都以偵測雷射光照射樣品後所產生的反射光的光強度與反射回來時間（如圖4-44(a)所示），以推算樣品中帶測物質之材質及含量，以及樣品和雷射感測器之距離。然依雷射光照射樣品後的反射情形又可分(1)一般反射與(2)全反射。故雷射光化學感測器系統又可分反射型與全反射型雷射感測器兩類。反射型感測器如圖4-44(a)所示，其內部含雷射光源及雷射光偵測器，而在全反射型雷射感測器如圖4-46(a)及圖4-46(b)所示，雷射光源與雷射光偵測器是分離的。

1.一般反射型雷射光化學感測器

圖4-44為一般反射型雷射光化學感測器（Reflectance laser chemical sensors）外觀與偵測原理示意圖，其由雷射光照射樣品之入射光強度（Io）與反射光強度（I）所計算的反射率R（Reflection %, R = (I/Io)100 %），可測知樣品中待測物質含量與種類，因不同樣品材質吸光度A（A = log(Io/I)）不同，反射率R也不同。圖4-44(b)即為各種反射型雷射光化學感測器之實物圖。另外，用遠距離大型雷射光化學感測器系統可用來偵測空氣中汙染物（如NO_2與CO_2）在空氣中分布位置與含量，如圖4-44(c)所示，由反射光所反射回來時間（t），由下式可估算待測物質和雷射光感測器之距離（d）：

$$d（距離） \cong c(t/2) \qquad (4-23)$$

式中c為光速。由反射回來時間（t）就可估算汙染物位置（如NO_2在d_2處）而由反射光強度可概估汙染物濃度。另因不同空氣汙染物所吸收不同波長的雷射光（如NO_2吸收λ_2），若發現一特定波長（如λ_2）雷射反射光的光強度比其他波長反射光弱很多，就表示有何種空氣汙染物（如NO_2）存在d_2處。

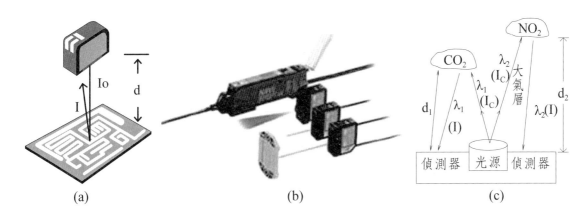

圖4-44　反射式雷射光化學感測器（內含雷射光源）之(a)工作示意圖[119]及(b)市售
各種雷射感測器外觀[119]（測試距離0.01-7.0m，(a)(b)原圖來源：http://cht.
nahua.com.tw/sunx/ls/ls01.jpg）與(c)偵測大氣汙染勿之大型雷射光化學感測
器系統示意圖

　　常用在半導體高科技中偵測半導體塗佈物（Coating material）或電鍍物
樣品表面高低形狀之反射式雷射光化學感測器為**雷射微懸臂（Cantilever）偏
斜式光感測器**[120-121]。圖4-45為雷射微懸臂偏斜式光感測器示意圖基本結構與
偵測樣品表面原理示意圖，其主要含微懸臂探針（Cantilever），雷射（La-
ser），分列式光二極體偵測器（Split photodiode detector）。如圖4-45所
示，當雷射光照射到樣品表面上兩不同高度之A、B兩點，會使微懸臂探針偏
斜角度不同，使雷射反射光反射角度不同，射到反射板位置也不同，而由反射
板射到分列式光二極體偵測器之位置也不同，偵測器上不同位置的二極體會輸
出位置不同訊號並經相差放大器，產生A-B位差訊號輸出。此位差訊號可用類
比／數位轉換器（ADC）轉成數位訊號並輸入微電腦做數據處理與繪樣品表
面形狀圖。

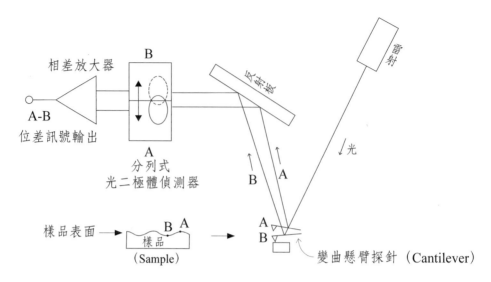

圖4-45　雷射微懸臂（Cantilever）偏斜式光感測器之基本結構及偵測樣品表面原理示意圖[121]

2.全反射型雷射感測器

在全反射型雷射感測器（Total reflection laser sensor）偵測系統中雷射光是以大於臨界角之入射角（即全反射角）射入樣品表面而產生全反射（即幾近100%光都反射回來），而以依全反射次數不同又分單次和多次全反射型雷射感測器偵測系統。在單次全反射感測系統（如圖4-46(a)所示）中，當雷射光（光強度Io）照射樣品表面除會產生全反射外，會在樣品內產生可衰減漸逝波（Evanescent wave），部分漸逝波會被樣品中待測物所吸收，因而到達光偵測器之全反射光之光強度I會比原來雷射出射光Io小，　由其光強度減少量（$\Delta I = I_0 - I$）可計算出樣品中待測物質之含量。

圖4-46(b)為多次全反射感測系統示意圖，雷射光Io在接觸樣品之光纖或晶體中多次全反射，而每次全反射都會產生會滲入樣品中之漸逝波，而漸逝波也會被樣品中待測物所吸收，在第一次全反射後光強度減為I_1，即光強度之衰減量為$\Delta I = I_0 - I_1$。若經n次全反射後，光強度衰減量為$n\Delta I$（最後到達光偵測器之光強度$I = Io - n\Delta I$）。由其光強度衰減量（$n\Delta I$）可計算出樣品中待測物質之含量。由光強度減少量來看，多次全反射感測系統（衰減量=$n\Delta I$）

會比單次全反射感測系統（衰減量 = ΔI）對樣品偵測靈敏度要大很多。這種應用多次全反射衰減感測技術特稱為衰減全反射（Attenuated total reflectance (ATR)）技術[87]（ATR詳細原理請見本章4-3節）。

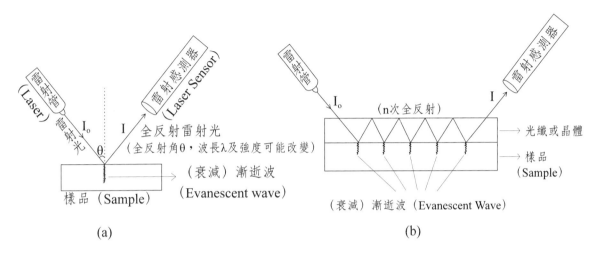

圖4-46　全反射式雷射光化學感測器之(a)單次全反射與(b)多次全反射感測系統

4-8.　煙霧光化學感測器

煙霧光化學感測器（Optical smog chemical sensors）為常用之煙霧感測器。當一光波照射煙霧顆粒如圖4-47所示會產生散射光（Scattering light）與穿透光（Transmission light），偵測散射光產生與穿透光變化即可測知煙霧產生。因而煙霧光化學感測器又概分為散射式煙霧光感測器（Scattering smog photosensors）與穿透式煙霧光感測器（Transmission smog photosensors）。

1.散射式煙霧光感測器

在煙霧中若有煙霧顆粒直徑大於所用光波長λ之1/4（即顆粒 > 1/4λ），當入射光照射煙霧就會產生反射式且和入射光方向不同之散射光。散射式煙霧光感測器（Scattering Smog Photosensors）即利用偵測此散射光以測知煙霧

產生。圖4-47(a)為此散射式煙霧光感測器之基本結構示意圖。如圖4-47(a)所示，由光源所發出的入射光照射煙霧所產生的部分散射光會射到和入射光成垂直方向的光偵測器D，通常煙霧光感測器所用之入射光通常為可見光，而光偵測器通常用光電倍增管（PMT），由光偵測器所輸出的電流訊號I輸入用數字或指針顯示的電流計再接警報器，若電流異常即發出警報。

2.穿透式煙霧光感測器

圖4-47(b)為穿透式煙霧光感測器（Transmission smog photosensors）之基本結構圖，其所用光偵測器和散射式煙霧光感測器相同，但穿透式煙霧光感測器之光偵測器是放在正對入射光（光強度Io）位置以偵測穿透煙霧後之穿透光光強度I。若無煙霧存在時，穿透光光強度P和入射光強度Po將很接近（即$P \cong Po$）。然若有煙霧時，部分入射光會成散射光，散射到各個方向，以致於穿透光光強度P會小於入射光強度Po。換言之，有煙霧時穿透光強度（P）小於無煙霧時穿透光強度（Po）。穿透光經光偵測器後之輸出電流I可由電流計顯示，即可發現：有煙霧時輸出電流小於無煙霧時輸出電流。由光偵測器輸出電流之異常即可顯示煙霧產生並發出警報。

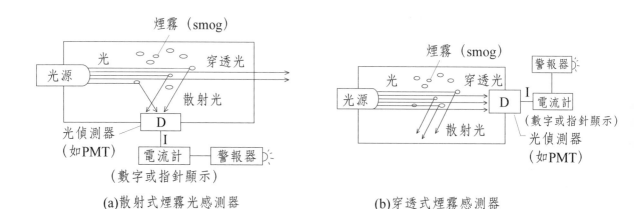

(a)散射式煙霧光感測器　　　　(b)穿透式煙霧感測器

圖4-47　(a)散射（Scattering）式與(b)穿透（Transmission）式煙霧光感測器之基本結構示意圖

4-9.　化學發光化學感測器

　　化學發光化學感測器（Chemical luminescence chemical sensor）是利用化學發光（Chemical luminescence）[103,122-125]的一種偵測化合物之化學感測器，而化學發光指的是利用化學反應所產生的發光現象，螢火蟲（Firefly）的發光即為一經化學反應而產生的化學發光，一般將在生物體發生的化學發光特稱為生物發光（Bio-luminescence）[58]。因化學發光常為在較低溫的室溫下發生，故一般將此經由常溫下化學反應所發出的光也慣稱為化學冷光（Cold body radiation），而化學發光光譜法為將一含待測物S（如Protein）樣品和一些特別化合物R（這些化合物常稱為冷光標示物）起化學反應產生一高能產物C*並隨後放出光波，然後由光波強度即可估算原來樣品中待測物含量。化學冷光產生之基本反應過程如下：

$$S（待測物）+ R（冷光標示物）\rightarrow C*（高能產物） \qquad （4-24）$$

及 $$C*（高能產物）\rightarrow C（或C分解物）+ hv（化學冷光） \qquad （4-25）$$

　　化學發光的典型例子為如圖4-48(a)偵測蛋白質（Protein）時加入吖啶酯（Acridinium ester）當冷光標示物及H_2O_2/OH^-產生蛋白質-吖啶酯高能產物[Protein-Acridinium ester]*，隨後此高能產物分解降至低能階並放出化學冷光（如圖4-48(a)），而此化學冷光之強度會隨時間增長而減小（如圖4-48(b)），由圖可知此化學冷光之生命期並不長大約只有1秒左右。另外，各種氧化劑（如H_2O_2與O_2）亦可用化學發光法偵測，如圖4-49(a)所示將待測的氧化劑樣品中加入流明諾（Luminol）[59]分子當冷光標示物在鹼性溶液下起化學反應並放出425 nm波長的藍色化學冷光，而圖4-49(b)為流明諾發出藍光實圖。

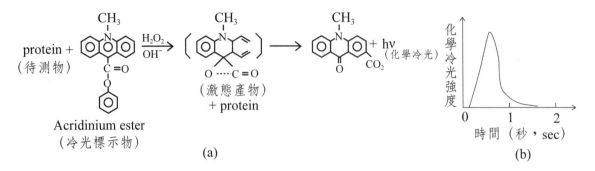

圖4-48　蛋白質待測物和冷光標示物Acridinium ester反應產生化學冷光(a)過程圖，
　　　　與(b)時間關係示意圖[103]

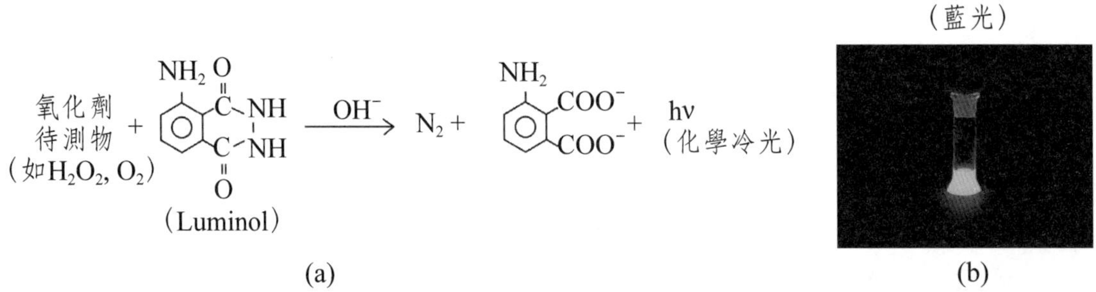

圖4-49　氧化劑待測物（如H_2O_2, O_2）和冷光標示物流明諾（Luminol或稱發光
　　　　胺）反應產生(a)化學冷光過程圖[103]與(b)流明諾化學發光（藍光）實圖
　　　　[125]（From Wikipedia, the free encyclopedia,http://upload.wikimedia.org/
　　　　wikipedia/commons/thumb/3/3a/Luminol2006.jpg/220px-Luminol2006.jpg）

　　化學發光強度可用化學發光偵測儀偵測，圖**4-50**為化學發光感測器之基
本結構示意圖。待測樣品（液體或氣體）和各種反應物質加入樣品槽（Sam-
ple cell）中起化學反應並發出化學冷光，因化學冷光的波長範圍大都屬紫
外線／可見光（UV/VIS）範圍，可用光電倍增管（PMT, Photomultiplier
tube）偵測（若要測量特定波長之化學發光光波，則在樣品槽和PMT偵測器
之間需放一濾波片或單光器（Monochromator）），光電倍增管輸出為電流
訊號，可直接電流計當顯示器以數字或指針顯示或可經一電流／電壓轉換放大
器（I/V Amplifier，通常用運算放大器（Operational amplifier, OPA）），
I/V放大器出來的電壓類比訊號再經類比／數位訊號轉換器（ADC, Analog/
Digital converter）轉成數位訊號，再將數位訊號傳入微電腦中做數據處理與

繪圖。

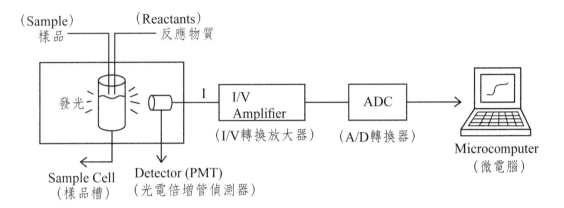

圖4-50 化學發光感測器基本結構示意圖[103]

第 5 章

電化學感測器
(Electrochemical Sensors)

　　電化學感測器（Electrochemical sensors）[126-130]為透過各種電化學反應與電極將電流或電子流流經待測化學物質所引的電位、電流、電阻或導電性及電容之變化而可估算待測物質的含量及種類（定性）之現場偵測器。這些變化可能由待測物質的氧化還原變化之法拉第過程（Faradaic processes）與非氧化還原變化之非法拉第過程（Nonfaradic processes）所引起的。依電位、電流、電阻或導電性及電容之變化，電化學感測器可概分為電位式電化學感測器（Potentiometric electrochemical sensors）、電流式電化學感測器（Amperometric electrochemical sensors）、電阻式化學感測器（Resistive chemical sensors）、導電式化學感測器（Conductance chemical sensors）及電容式化學感測器（Capacitive chemical sensors）。本章將分別介紹這些各種不同的電化學感測器之基本結構及感測原理和應用。

5-1.　電化學感測器簡介

依待測物在感測器中所引的電位、電流、電阻或導電性及電容之變化，電化學感測器（Electrochemical sensors）可概分爲電位式、電流式、電阻式、導電式及電容式化學感測器。表5-1爲各種電化學感測器之偵測項目和應用。

電位式電化學感測器（Potentiometric electrochemical sensors）如表5-1所示，所偵測的爲電極感應待測物所引起的電位（Potential）變化，在此感測器中電極與待測物屬非氧化還原作用（即非法拉第過程（Nonfaradic processes））。常見的電位式電化學感測器有：偵測各種離子（如H^+、Na^+、F^-）之(1)離子選擇性電極感測器及(2)離子選擇性場效電晶體感測器，(3)偵測氧分子（O_2）的ZrO_2氧感測器，及(4)偵測生化樣品的電位式酵素尿素及葡萄糖感測器。

電流式電化學感測器（Amperometric electrochemical sensors）所偵測的爲待測物引起的電極間電流變化。然如表5-1所示，依電流產生爲電極與待測物屬氧化還原（即法拉第過程（Faradaic processes））或非氧化還原（即非法拉第作用）所引起，電流式化學感測器可分爲法拉第電流式化學感測器（Faradaic current-amperometric chemical sensors）與非法拉第電流式化學感測器（Nonfaradaic current-amperometric chemical sensors）。常見的法拉第電流式感測器有(1)偵測CO的CO電流式感測器（CO Amperometric sensor），(2)克拉克氧感測器（Clark oxygen sensor），(3)白金尖端氧電極感測器（Pt-tip O_2 Microelectrode sensor）及(4)葡萄糖電流式感測器（Amperometric glucose sensor）。而常見的非法拉第電流式感測器有(1)電流式濕度感測器（Amperometric humidity sensor）與(2)電流式煙霧感測器（Amperometric smoke sensor）。

電阻式化學感測器（Resistive chemical sensors）如表5-1所示，所偵測的爲含樣品的感測元件之電阻（Resistance）或阻抗（Impedance）之改變，如常見的(1)電阻式濕度感測器與(2)ZnO-Fe_2O_3-SnO_2 n-型半導體瓦斯感測器。而**導電式化學感測器**（Conductance chemical sensors）是經檢測樣品之導電度（Conductivity）變化以推算樣品中待測物含量。偵測導電度之感測

器俗稱導電度計或稱導電度感測器。然表5-1中之電容式化學感測器（Capacitive chemical sensors）是偵測含樣品之電容器介質（Dielectric of capacitor）的電容（Capacitance）變化，以推算樣品中待測物之含量。常見的電容式濕度感測器即利用電容器介質吸收水分而改變電容器之電容以推算空氣中水分含量而可計算空氣濕度。各種電化學感測器之結構及偵測原理將在本章以下各節詳加介紹。

表5-1　各種電化學感測器之偵測項目和應用

電化學感測器	偵測項目	應用（舉例）
(A)電位式感測器	電位（Potential）	(1)離子選擇性電極感測器 (2)離子選擇性場效電晶體感測器 (3)ZrO_2氧感測器 (4)電位式酵素尿素及葡萄糖感測器
(B)電流式感測器 (I)法拉第電流式	電流（Current）	(1)CO電流式感測器， (2)克拉克氧感測器 (3)白金尖端氧電極感測器， (4)葡萄糖電流式感測器。
(II)非法拉第電流式		(1)電流式濕度感測器， (2)電流式煙霧感測器。
(C)電阻式感測器	電阻、阻抗 （Resistance/Impedance）	(1)電阻式濕度感測器 (2)$ZnO-Fe_2O_3-SnO_2$ n-型半導體瓦斯感測器
(D)導電式感測器	導電度（Conductivity）	(1)導電度計或導電度感測器
(E)電容式感測器	電容（Capacity）	(1)電容式濕度感測器

5-2.　電位式電化學感測器

電位式電化學感測器（Potentiometric electrochemical sensors）[4,128]乃是利用待測物質的濃度和種類對電化學感測器之工作電極（Working electrode）的電位（Potential）之變化以推算樣品中特定待測物質的含量。除工作電極外，如圖5-1所示，電化學感測器電位偵測還需一參考電極（Reference electrode）與電位計。如圖5-1所示，將工作電極與參考電極放入待測樣品溶

液中，樣品中待測物可能引起工作電極電位變化，然後用電位計偵測工作電極與參考電極電位差並以電壓訊號（Vo）輸出。此電壓訊號先經電壓放大器，再用電壓顯示器（Display）顯示或可經類比/數位轉換器（ADC）轉換成數位訊號再輸入一微電腦中做數據處理。本節將介紹常見的電位式電化學感測器，如離子選擇性電極感測器（Ion selective electrode sensors），電位式氣體感測器（Potentiometric gas sensors）及電位式酵素生化感測器（Potentiometric enzyme biosensor）。

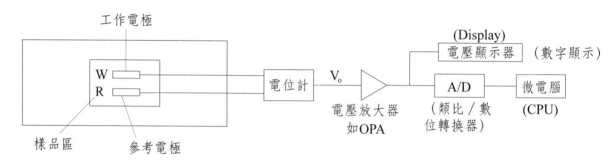

圖5-1　電位式電化學感測器之基本結構示意圖

5-2.1. 離子選擇性電極感測器

離子選擇性電極感測器（Ion selective electrode sensors）[128, 131]用於偵測樣品溶液中之陽離子（如H^+，金屬離子）與陰離子（如F^-），這些不同離子之選擇性電極感測器主要不同在於常稱為離子選擇性電極（Ion selective electrode (ISE)）之工作電極之結構與工作原理之不同。故本節先介紹一般離子選擇性電極之基本結構、種類及功能，然後再較詳細介紹pH電極與其他常用的各種陰陽離子選擇性電極。圖5-2(a)為一般離子選擇性電極之基本結構示意圖，離子選擇性電極主要包含內（參考）電極（Internal (reference) electrode，常簡稱為「內電極」）、內（電解質）溶液（Internal (electrolyte) solution，常簡稱為「內溶液」）與和外界待測溶液接觸的電極薄膜（Electrode membrane）。圖5-2(b)為包含離子選擇性電極（當工作電極）與外參考電極和電位計之電位測試系統。

　　離子選擇性電極（ISE）對離子之選擇性主要在電極薄膜（Membrane）之種類及特性和所用電極內溶液，電極內溶液較簡單，例如鈣離子選擇性電極（Ca-ISE）就用鈣離子溶液（如$CaCl_2$）當電極內溶液，而電極薄膜之選擇與製作就較複雜，電極薄膜之材質必須爲可選擇性吸附所擬分析之離子，而電極薄膜材質可概分爲晶體型電極（Crystalline electrode）與非晶體型電極（Non-crystalline electrode）薄膜兩大類。表5-2爲各種晶體型與非晶體型電極薄膜之各種材質和所製成的各種離子選擇性電極例子。

　　晶體型電極薄膜如表5-2所示又可分單晶薄膜（Single crystal membranes，如F-電極所用之LaF_3單晶薄膜）與多晶/混晶薄膜（Polycrystalline / Mixed crystal membranes），如Ag^+與S^{2-}電極所用之Ag_2S晶體薄膜（Ag_2S crystal membrane）。

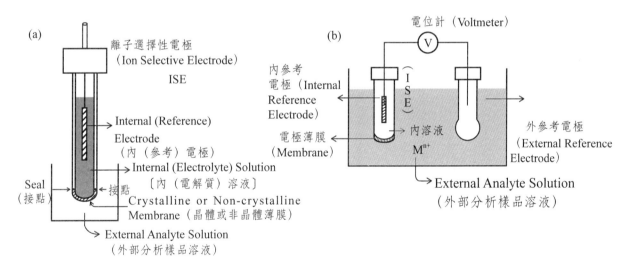

圖5-2　離子選擇性電極（ISE）之(a)基本結構圖與(b)待測溶液電位測試系統[128]

表5-2　離子選擇性薄膜電極（ISE）之種類與薄膜材料[128]

ISE種類	薄膜材料	舉例	備註
(I)非晶體ISE（Non-crystalline Electrode）	1.玻璃薄膜（Glass membrane）	pH電極	偵測H$^+$
	2.液體薄膜（Liquid membrane）	離子交換液膜 Ca^{2+}電極	(RO)$_2$PO$_2^+$交換液
	3.液體／高分子或固體／高分子（Liquid/Polymer or Solid/Polymer）	(1)1.4dithia-12crown4（硫冠狀醚）Hg^{2+}電極	硫冠狀醚液體[a]＋PVC成膜
		(2)12crown4-PW（氧冠狀醚－磷鎢酸（PW））Na$^+$電極	氧冠狀醚－PW固體[b]＋PVC成膜
(II)晶體ISE（Crystalline Electrode）	1.單晶薄膜（Single crystal membrane）	LaF$_3$單晶 F$^-$電極	偵測F$^-$
	2.多晶／混晶薄膜（polycrystalline/mixed crystal membrane）	Ag$_2$S晶體	Ag$^+$/S^{2-}電極（偵測Ag$^+$或S^{2-}）

參考資料：(a)M.T. Lai and J.S. Shih（本書作者），Analyst. 111, 891 (1986)[132]
(b)J. Jeng and J.S. Shih, Analyst, 109, 641 (1984)[133]

　　由表5-2可看出常用的非晶體型電極薄膜之材質又可分三種(1)玻璃薄膜（Glass membrane），(2)液體薄膜（Liquid membrane）及(3)液體／高分子薄膜（Liquid/Polymer membrane）或(4)固體／高分子薄膜（Solid/Polymer membrane）。玻璃薄膜因對溶液中之氫離子（H$^+$）有很好的吸附性與選擇性，故常用在pH電極上以偵測氫離子。液體薄膜是用特定離子吸附劑溶液或液體來選擇性吸附特定離子，最有名的為利用離子交換液(RO)$_2$PO$_2^-$（R = C8~C16）做為鈣離子（Ca^{2+}）選擇性電極（Ca(II)-ISE）的液體薄膜，因(RO)$_2$PO$_2^-$離子交換液對鈣離子有相當好的吸附力及選擇性。而液體／高分子或固體／高分子薄膜是利用可吸附離子的小分子的液體或固體和高分子混在一起研製成薄膜以吸附樣品溶液中特定離子，如表5-2所示的利用硫冠狀醚1,4 dithia-12 crown-4液體加入PVC/THF溶液圓盤中，微熱使THF溶劑蒸發即可得硫冠狀醚／PVC薄膜，此硫冠狀醚／PVC薄膜對汞離子（Hg^{2+}）的吸附力與選擇性都很好，可做為汞離子選擇性電極（Hg(II)-ISE）的電極薄膜以吸附與偵測樣品溶液中Hg^{2+}離子。另外，利用氧冠狀醚12 crown-4-PW（磷鎢酸）

固體和PVC製成的氧冠狀醚-PW/PVC薄膜可做爲鈉離子（Na$^+$）選擇性電極（Na(I)-ISE）的電極薄膜以吸附與偵測溶液中Na$^+$離子。

　　本小節將分別介紹常見的(1)pH電極感測器（測H$^+$濃度），(2)金屬離子選擇性電極感測器及(3)陰離子選擇性電極感測器於下：

1.pH電極感測器

　　pH電極（pH electrode）爲最常用的H$^+$離子選擇性電極，用以偵測溶液中氫離子（H$^+$）濃度。pH電極之電極薄膜是由玻璃薄膜（Glass membrane）所製成（圖5-3），其對氫離子（H$^+$）有很好的靈敏度與選擇性。圖5-3(a)爲pH電極之常見的基本結構圖，而圖5-3(d)爲pH電極實物圖。pH電極主要含Ag/AgCl內電極、0.1MHCl電極內溶液／AgCl（AgCl飽合）及玻璃電極膜。玻璃電極膜因浸在HCl內電極中含有氫離子（H$^+_{內}$）。此pH電極之結構可表示如下：

$$Ag/AgCl(Satd.), H^+(0.1M) Cl^-(a_{Cl^-})/Glass\ membrane \qquad (5\text{-}1)$$

　　Ag/AgCl內電極之輸出電壓（E$_{Ag/AgCl}$）即爲此pH電極之輸出電壓（E$_{pH}$），Ag/AgCl內電極之半電池反應與輸出電壓能斯特方程式如下：

$$AgCl + e^- \rightarrow Ag + Cl^- \qquad (5\text{-}2)$$
$$E_{pH} = E_{Ag/AgCl} = E^o_{Ag/AgCl} + 0.059\ log(1/a_{Cl^-_{內}}) \qquad (5\text{-}3)$$

此pH電極之工作原理及步驟如下：

　　樣品中氫離子（H$^+_{外}$）被玻璃膜吸收，迫使原來在玻璃膜中氫離子（H$^+_{內}$）向內電極移動，使內電極Ag/AgCl周圍正離子強度增加，使內電極周圍Cl$^-$之活性（a$_{Cl^-_{內}}$）下降，依式（5-3）此pH電極之輸出電壓（E$_{pH}$）就會上升，總之：

　　樣品中氫離子（H$^+_{外}$）濃度增加 → pH電極輸出電壓（E$_{pH}$）上升 　（5-4）

　　內電極周圍Cl$^-$之活性（a$_{Cl^-_{內}}$）和樣品中氫離子（H$^+_{外}$）濃度（a$_{H^+_{外}}$）有下列關係：

$$a_{Cl^-_{內}} = k\ (1/a_{H^+_{外}}) \qquad (5\text{-}5)$$

將式（5-5）代入式（5-3）可得：

$$E_{pH} = E_{Ag/AgCl} = E^o_{Ag/AgCl} - 0.059\log k + 0.059\log a_{H^+外} \qquad (5\text{-}6)$$

令
$$E^o_{Ag/AgCl} - 0.059\log k = E^o_{pH} \qquad (5\text{-}7)$$

代入式（5-6）可得：

$$E_{pH} = E^o_{pH} + 0.059\log a_{H^+外} \qquad (5\text{-}8)$$

　　式（5-8）為pH電極之能斯特方程式（Nernstian equation），由式（5-8）可知，用pH電極輸出電壓（E_{pH}）對樣品中氫離子（$H^+_{外}$）濃度（$\log a_{H^+外}$）作圖可得一直線（如圖5-3(b)所示），此直線之斜率理論值為0.059V（59mV），此直線斜率理論值稱為能斯特斜率（Nernstian slope，一陽離子（M^{n+}）之能斯特斜率理論值為0.059/n）。

　　實際上，pH電極操作需如圖5-3(c)所示外接一外參考電極（電壓E_{ref}，通常用Ag/AgCl）組成一完整電化學系統，再用電位計（Voltmeter）測量其電位差（E_{cell}）：

$$E_{cell} = E_{pH} - E_{ref} \qquad (5\text{-}9)$$

　　然而E_{pH}電位實際上是由測Ag/AgCl內電極電位$E_{Ag/AgCl}$所得（即$E_{pH} = E_{Ag/AgCl}$（內電極）），故式5-9可改寫為：

$$E_{cell} = E_{pH} - E_{ref} = E_{Ag/AgCl}（內電極） - E_{ref} \qquad (5\text{-}10)$$

　　因外參考電極電壓（E_{ref}）固定，由上式即可計算出pH電極輸出電壓（E_{pH}）。

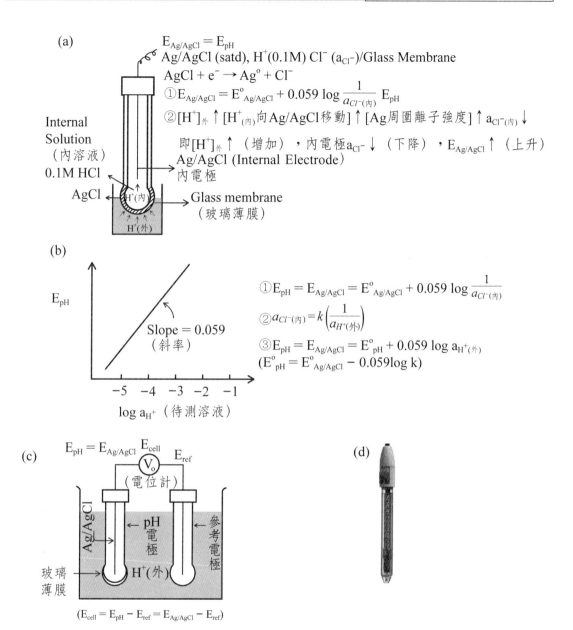

圖5-3　pH電極之(a)基本結構圖與原理[128]，(b)實物圖[134]，(c)電位和氫離子濃度關係，及(d)pH電極感測器電位測定裝置[128]實物圖[134]（b圖來源：http://www.chuanhua.com.tw/images/homepage_img/lab_electrode_01.gif）

2.金屬離子選擇性電極感測器

金屬離子選擇性電極（Metal ion selective electrodes, Metal-ISE）之結

構和pH電極類似，但所用的電極內溶液與電極薄膜材質不只和pH電極不同，不同的金屬離子選擇性電極所用的內溶液及電極薄膜材質也都不同。

圖5-4(a)為一般金屬離子選擇性電極之結構圖，其內溶液通常用欲測離子（M^{n+}）之氯化物（MCl_n）或硝酸鹽（$M(NO_3)_n$），而電極薄膜材質不同則離子選擇性電極不同，以可吸收欲測離子（M^{n+}）且有選擇性為原則。然各種不同離子選擇性電極則大都用Ag/AgCl內電極。其工作原理也和pH電極類似，也是樣品中的欲測金屬離子（M^{n+}）被電極薄膜吸收，而原來在電極薄膜中所含內溶液之金屬離子被迫往Ag/AgCl內電極移動，而造成內電極周圍正離子強度增加，以致於內電極周圍Cl^-之活性（$a_{Cl^-內}$）下降，依下式（5-11）此金屬離子電極之輸出電壓（E_M）就會上升。金屬離子電極之輸出電壓（E_M）即為Ag/AgCl內電極輸出之電壓（$E_{Ag/AgCl}$）依式（5-3）E_M可得如下：

$$E_M = E_{Ag/AgCl} = E^o_{Ag/AgCl} + 0.059 \log(1/a_{Cl^-內}) \qquad （5\text{-}11）$$

內電極周圍Cl^-之活性（$a_{Cl^-內}$）和樣品中欲測離子濃度（$a_{M外}$）有下列關係：

$$a_{Cl^-內} = k_M [1/(a_{M外})^{1/n}] \qquad （5\text{-}12）$$

代入式（5-11）可得：

$$E_M = E_{Ag/AgCl} = E^o_{Ag/AgCl} - 0.059\log k_M + (0.059/n) \log a_{M外} \qquad （5\text{-}13）$$

令 $\qquad\qquad E^o_{Ag/AgCl} - 0.059\log k_M = E^o_M \qquad （5\text{-}14）$

代入式（5-13）可得：

$$E_M = E^o_M + (0.059/n)\log a_{M外} \qquad （5\text{-}15）$$

依上式，金屬離子（M^{n+}）電極之輸出電壓（E_M）對欲測金屬離子濃度（$\log a_{M外}$）可得一直線（如圖5-4(b)所示），直線之斜率（即為能斯特斜率）理論值為0.059/n伏特。例如，Ca^{2+}離子選擇性電極（Ca^{2+} ISE）之輸出電壓（E_{Ca}）為：

$$E_{Ca} = E^o_{Ca} + (0.059/2)\log a_{Ca} \qquad （5\text{-}16）$$

依上式，E_{Ca}對Ca^{2+}離子活性濃度（a_{Ca}）作圖可得一具有斜率為0.059/2伏特之直線。

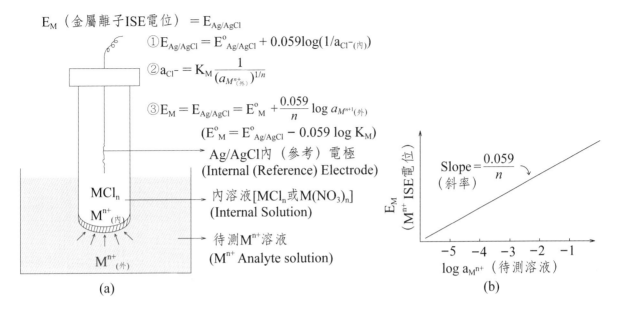

E_M（金屬離子ISE電位）$= E_{Ag/AgCl}$

① $E_{Ag/AgCl} = E^o_{Ag/AgCl} + 0.059 \log(1/a_{Cl^-_{(內)}})$

② $a_{Cl^-} = K_M \dfrac{1}{(a_{M^{n+}_{(外)}})^{1/n}}$

③ $E_M = E_{Ag/AgCl} = E^o_M + \dfrac{0.059}{n} \log a_{M^{n+1}_{(外)}}$

$(E^o_M = E^o_{Ag/AgCl} - 0.059 \log K_M)$

→ Ag/AgCl內（參考）電極
(Internal (Reference) Electrode)

MCl_n
$M^{n+}_{(內)}$

→ 內溶液[MCl_n或$M(NO_3)_n$]
(Internal Solution)

→ 待測M^{n+}溶液
(M^{n+} Analyte solution)

$M^{n+}_{(外)}$

(a)

Slope $= \dfrac{0.059}{n}$（斜率）

E_M（M^{n+}ISE電位）

-5　-4　-3　-2　-1
$\log a_{M^{n+}}$（待測溶液）

(b)

圖5-4　金屬離子選擇性電極（M^{n+} ISE）之(a)基本結構和原理，及(b)電極電位（E_M）和待測溶液中金屬離子濃度（$\log a_M{}^{n+}$）關係圖[128]

　　較常見的金屬離子選擇性電極為鹼金屬（如Na、K）及鹼土金屬（如Mg、Ca）離子選擇性電極，本節就以固體／高分子電極薄膜製成的鈉離子（Na$^+$）選擇性電極為例，介紹如下：

　　圖5-5(a)為鈉離子（**Na$^+$**）選擇性電極（**Na(I)-ISE**）及其電化學系統結構圖，Na$^+$選擇性電極含冠狀醚12 crown-4-PW（磷鎢酸）/PVC的電極薄膜、10^{-3}M NaCl內溶液及Ag/AgCl內電極。樣品中之鈉離子（Na$^+$）被電極薄膜中之冠狀醚12-crown-4高選擇性吸收並形成Na$^+$（12-crown-4）錯合物，而迫使原來在電極薄膜中的Na$^+_{(內)}$離子往內電極移動而造成內電極周圍正離子強度增加與氯離子活性下降，依式（5-11）此鈉離子電極之輸出電壓（E_{Na}）就會上升。依式（5-15），Na$^+$之電荷n=1，此Na$^+$電極之輸出電壓（E_{Na}）和樣品中鈉離子濃度（a_{Na}）關係可用下式表示：

$$E_{Na} = E^o_{Na} + 0.059 \log a_{Na} \qquad (5\text{-}17)$$

　　依上式，可預期以Na$^+$電極之輸出電壓（E_{Na}）對樣品中之鈉離子濃度（$\log a_{Na}$）可得一直線。結果如圖5-5(b)所示，在濃度$p_{Na} = 1\sim4$間可得一直線而此直線斜率為58mV或0.058V，很接近能斯特斜率理論值0.059。

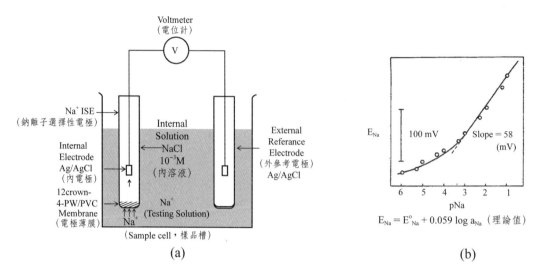

圖5-5 鈉離子選擇性電極（Na⁺ ISE）電化學系統之(a)基本結構和原理[128]，及(b)電極電位（E_{Na}）和待測溶液中鈉離子濃度（$\log a_{Na}^{+}$）關係圖。（(b)圖來源：J. Jeng and J. S. Shih（本書作者），Analyst, 109, 641 (1984)）[135]

3.陰離子選擇性電極感測器

　　陰離子（X^{z-}）選擇性電極（Anion selective electrode）最著名為鹵素離子選擇性電極（如F⁻電極（F⁻ Ion selective electrode, F⁻ ISE））。圖5-6(a)為陰離子（X^{z-}）選擇性電極的基本結構，其含$LaX_{3/z}$（如LaF_3）單晶電極膜，內電極溶液（如F⁻電極用KF）及內電極Ag/AgCl。其工作原理與步驟：

　　待測溶液中陰離子（X^{z-}）被$LaX_{3/z}$（如LaF_3）單晶電極膜吸收，迫使原來在單晶膜中陰離子（X^{z-}）向內電極移動，使內電極Ag/AgCl周圍負離子強度增加（正離子強度相對減少），使內電極周圍負離子互相排斥，使內電極周圍氯離子之活性（$a_{Cl^-內}$）上升，此陰離子電極之輸出電壓（E_X）等於$E_{Ag/AgCl}$，依式（5-3）E_X就會下降。

　　換言之：

　　待測溶液中陰離子（X^{z-}）濃度增加→陰離子電極輸出電壓（E_X）下降

（5-18）

　　內電極周圍Cl⁻之活性（$a_{Cl^-內}$）和待測溶液中陰離子（X^{z-}）濃度（$a_{X^{z-}}$）

有下列關係：

$$a_{Cl-內} = Kx[1/(a_{X^{z-}})^{-1/z}] \qquad (5-19)$$

式（5-19）代入內電極Ag/AgCl能斯特方程式（式5-3）可得：

$$E_X = E_{Ag/AgCl} = E^o_{Ag/AgCl} - (0.059)\log kx - (0.059/z)\log a_{X^{z-}} \qquad (5-20)$$

令
$$E^o_{Ag/AgCl} - (0.059)\log kx = E^o_X \qquad (5-21)$$

代入式（5-20）可得：

$$E_X = E^o_X - (0.059/z)\log a_{X^{z-}} \qquad (5-22)$$

由上式，陰離子電極輸出電壓（E_X）對陰離子（X^{z-}）對數濃度（$\log a_{X^{z-}}$）可得如圖5-6(b)的反比直線，而此反比直線之能斯特斜率理論值為$-(0.059/z)$伏特（負斜率）。例如F^-電極的能斯特斜率理論值為-0.059伏特。

另外，近年來也有一專對離子偵測之「離子選擇性場效電晶體感測器（Ion-selective field effect transistor (ISFET) sensor）」澎湃發展，這ISFET離子感測器和本章所介紹的離子選擇性電極結構與原理大不相同，此ISFET離子感測器將會在本書第6章半導體感測器中介紹。

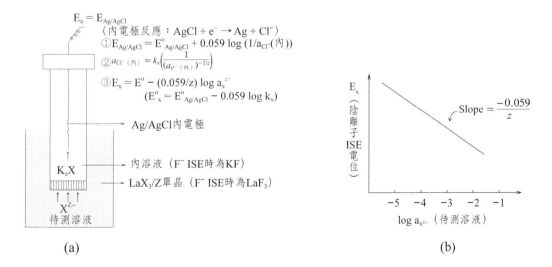

(a)　　　　　　　　　　　　　　　　(b)

圖5-6　陰離子（X^{z-}）選擇性電極（X^{z-}-ISE）之(a)基本結構和原理，及(b)電極電位（E_{Xz}）和待測溶液中陰離子濃度（$\log a_{X^{z-}}$）關係圖[128]

5-2.2.　電位式氣體感測器

電位式氣體感測器（Potentiometric gas sensors）顧名思義是利用氣體感應電極的電壓變化來估算樣品中氣體之含量。最常見的為利用離子選擇性電極（如pH電極）當感應內電極並加裝一氣體可透薄膜（Gas permeable membrane）組裝而成的電位式氣體感應電極。圖5-7即為利用pH玻璃電極當感應內電極再套上一氣體可透薄膜及$NaHCO_3$內溶液而成的CO_2氣體感應電極（CO_2-Gas-sensing electrode）。氣體可透薄膜通常由微孔疏水性高分子（Microporous hydrophobic polymer）材質（如Polytetrafluoroethylene或Polypropylene）所製成，欲測氣體可通過，而水溶液過不去。

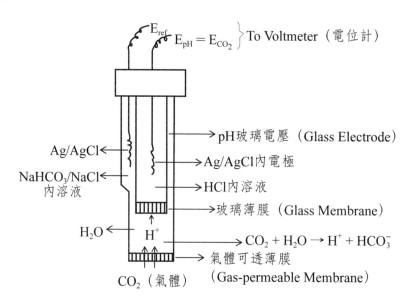

圖5-7　電位式CO_2氣體感應電極（Gas-Sensing Electrode）之基本結構[128]

在圖5-7的CO_2氣體感應電極中，CO_2氣體通過一氣體可透薄膜，溶入含$NaHCO_3$內溶液中，產生H^+離子如下：

$$CO_2 + H_2O \rightarrow H^+ + HCO_3^- \qquad （5-23）$$

及反應平衡常數K：$K = (a_{H^+})(a_{HCO_3^-})/[CO_2]$ （5-24）

因在$NaHCO_3$內溶液中，若$NaHCO_3$之濃度過高，內溶液中$a_{HCO_3^-}$幾乎為固定值，故式（5-24）可改寫成如下：

$$(a_{H^+})/[CO_2] = K/(a_{HCO_3^-}) = Kc \tag{5-25}$$

產生的H^+離子再由其內的pH電極偵測，此CO_2電極之輸出電壓（E_{CO_2}）即為其pH內電極之輸出電壓（E_{pH}），由式（5-8）pH玻璃電極之輸出電壓（E_{pH}）可改寫成如下：

$$E_{CO_2} = E_{pH} = E^0_{pH} + 0.059\log a_{H^+} \tag{5-26}$$

式（5-25）代入式（5-26）可得：

$$E_{CO_2} = E_{pH} + 0.059\log (Kc[CO_2]) = E^0_{pH} + 0.059\log Kc + 0.059\log[CO_2] \tag{5-27}$$

令$E^0_{pH} + 0.059\log Kc = K'$，式（5-27）可改寫成如下：

$$E_{CO_2} = K' + 0.059\log[CO_2] \tag{5-28}$$

由上式，樣品中CO_2含量$[CO_2]$可由測此CO_2氣體感應電極之輸出電壓（E_{CO_2}）來求得。許多其他的氣體之感應電極亦被開發出來，表5-3為常見的氣體感應電極（NH_3、H_2S、SO_2、NO_2及HF氣體電極）及其所用感應內電極和內溶液中反應。例如H_2S氣體電極是由Ag_2S感應內電極與水內溶液組成，H_2S氣體會和內溶液中水反應產生硫離子（S^{2-}），再由Ag_2S感應內電極偵測其產生的S^{2-}離子，並由Ag_2S內電極之輸出電壓（E_{H_2S}）即為此H_2S氣體電極之輸出電壓（E_{H_2S}），可用類似式（5-28）估算樣品中H_2S含量。

表5-3 各種常見氣體電極之內溶反應與感應內電極[128]

待測氣體電極	內溶液中反應[a]	感應內電極	內電極偵測離子
NH_3電極	$NH_3 + H_2O \rightleftarrows NH_4^+ + OH^-$	NH_4^+電極	NH_4^+
CO_2電極	$CO_2 + H_2O \rightleftarrows HCO_3^- + H^+$	pH電極	H^+
H_2S電極	$H_2S + 2H_2O \rightleftarrows 2H_2O^+ + S^{2-}$	Ag_2S電極	S^{2-}
SO_2電極	$SO_2 + H_2O \rightleftarrows HSO_3^- + H^+$	pH電極	H^+
NO_2電極	$2NO_2 + H_2O \rightleftarrows NO_2^- + NO_3^- + 2H^+$	陰離子交換膜電極	NO_3^-
HF電極	$HF + H_2O \rightleftarrows H_3O^+ + F^-$	LaF_3電極	F^-

5-2.3. 電位式酵素生化感測器

在電位式酵素生化感測器（**Potentiometric enzyme biosensor**）中，首先利用酵素催化欲測生化物質之化學反應（如氧化還原或分解反應）產生生化產物，然後再用感應電極（如離子選擇性電極）偵測此生化產物。

圖5-8為利用固定化尿素酵素聚丙醯胺高分子膜（Immobilized urease/polyacryamide membrane）/多孔性保護電極膜和NH_4^+離子選擇性電極（NH_4^+ ISE）當感應內電極所組成的**尿素酵素電極**（Urea enzyme electrode）。待測溶液中之尿素分子（Urea, NH_2-CO-NH_2）先由保護電極膜進入酵素電極中接觸固定化尿素酵素膜（Immobilized urease membrane）與內溶液（H_2O），接著尿素分子（Urea）被固定化尿素酵素（Urease）催化起分解反應如下：

$$NH_2\text{-}CO\text{-}NH_2(Urea) + 2H_2O \xrightarrow{\text{Urease}} NH_3 + NH_4^+ + HCO_3^- \qquad (5\text{-}29)$$

然後所產生的NH_4^+被內電極（NH_4^+ ISE）之感應NH_4^+薄膜中NH_4^+感應物質（如C60-Cryptand 22/PVC）吸附並以感應內電極之輸出電壓（$E_{NH_4^+}$）即為此尿素酵素電極之輸出電壓（E_{Urea}），由式（5-15）陽離子選擇性電極之輸出電壓（$E_{NH_4^+}$）可改寫成如下：

$$E_{Urea} = E_{NH_4^+} = E^o_{NH_4^+} + 0.059 \log a_{NH_4^+} \qquad (5\text{-}30)$$

因所產生的濃度（$a_{NH_4^+}$）和樣品中尿素濃度成正比例如下：

$$a_{NH_4^+} = K[Urea] \qquad (5\text{-}31)$$

式（5-30）可改寫成：

$$E_{Urea} = E^o_{NH_4^+} + 0.059 \log (K[Urea]) = E^o_{NH_4^+} + 0.059 \log K + 0.059 \log[Urea] \qquad (5\text{-}32)$$

令$E^o_{NH_4^+} + 0.059 \log K = K'$，可得

$$E_{Urea} = K' + 0.059 \log[Urea] \qquad (5\text{-}33)$$

由上式，樣品中尿素濃度[Urea]可由此尿素酵素電極之輸出電壓（E_{Urea}）估算出來。

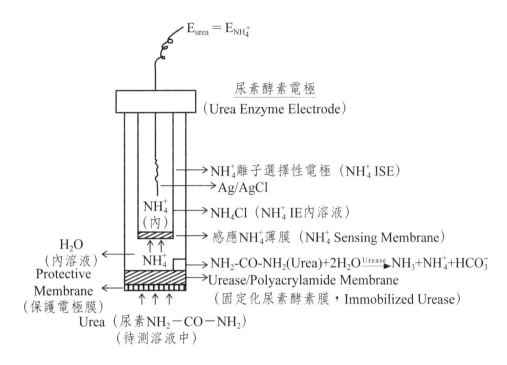

$$E_{urea} = E_{NH_4^+}$$

尿素酵素電極
（Urea Enzyme Electrode）

→ NH_4^+離子選擇性電極（NH_4^+ ISE）
→ Ag/AgCl
→ NH_4Cl（NH_4^+ IE內溶液）
→ 感應NH_4^+薄膜（NH_4^+ Sensing Membrane）
→ $NH_2\text{-}CO\text{-}NH_2$(Urea)$+2H_2O\xrightarrow{Urease}NH_3+NH_4^++HCO_3^-$
→ Urease/Polyacrylamide Membrane
（固定化尿素酵素膜，Immobilized Urease）

NH_4^+
（內）

H_2O
（內溶液）
Protective
Membrane
（保護電極膜）

NH_4^+

Urea（尿素$NH_2-CO-NH_2$）
（待測溶液中）

圖5-8　尿素（Urea）酵素電極（Enzyme Electrode）之基本結構[128]

　　除了尿素酵素電極外，其他生化物質酵素電極亦被發展出來，其中最有名的為葡萄糖（Glucose）酵素電極，用來偵測生化樣品中葡萄糖含量。只要將尿素酵素電極中內電極改成pH玻璃電極並改用固定化葡萄糖氧化酵素（Glucose oxidase, GOD）膜就可成葡萄糖酵素電極，其主要原理為利用固定化葡萄糖氧化酵素催化進入電極內溶液（H_2O（含O_2））的葡萄糖產生氧化作用如下：

$$C_6H_{12}O_6 + O_2 + H_2O\xrightarrow{Glucose\ Oxidase}C_5H_{11}COO^- + H^+ + H_2O_2 \qquad （5\text{-}34）$$
（Glucose，葡萄糖）　　　　　　　　（Gluconate，葡萄酸根離子）

　　然後用當內電極的pH玻璃電極偵測電位，由其電位即可推算樣品中葡萄糖含量。此葡萄糖酵素電極之結構與偵測原理將在本書第8章生化感測器中詳細介紹。

5-3.　電流式電化學感測器

電流式電化學感測器（Amperometric electrochemical sensors）依樣品中待測物受電極感應而產生氧化還原作用（Faradaic process）或非氧化還原作用（Nonfaradaic process）引起的電流變化，概分為(1)法拉第電流式化學感測器（Faradaic current- amperometric chemical sensors）與(2)非法拉第電流式化學感測器（Nonfaradaic current -amperometric chemical sensors）。本節將分別這兩類電流式電化學感測器之基本結構與偵測原理。

5-3.1.　法拉第電流式電化學感測器

法拉第電流式化學感測器（Faradaic current-amperometric chemical sensors）是偵測樣品中待測物受電極感應而產生氧化還原反應（Faradaic process）而引起的電流變化。圖5-9為常見法拉第電流式感測器之基本結構示意圖，其感測器主體含工作電極（Working electrode），相對電極（Counter electrode）及參考電極（Reference electrode）。樣品中待測物之氧化還原反應發生在工作電極，而工作電極因氧化還原反應所產生的氧化或還原電流Io（如圖5-9所示）經放大器放大直接輸入電流計顯示或經電流／電壓轉換放大器成電壓訊號Vo，再經類比／數位轉換器（ADC）轉成數位訊號輸入微電腦做數據處理與顯示。

本節將介紹常見法拉第電流式電化學感測器，如電流式電化學氣體感測器（Amperometric gas electrochemical sensors）、伏安克拉克氧感測器（Voltammetric Clark oxygen sensor）、白金尖端氧微電極感測器（Pt-tip O_2 Microelectrode sensor）及葡萄糖電流式感測器（Amperometric glucose sensor）。

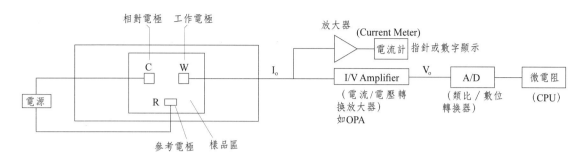

圖5-9 法拉第電流式電化學感測器之基本結構示意圖

5-3.1.1. 電流式電化學氣體感測器

電流式電化學氣體感測器（**Amperometric gas electrochemical sensors**）中最常見的為偵測空氣中一氧化碳之CO電流式感測器（CO Amperometric sensor），此感測器依是否用標準空氣做參考樣品，分單向與雙向CO電流式感測器。在單向感測器只輸入待測空氣樣品，而雙向感測器則從感測器左右兩方分別輸入待測空氣樣品與一標準空氣。圖5-10(a)、(b)為單向CO電流式感測器主體（圖5-10(a)）與偵測系統（圖5-10(b)）示意圖，其主體（圖5-10(a)）主要含工作電極（W，如Pt）、參考電極（R）、相對電極（C）及電極膜（Membrane，如Teflon, Nafion）和電解液（如H_2SO_4, H_3PO_4），含CO之空氣樣品經感測器內毛細管小孔（Capillary）進入電極膜並擴散到工作電極（W），CO在電解液中工作電極上產生氧化反應如下：

$$CO + H_2O \rightarrow CO_2 + 2\ H^+ + 2e^- \qquad （5-35）$$

此反應產生的電子經相對電極（C）傳入圖5-10(b)中之恆電位器（Potentiostat）轉成電流訊號，並輸入記錄器（Recorder）顯示。雙向CO電流式感測器之主體（圖5-10(c)）內部結構及電化學反應和單向感測器類似，不同的是在雙向感測器中待測空氣樣品與標準空氣分別由左右兩方進入感測器，分別接觸工作電極及相對電極，接觸工作電極之待測空氣樣品中CO一樣會有式（5-35）氧化反應，而接觸相對電極之標準空氣中因不含CO不會有反應，形成強烈對比，靈敏度會增加，而雜訊相對減少。

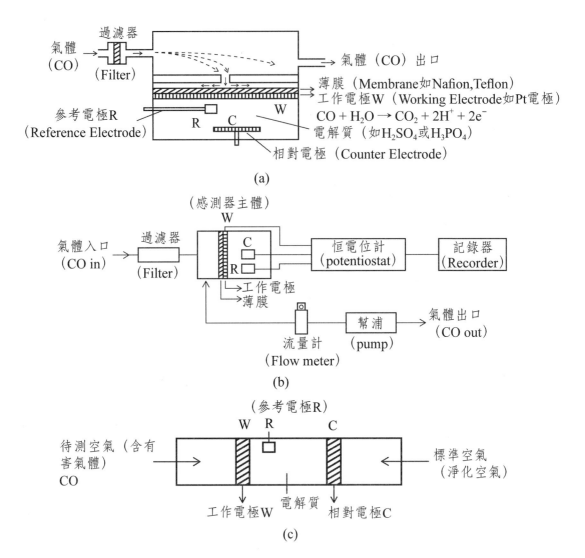

圖5-10 (a)單向CO電流式感測器主體與(b)偵測系統及(c)雙向CO電流式感測器主體結構示意圖[4]

5-3.1.2. 伏安克拉克氧感測器

克拉克氧感測器（Clark oxygen sensor）之主要元件為克拉克伏安氧電極（Voltammetric Clark oxygen electrode）[136]，此電極之結構如圖5-11(a)所示，其由外加電壓電源（Applied voltage, 0.8~1.5V）、白金（Pt）陰極電極（Pt Cathode electrode）、銀陽極電極（Ag Anode electrode）、O_2可

透電極薄膜（O_2 Permeable membrane）、含HCl緩衝內電極溶液（Buffered HCl）與電流計（Ammeter）所組成。攪拌中之待測溶液（Test solution）中之氧氣（O_2）透過氧氣可透電極薄膜進入氧電極電極內，氧氣（O_2）接觸氧電極中之陰極產生還原反應產生還原電流，而陽極發生氧化反應，陰陽電極之反應如下：

$$[陰極]\quad O_2 + 4H^+ + 4e^- \rightarrow 2H_2O \qquad\qquad （5\text{-}36）$$

$$或\quad O_2 + 4e^- + 2H_2O \rightarrow 4OH^- \qquad\qquad （5\text{-}37）$$

$$[陽極]\quad Ag + Cl^- \rightarrow AgCl_{(s)} + e^- \qquad\qquad （5\text{-}38）$$

氧電極所產生的電流（I）用電流計偵測，而此電流訊號（I）強度和待測溶液中之氧氣濃度（$[O_2]$/ppm）有線性關係（圖5-11(b)），電流訊號越大表示待測溶液中之氧氣濃度越大。圖5-12為克拉克伏安氧電極之構造解剖圖與實物圖。

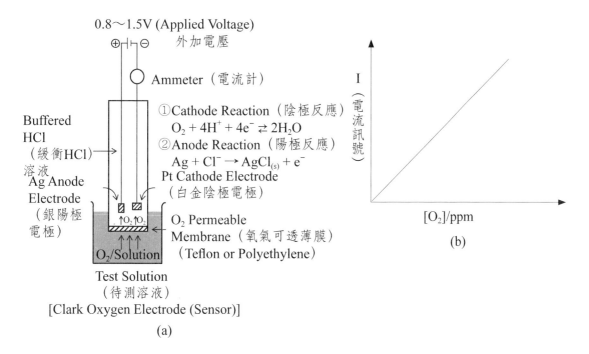

圖5-11　克拉克伏安氧電極（Clark Voltammetric O_2 Electrode）之(a)結構和電極反應，及(b)其電流訊號（I）和樣品溶液中氧含量$[O_2]$關係[129]

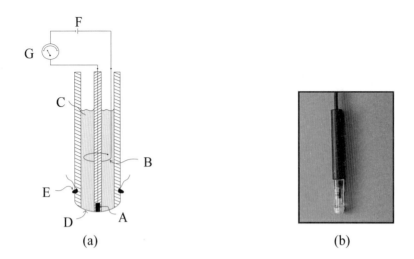

圖5-12　克拉克伏安氧電極（Clark-type electrode）(a)構造解剖圖[137]與(b)實物圖[138]：(A)Pt (B)Ag/AgCl-electrode (C)KCl electrolyte (D)Teflon membrane (E)rubber ring (F)voltage supply (G)galvanometer ((a)http://en.wikipedia.org/wiki/Clark_electrode, (b)https://www.warneronline.com/product_info.cfm?id=375 (Warner Instruments)

5-3.1.3.　白金尖端氧微電極感測器

　　白金尖端氧微電極感測器（Pt-tip O_2 Microelectrode sensor）之結構與反應如圖5-13(a)所示，其陰陽電極是直接接觸流動式待測樣品的，此點和克拉克伏安氧電極不同。此白金尖端氧微電極之陰極由具有白金尖端（Pt-tip）之白金電極，而陽極通常為Ag/AgCl電極。待測樣品（如血液）的氧氣（O_2）經陰極的白金尖端發生還原反應產生O_2^-，產生還原電流， 反應如下：

$$[陰極]　O_2 + e^- \rightarrow O_2^- \tag{5-39}$$

所產生的O_2^-離子會向陽極移動並在陽極上發生氧化反應如下：

$$[陽極]　O_2^- \rightarrow O_2 + e^- \tag{5-40}$$

　　如此一來，完成全線路電流，此電流訊號（I）也用電流計偵測。同時，如圖5-13(b)所示，此電流訊號（I）亦和待測樣品（如血管中之血液）的氧氣濃度（$[O_2]$/ppm）有線性關係。圖5-13(c)為利用此氧微電極偵測氣體樣品中

各種含量的O_2之電流訊號／外加電壓關係圖。

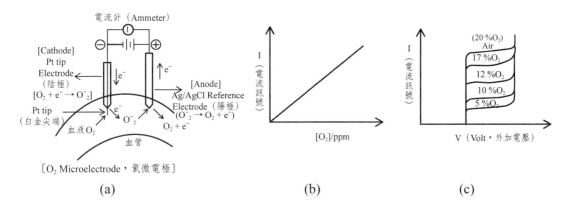

圖5-13 偵測(a)血液中氧氣的白金尖端氧微電極（Pt-tip O_2 Microelectrode）之結構和電極反應，及(b)其電流訊號（I）和樣品溶液中氧含量[O_2]關係圖，與(c)氧微電極偵測氣體樣品中氧氣之電流訊號和外加電壓關係圖[129]

5-3.1.4. 葡萄糖電流式感測器

葡萄糖電流式感測器（**Amperometric glucose sensor**）之主要元件為伏安酵素電極（Voltammetric enzyme-based electrode），此感測器是利用酵素電極中之酵素催化樣品中葡萄糖之氧化反應，其反應產物（如H_2O_2）再用二電極伏安法偵測並得氧化電流訊號。圖5-14(a)為偵測生化樣品中葡萄糖之常見一種葡萄糖伏安酵素電極（種類很多）之基本結構，其含內外雙層電極膜、兩電極膜間的固定化酵素（Immobilized enzyme）與含白金陽極電極（Pt Anode electrode）和銀陰極電極（Ag Cathode electrode）與KOH內溶液之內電極。雙層電極膜之外層電極膜為葡萄糖可透聚碳酸薄膜（Glucose permeable polycarbonate membrane），而內層電極膜為H_2O_2可透乙酸纖維素薄膜（H_2O_2 Permeable cellulose acetate membrane）。

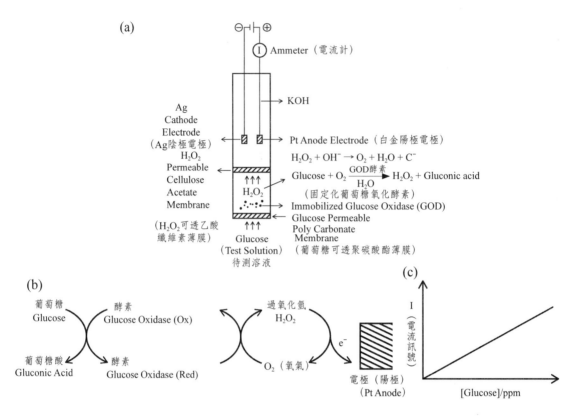

圖5-14 葡萄糖伏安酵素電極（Voltammetric Enzyme-Based Electrode）之(a)結構和電極反應，(b)酵素電極中連鎖反應示意圖，及(c)其電流訊號（I）和樣品溶液中葡萄糖濃度關係[129]

如圖5-14(a)所示，待測溶液中之葡萄糖會透過葡萄糖可透外層電極薄膜，進入含固定化葡萄糖氧化酵素（Immobilized glucose oxidase (GOD)，如GOD-Nafion或GOD-C60（碳六十））溶液中，在此溶液中葡萄糖被葡萄糖氧化酵素（Glucose oxidase, GOD）催化和溶液中O_2產生氧化作用，反應如下：

$$Glucose + O_2 + H_2O \xrightarrow[\text{GOD}]{\text{Glucose Oxidase}} Gluconic\ acid + H_2O_2 \quad (5\text{-}41)$$
（葡萄糖酸）

如圖5-14(a)所示，葡萄糖氧化產生的H_2O_2會透過可透性內層電極膜，進入內電極中並在白金（Pt）陽極電極表面與KOH內溶液進行氧化反應放出電子產生電流（I)，反應如下：

$$[Pt陽極] \quad H_2O_2 + OH^- \rightarrow O_2 + H_2O + e^- \quad (5-42)$$

H_2O_2在陽極之氧化反應產生的電流（I）用電流計（Ammeter）偵測。圖5-14(b)為整個葡萄糖酵素電極中連鎖反應示意圖。圖5-14(c)顯示此葡萄糖酵素電極的電流訊號（I）和樣品溶液中葡萄糖含量（[Glucose]/ppm）幾近線性正比例關係。因有相當好的選擇性及高靈敏度，此電流式的葡萄糖伏安酵素電極普遍被生醫界用來偵測生化樣品中之葡萄糖含量。

5-3.2. 非法拉第電流式電化學感測器

非法拉第電流式電化學感測器（Nonfaradaic current-amperometric chemical sensors）為待測物在偵測過程中不會進行氧化還原反應，但電流會變化的感測器。本節將介紹常見非法拉第電流式感測器，如(1)電流式煙霧感測器（Amperometric smoke sensor）與(2)電流式濕度感測器（Amperometric humidity sensor）。

5-3.2.1. 電流式煙霧感測器

放射線電流式煙霧感測器（Radiological amperometric-smoke sensor）為常見的**煙霧電化學感測器**（**Smog electrochemical sensors**），也是常見的非法拉第電流式電化學感測器（**煙霧在偵測過程中不會進行氧化還原反應**），圖5-15為此放射線電流式煙霧感測器之外觀及內部結構圖及工作原理。此煙霧感測器（Smoke sensor）通常如圖5-15(a)所示固定在建築物天花板上。此感測器之內部結構如圖5-15(b)所示，其含一可放出α粒子之放射線源（如Am^{241}）及外接外加電壓之一對正負電極。在**正常無煙霧時**，放射線源所放出的α粒子會將空氣中O_2解離成正離子（O_2^+）與電子（e^-）如下：

$$O_2 + \alpha(He^{2+}) \rightarrow O_2^+ + e^- \quad (5-43)$$

產生的電子會向正電極移動，而使正負電極間產生電流輸出，此輸出電流（I_o）在正常無煙霧時相對大。空氣中氧含量$[O_2]$越大，輸出電流（I_o）就越大。反之，當空氣中有煙霧時，空氣中氧含量$[O_2]$相對變小，則輸出電流（I_o）就也會變小。換言之，空氣中煙霧越大，輸出電流變化變小量（ΔI_o）

就會變大。變化的輸出電流（I_o）就可用運算放大器（OPA，圖5-15(b)）轉成放大電壓訊號（V_o）輸出，然後可接警報器或記錄器或顯示器。

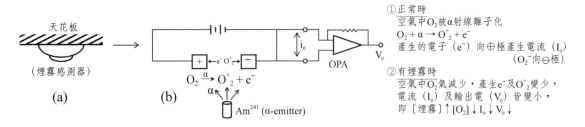

①正常時
空氣中O_2被α射線離子化
$O_2 + α → O_2^+ + e^-$
產生的電子（e^-）向⊕極產生電流（I_o）
　　　　　　　　　　　（O_2^-向⊖極）
②有煙霧時
空氣中O_2氣減少，產生e^-及O_2^+變少，
電流（I_o）及輸出電（V_o）皆變小，
即〔煙霧〕↑〔O_2〕↓ I_o↓ V_o↓

圖5-15　放射線電流式煙霧感測器(a)外觀示意圖，與(b)內部結構圖及工作原理[4]

5-3.2.2.　電流式濕度感測器

　　場效應電晶體電流式濕度感測器（Field effect transistor **amperometric humidity sensor**）為較常見的電流式濕度感測器，其由場效應電晶體（Field effect transistor, FET）[139-140]修飾製成的感測器。電晶體由npn或pnp三極體之半導體所組成。如圖5-16所示，FET電晶體含S極（源極（Source）），G極（閘極（Gate））及D極（洩極（Drain, D））等三極與外加電壓V_{SD}所組成。而閘極上塗一可吸收空氣濕氣中的感濕薄膜（含感濕物質（如金屬氧化物WO_3，化合物$LiCl_3$及吸水性高分子聚合物））。由分析物水分子與柵極（Gate）上之感濕薄膜產生作用後，感濕薄膜即產生界面電位變化，微小的電位變化訊號則會大大改變洩極（Drain）與源極（Source）間輸出電流（I_{SD}）大小。由輸出電流（I_{SD}）的變化即可估算空氣中濕氣含量與濕度。

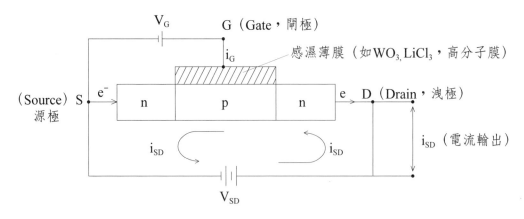

圖5-16　場效應電晶體（FET）電流式濕度感測器基本結構示意圖[139-140]

5-4.　電阻式化學感測器

　　電阻式電化學感測器（Resistive chemical sensors）是偵測樣品引起感測元件之電阻（Resistance）或阻抗（Impedance，直流電路的阻抗為電阻）之變化。圖5-17為電阻式電化學感測器基本結構示意圖。其感測元件是在基片（材質如高分子或陶磁）上覆蓋一層功能性薄膜（如半導體或高分子薄膜），再安裝一對指叉電極所組成。此成對指叉電極分別接電源之陰陽極，而樣品就塗佈或散佈在此成對指叉電極上。當樣品被功能性薄膜吸附可能引起兩指叉電極間電阻變化，而使其輸出電流Io改變，其輸出電流Io可直接用電流計偵測與顯示，亦可經電流／電壓轉換放大器（如Operational amplifier, (OPA)）轉成電壓訊號，再用類比／數位轉換器（ADC）轉成數位訊號輸入微電腦做數據處理與顯示。

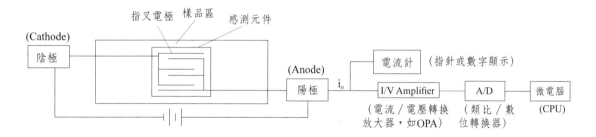

圖5-17　電阻式電化學感測器基本結構示意圖

　　電阻式濕度感測器（Resistive humidity sensor）為較常見的一種電阻式電化學感測器。如圖5-18(a)所示，其感測元件是在基片上覆蓋一層濕敏電阻（Humidity sensitive resistor）[141-142]薄膜所製成。當空氣中的水蒸氣吸附在濕敏電阻薄膜上時，感測元件之電阻會發生變化，利用這一特性即可測量空氣中的濕度。圖5-18(b)為此濕度感測器電流輸出之線路結構示意圖，而圖5-18(c)為法國Humirel公司生產的濕敏電阻感測器HS24LF實物圖。濕敏電阻的種類很多，如金屬氧化物濕敏電阻、氯化鋰濕敏電阻及陶瓷濕敏電阻等。濕敏電阻的優點是靈敏度高。

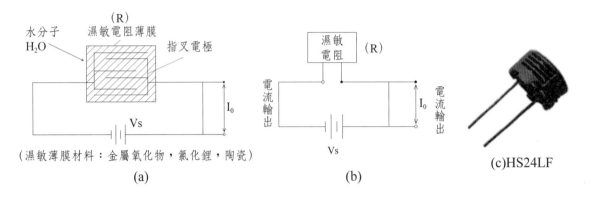

圖5-18　電阻式濕度感測器（Resistive humidity sensor）之(a)感測元件結構示意圖[141-142]，(b)線路結構示意圖及(c)法國Humirel公司生產的濕敏電阻感測器HS24LF實物圖[141]（c圖來源: http://www.powertronics.com.tw/webdata/powertronicstw/twsales3/production/upload177/pre_1271990249_1.gif）

5-5.　導電式化學感測器

導電式化學感測器（Conductance chemical sensors）以偵測樣品之導電度為主之感測器。圖5-19為一般導電式電化學感測器之基本結構，其感測元件由兩電極與電源（交流或直流）所組成。由含樣品之感測元件所輸出的直流或交流電流Io，可直接用電流計偵測與顯示，此直接用電流計顯示的簡單的導電式電化學感測器常簡稱為導電度計（Conductor）。然如圖5-19所示，此輸出電流亦可經電流／電壓轉換器（如運算放大器Operational amplifier(OPA)）轉成電壓訊號，再經類比／數位轉換器（ADC）轉成數位訊號並輸入微電腦做數據處理與顯示。

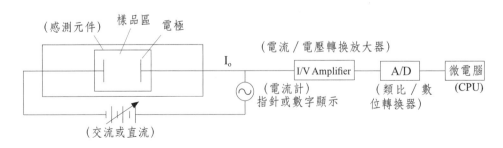

圖5-19　導電式電化學感測器之基本結構示意圖

5-6.　電容式化學感測器

　　電容式化學感測器（Capacitive chemical sensors）乃利用樣品吸附在一電容器（Capacitor）之介質（Dielectric）中或樣品當介質因而改變電容器之電容值（Capactance），藉以推算樣品中待測物之含量。圖5-20為電容式電化學感測器之基本結構示意圖，其感測元件為由兩電極及電極間之介質所組成的電容器，一般在感測器中常用之介質為功能性高分子或無機物質，由於樣品吸附在介質中而改變電容器之電容值，而電容C會影響兩電極間之電壓差Vc並以電壓訊號（Vc）輸出。如圖5-20所示，電壓訊號（Vc）可用電位計直接偵測並顯示，亦可將此電壓訊號經類比／數位轉換器（ADC）轉成數位訊號輸入微電腦做數據處理與顯示。

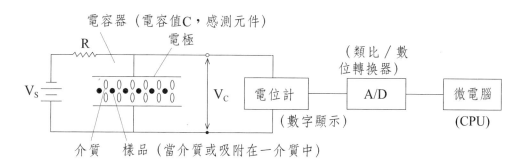

圖5-20　電容式電化學感測器之基本結構示意圖

　　圖5-21(a)為電容式濕度感測器（Capacitive humidity sensor）之感測元件-濕敏電容（Humidity sensitive capacitor）之基本結構示意圖，而圖5-21(b)與圖5-21(c)分別為此濕敏電容之符號與實物圖。濕敏電容一般是用高分子薄膜當兩電極間之介質所製成的，常用的高分子材料有聚苯乙烯（Polystyrene）及聚醯亞胺（Polyimide）。當空氣中濕度發生改變時，濕敏電容的介電常數發生變化，使其電容C也發生變化，其電容變化量與相對濕度（RH, Relative humidity）成正比（如圖5-21(d)所示）。濕敏電容的主要優點是靈敏度高和感應快。

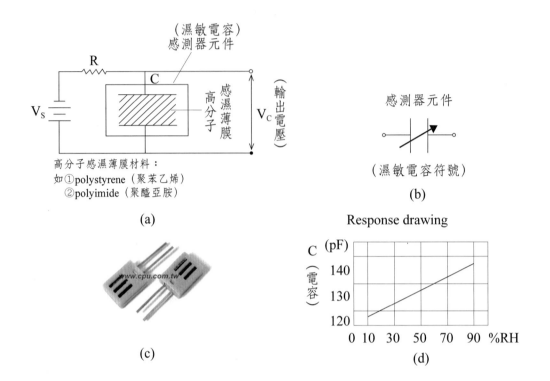

圖5-21　電容式濕度感測器（Capacitive humidity sensor）之感測器元件-濕敏電容(a)
　　　　　基本結構示意圖，(b)濕敏電容符號，(c)市售RH-818濕敏電容實物圖[143]，
　　　　　及(d)電容和相對濕度（RH）關係圖[144]（原圖來源(b)http://shop.cpu.com.
　　　　　tw/upload/2010/06/std/4d34f762dd0 a012feb8ca10a32402ba5.jpg, (c)http://
　　　　　shop.cpu.com.tw/upload/2011/08/46c120730ec7bec19def033b12ab21b2.gif
　　　　　（台灣廣華電子商城網站））

第 6 章

半導體化學感測器
(Semiconductor Chemical Sensors)

近年來由於半導體高科技產業澎湃發展，半導體化學感測器（Semiconductor chemical sensors）的開發亦如雨後春筍。半導體化學感測器之元件主要由各種半導體（如n-及p-型半導體，二極體及電晶體（三極體））組成並利用這些半導體特性分別組裝成n-型半導體化學感測器（n-type semiconductor chemical sensors）、p-型半導體化學感測器（p-type semiconductor chemical sensors）、吸附型半導體化學感測器（Adsorption-type semiconductor chemical sensors）、光電二極體感測器（Photodiode sensor）及光電電晶體感測器（Phototransistor sensor）。本章除將簡介半導體外，將分別介紹這些不同型態的半導體化學感測器之基本結構與偵測原理。

6-1. 半導體與半導體化學感測器簡介

半導體化學感測器（Semiconductor chemical sensors）之感測元件由半導體（Semiconductor）所組成，故本節將介紹半導體與半導體化學感測器種類。

6-1.1. 半導體簡介

　　半導體（Semiconductor）之所以在高科技產業與化學感測器中應用相當廣泛，主要是半導體之特性有別於傳統常用的塑膠、陶瓷和金屬材料之優越性。本節將簡單介紹半導體特性和簡單分類及其所組成常用在化學感測器中之二極體與電晶體。

6-1.1.1. 半導體特性

　　任何物質之分子或原子中之電子，可概分為可以自由移動的自由電子（Free electron）與被限定在一區域的固定化電子（Fixed electron），自由電子因其可自由移動而導電，其所在的能階稱為導電能階（Conduction band），而固定化電子常以和其他原子或分子共用，因而其所處的能階稱為共價能階（Valence band）。而導電能階和共價能階間之能量差（如圖6-1所示）稱為能隙（Energy gap, ΔE_g）。當能隙$\Delta E_g \cong 0$，此種物質稱為導體（Conductor），有自由電子可傳遞。ΔE_g很大（約>10eV），此種物質可稱為絕緣體（Insulator），無帶負電之電子或帶正電之電洞（Electric hole）可傳遞。若ΔE_g不大不小，此種物質則稱為半導體（Semiconductor）[145-148]，在一定條件下，其電子與電洞可用來傳遞，電子與電洞在半導體被稱為帶電載子（Electric carriers）。半導體導電性可由其費米能階（圖6-1之E_F, Fermi level）[264]高低來判斷，其E_F能階為其脫離Valence band能階之電子中有一半的機會在此E_F能階，或可說其有一半電子具有此E_F能量，E_F越高（越接近Conduction band）表示越容易導電。

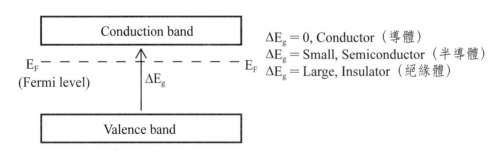

圖6-1　物質中電子之導電能階和共價能階間之能隙（E_g）[148]

　　表6-1為銅（Cu）和各種半導體之能隙ΔE_g和電子及電洞（帶電載子）在25℃下之傳輸移動速率（Mobility of electric carriers）與在25℃時之帶電載子（Carrier，電子或電洞）之密度（個數n／物質1莫耳）。由表6-1中可看出，銅（Cu）之$\Delta E_g \cong 0$，其帶電載子只有電子而無電洞，而且其電子之傳輸移動速率（μ_e）在25℃下只有35cm^2/sec比起表中各種半導體之傳輸移動速率來得小很多。鑽石（Diamond）雖其能隙ΔE_g（5.47eV）比一般半導體大很多，但其電子及電洞在25℃下之移動速率（μ_e及μ_h）也不小。反之，Si與Ge的ΔE_g不大，分別為1.12與0.80eV而已，容易操作且它們的電子與電洞在25℃下之移動速率也不小，故為最常用之IC晶片材質。由表6-1亦可看出Ge的電子和電洞傳輸移動速率與帶電載子（電子或電洞）之密度（個數n／物質一莫耳）都比Si大，理論上可製作性能較佳之IC晶片，但其價格比Si高很多，故一般IC晶片仍大部分用Si做材質。

　　表6-1中亦列有常用當紅外線（IR）與可見光（VIS）感應元件之半導體材料之ΔE_g、μ_e及μ_h，如常用當IR感應元件材質之InSb、InAs、GaSb及GaAs，它們的ΔE_g小於1.5eV，屬於紅外線（IR）範圍且皆有較大的μ_e（InSb與InAs之μ_e分別為78000及33000cm^2/s），可靈敏感應與吸收IR光，而CdS之ΔE_g為2.42eV，屬可見光範圍（能量範圍約3~1.5eV），故可吸收可見光並做為可見光（VIS）感應元件之材質材料。

表6-1　銅和各種半導體之能隙（ΔE_g）電子／電洞移動速率（M）與密度（n）[148]

物質	ΔE_g（eV）	μ_e(cm^2/s)[a]	μ_h(cm^2/s)[a]	Carrier density (n)[b]
copper (Cu)	0	35	-	~10^{23}
Diamond	5.47	1800	1600	-
Ge	0.80	3900	1900	2.5×10^{12}
Si	1.12	1500	600	1.6×10^{11}
GaSb	0.67	4000	1400	-
GaAs	1.43	8500	400	1.1×10^3
InSb	0.16	78000	750	（ΔE_g　IR範圍）
InAs	0.33	33000	460	（ΔE_g　IR範圍）
CdS	2.42	300	50	（ΔE_g　可見光（VIS）範圍）

(a)μ_e：電子移動速率，μ_h：電洞移動速率（Mobility）。
(b)Carrier density：帶電載子（電子或電洞）在25℃之密度（個數n／物質一莫耳）

　　除了由一物質的能隙（ΔE_g）可用來判斷其是否可能為半導體外，亦可由一物質之導電性和溫度之關係來判斷一物質是否為半導體。由圖6-2(a)可看出一半導體之導電度會隨溫度升高而增大，因溫度高半導體之電子能量高可克服ΔE_g而增加自由電子之數目，因而增加半導體之導電性。反之，金屬（圖6-2(b)）之電阻卻會隨升高而增大，而電阻與導電度是成反比的。換言之，金屬之導電度會隨溫度升高而變小，這剛好和半導體之溫度效應相反，這導電度的溫度效應可用來分辨半導體和金屬。

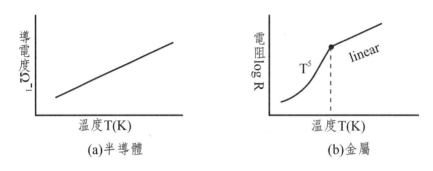

圖6-2　半導體及金屬之導電性和溫度之關係[148]

6-1.1.2. 半導體分類

　　若依半導體材質分類，半導體種類繁多，很難分類。因半導體是否摻加其他物質對其性質有相當大的影響，故一般半導體就依其摻加其他物質與否，半導體概分為固有半導體（Intrinsic semiconductor）[149]及外質半導體（Extrinsic semiconductor）[150]兩種（如圖6-3所示）。固有半導體即不摻加其他物質之半導體（如純Si），而外質半導體為摻加了其他物質之半導體（如Si摻加B成Si(B)）。如圖6-3所示，在積體電路（IC）晶片中常用的固有半導體有Si/Ge半導體及金屬氧化物半導體（Metal oxide semiconductor, MOS）。如表6-1所示，Si/Ge固有半導體在25℃下有特定的電子與電洞密度（n_e與n_h），以一莫耳之Si半導體（Si Semiconductor）為例，在25℃下n_e與n_h皆為1.6×10^{11}。在特定溫度下，n_e與n_h之乘積可以用$n(t)^2$表示，即：

$$n(t)^2 = n_e \times n_h \tag{6-1}$$

若在25℃下，式6-1則可為：

$$n(t_{25})^2 = n_e \times n_h = (1.6 \times 10^{11}) \times (1.6 \times 10^{11}) = 2.56 \times 10^{22} \qquad （6\text{-}2）$$

外質半導體是在固有半導體（如Si）中摻加少許其他物質（如As或B）所製成的，最常見之外質半導體為Si/Ge摻雜半導體（Si/Ge Doping semiconductors）。例如Si半導體（圖6-4(a)）摻雜少許As（通常加$1/10^8$量）所形成的Si(As)半導體（如圖6-4(b)所示），因As原子有5個價電子，而Si原子有4個價電子，故每加一個As原子，Si(As)半導體就多一個電子。若一莫耳之Si半導體（約10^{23}個Si原子）摻雜$1/10^8$量之As原子（即含約10^{15}個As原子），換言之，因加了10^{15}個As原子，Si半導體中就多了有10^{15}個電子，即

$$n_e (Si(As)) = 10^{15} \qquad （6\text{-}3）$$

代入式6-2可得：

$$n(t_{25})^2 = n_e(Si(As)) \times n_h (Si(As)) = 10^{15} \times n_h = 2.56 \times 10^{22} \qquad （6\text{-}4）$$

由式6-4可得：$\qquad n_h(Si(As)) = 2.56 \times 10^7 \qquad （6\text{-}5）$

比較n_e與n_h（式6-3與式6-5）可知：

$$n_e(Si(As),\ 10^{15}) > n_h(Si(As),\ 2.56 \times 10^7) \qquad （6\text{-}6）$$

換言之，Si(As)半導體帶負電（$n_e > n_h$），故Si(As)半導體可稱為n-型Si半導體（Negative type-Si conductor）。

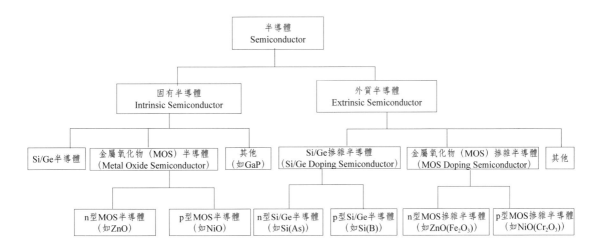

圖6-3　半導體之簡單分類[148]

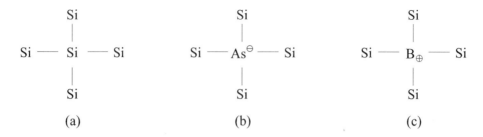

圖6-4 (a)固有Si半導體，(b)n型Si(As)半導體及(c)p型Si(b)半導體

反之，若Si半導體摻加$1/10^8$量之B所形成的Si(B)半導體（圖6-4(c)），因B原子有3個價電子，而Si原子有4個價電子，故每加一個B原子，Si(As)半導體就少一個電子而增加一個電洞，故一莫耳Si（約10^{23}個Si原子）半導體摻加$1/10^8$量之B（即含約10^{15}個B原子）就含10^{15}個電洞，即：

$$n_h(Si(B)) = 10^{15} \tag{6-7}$$

代入式6-2可得：

$$n(t_{25})^2 = n_e(Si(B)) \times n_h(Si(B)) = n_e \times 10^{15} = 2.56 \times 10^{22} \tag{6-8}$$

可得
$$n_e(Si(B)) = 2.56 \times 10^7 \tag{6-9}$$

及
$$n_e(Si(B), 2.56 \times 10^7) < n_h(Si(As), 10^{15}) \tag{6-10}$$

即表示，Si(b)半導體帶正電（$n_e < n_h$），故Si(b)半導體可稱為p-型Si半導體（Positive type-Si semiconductor）。

實際上不只Si/Ge摻雜（As與B）半導體會帶正電（p-type）或帶負電（n-type），圖6-3中屬固有半導體之金屬氧化物半導體（MOS, Metal oxide semiconductor）在一定溫度或加熱下有些也會顯示會帶負電（n-型（n-type）MOS）或帶正電（p-型（p-type）MOS）。例如ZnO及Fe_2O_3皆為n-型金屬氧化物半導體（n-type MOS），這是因為ZnO與Fe_2O_3在一定溫度或加熱下會放出電子（e^-），成為帶負電半導體，反應如下：

$$SnO_2 \rightarrow Sn^{4+} + 4e^- + O_2 \tag{6-11}$$

$$TiO_2 \rightarrow Ti^{4+} + 4e^- + O_2 \tag{6-12}$$

$$ZnO \rightarrow Zn^{2+} + 2e^- + 1/2O_2 \tag{6-13}$$

$$Fe_2O_3 \rightarrow 2\ Fe^{3+} + 6e^- + 3/2O_2 \qquad (6\text{-}14)$$

反之，NiO、Cr_2O_3及MnO_2在一定溫度或加熱下都會產生電洞（h^+），皆為p-型金屬氧化物半導體（p-type MOS），反應如下：

$$NiO + 1/2O_2 \rightarrow Ni^{2+} + 2h^+ + 2O^{2-} \qquad (6\text{-}15)$$

$$Cr_2O_3 \rightarrow Cr^{3+} + 3h^+ + 3O^{2-} \qquad (6\text{-}16)$$

$$MnO_2 + 5/2O_2 \rightarrow Mn^{4+} + 3h^+ + 7/2O^{2-} \qquad (6\text{-}17)$$

雖然n-型與p-型金屬氧化物半導體在一定溫度或加熱下分別會放出電子（e^-）與電洞（h^+），但在常溫下它們所產生的電子或電洞並不多，故這些金屬氧化物半導體常摻加同型之金屬氧化物（如n型的ZnO_2摻加n型的Fe_2O_3）形成如圖6-3所示的屬於外質半導體之金屬氧化物（MOS）摻雜半導體，由於同型金屬氧化物的摻加，會使其原來的金屬氧化物半導體的費米能階E_F上升，而增加其可導電的電子或電洞數目，因而可增加金屬氧化物半導體的導電性。金屬氧化物半導體亦可製成IC晶片且常應用在各種化學感測器中當感測元件。

6-1.1.3. 二極體

二極體（Diodes）[146,147,151]在近代高科技產業中是相當重要元件，二極體廣泛應用在許多重要電子，如光感測器、太陽能晶片、發光元件、繼電器、整流器及顯示器等。本節將介紹二極體線路之基本構造、特性、種類及其在儀器電子元件中之應用。

二極體如圖6-5(a)所示，是由一p-型半導體（如Si(B)）與n-型i半導體（如Si(As)）所組成，p-型和n-型半導體接合處正負相消成中性的地區特稱為接面（Junction或Depletion region），p-型和n-型半導體間的電位差為V_{np}，而圖6-5(b)為二極體之代表符號，圖6-5(c)為二極體實物圖。由p-型到n-型半導體之電流為多數載子電流（Majority current）I_m^o（圖6-5(d)），而由n-型到p-型半導體之電流為固有電流（Intrinsic current）I_i^o（圖6-5(e)），在沒外加電壓時，$I_m^o = I_i^o$則：

$$I_m^o = I_i^o = Ke^{-QeV_{np}/kT} \qquad (6\text{-}18)$$

式中K為比例常數，Qe為電子電荷，k為波茲曼常數（Boltzmann constant, 1.38×10^{-23}J/K），T為絕對溫度。

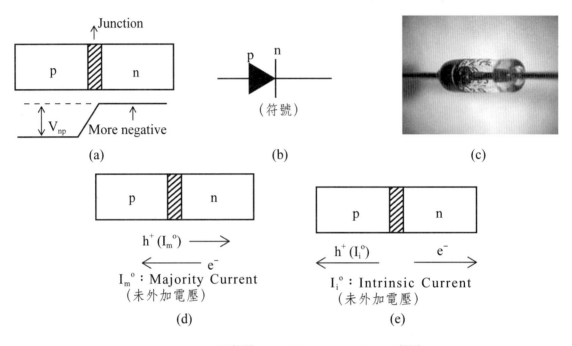

圖6-5　二極體之(a)基本結構[148]，(b)符號，(c)實物圖[151]，(d)Majority電流及(e)Intrinsic電流（(c)圖：From Wikipedia, the free encyclopedia, http://en.wikipedia.org/wiki/Diode）

在外加偏電壓V_b（Bias voltage）時（如圖**6-6**(a)），固有電流（Intrinsic current）I_i^o不會改變，而多數載子電流（Majority current）I_m^o（由p到n）電流會改變成I_m為：

$$I_m = K\ e^{-Qe(V_{np} - V_b)/kT} \qquad (6\text{-}19)$$

此二極體之淨電流I_{net}則為：

$$I_{net} = I_m - I_i^o = Ke^{-Qe(V_{np} - V_b)/kT} - Ke^{-QeV_{np}/kT} \qquad (6\text{-}20)$$

則：
$$I_{net} = Ke^{QeV_b/kT} \qquad (6\text{-}21)$$

如圖6-6(a)所示，當外加偏電壓V_b為正值，為順壓，會有p到n電流（i_{pn}），此二極體稱為順壓二極體（Forward-biased diode），反之，V_b為

負值，為逆壓，n與p之間很難有電流（圖6-6(b)），此稱為**逆壓二極體**（Reverse-biased diode）。由式（6-21），二極體之淨電流I_{net}對外加電壓V_b作圖可得圖6-6(c)，由圖中可看出當V_b為正值（順壓）且大於一特定起動電壓V_d（常稱為「障壁電位（Barrier potential）」）時，則此（順壓）二極體（電流由p→n）增加很大，然反之，當V_b為負值（逆壓）時，$-V_b$再增多大，此（逆壓）二極體（電流由n→p）變化很小且幾乎沒電流，換言之，在正常情形下，由p→n之電流（順壓二極體）會產生（Allowed，如圖6-6(a)），而由n→p之電流（逆壓二極體）不會產生（Forbidden，如圖6-6(b)）。n→p之電流只有在外加負電壓-V_b很大且大於一定值時（如圖6-6(c)），才會有突然大電流產生，此可產生突然大電流之一定值的負電壓$-V_b$特稱為齊納電壓（Zener voltage, V_z）或稱崩潰電壓（Breakdown voltage）。另外，當外來訊號（如電磁波）照射到逆壓二極體時，有時也會產生由n→p之電流，故逆壓二極體可做一些電磁波或光波之感測器，當逆壓二極體當光波感測器時，即常稱為光電二極體。光電二極體感測器將於本章6-4節介紹。

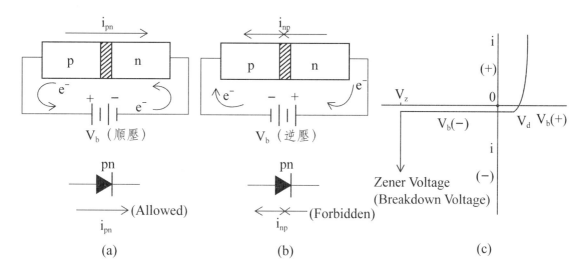

圖6-6　外加電壓V_b（Vias voltage）之(a)順壓與(b)逆壓二極體，及(c)二極體外加電壓V_b和產生電流之關係圖[148]

6-1.1.4.　電晶體

　　電晶體（Transistors）[152-154]由npn或pnp三極體之半導體所組成，電晶體常應用於放大電流訊號。圖6-7(a)為以**場效應電晶體**（Field effect transistor, FET）[153]為例的npn電晶體基本線路示意圖，其含S極〔源極（Source）或稱射極（Emitter(E)，發射（電子）極）〕，G極〔閘極（Gate）或稱基極（Base, B）〕及D極〔洩極（Drain, D）或稱接收（電子）極（Collector, C）〕等三極與外加電壓V_{SD}。當外來小電流（i_G）的訊號由G極進入電晶體時，S極會發射電子（e^-）經npn電晶體而由D極接收，反之，會產生較大電流i_{SD}由D極進入電晶體，再流入接地的S極。圖6-7(b)為FET電晶體電流符號及電流流向，而圖6-7(c)為在不同外來訊號V_G時，電晶體由D極到S極之放大電流i_{SD}和外加電壓V_{SD}之關係，一般由G極進入電流i_G和放大電流i_{SE}之比約為1/100~1/1000左右（即i_{SD}/i_G = 100~1000），換言之，G極小電流（i_G）訊號會引起D到S極之大電流（i_{SD}），即電晶體具有放大訊號之功能。圖6-7(d)為FET電晶體外觀示意圖，外來訊號接G極，D極接電源V_{SD}（一般為5~24V），S極接地。圖6-7(e)為電晶體實物圖。

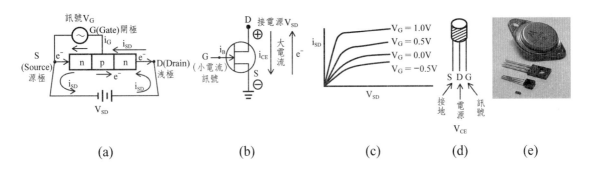

圖6-7　場效應電晶體（FET）之(a)結構示意圖[148]，(b)符號及電流，(c)電流／電壓關係圖，(d)外觀示意圖，及(e)產品實物圖[152]。（e圖：From Wikipedia, the free encyclopedia,http://en.wikipedia.org/wiki/Transistor）

　　圖6-8(a)、(b)為另一種應用二個電源（V_{EB}與V_{CE}）之**雙極介面電晶體**（Bipolar junction transistor, BJT）[154]之結構示意圖及符號和電流流向,在BJT電晶體是以EBC（Emitter/Base/Collecttor）來命名其電晶體三個極，而FET電晶體則常以SGD來命名其電晶體三個極。BJT電晶體亦由B極（Base）

輸入小電流訊號i_B進入電晶體中而引起流向C極（Collector）與E極（Emitter）的大電流i_C與i_E，一般i_C/i_B與i_E/i_B之比皆約100（放大100倍）。和場效應電晶體一樣，此雙極介面電晶體之輸出電流i_C或i_E皆如圖6-8(c)所示，會隨其輸入電流i_B與外加電壓（如V_{CB}）之增大而變大。

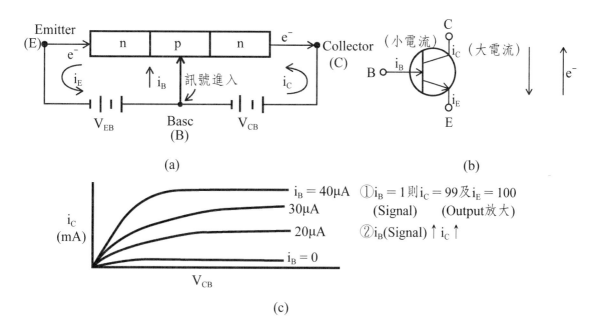

(a)

(b)

(c)

圖6-8　雙極介面電晶體（BJT）之(a)結構示意圖，(b)符號及電流，及(c)電流／電壓關係圖[148]

6-1.2.　半導體化學感測器簡介

　　半導體化學感測器（Semiconductor chemical sensors）[4,155-156]之應用雖是先進技術，事實上早在1964年Seiyama 就已利用半導體SnO_2當電子式感測器元件來偵測空氣中氣體之組成。依半導體性質，如表6-2所示，常見半導體化學感測器可概分為(1)n-型金屬氧化物半導體感測器（n-type metal oxide semiconductor sensor）、(2)p-型金屬氧化物半導體感測器（p-type metal oxide semiconductor sensor）、(3)非金屬氧化物半導體感測器（Non-metal-oxide semiconductor sensor）、(4)二極體感測器（Diode sensor）及(5)電

晶體感測器（Transistor sensor）。

n-型金屬氧化物半導體感測器中，其n-型金屬氧化物半導體（如SnO_2、TiO_2及ZnO）感測元件[157-158]加熱時易產生電子且易吸附可還原待測物（如CO）分子（如SnO_2+熱→SnO_2*(e^-), CO+SnO_2*(e^-)→CO^--SnO_2*），而使輸出電流改變，進而可推算待測物含量。如表6-2所示，常見的n-型金屬氧化物半導體感測器有1.SnO_2-CO/H_2S感測器（SnO_2-CO/H_2S Sensor），2.SnO_2-瓦斯感測器（SnO_2 Gas sensor），3.SnO_2-酒精感測器（SnO_2 Alcohol sensor），4.SnO_2/In_2O_3-Ca^{2+}感測器（SnO_2/In_2O_3-Ca^{2+} Sensor），5.SnO_2/WO_2-NO_2感測器（SnO_2/WO_2-NO_2 Sensor），6.TiO_2-CO感測器（TiO_2-CO Sensor），7.二甲酚橙鈉鹽染料/TiO_2薄膜-Ca^{2+}感測器（TiO_2-Ca^{2+} Sensor），8.TiO_2/SnO_2-臭氧薄膜感測器（TiO_2/SnO_2-Ozone sensor），9.TiO_2紫外光感測器（TiO_2 UV Photosensor），10.ZnO-CO感測器（ZnO-CO Sensor），11. ZrO_2/Y_2O_3氧感測器（ZrO_2/Y_2O_3 Oxygen sensor），及12. ZnO-Fe_2O_3-SnO_2氣體瓦斯感測器（ZnO-Fe_2O_3-SnO_2 Gas sensor）。

p-型金屬氧化物半導體感測器之p-型金屬氧化物半導體（如NiO及Cr_2O_3）[159]感測元件加熱時易產生電洞且易吸附可氧化待測物分子（如HCHO，甲醛），由感測器元件輸出電流改變可推算出待測物之含量。如表6-2所示，NiO-甲醛感測器（NiO-HCHO Sensor）爲最常見之p-型金屬氧化物半導體感測器。

非金屬氧化物半導體感測器則利用某些非金屬氧化物半導體（如Pd/SiO_2、CdS、PbS及Se）會吸附某些特定待測物（如O_2）或會感光（如紫外線／可見光及紅外線），而使感測器元件輸出電流改變，進而可推算出待測物之含量。如表6-2所示，常見的非金屬氧化物半導體感測器有1.Pd/SiO_2/n/p-氣體感測器（Pd/SiO_2/n/p Gas sensor）、2.Ag/Se/Fe光感測器（Ag/Se/Fe Optical sensor）、3.CdS光感測器（CdS Photosensor）、及4.PbS紅外線感測器（PbS IR Sensor）。

表6-2　半導體化學感測器種類、性質及所組成的常見感測器

半導體感測器	性質及舉例	常見感測器
(A)n-型金屬氧化物半導體感測器（n-type metal oxide Semiconductor sensor）	1.性質：易產生電子且易吸附可還原分子或離子 2.舉例：SnO_2、TiO_2、ZnO_2、Fe_2O_3、ZrO_2、Y_2O_3	1.SnO_2-CO/H_2S感測器 2.SnO_2-瓦斯感測器 3.SnO_2-酒精感測器 4.SnO_2/In_2O_3-Ca^{2+}感測器 5.SnO_2/WO_2-NO_2感測器 6.TiO_2-CO感測器 7.二甲酚橙鈉鹽染料／TiO_2薄膜-Ca^{2+}感測器 8.TiO_2/SnO_2-臭氧薄膜感測器 9.TiO_2紫外光感測器 10.ZnO-CO感測器 11.ZrO_2/Y_2O_3氧感測器 12.ZnO-Fe_2O_3-SnO_2氣體瓦斯感測器
(B)p-型金屬氧化物半導體感測器（p-type metal oxide semiconductor sensor）	1.性質：易產生電洞且易吸附可氧化分子 2.舉例：NiO、Cr_2O_3	1.NiO-甲醛感測器
(C)非金屬氧化物半導體感測器（Non-metal oxide semiconductor sensor）	1.性質：易吸附分子或感光 2.舉例：Pd/SiO_2膜、CdS、PbS、Se半導體膜	1.Pd/SiO_2/n/p-氣體感測器 2.Ag/Se；Fe光感測器 3.CdS光感測器 4.PbS紅外線感測器
(D)二極體感測器（Diode sensor）	1.性質：光刺激產生電流或吸附分子 2.舉例：逆壓二極體、Si二極體、Ge二極體	1.光電二極體光感測器 2.Si/Li-光感測器 3.Ge/Li-光感測器 4.Si二極體光感測器（太陽電池） 5.二極體溫度感測器
(E)電晶體感測器（Transistor sensor）	1.性質：放大訊號或感應分子或離子或感光 2.舉例：場效應電晶體（Field-Effect Transistor, FET）、雙極介面電晶體（Bipolar junction transistor, BJT）	1.光電電晶體光感測器 2.離子選擇性場效應電晶體離子感測器

　　二極體感測器之感測元件為二極體（Diode），若用逆壓二極體（Reverse-biased diode）之感測元件可受光刺激產生電流，可做光感測器（如表6-2所示的1.光電二極體（Phtodiode）光感測器（Photodiode sensor），2.Si/Li-光感測器（Si/Li Photosensor）及3.Ge/Li-光感測器（Ge/Li Photosensor）以偵測各種光線（如紫外線／可見光，紅外線及X光），其他二極體有的亦可當光感測器（如可當太陽電池（Solar cell）的4.Si二極體光感測器（Si Diode photosensor）），有的則為可用來偵測溫度的5.二極體溫度感測器（Diode temperature sensor）。

　　電晶體感測器之感測元件為電晶體（Transistor），其功能可為放大訊號或感應分子或離子或感光。如表6-2所示，常用之電晶體感測元件為場效應電晶體（Field effect transistor, FET）與雙極介面電晶體（Bipolar junction transistor, BJT）。而常見的電晶體感測器如表6-2所示為1.光電電晶體光感測器（Phototransistor photosensor）與2.離子選擇性場效應電晶體感測器（Ion-selective field effect transistor (ISFET) sensor）。

6-2.　金屬氧化物半導體化學感測器

　　金屬氧化物半導體化學感測器（Metal oxide semiconductor chemical sensors）依其感測元件-金屬氧化物半導體之特性分為n-型半導體化學感測器（n-type semiconductor chemical sensors）與p-型半導體化學感測器（p-type semiconductor chemical sensors）。本節將介紹此兩類感測器之偵測原理與基本結構。

6-2.1.　n-型半導體化學感測器

　　n-型金屬氧化物半導體型感測器[157-158]具有靈敏度高、反應速度快、製程簡單、成本低、壽命長等優點，因n-型金屬氧化物半導體加熱會產生電子，可用來偵測會吸附電子之化合物（如O_2、CO、ROH)，為當今應用較普遍且實用的半導體氣體感測器感測元件材料，常用的半導體材料有SnO_2、TiO_2、ZnO、WO_3及In_2O_3，其中以SnO_2及TiO_2應用較普遍。其工作原理是利用在加溫下，以金屬氧化物與氣體接觸所產生的電阻變化或通電後電流改變量來偵測氣體濃度。本節將介紹較常見的SnO_2、TiO_2、ZrO_2-Y_2O_3及ZnO-Fe_2O_3-SnO_2半導體化學感測器。

6-2.1.1.　SnO_2化學感測器

二氧化錫（SnO_2(Tin dioxides)）屬於n-type半導體材料，其價帶和傳導帶能階間的能隙（ΔE_g）約爲3.5eV，加熱時價帶之電子會吸收能量躍升至傳導帶而產生自由電子（e^-）。早在1964年Seiyama 就已利用半導體SnO_2當電子式感測器元件來偵測空氣中氣體之組成。實際上，二氧化錫（SnO_2）化學感測器（SnO_2 Chemical sensors）現今仍然爲常用的半導體感測器[155~156,160]。

二氧化錫（**SnO_2**）半導體感測器（SnO_2 Semiconductor sensor）[157,158,160]之感測元件結構如圖6-9(a)所示，此元件是在氧化鋁板上鍍一層SnO_2膜當基材，然後在SnO_2膜接上白金絲當導線並接兩金電極，以測量SnO_2膜因吸附待測分析物而使其膜表面電阻或電流改變之變化量。SnO_2膜之所以可當感測器元件基材是利用SnO_2爲n-type半導體，即SnO_2加熱表面會產生電子（e^-），故SnO_2感測器爲一n型半導體感測器。在**正常時**（SnO_2表面無分析物時），產生的電子會被空氣中O_2吸收，反應如下：

$$SnO_2 + Heat \rightarrow Sn^{4+} + 4\ e^- + O_2 \rightarrow SnO_2{}^*(e^-)[加熱表面產生電子]\ （6-22）$$
$$及\quad O_2 + SnO_2{}^*(e^-) \rightarrow O^--SnO_2{}^* \qquad （6-23）$$

若有會產生氧化或還原之**分析物**（**如CO**）在**SnO_2表面**時，這些分析物會被其表面所產生的$SnO_2{}^*(e^-)$吸收，SnO_2可當這些分析物之感測材料，以用於偵測CO之CO/SnO_2感測器（CO SnO_2-Sensor）爲例，SnO_2表面會有下列反應：

$$CO + SnO_2{}^*(e^-) \rightarrow CO^--SnO_2{}^* \qquad （6-24）$$
$$CO^--SnO_2{}^* + O^--SnO_2{}^* \rightarrow CO_2- SnO_2{}^* + 2e^- \qquad （6-25）$$

如式（6-25）所示，會產生兩個自由電子（e^-），而使SnO_2膜電阻變小，而感測元件輸出電流（I_o）變大。如圖6-9(b)此感測器線路圖所示，變大的感測元件輸出電流（I_o）可用記錄器（Recorder）記錄與顯示。圖6-10爲含加熱系統的簡單加熱型（圖6-10(a)，用加熱絲）與加熱溫控型（圖6-10(b)，用溫控加熱器）之SnO_2半導體感測器組裝系統圖。圖6-10(c)爲市售之SnO_2半導體感測器實物圖。

二氧化錫（SnO_2）半導體感測器除可對O_2與CO感應偵測外，對其他無機氣體（如H_2S）[514]與許多極性有機物也相當靈敏，常用來做現場偵測有機工

廠空氣中有害的極性有機物（如醛類RCHO）。實際上，SnO₂感測器不只可用來偵測極性無機／有機物，甚至常用來偵測瓦斯外洩時瓦斯中的非極性CH_4（只要1%CH_4即可靈敏被測出）[161]。

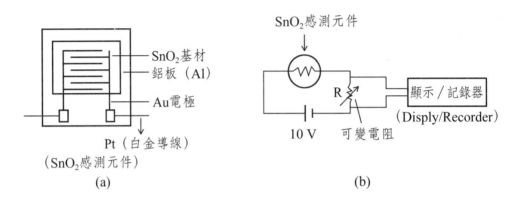

圖6-9　二氧化錫（SnO₂）半導體感測器之(a)感測元件與(b)感測器線路圖[4]

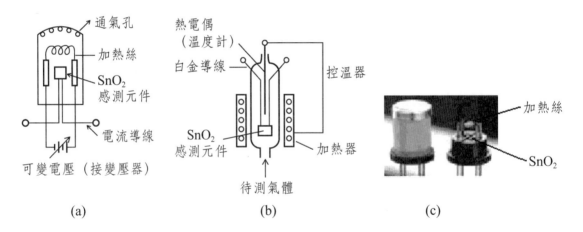

圖6-10　(a)簡單加熱型和(b)加熱溫控型SnO₂半導體感測器組裝系統圖[4]及(c)志尚儀器公司開發之SnO₂半導體感測器實物圖[162]（(c)圖來源（志尚儀器股份有限公司，台灣新店；http://www.jusun.com.tw/product_detail. asp?pro_ser=1076055）

6-2.1.2.　TiO₂化學感測器

　　二氧化鈦化學感測器（TiO₂ Chemical sensors）之感測元件[163–165]為n-type TiO₂半導體（TiO₂ Semiconductor），其價帶與傳導帶能階間的能隙

（ΔE_g）約為3~3.2eV，當價帶的電子接受外界的能量時（如加熱或照光時），會躍升至傳導帶，而形成電子-電洞的分離，利用躍升至傳導帶的電子，可對待測物進行還原反應；另一方面，產生的電洞則可進行氧化的反應。利用電子-電洞對的各種激發途徑，可將表面的吸附物質進行氧化還原反應並使TiO_2感測元件（如圖6-11(a)所示，含TiO_2膜／玻璃基板與成對的指叉電極）之電阻改變和通電時輸出電流的改變。圖6-11(b)為TiO_2化學感測器之基本感測系統（含感測元件、加熱測溫系統及電路），如圖所示，電阻或電流的改變量可用電阻／電流顯示器顯示並可用來推算感測元件上樣品中待測物含量。

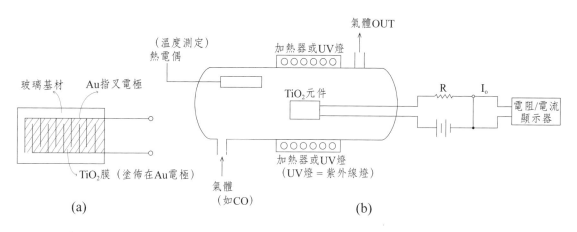

圖6-11　TiO_2化學感測器之(a)感測元件與(b)基本感測系統[163-165]

　　以下將介紹常見的各種功能之TiO_2感測器，如偵測一氧化碳（CO）、甲醇（CH_3OH）、及NO_2-CO_2/TiO_2感測器之偵測原理：

1.CO/TiO_2感測器（CO TiO_2-Sensor）

$$TiO_2 + Heat \rightarrow Ti^{4+} + 4e^- + O_2 \rightarrow TiO_2*(e^-)[加熱表面產生電子] \quad （6-26）$$
$$O_2 + 2e^- (TiO_2) = 2O^- + TiO_2 \quad （6-27）$$
$$CO（待測物）+ O^- \rightarrow CO_2 + e^- \quad （6-28）$$

　　此導致TiO_2表面的氧離子（O^-）減少且使被氧捕獲的電子重回TiO_2傳導帶中，導致電子密度增加及電阻降低，使Ti感測元件輸出電流（I_o）增大，由電流之變化量（ΔI_o）可估算空氣中CO含量。

2.CH₃OH/TiO₂感測器（CH₃OH TiO₂-Sensor）

$$TiO_2 + 光 (hv) \rightarrow Ti^{4+} + 4e^- + 4h^+ [照光使表面產生電子與電洞] \quad （6-29）$$

$$O_2 + 2e^- (TiO_2) = 2O^- + TiO_2 \quad （6-30）$$

$$CH_3OH（待測物）+ O \rightarrow CO_2 + 2H_2 + e^- \quad （6-31）$$

使得原本被氧捕獲的電子重新回到晶粒，自由電子密度提高而導電率增加，電阻也隨之下降，而使TiO_2感測元件輸出電流（I_o）升高，由輸出電流變化量（ΔI_o）可估算空氣中CH_3OH含量。

3.NO₂-CO₂/TiO₂感測器（NO₂-CO₂ TiO₂-Sensor）

$$TiO_2 + Heat \rightarrow Ti^{4+} + 4e^- + O_2 [加熱表面產生電子] \quad （6-32）$$

$$NO_2（待測物）+ e^- \rightarrow NO_2^- \quad （6-33）$$

或 $$CO_2（待測物）+ e^- \rightarrow CO_2^- \quad （6-34）$$

若當表面吸附氧化性氣體（如NO_2、CO_2）時，金屬半導體氧化物會捕捉電子使自由電子密度減少而導電度下降，造成電阻值上升，而使TiO_2元件之輸出電流（I_o）下降，由輸出電流下降量（ΔI_o）可計算空氣中NO_2濃度。

6-2.1.3. ZrO₂-Y₂O₃半導體氧感測器

ZrO_2-Y_2O_3半導體氧感測器（ZrO_2-Y_2O_3 Oxygen sensor）[166]之感測元件（如圖6-12所示）由n-型半導體ZrO_2-Y_2O_3所組成。當加熱時產生電子，待測物氧分子（O_2）會吸收電子成O_2^-，反應如下：

$$ZrO_2\text{-}Y_2O_3 + heat \rightarrow ZrO_2^*\text{-}Y_2O_3^*(e^-) \quad （6-35）$$

$$O_2 + ZrO_2^*\text{-}Y_2O_3^*(e^-) \rightarrow O_2^- + ZrO_2\text{-}Y_2O_3 \quad （6-36）$$

如此會使圖6-12中之ZrO_2-Y_2O_3感測膜左右兩邊皆佈滿O_2^-陰離子，然當樣品室（左邊）O_2含量（壓力P_G）大於參考室（右邊）O_2含量（壓力P_R）時，感測膜左右兩邊O_2^-含量就不同，以致於感測膜左右兩邊產生電位差ΔE，其電位差ΔE可計算如下：

$$\Delta E = (RT/nF) \log (P_G/P_R) \quad （6-37）$$

　　由上式ΔE電位差大小即可推算樣品室O_2含量（壓力P_G），式中n=1，R=氣體常數，T=溫度，F=法拉第（Farady）。

ZrO$_2$／Y$_2$O$_2$（n type）半導體氧氣感測器

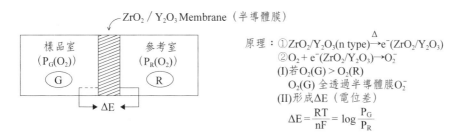

原理：①ZrO$_2$/Y$_2$O$_3$(n type)$\xrightarrow{\Delta}$e$^-$(ZrO$_2$/Y$_2$O$_3$)

②O$_2$ + e$^-$(ZrO$_2$/Y$_2$O$_3$)→O$_2^-$

(I)若O$_2$(G) > O$_2$(R)

O$_2$(G) 全透過半導體膜O$_2^-$

(II)形成ΔE（電位差）

$$\Delta E = \frac{RT}{nF} = \log \frac{P_G}{P_R}$$

圖6-12　ZrO$_2$-Y$_2$O$_3$半導體氧感測器之基本結構示意圖[166]

6-2.1.4.　ZnO-Fe$_2$O$_3$-SnO$_2$半導體氣體瓦斯（RH）感測器

　　半導體瓦斯感測器（Semiconductor gas sensors）常用ZnO-Fe$_2$O$_3$-SnO$_2$-n型半導體感測器（ZnO-Fe$_2$O$_3$-SnO$_2$-n-type semiconductor sensor）[4,158]），其結構及偵測原理如圖6-13所示。如圖6-13(a)所示，此複合金屬氧化物n型半導體瓦斯感測器是利用白金加熱絲（Heater）使此複合金屬氧化物n型半導體加熱產生電子（e$^-$），在正常無瓦斯外洩時，產生的電子因被空氣中O$_2$吸收，而使O$_2$反應成O$_2^-$，反應如下：

$$O_2 + e^- \rightarrow O_2^- \tag{6-38}$$

　　因而剩下跑向接收電極之電子數變小（即半導體電阻變大），因而接收電極之輸出電流（Io）也變小。反之，當有瓦斯外洩時，空氣中O$_2$含量相對變少或因和瓦斯起氧化燃燒反應使O$_2$含量變少，因而n型半導體加熱產生電子被O$_2$吸收數也會變少（即半導體電阻變小，如圖6-13(b)所示）。換言之，在有瓦斯時，半導體電阻變小，剩下跑向接收電極之電子數變大，因而接收電極之輸出電流（I_o）也變大。圖6-13(b)也顯示此半導體瓦斯感測器對不同的瓦斯有相當不同的靈敏度，同濃度的液態瓦斯（含丙烷（C$_3$H$_8$），丁烷（C$_4$H$_{10}$））比甲烷（CH$_4$）瓦斯與CO/H$_2$瓦斯所感應造成半導體電阻（R）變小量（即接收電極輸出電流（I_o）變大量）幅度都來得大，即此感測器對液態瓦斯之靈敏度較大。

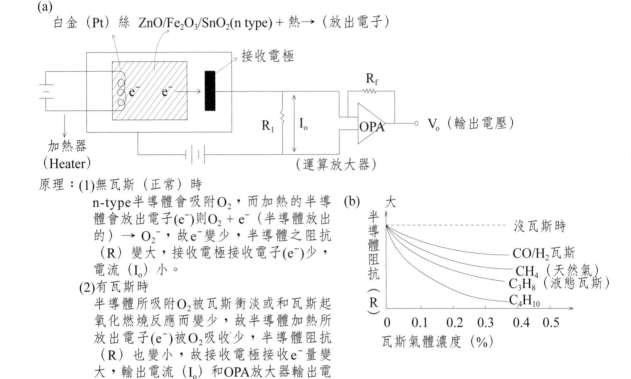

(a)

白金（Pt）絲　ZnO/Fe₂O₃/SnO₂(n type) + 熱→（放出電子）

原理：(1)無瓦斯（正常）時

　　　　n-type半導體會吸附O_2，而加熱的半導體會放出電子(e^-)則$O_2 + e^-$（半導體放出的）$\rightarrow O_2^-$，故e^-變少，半導體之阻抗（R）變大，接收電極接收電子(e^-)少，電流（I_o）小。

　　　(2)有瓦斯時

　　　　半導體所吸附O_2被瓦斯衝淡或和瓦斯起氧化燃燒反應而變少，故半導體加熱所放出電子(e^-)被O_2吸收少，半導體阻抗（R）也變小，故接收電極接收e^-量變大，輸出電流（I_o）和OPA放大器輸出電壓（V_o）也變大。

圖6-13　偵測各種瓦斯之ZnO-Fe_2O_3-SnO_2-n型半導體氣體感測器之(a)結構圖及原理，與(b)半導體電阻和各種瓦斯氣體濃度關係圖[4]

6-2.2.　p-型半導體化學感測器

　　p-型半導體化學感測器（p-type semiconductor chemical sensors）[159a]之感測元件-p-型半導體（如NiO與Cr_2O_3）加熱時會產生電洞，可用來偵測會吸附電洞之可被氧化之化合物（如甲醛）。以用來偵測高分子工廠之空氣中甲醛之NiO甲醛感測器為例，其感測元件如圖6-14(a)所示，由NiO薄膜／石英玻璃基板與接Pt導線的成對的指叉電極所組成，而圖6-14(b)則為整個p-型半導體NiO甲醛感測器（p-type NiO semiconductor HCHO sensor）之基本結構圖，其含NiO感測元件、加熱控溫系統及電路。當NiO感測元件加熱時（通常加熱至約300℃）會產生電洞，而待測甲醛氣體會被電洞氧化，反應如下：

$$NiO + 1/2\ O_2 + heat \rightarrow Ni^{2+} + 2h^+ + 2O^{2-}\ （加熱時產生電洞）\qquad（6-39）$$

$$O^{2-} + 2h^+ + HCHO\ （甲醛） \rightarrow HCOOH\ （極性／部分解離導電）\qquad（6-40）$$

$$Ni^{2+} + O^{2-} \rightarrow NiO \qquad（6-41）$$

$$HCOOH \rightarrow HCOO^- + H^+\ （部分解離導電）\qquad（6-42）$$

當環境內有甲醛氣體存在時，因甲醛被氧化成極性及可解離的甲酸（HCOOH），故NiO薄膜層上導電度會增加，因而導致感測層電阻值之降低，輸出電流增大。在不同的甲醛氣體濃度下，可發現會有不同的電阻值輸出及不同輸出電流。如圖6-14(b)所示，改變的電阻值及輸出電流I_o可由電阻／電流顯示器顯示。

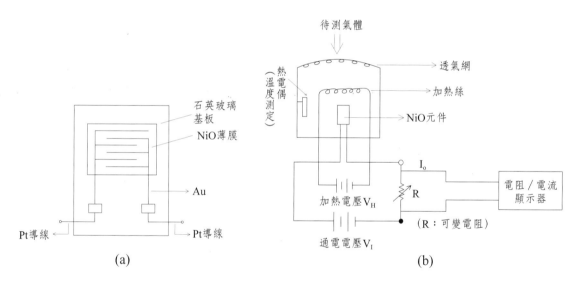

圖6-14　p-型半導體 NiO化學感測器之(a)感測元件，與(b)基本感測系統[159a]

6-3.　非金屬氧化物半導體化學感測器

非金屬氧化物半導體化學感測器（Non-metal-oxide semiconductor sensor）之感測元件由金屬氧化物半導體以外之具有功能性之半導體（如Pd/SiO_2及Se）組成。本節將介紹常見的$Pd/SiO_2/n/p$氣體感測器（$Pd/SiO_2/n/p$ gas sensor）與Ag/Se/Fe光感測器（Ag/Se/Fe Optical sensor）之非金屬氧化物半導體感測器。

6-3.1.　Pd/SiO$_2$/n/p半導體氣體感測器

　　Pd/SiO$_2$/n/p半導體氣體感測器（Pd/SiO$_2$/n/p semiconductor gas sensor）之感測元件如圖6-15(a)所示，由Pd薄膜鍍在SiO$_2$/n/p半導體上所組成的，其利用Pd薄膜吸附待測氣體（如O$_2$與H$_2$）並使待測氣體穿透Pd薄膜至半導體[159b]，因而引起如圖6-15(b)所示的n/p半導體正向（電壓Vs為正值時）和逆向電流（外加電壓Vs為負值時之電流）的改變，由電流的改變量可推算環境中待測氣體含量。

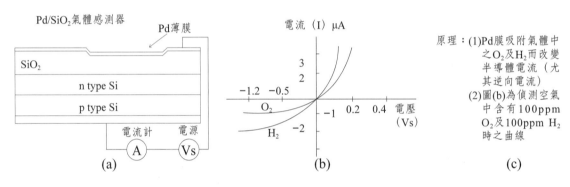

圖6-15　Pd/SiO$_2$/n/p半導體氣體感測器之(a)基本結構圖，(b)電流／電壓關係圖[159b]，及(c)感測原理

6-3.2.　Ag/Se/Fe光感測器

　　Ag/Se/Fe光感測器（Ag/Se/Fe Optical sensor）**為光伏特計**（Photovoltaic cell）[77]一種，常為偵測350~750 nm（大部分為可見光範圍）光波之感測器，其主要將光波轉換成電壓再轉成電流（稱為光電流），其主要元件為一半導體（Semiconductor，如常用Se）及正極（如Fe或Cu）和負極（如Ag或Au），圖6-16為常用的Ag-Se-Fe光伏特計（Ag-Se-Fe Photovoltaic cell）結構與工作原理示意圖。可見光照射到光伏特計之負極（Ag）及半導體（Se），如圖6-16(b)所示，使Ag及Se激化（圖6-16(b)之(1)(2)步驟），激化的負極（Ag*）亦可能將能量傳送給半導體（Se）（圖6-16(b)步驟(3)），最後被激化的半導體（Se*）游離化產生離子（Se$^+$）及放出電子（圖6-16(b)

步驟(4)），因負極（Ag或Au）之電負度（吸引電子能力）大於正極（Fe或Cu），故放出的電子將移集到負極（Ag），而半導體離子成電洞而偏向正極（Fe）並形成正負極電壓（Vo），若連接正負極就有電流輸出，此亦為光電流（Photocurrent），一般市售光伏特計之輸出光電流約為10~100毫安培（mA）。

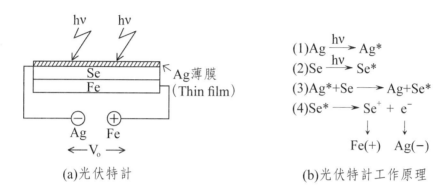

(a)光伏特計　　　　　　　　　　　(b)光伏特計工作原理

圖6-16　Ag-Se-Fe光感測器之(a)結構與(b)工作原理示意圖[77]

6-4.　二極體感測器

二極體感測器（Diode sensor）常利用其二極體感測元件之輸出電流會受光與熱影響，以用來感測光強度與環境溫度。本節將介紹常見的光電二極體感測器（Photodiode sensor）與二極體溫度感測器（Diode temperature sensor）。

6-4.1.　光電二極體感測器

由逆電壓二極體所組成的光電二極體（Photodiode）[167]元件所製成的光電二極體感測器（Photodiode sensor）為常用光波感測器，其結構和符號如圖6-17(a)、(b)所示。光電二極體屬逆電壓二極體，在未照光時，n→p之電流是沒有的，但當照光時，此時就會有n→p之電流（I_{np}），由電流的大小就可計算出光強度。因一個光電二極體所產生的電流並不強，故一般由在光譜儀中

所用的光電二極體偵測器是由好幾個光電二極體串聯而成的光電二極體陣列（Photodiode array）偵測器。圖6-17(c)、(d)分別說明光電二極體產生n→p之電流I_{np}隨光強度fc（燭光）增強與所加逆電壓V_b增加而增大情形。光電二極體通常用來偵測紫外線／可見光與X光。通常用來檢測X光的鋰漂移鍺／矽半導體偵測器（Li drifted Ge/Si semiconductor detectors）即由光電二極體改裝而成（Ge/Si(Li)半導體偵測器之結構與原理請見本書第4章4-1.2節）。

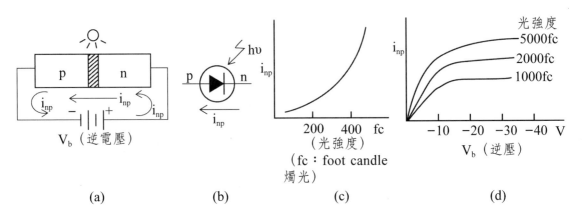

圖6-17　光電二極體之(a)結構[148]，(b)符號，(c)電流和照光強度關係，及(d)電流和逆電壓關係[167]

6-4.2.　二極體溫度感測器

　　二極體溫度感測器（Diode temperature sensor）[168-169]顧名思義是偵測環境溫度之二極體感測器，一般常用矽二極體做溫度感測器之感測元件。因為二極體n/p電位差V_D（$V_D = V_{pn}$）會隨環境溫度改變如下：

$$V_D = V_{G0}(1 - T/T_0) + V_{D0}(T/T_0) + (nKT/q)\ln(T_0/T) + (KT/q)\ln(I_C/I_{C0})　（6-43）$$

　　式中T = 待測溫度（絕對溫度K），T_0 = 參考溫度（K），V_{G0} = 絕對溫度零度（0K）時二極體電位差，V_{D0} = 參考溫度時二極體電位差，K = 波茲曼常數（Boltzmann's constant），q = 電子電荷，n = 裝置常數（device-dependent constant），I_C = 待測溫度時電流，I_{C0} = 參考溫度時電流。

　　圖6-18(a)為二極體溫度感測器元件基本結構圖，因受溫度改變影響，其

輸出電壓V_D與輸出電流I_c都會改變，由測量電壓或電流改變即可推算環境溫度。圖6-18(b)與圖6-18(c)分別為低溫矽二極體感測器實物圖與感測器系統實物圖。

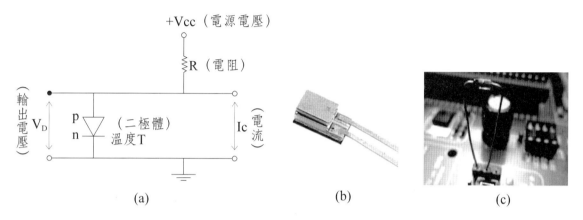

圖6-18　(a)二極體溫度感測器元件基本結構圖，(b)Omega公司生產的低溫矽二極體感測器（Cryogenic Temperature Silicon Diode Sensors. CY7-SD-2(1.4~475K)）實物圖[168]，及(c)micro-examples.com公司生產的二極體溫度感測器系統實物圖[169]（原圖來源：(a)http://www. omega.com/pptst/CY7.html?ttID2=g_lossProbe, (b) http://www.micro-examples.com/pics/098-TEMPERATURE -SENSOR-diode.jpg）

6-5.　電晶體感測器

電晶體感測器（Transistor sensor）為應用電晶體做感測元件之感測器。本節將介紹常見的(1)光電電晶體感測器（Phototransistor sensor），(2)離子選擇性場效電晶體感測器（Ion-selective field effect transistor (ISFET) sensor），(3)FET電晶體濕度感測器（Field effect transistor humidity sensor），(4)FET電晶體氣體感測器（Field effect transistor gas sensor）及(5)FET電晶體免疫生化感測器（Field effect transistor immuno-biosensor）。

6-5.1.　光電電晶體感測器

　　光電電晶體感測器（**Phototransistor sensor**）之感測元件為光電電晶體（Phototransistor）[170]，光電電晶體為常用的光波感測器。圖6-19(a)為光電電晶體之基本結構線路圖，其含一逆壓二極體（n極接電源⊕極，p極接電源⊖極）與一場效應電晶體。逆壓二極體在未照光時沒電流流過，但當光波照射到光電電晶體之逆壓二極體時，逆壓二極體就有由n到p極之電流i_B流動，此電流i_B進入電晶體之B極，就會引起由電晶體之C極到E極之大電流，由此C→E電流大小即可估算入射光波強度。圖6-19(b)、(c)分別為光電電晶體之符號和市售產品外觀，因場效應電晶體之B極和內建之逆壓二極體相接，不需外接，故光電電晶體只需外接C和E極，C極接電源正極而E極接電源負極或接地即可。

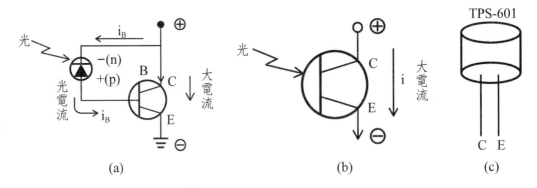

圖6-19　光電電晶體（Phototransistor）光波感測器之(a)結構線路，(b)符號及(c)產品外觀[148]

6-5.2.　離子選擇性場效電晶體感測器

　　離子選擇性場效電晶體感測器（Ion-selective field effect transistor (IS-FET) sensor）之感測元件（如圖6-20(b)所示）為由傳統的金屬－氧化物－半導體場效電晶體（Metal-oxide-semiconductor field effect transistor（MOS-FET））所改裝而成的。圖6-20(a)為MOSFET電晶體結構示意圖，其由金屬

（如Au），氧化物（如SiO$_2$）及半導體（如p型Si）組成。離子選擇性場效電晶體感測器（ISFET）[171]最早是由P. Bergveld在1970年所提出的，使用不易被水分子與離子物質侵入的氮化矽（SiN$_4$）膜當閘極（Gate）和用離子（如M$^+$）分析物溶液（Solution）／參考電極分別取代傳統的「金屬－氧化物－半導體場效電晶體」的閘極連接法，如圖6-20(b)所示，ISFET閘極G直接和分析物溶液接觸而不接觸參考電極。圖6-20(b)為離子選擇性場效電晶體感測器（ISFET Sensor）矽晶片結構圖，可將感測器直接放入待測分析物樣品溶液中，而使分析物（如M$^+$）與閘極（Gate）上之離子感應膜（Si$_3$N$_4$膜）接受器產生作用後，離子感應膜即產生界面電位變化，電位變化訊號則會改變洩極（Drain）與源極（Source）間之輸出電流（I$_o$）大小。ISFET的離子感應膜上如選用適當不同的離子選擇性材料，即可感應出不同離子。到目前為止已有可以感應H$^+$、Na$^+$、K$^+$、NH$_4^+$、Ca^{2+}、Ag$^+$、Li$^+$、Cl$^-$、Br$^-$等離子的ISFET產品。圖6-21(a)與圖6-21(b)分別為台灣ISFET Tech.Co.Ltd公司開發的ISFET矽晶片式酸鹼度計與Cole-Parmer Tech.公司之ISFET產品實物圖。

(a)MOSFET晶片

(b)ISFET感測器晶片

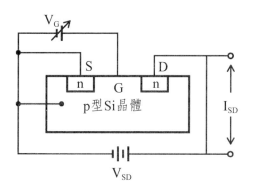
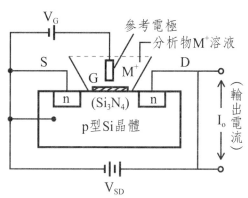

S：源極（Source），又稱「發射（電子）極E（Emitter）」，n：Si(As)-n型（type）半導體
D：汲極（Drain），又稱「接收（電子）極C（Collector）」，p：Si(B)-p型（type）半導體
G：閘極（Gate），又稱「基極B（Base）」

圖6-20　(a)傳統的金屬－氧化物－半導體場效電晶體（MOSFET）與(b)離子選擇性場效電晶體感測器（ISFET Sensor）之結構比較[171,4]

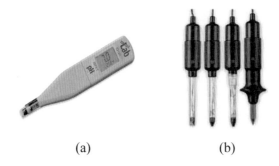

(a)　　　　　　　　　　(b)

圖6-21　(a)台灣ISFET Tech.Co.Ltd公司的ISFET矽晶片式酸鹼度計[172]與(b) Cole-Parmer Tech.公司之ISFET產品實物圖[173]。（原圖取自：(a)www. emeraldinsight. com/.../0870270309.html; (b)www.isfet.com.tw/index. php?option= com_content...id）

6-5.3.　FET電晶體濕度感測器

　　FET電晶體濕度感測器（Field effect transistor humidity sensor）主要在傳統的金屬－氧化物－半導體場效電晶體（MOSFET）之閘極（Gate, G）上塗佈一層感濕薄膜（如三氧化鎢半導體膜（WO_3 Semiconductor membrane））[173]膜改裝而成。FET電晶體濕度感測器（Field effect transistor humidity sensor）之基本結構如圖6-22所示，其偵測原理是利用三氧化鎢吸收水氣之後，釋放電子的特性，而使源極S與洩極D間之輸出電流I_{SD}改變，由電流輸出值I_{SD}之改變量即可推算空氣中之濕度。亦可將輸出電流用電流／電壓轉換放大器（如運算放大器（OPA））將電流轉換成輸出電壓，藉由輸出電壓的改變，推算相對濕度。

FET電晶體濕度感測器

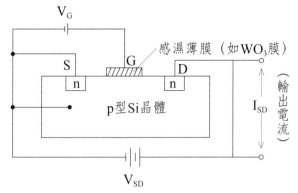

S：源極（source），D：洩極（Drain）
G：柵極（Gate）

圖6-22 FET電晶體濕度感測器之基本結構線路圖

6-5.4. FET電晶體氣體感測器

若在場效電晶體（FET）之閘極（Gate, G）上塗佈一層氣體吸附膜（如Polyaniline膜）就成FET電晶體氣體感測器（Field effect transistor gas sensor）[175]，可用氣體吸附膜來吸附並偵測各種有害氣體（如NO_2、NH_3及H_2S；Polyaniline膜易吸附NH_3）。圖6-23為FET氣體感測器感測元件之基本結構圖。當柵極上之氣體吸附膜吸附待測氣體後，會使源極S及洩極D間之輸出電流I_{SD}改變，由電流輸出值I_{SD}之改變量即可推算空氣中待測氣體之含量。

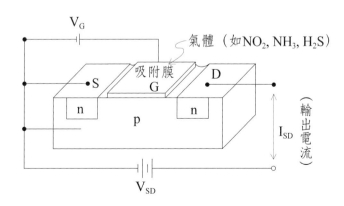

圖6-23 FET電晶體氣體感測器感測元件之基本結構示意圖

6-5.5.　FET電晶體免疫生化感測器

　　當場效電晶體（FET）之閘極（Gate, G）上塗佈一免疫抗體（Antibody (A_b)，如Anti-IgG與Anti-Hemoglobin (Anti-Hb)）就可成為FET電晶體免疫生化感測器（Field effect transistor immuno-biosensor）並可偵測生化樣品中之抗原（Antigen (A_g)，如IgG與Hemoglobin (Hb)）[176]。圖6-24為FET電晶體免疫生化感測器之基本結構圖。當閘極上之抗體吸附生化樣品溶液中之抗原後，會使源極S與洩極D間之輸出電流I_{SD}改變，由電流輸出值I_{SD}之改變量即可推算生化樣品溶液中抗原之含量。反過來，若FET電晶體閘極（G）上塗佈抗原（Antigen）此FET免疫感測器就可用來吸附及偵測生化樣品溶液中抗體之含量。

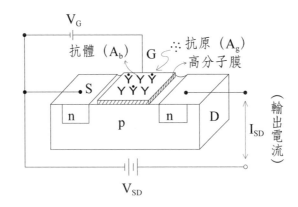

圖6-24　FET電晶體免疫生化感測器之基本結構示意圖

第 7 章

表面電漿共振感測器
(Surface Plasma Resonance (SPR) Sensor)

　　表面電漿共振感測器（Surface plasma resonance (SPR) sensor）[177-179]是基於全反射雷射光照到接觸到待測樣品之奈米金膜產生表面電漿共振波（Surface plasma resonance (SPR) wave），而SPR波之強度與向量會因奈米金膜上待測樣品而改變，並造成金奈米粒子周圍的介電常數與折射率之改變，進而使雷射光強度改變和全反射臨界共振角θ（Critical angle）及吸收波長改變，然後利用光強度改變、臨界共振角q及吸收波長改變做待測物之定量與定性。

7-1. 表面電漿共振波

　　圖7-1為奈米金膜表面電漿共振波（SPR (Surface plasma resonance wave), SPR波）之產生原理與稜鏡（Prism）/奈米金膜SPR波產生機制。SPR波的產生如圖7-1(a)所示，一雷射光照射一奈米金膜（Nano-Au membrane）使金膜表面感應產生正負電荷不均勻區，即形成⊕⊖電漿（Plasma）

區，此時⊖電荷的電子（e⁻）會由⊖電區→⊕電區→⊖電區→⊕電區移動而形成一電子傳遞共振的SPR波。SPR波產生的重要條件爲雷射在進入金膜前介質（第一介質）的介電常數（Dielectric constant, ε_1）要比金膜的介電常數（ε_M）大，故在SPR技術中常用介電常數（ε_M）較小的奈米金膜，而不用ε_M較大之傳統金膜。然若如圖7-1(b)所示，雷射直接從空氣中射入金膜，此時ε_1（空氣）小於ε_M（金膜），金膜就不會產生SPR波。所以現在SPR感測元件中，雷射不直接射入金膜而如圖7-1(c)先射入一稜鏡（Prism）中，再由稜鏡射入金膜，因進入金膜前介質（稜鏡）之介電常數（ε_2）會比金膜的介電常數（ε_M）大，故金膜表面就會產生SPR波。同時，具有較高能量的紫外線（UV）之雷射光比可見光（VIS）之雷射光更易激發SPR波。圖7-1(d)爲入射光-稜鏡-金膜與SPR波示意圖。

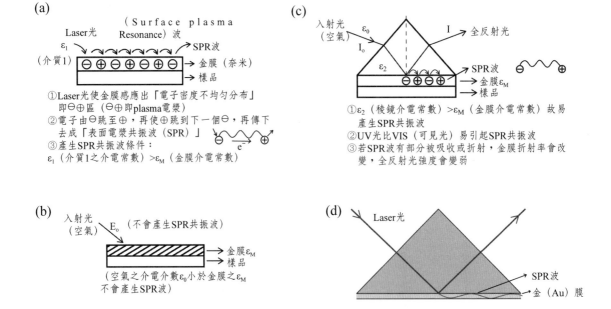

圖7-1　奈米金膜表面電漿共振波（SPR波）之(a)產生原理，(b) 光由空氣直射奈米金膜，及(c)稜鏡（Prism）／奈米金膜SPR波產生機制[4]，及(d)入射光-稜鏡-金膜-SPR波示意圖[177]（d圖：From Wikipedia, the free encyclopedia, http://en.wikipedia.org/wiki/Surface_plasmon_resonance.）

7-2.　表面電漿共振感測器結構及應用

　　表面電漿共振感測器（Surface plasma resonance sensor, SPR Sensor）依雷射光導入樣品／金膜方式現可概分為稜鏡式表面電漿共振感測器（Prism-type SPR sensor）、光波導式表面電漿共振感測器（Waveguide-type SPR sensor）及光柵式表面電漿共振感測器（Grating assisted SPR sensor）等三類，本節將分別介紹這些表面電漿共振感測器結構與原理。

7-2.1.　稜鏡式表面電漿共振感測器

　　稜鏡式表面電漿共振感測器（Prism-type SPR sensor）之基本結構如圖7-2所示，雷射全反射射入稜鏡／奈米金膜表面產生的SPR波（Surface plasma resonance wave）為一種漸逝波（Evanescent wave），此SPR漸逝波之強度與向量會因滲入待測樣品中被吸收或折射而改變，進而造成金奈米粒子周圍的**介電常數**（Dielectric constant）**與折射率**（Refraction index）**之改變**。這會使**雷射光強度減弱**且會使雷射全反射之共振**臨界角**（θ, Critical angle）**變化**與金膜吸收波長（λ）**也會改變**[178,4]。由弧型光偵測器就可偵測光強度改變、臨界共振角（θ）改變與金膜吸收波長（λ）之改變。雖然傳統的表面電漿共振感測器中都用稜鏡來當增加介電常數的波導體（Waveguide device)，然而在實際實用上不一定要用稜鏡，亦常用類似稜鏡形狀的介電常數（ε_M）較大的錐刑或脊形或中空結構之波導體（如矽半導體或光纖）在此表面電漿共振感測器中代替稜鏡。圖7-3為利用稜鏡式奈米金膜表面電漿共振（SPR）感測器偵測一陽離子交換試劑所引起的全反射臨界共振角變化（Dq）和試劑濃度線性關係圖，而圖7-4為樣品分子吸附在奈米金膜造成金膜吸收波長變化示意圖，由圖可知，此樣品會造成金膜之吸收波長向較長的波長移動，此現象稱為紅位移（Red shift）。圖7-5為 Biacore 商用稜鏡式SPR感測器之儀器示意圖（圖7-5(a)）和用來偵測生化樣品中抗原（Antigen）和金膜上之抗體（Antibody）塗佈物結合後所引起的全反射角變化（圖7-5(b)）和反射共振強度變化（圖7-5(c)）。

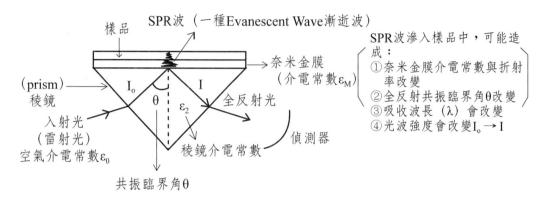

圖7-2 稜鏡式奈米金膜表面電漿共振（SPR）感測元件感測待測樣品之原理[4]

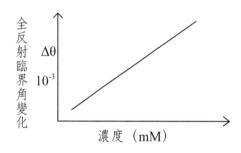

圖7-3 稜鏡式奈米金膜表面電漿共振（SPR）感測器偵測一陽離子交換試劑所引起的全反射臨界共振角變化（Δθ）和試劑濃度關係示意圖[4]

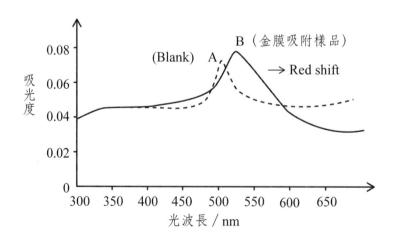

圖7-4 吸附一樣品分子之奈米金膜造成表面電漿共振（SPR）感測元件中的金膜吸收波長改變情形[4]

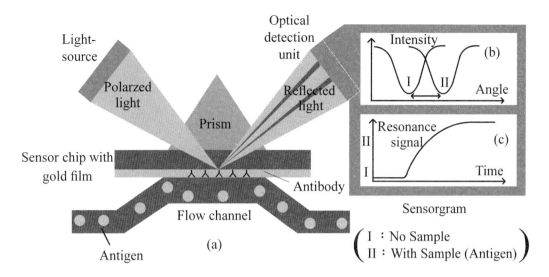

圖7-5　Biacore 商用稜鏡式SPR感測器之(a)儀器示意圖及用來偵測生化樣品中抗原（Antigen）所引起的(b)全反射角變化及(c)共振反射光強度變化[180]（原圖來源：http://www.rci.rutgers.edu/~longhu/Biacore/pic/spr.gif）。

7-2.2.　光波導式表面電漿共振感測器

光波導式表面電漿共振感測器（Waveguide-type SPR sensor）因所用波導體不同，又可分(1)光纖式表面電漿共振感測器（Optical fiber-type SPR sensor）與(2)積體式表面電漿共振感測器（Integrated-type SPR sensor），本節將分別介紹兩類SPR感測器結構及偵測原理。

7-2.2.1.　光纖式表面電漿共振感測器

光纖式表面電漿共振感測器（Optical fiber-type SPR sensor）乃是利用光纖取代稜鏡當波導管之SPR感測器，此種光纖式SPR感測器之感測元件可再生且價格不貴並可製成為拋棄式元件。依雷射光在中空光纖管內或光纖管外全反射，又可分為(1)光纖管內光全反射（Optical fiber tube inside total reflection）型與(2)光纖管外光全反射型（Optical fiber tube outside total reflection）光纖式SPR感測器。

光纖管內光全反射型光纖式SPR感測器（Optical fiber tube inside total reflection SPR sensor）之結構如圖7-6所示，雷射光進入高折射率光纖管內，因光纖被覆材料（Cladding）為低折射率材料[181-183]，故雷射光可在光纖管內全反射。如圖7-6所示，當一定波長之全反射光射到金（Au）膜會產生表面電漿共振（SPR）波，有部分的雷射光會因Au膜上待測樣品改變SPR向量並改變折射率而產生折射，以致於到達光偵測器之光強度會減少，樣品中不同化合物所引起的光強度減少量ΔI會不同（如圖7-7(a)所示）。然若用不同波長雷射光，產生光強度減少之波長也會隨不同樣品有所不同，如圖7-7(b)所示，由Au膜上為樣品與純水時兩者光強度和波長關係圖可看出，樣品存在時之光強度變化之波長範圍比起純水時是向長波長移動，換言之，樣品會使吸收波長往紅位移長波長移動。

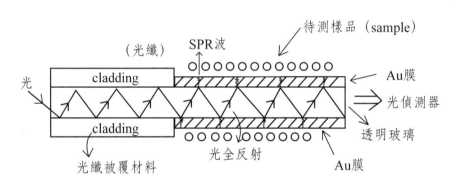

圖7-6　中空光纖管內光全反射型光纖表面電漿共振感測器結構示意圖[181-183]

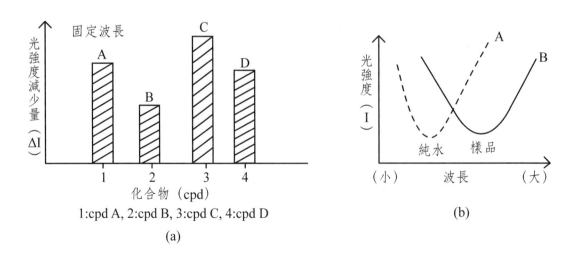

圖7-7　中空光纖管內光全反射型SPR感測器應用(a)固定波長偵測各種化合物，與(b)不同波長偵測特定化合物之光強度變化圖[181-183]

　　光纖管外全反射型光纖表面電漿共振（**SPR**）感測器（Optical fiber tube outside total reflection SPR sensor）是為著流動性樣品而設計[184]，可以將此中空光纖管外全反射SPR感測器當氣體層析儀或液體層析儀之偵測器。光纖管外全反射SPR感測器顧名思義是雷射光是在光纖之管外全反射（如圖7-8所示），而樣品卻在光纖之管內流動。如圖7-8所示，在光纖之管外上下分別鍍上奈米金（Au）膜和銀（Ag）膜，而由光源出來的雷射光就在Au膜和Ag膜間全反射。當全反射光射到奈米Au膜會產生表面電漿共振（SPR）波，部分SPR波向量會因在光纖管內流動之樣品而改變並導致折射率改變，因而使部分雷射光折射，以致於到達光偵測器之光強度減少，由光強度減少量可推算樣品中待測物含量。

　　圖7-9為應用中空光纖管外全反射型SPR感測器當GC（氣體層析儀）偵測器之GC-SPR偵測系統圖。在此氣體層析-表面電漿共振儀（GC-SPR）偵測系統中，樣品中先經氣體層析儀（GC）分離各種成分（如化合物A、B、C、D），由GC管柱分離出來的各化合物流入此中空光纖管外全反射SPR感測器之中空光纖管中並使全反射雷射光所引起的部分SPR波向量強度改變和金膜折射率改變，而使部分雷射光折射因而到達光偵測器之光強度減少（如圖7-10所示），由此光偵測器出來之電流訊號先經電流／電壓轉換放大器（如運算放大器OPA）放大並轉成電壓訊號，再導入類比／數位轉換器（ADC）轉成數位訊號並輸入微電腦做數據處理及繪層析圖。圖7-10為此GC-SPR偵測系統輸出的樣品中各種成分之氣體層析圖。[184–185]

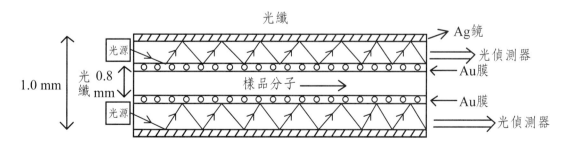

圖7-8　光纖管外全反射型光纖表面電漿共振感測器結構示意圖[184a]

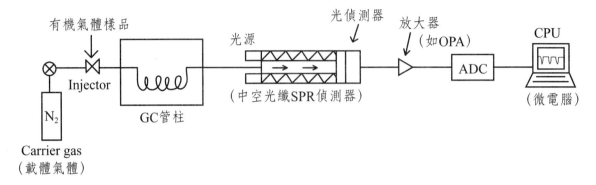

圖7-9　應用中空光纖管外全反射型SPR感測器當GC（氣體層析儀）偵測器[184b]

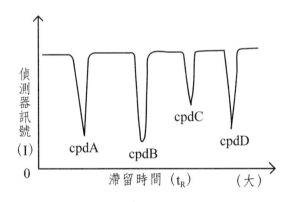

圖7-10　應用中空光纖外管全反射型SPR感測器當GC偵測器層析圖[184b]

7-2.2.2. 積體式表面電漿共振感測器

　　積體式表面電漿共振感測器（Integrated-type SPR sensor）[185]是將一波導式SPR感測元件製成一積體微晶片（Micro-chip）。圖7-11為積體式表面電漿共振感測器基本結構示意圖，此SPR積體微晶片由高折射率波導層、上下低折射率層、矽（Si）基材及奈米金（Au）薄膜所構成。雷射光射入微晶片中間的高折射率波導層產生全反射（因上下皆為低折射率層），當全反射光射道奈米Au膜會產生SPR波，而接觸Au膜之樣品中待測分子會吸收或折射部分SPR波並改變金膜折射率，而使部分雷射光折射因而由高折射率波導層出來的輸出光強度變小，由光偵測器測出的光強度變小量，即可用來推算樣品中待測分子含量。此種SPR積體微晶片感測器最大優點為體積小、易控制光波行徑及

穩定度高並可製成多頻道感測系統，可同時偵測各種樣品或一樣品中各種待測物（不同頻道之Au膜上可塗佈不同辨識元（如不同抗體）吸附檢測各種待測物（如不同抗原））。

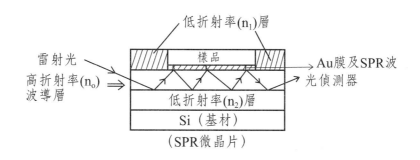

圖7-11　積體式表面電漿共振感測器基本結構示意圖[185]

7-2.3.　光柵式表面電漿共振感測器

光柵式表面電漿共振感測器（Grating assisted SPR sensor）[181–183]乃利用表面鍍奈米金（Au）膜光柵晶片（如圖7-12所示）來反射經透明玻璃基板與波導體而照射光柵之入射光形成各種不同波長之散射光或繞射光，而這些不同波長散射光中有些波長的散射光會激發光柵表面Au金屬與樣品溶液界面之表面電漿（SPR）波，而樣品中待測物會改變部分SPR波向量而導致金膜折射率改變，使部份雷射光折射，以致於到達光偵測器之光強度減少，由光強度減少量可推算樣品中待測物含量。圖7-12(a)為典型光柵式表面電漿共振感測器晶片之基本結構示意圖，此光柵感測器晶片由透明玻璃基板、波導層（如Ta_2O_5）、鍍奈米金（Au）膜光柵及樣品溶液所組成。而圖7-12(b)則為利用此光柵式表面電漿共振感測器偵測純水（A）及樣品中生化分子（B）之光反射率和波長關係圖，由圖可知，生化分子之反射率變化之波長範圍比純水長，往長波長移動，即常稱的「紅位移（Red shift）」。

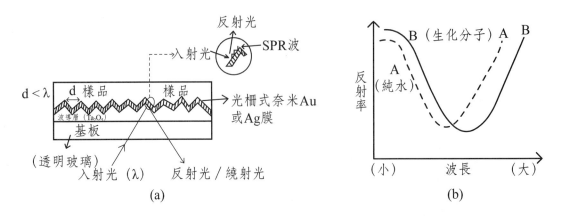

圖7-12　光柵式表面電漿共振感測器晶片之(a)基本結構示意圖，和(b)偵測純水及生化分子反射率變化圖[181–183]

7-3.　表面電漿共振生化感測器

　　應用在生化樣品偵測之表面電漿共振感測器就稱為表面電漿共振生化感測器（Surface plasma resonance (SPR) biosensor）。本節將介紹常用表面電漿共振生化感測器，如免疫表面電漿共振生化感測器（SPR Immuno-biosensor）與蛋白質表面電漿共振生化感測器（SPR Protein biosensor）。

7-3.1.　免疫表面電漿共振生化感測器

　　免疫表面電漿共振生化感測器（SPR Immuno-biosensor）[177. 186–187]顧名思義是用來偵測免疫抗體（Antibody）或抗原（Antigen）之表面電漿共振生化感測器。圖7-13(a)為表面電漿共振生化感測器偵測生化樣品中抗體之塗佈抗原／Au膜感測元件基本結構圖和加抗體所引起的共振反射角的變化（由原先θ_0變為θ_1）。此SPR感測系統常在金膜表面上固定human IgG以偵測樣品中對human IgG有專一性之抗體Anti-IgG。圖7-13(b)則為加抗體與除去抗體時所引起的反射角θ_1之反射光強度隨時間變化圖[177]。

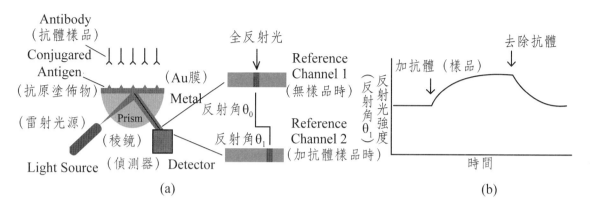

圖7-13　表面電漿共振生化感測器偵測生化樣品中抗體之(a)感測元件基本結構圖，和(b)加入抗體樣品對共振反射光強度之效應[177]（原圖來源：http://en.wikipedia.org/wiki/Surface_plasmon_resonance）

7-3.2.　蛋白質表面電漿共振生化感測器

蛋白質表面電漿共振生化感測器（SPR Protein biosensor）是用來偵測各種蛋白質之表面電漿共振生化感測器。常用的方法是把DNA結合於SPR感測元件上（如圖7-14所示），再通入待測的蛋白質，蛋白質進入SPR感測元件前，原本雷射光的折射率是n_0，全反射角θ_0，蛋白質進入後和DNA形成DNA-蛋白質複合體，因此折射率不同變成n_1，全反射角變爲θ_1[187–189]，由全反射角和折射率的變化，可推算爲何種蛋白質及其含量。除用DNA外，蛋白質表面電漿共振生化感測器亦可用各種蛋白質之抗體當SPR感測元件上奈米金膜塗佈辨識元，例如偵測血紅素蛋白質（Hemoglobin, Hb）可用其血紅素抗體（Anti-Hemoglobin, Anti-Hb）當SPR感測元件上奈米金膜塗佈辨識元。

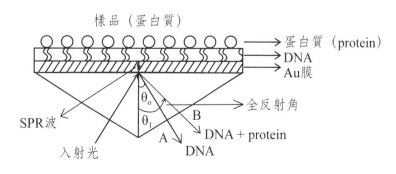

圖7-14　以DNA為辨識元之蛋白質表面電漿共振生化感測器結構示意圖[187-189]

第 **8** 章

生化生物感測器
(Biosensor)

　　生化生物感測器（Biosensors，或簡稱「生化感測器」）顧名思義是為偵測如蛋白質、葡萄糖、抗體抗原與DNA之各種生化物質的感測器。生化感測器通常講求專一性，一生化感測器只對一特殊生化物質有感應，換言之，生化感測器需有一生化辨識元（Recognition element）專門辨識一特殊生化物質，而一般生化感測器較常用之生化辨識元為各種酵素（Enzymes）與免疫抗體／抗原（Antibody/Antigen）。當然也有不用生化辨識元之生化感測器（如血氧生化感測器），另外因DNA的檢驗為現今相當重要課題，故本章除主要介紹由酵素與免疫抗體／抗原兩類生化辨識元所組成的各種生化感測器外，還介紹非酵素／免疫型生化感測器（如DNA生化感測器及血氧生化感測器）與其他特殊生化感測器如熱生化感測器及非侵入式生化感測器。

8-1.　生化感測器簡介

　　生化感測器（Biosensors）[190-192,4]是由感測元件、訊號收集處理系統及生

化辨識元（Recognition element）所構成的。生化辨識元（如特殊酵素（Enzymes）、抗體（Antibody）、抗原（Antigen）及其他物質（如單股DNA）是生化感測器特別用來辨識偵測特種待測生化物質的組件。如圖8-1所示，若依辨識元分類，生化感測器可分為：酵素催化型生化感測器（Enzyme biocatalytic biosensors）及免疫親合型生化感測器（Immuno-bioaffinity biosensors）和其他（如單股DNA當辨識元製成的DNA生化感測器與電子當辨識元的血氧化學感測器）。

酵素催化型生化感測器如圖8-1所示，常見的有：葡萄糖酵素生化感測器（Glucose enzyme-biosensor）、尿素酵素生化感測器（Urea enzyme-biosensor）、過氧化氫酵素生化感測器（H_2O_2 Enzyme-biosensor）、肌酸肝酵素生化感測器（Creatinin enzyme-biosensor）及盤尼西林酵素生化感測器（Penicillin enzyme-biosensor）。而常見的免疫親合型生化感測器有：IgG抗體免疫生化感測器（IgG Immuno-biosensor）、蛋白質／血紅素免疫生化感測器（Protein/Hemoglobin immuno-biosensors）、螢光標幟抗體生化感測器（Fluorescent labeled antibody immuno-biosensors）、胰島素免疫生化感測器（Insulin immuno-biosensors）及放射線免疫生化感測器（Radiation immuno-biosensors）。

如圖8-1所示，若依感測元件所用之能轉換器（Transducer）分類，生化感測器可分為：電化學生化感測器（Electrochemical biosensor）、壓電晶體生化感測器（Piezoelectric crystal biosensor）、表面聲波生化感測器（Surface acoustic wave biosensor）、光化學生化感測器（Photochemical biosensor）、表面電漿共振生化感測器（Surface plasma resonance biosensor）、放射線生化感測器（Radiation biosensor）及熱生化感測器（Thermal biosensor）。常見的電化學生化感測器有：電化學葡萄糖感測器（Electrochemical glucose sensor）、血氧化學感測器（Blood-oxygen chemical sensor）及電化學尿素感測器（Electrochemical urea sensor）。壓電晶體生化感測器常見的有：葡萄糖壓電晶體感測器（Piezoelectric crystal glucose sensor）、尿素壓電晶體感測器（Piezoelectric crystal urea sensor）及IgG抗體壓電晶體感測器（Piezoelectric crystal IgG sensor）。而常見的表面聲波生化感測器有：蛋白質表面聲波感測器（Surface acoustic wave protein sen-

sor）與胰島素表面聲波感測器（Surface acoustic wave insulin sensor）。光
化學生化感測器則如：光纖生化感測器（Optical fiber biosensor）與螢光生
化感測器（Fluorescence biosensor）。常見的表面電漿共振生化感測器有：
IgG抗體表面電漿共振感測器（Surface plasma resonance IgG sensor）與蛋
白質表面電漿共振感測器（Surface plasma resonance protein sensor）。然
放射線生化感測器常見的為放射線免疫生化感測器（Radiation immuno-bio-
sensor），而熱敏電阻生化感測器較常見的為葡萄糖熱生化感測器（Glucose
thermal biosensor）。

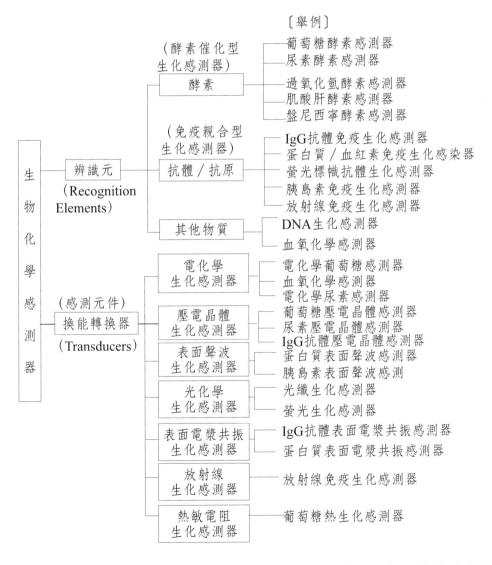

圖8-1　依生化辨識元（Recognition element）與感測元件之換能轉換器
（Transducer）分類之生物化學感測器分類圖

　　圖8-2為一般生化感測器之基本結構圖，由圖可看出除生化辨識元外，生化感測器和其他感測器一樣含感測元件和訊號收集處理系統，感測元件及偵測系統可用本書前面各章所提之壓電晶體、表面聲波（SAW）、電化學、光學、半導體及表面電漿共振（SPR）等元件及其偵測系統，而訊號收集處理系統包括放大器、訊號轉換器（如電流變電壓及頻率變電壓等）、顯示器（Display）及類比／數位轉換器（ADC）轉成數位訊號輸入微電腦（CPU）做數據處理與繪圖。

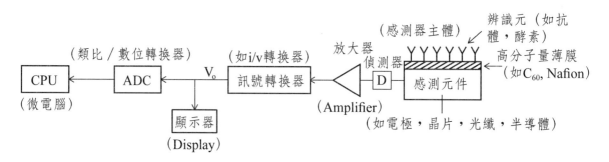

圖8-2　生化感測器（Biosensors）之基本結構示意圖[4]

　　生化感測器常用之生化辨識元為各種酵素（Enzymes）與免疫抗體／抗原（Antibody/Antigen），酵素辨識元由可催化待測生化物質（如葡萄糖與尿素）進行生化化學反應（如氧化、還原及水解反應）之特殊酵素（如葡萄糖氧化酵素（Glucose oxidase）及尿素分解酵素（Urease））塗佈在高分子膜所組成。由酵素辨識元所組成的生化感測器稱為酵素催化型生化感測器（Enzyme biocatalytic biosensors）。而免疫抗體或抗原當辨識元之生化感測器是利用抗體及抗原間高選擇性親合力（如抗體辨識元會吸附樣品中待測抗原分子），而由免疫抗體或抗原辨識元所組成的生化感測器稱為免疫親合型生化感測器（Immuno-bioaffinity biosensors）。本章以下各節主要將介紹各種具有不同換能轉換器（Transducers）之感測元件所製成的各種酵素催化型生化感測器與免疫親合型生化感測器。除此外，還將介紹其他辨識元所組成的生化感測器如：DNA生化感測器（DNA Biosensor），熱生化感測器（Thermal biosensor）及血氧生化感測器（Blood-oxygen biosensor）。

8-2.　酵素催化型生化感測器

本節將介紹常見的各類之酵素催化型生化感測器（Enzyme biocatalytic biosensors）如：(1)電化學酵素生化感測器（Electrochemical enzyme-bio-sensors），(2)壓電酵素生化感測器（Piezoelectric enzyme-biosensors）及(3)光化學酵素生化感測器（Photochemical enzyme-biosensor）。

8-2.1.　電化學酵素生化感測器

依電化學技術不同，電化學酵素生化感測器（Electrochemical Enzyme-Biosensors）概分電流式酵素生化感測器（Amperometric Enzyme-Biosensors）與電位式酵素生化感測器（Potentiometric Enzyme-Biosensors）。本節將分別舉例介紹此兩類電化學生化感測器之偵測原理與基本結構。

8-2.1.1.　電流式酵素生化感測器

電流式酵素生化感測器（Amperometric enzyme-biosensors）是利用待測生化分子（如葡萄糖）在電極上或樣品溶液中之氧化還原酵素催化反應而產生的氧化或還原電流並用電流訊號推算待測生化分子含量。本節將介紹葡萄糖酵素電流式生化感測器（Glucose amperometric enzyme-biosensor）、電化學血糖感測器（Electrochemical blood glucose sensor, Glucometer）及過氧化氫電流式酵素生化感測器（H_2O_2 Amperometric enzyme-biosensors）。

8-2.1.1.1.　葡萄糖酵素電流式生化感測器

圖8-3為由固定化酵素（Immobilized enzyme）C60-Glucose oxidase（C60-GOD）辨識元修飾碳電極當感測元件之工作電極所組成的葡萄糖酵素電流式生化感測器（Glucose amperometric enzyme-biosensor）[193–195]之感測系統和三電極感測元件。此感測器利用固定化酵素（如C60-GOD）當辨識元將樣品中葡萄糖氧化：

Glucose + (C60-GOD)ox → (C60-GOD)(red) + Gluconic acid　（8-1）

　　然後利用化學傳媒介質（Mediator）將還原的固定化酵素（GOD）（red）轉回(GOD)ox並使修飾電極產生氧化電流，此感測器所用的傳媒介質分別爲水中O_2及Cobalt (II) hexacyanoferrate(($Co_3[Fe(CN)_6]_2$)，反應如下：

$$(C60\text{-}GOD)(red) + O_2 \rightarrow (C60\text{-}GOD)(ox) + H_2O_2 \qquad (8\text{-}2)$$

　　然後施加外加電壓（E_{app}）到辨識元修飾電極使H_2O_2氧化並產生電子流：

$$H_2O_2 + (Co_3[Fe(CN)_6]_2) (red) + 2e^- \rightarrow (Co_3[Fe(CN)_6]_2)(ox) + H_2O \quad (8\text{-}3)$$

　　測定修飾電極所產生的電子流可轉換成電流（I_o）由感測元件之恆電位計（Potentiostat）輸出，測量輸出電流（I_o）就可推算樣品中葡萄糖含量。

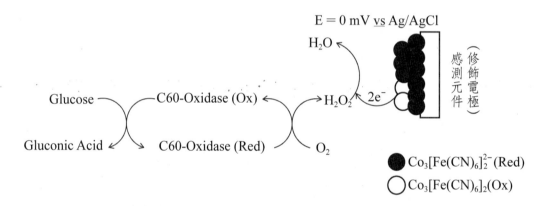

圖8-3　葡萄糖電流式酵素生化感測器之葡萄糖／固定化葡萄糖酵素(C60-GOD)/O_2感測系統基本結構圖（原圖來源：L. H. Lin and J. S. Shih, J. Chin. Chem. Soc., 58, 228 (2011)[195]

8-2.1.1.2.　電化學血糖感測器

　　市售居家可用電化學血糖感測器（Electrochemical blood glucose sensor）又稱血糖機（Glucometer）可分爲手掌型與手錶型兩類。分別介紹如下：

1.手掌型電化學血糖感測器

　　圖8-4爲一種市售電化學血糖感測器[196-197]，可用在居家自我檢測血液中

葡萄糖含量。在此手掌型血糖感測器中常用的化學傳媒介質（Mediator）為赤血鹽離子$Fe(CN)_6^{3-}$，而所用的辨識元為葡萄糖氧化酵素（Glucose oxidase, GOD），所用的如圖8-5所示的含電流計之二電極（陰陽極）電化學系統。如圖8-4(b)所示，首先滴一滴血在含赤血鹽離子$Fe(CN)_6^{3-}$和酵素GOD之試片上並插入主機中接電極或如圖8-5所示直接滴血液在含$Fe(CN)_6^{3-}$及酵素GOD之電極感測元件（如圖8-5）上，此時血液中之葡萄糖會被陰極（工作電極）上酵素GOD催化氧化成葡萄糖酸（Gluconic Acid）和產生H_2O_2，然後H_2O_2和傳媒介質$Fe(CN)_6^{3-}$在感測器陰極上反應產生電流，反應如下：

$$C_6H_{12}O_6 + O_2 + 6H_2O \xrightarrow{\text{Glucose oxidase}} C_5H_{11}COO^- + H^+ + 6H_2O_2 \qquad (1)$$
(Glucose，葡萄糖) 　　　　　　　　　　（Gluconic ion，葡萄糖酸根離子）

$$6H_2O_2 + Fe(CN)_6^{3-} + e^- \rightarrow Fe(CN)_6^{4-} + 6H_2O \qquad (2)$$

總反應：$\text{Glucose} + Fe(CN)_6^{3-} + O_2 + e^- \xrightarrow{\text{GOD}} \text{Gluconic Acid} + Fe(CN)_5^{4-}$ 　　（8-3b）

　　此反應所產生的電子流可轉換成電流（I_o）經電流計偵測並由感測器螢幕數字顯示（如圖8-4(c)所示）。

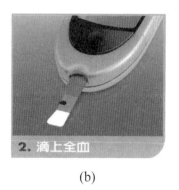
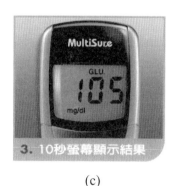

(a) 　　　　　　　　　(b) 　　　　　　　　　(c)

圖8-4　Multisure廠牌手掌型電化學血糖感測器：(a)實物圖，(b)滴血及(c)顯示偵測過程圖[196]（原圖來源：www.supermt.com.tw/Storeweb/MScampain.htm）

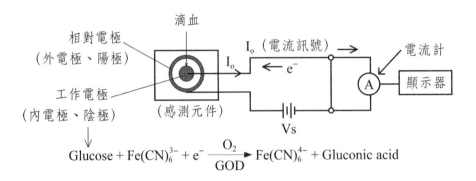

圖8-5　電化學血糖感測器結構示意圖[197]（參考資料：www.bme.ncku.edu.tw/.../1000607）

2.手錶型電化學血糖感測器

手錶型電化學血糖感測器（Gluco Watch）[198-200]最早在西元1999年由美國加州Cygnus.公司製造GlucoWatch G2 Biographer機種（如圖8-6(a)所示），而後由Animas公司經營，於2008年再推出改良型AutoSensor機種（如圖8-6(b)所示）。此種手錶型血糖感測器只要帶在病人手上（如圖8-6(c)所示）就可隨時偵測病人血糖含量。其偵測步驟如圖8-6(d)所示，首先是由感測器電池產生的小電流將病人含血糖（血液中葡萄糖）之體液利用電滲透原理經皮膚拉出到感測器電極／GOD酵素試劑層中（It uses a low electric current to pull glucose through the skin）進行葡萄糖氧化催化反應產生H_2O_2，再由H_2O_2和試劑層中傳媒介質（如$Fe(CN)_6^{3-}$）在感測器陰極上反應產生電子流與氧化還原電流，反應如上文式8-3b所示。所產生還原電流訊號經電流計偵測並由感測器螢幕數字顯示。一般血糖感測器需要取血滴樣品屬於侵入性感測器（Invasive sensor），而此手錶型電化學血糖感測器（GlucoWatch）只用小電流將病人含血糖之體液經過皮膚抽出進入感測器而不是取血滴，故常列為微侵入式感測器（Minimally invasive sensor）。

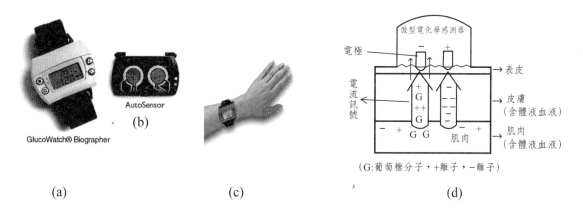

圖8-6　手錶型電化學血糖感測器（GlucoWatch）之(a)G2 Biographer機型與(b)
AutoSensor機型實物圖[198]，(c)當手錶隨時偵測血糖值[199]及(d)電流引導
微量血糖經皮膚進入手錶型血糖感測器中之過程示意圖[200]（原圖來源：
((a)(b)http://www.mendosa.com/glucowatch.htm; (c)http://www.medgadget.
com/2005/04/glucowatch_g2_b.html; (d)http://www.glucowatch.com/; www.
bme.ncku.edu.tw/.../1000607）

8-2.1.1.3.　過氧化氫電流式酵素生化感測器

　　過氧化氫電流式酵素生化感測器（H_2O_2 Amperometric enzyme-biosen-
sors）之基本感測系統如圖8-7A所示，其偵測原理是先利用塗佈在圓形濾片
上之碳六十（C60）固定化過氧化氫酵素（C60-Catalase）催化樣品溶液中過
氧化氫（H_2O_2）氧化還原分解，反應如下：

$$H_2O_2 \xrightarrow{\text{C60-Catalase}} O_2 + H_2O \qquad\qquad （8\text{-}4）$$

　　然後用氧電極偵測反應所產生之氧（O_2）含量，即可推算樣品溶液中過
氧化氫（H_2O_2）之含量。圖8-7A(b)為樣品中H_2O_2濃度和氧電極產生的O_2量之
直線關係圖。

　　最常用之氧電極為**克拉克氧電極**（Clark oxygen electrode）[201]，如
圖8-7B(a)所示，其由外加電壓電源（Applied voltage, 0.8~1.5V）、白金
（Pt）陰極電極（Pt Cathode electrode）、銀陽極電極（Ag Anode elec-
trode）、O_2可透電極薄膜（O_2 Permeable membrane）、含HCl緩衝內電極
溶液（Buffered HCl）及電流計（Ammeter）所組成。攪拌之待測溶液（Test

solution）中之氧氣（O_2）透過氧電極薄膜進入氧電極電極內，氧氣（O_2）接觸氧電極中之陰極產生還原反應產生還原電流，而陽極發生氧化反應，陰陽電極之反應如下：

$$[陰極] \qquad O_2 + 4H^+ + 4e^- \rightarrow 2H_2O \qquad (8\text{-}5)$$

$$[陽極] \qquad Ag + Cl^- \rightarrow AgCl_{(s)} + e^- \qquad (8\text{-}6)$$

氧電極所產生的電流（I）用電流計偵測，而此電流訊號（I）強度和待測溶液中之氧氣（$[O_2]/ppm$）有直線關係（圖8-7B(b)）。

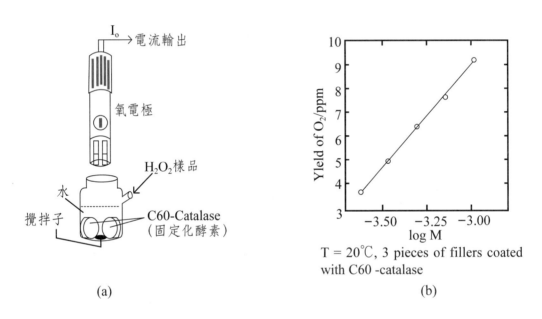

(a)　　　　　　　　　　　　　　　　　(b)

T = 20℃, 3 pieces of fillers coated with C60 -catalase

圖8-7A　過氧化氫電流式酵素生化感測器之(a)結構圖，及(b)H_2O_2濃度和氧電極產生的O_2含量關係圖[202]（原圖來源：C.W. Chuang, L.Y. Luo, M. S.Chang and J. S. Shih, J. Chin. Chem. Soc., 56, 771-777 (2009)）

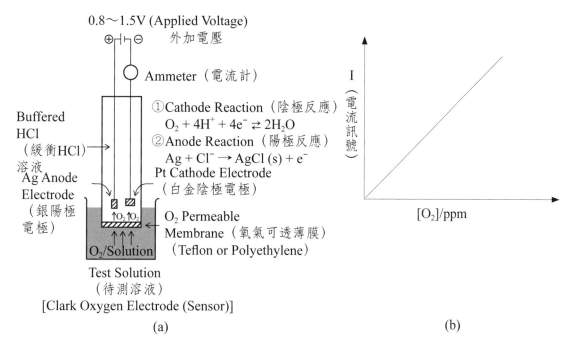

圖8-7B 克拉克氧電極之(a)基本結構圖與(b)其電流訊號I和樣品中O_2含量關係圖[129]

8-2.1.2. 電位式酵素生化感測器

電位式酵素生化感測器（Potentiometric enzyme-biosensors）乃是基於生化樣品溶液中待測物質的酵素催化反應所引起感測元件（工作電極）的電位變化並依電位變化量來推算生化樣品中待測物質之含量。本節將介紹較常見的電位式酵素生化感測器，如葡萄糖酵素電位式生化感測器（Glucose potentiometric enzyme-biosensors）與尿素電位式酵素生化感測器（Urea potentiometric enzyme-biosensors）。

8-2.1.2.1. 葡萄糖電位式酵素生化感測器

圖8-8爲葡萄糖酵素電位式生化感測器（Glucose potentiometric enzyme-biosensors）[203]中常用當感測元件的葡萄糖酵素電極（Glucose enzyme electrode）基本結構圖，主要含當感應內電極的pH玻璃電極與固定化葡萄糖氧化酵素（C60-Glucose oxidase, C60-GOD）膜。葡萄糖酵素電極主要原理爲利用固定化葡萄糖氧化酵素（如C60-GOD）催化進入電極內溶液

（H_2O（含O_2））的葡萄糖之氧化作用，反應如下：

$$C_6H_{12}O_6 + O_2 + 6H_2O \xrightarrow{\text{Glucose oxidase}} C_5H_{11}COO^- + H^+ + 6H_2O_2 \qquad (8-7)$$

(Glucose，葡萄糖)　　　　　　　　(Gluconic，葡萄糖酸根離子)

由此氧化反應產物葡萄糖酸（Gluconic acid）在水中解離產生氫離子（H^+），然後此所產生的氫離子（H^+，活性濃度a_{H^+}）會被pH電極的玻璃電極膜吸附而引起pH電極的Ag/AgCl內電極的電位改變，而此pH電極的輸出電壓（E_{pH}）即為此葡萄糖酵素電極之輸出電壓（E_{Glu}）可表示如下：

$$E_{Glu} = E_{pH} = E^o_{pH} + 0.059 \log a_{H^+} \qquad (8-8)$$

同時，所產生的氫離子活性濃度a_{H^+}，和樣品中葡萄糖酵含量[Glucose]也有下列比例關係：

$$a_{H^+} = k[Glucose] \qquad (8-9)$$

代入式（8-8）可得：

$$E_{Glu} = E^o_{pH} + 0.059 \log k + 0.059 \log [Glucose] = k' + 0.059 \log [Glucose] \qquad (8-10)$$

式中$E^o_{pH} + 0.059 \log k = k'$，由上式可知，由測量此葡萄糖酵素電極輸出電壓（$E_{Glu}$）可估算生化樣品中葡萄糖酵含量[Glucose]。

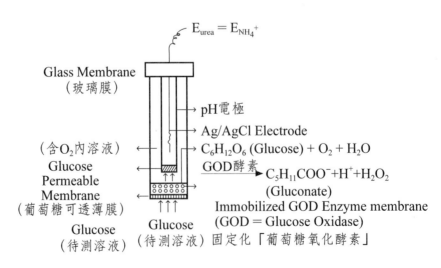

圖8-8　電位式葡萄糖（Glucose）酵素電極感測器之結構示意圖[203]

8-2.1.2.2.　尿素電位式酵素生化感測器

圖8-9為利用固定化尿素酵素／聚丙醯胺高分子膜（Immobilized urease/polyacryamide membrane）／保護電極膜和NH_4^+離子選擇性電極（NH_4^+ ISE）當感應內電極所組成的尿素電位式酵素生化感測器（Urea potentiometric enzyme-biosensors）之尿素酵素電極（Urea enzyme electrode）。待測溶液中之尿素分子（Urea, NH_2-CO-NH_2）先由保護電極膜進入酵素電極中接觸固定化尿素酵素膜（Immobilized urease membrane）與內溶液（H_2O），接著尿素分子（Urea）被固定化尿素酵素（Urease）催化起分解反應如下：

$$NH_2\text{-}CO\text{-}NH_2(Urea) + 2H_2O \xrightarrow{Urease} NH_3 + NH_4^+ + HCO_3^- \qquad (8\text{-}11)$$

然後所產生的被NH_4^+ ISE感應內電極之感應NH_4^+電極薄膜中NH_4^+感應物質（如C60-Cryptand 22/PVC）吸附並以感應內電極之輸出電壓（$E_{NH_4^+}$）即為此尿素酵素電極之輸出電壓（E_{Urea}），可寫成如下：

$$E_{Urea} = E_{NH_4^+} = E_{NH_4^+}^o + 0.059 \log a_{NH_4^+} \qquad (8\text{-}12)$$

因所產生的NH_4^+活性濃度（$a_{NH_4^+}$）和樣品中尿素濃度成正比例如下：

$$a_{NH_4^+} = K\,[Urea] \qquad (8\text{-}13)$$

式（8-13）可改寫成：

$$E_{Urea} = E_{NH_4^+}^o + 0.059 \log (K\,[Urea]) = E_{NH_4^+}^o + 0.059 \log K + 0.059 \log[Urea] \qquad (8\text{-}14)$$

令$E_{NH_4^+}^o + 0.059 \log K = K'$，可得：

$$E_{Urea} = K' + 0.059 \log[Urea] \qquad (8\text{-}15)$$

由上式，樣品中尿素濃度[Urea]可由此尿素酵素電極之輸出電壓（E_{Urea}）估算出來。

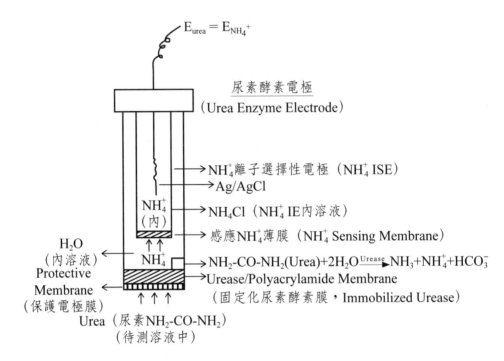

圖8-9　尿素（Urea）酵素電極（Enzyme Electrode）之基本結構[203, 4]

8-2.2.　壓電酵素生化感測器

壓電酵素生化感測器（Piezoelectric enzyme-biosensors）為基於利用含吸附劑之壓電晶體晶片（Piezoelectric crystal chip，如石英晶片（Quartz Chip））吸附與偵測待測生化分子（如葡萄糖）的酵素催化反應之產物。當壓電晶體上之吸附劑吸附此待測生化分子的酵素催化反應之產物後，會使壓電晶體共振頻率下降，由頻率下降量ΔF可推算被吸附產物含量ΔM，關係可用索爾布雷方程式（Sauerbrey equation）[40]表示如下：

$$\Delta F = -2.3 \times 10^6 \times F_o^2 \times \Delta M / A \qquad (8\text{-}16)$$

式中A為壓電晶體（如石英晶體）表面積（cm^2），F_o為壓電晶體原始振盪頻率（單位：MHz）。由被吸附產物含量ΔM，即可推算待測生化分子在樣品中之含量。壓電晶體感測器之詳細儀器原理請見本書第二章「壓電晶體化學感測器－質量感測器（I）」。在壓電感測器常用振盪頻率為10MHz兩面

含銀（Ag）電極之石英晶片，10MHz超音波由一面的Ag電極穿過石英晶片到另一面Ag電極輸出。本節將介紹常見之葡萄糖酵素壓電生化感測器（Glucose piezoelectric enzyme-biosensors）與尿素酵素壓電生化感測器（Urea piezoelectric enzyme-biosensors）。

8-2.2.1.　葡萄糖酵素壓電生化感測器

葡萄糖酵素壓電生化感測器（Glucose piezoelectric enzyme-biosensors）乃利用碳六十固定化葡萄糖氧化酵素（Immobilized C60-glucose oxidase, C60-GOD）催化生化樣品中葡萄糖氧化產生葡萄糖酸（Gluconic acid, $C_5H_{11}COOH$），反應如下：

$$C_6H_{12}O_6（葡萄糖）+ O_2 + H_2O \xrightarrow[\text{（固定化酵素）}]{\text{C}_{60}\text{-GOD}} C_5H_{11}COOH（葡萄糖酸）+ H_2O_2 \quad （8\text{-}17）$$

然後用石英壓電晶片上之塗佈吸附劑吸附及偵測此葡萄糖酸產物，而使石英晶片之共振頻率下降，由頻率下降量ΔF依式（8-16）可算出被吸附葡萄糖酸含量ΔM，進而可推算生化樣品中葡萄糖（Glucose）含量。

圖8-10(a)為葡萄糖壓電晶體生化感測器之結構圖，其含樣品槽、石英晶片（原始振盪頻率10MHz，晶片（兩面含銀（Ag）電極）上塗佈C60吸附劑）、含碳六十固定化葡萄糖氧化酵素（C60-GOD）濾片（為使酵素可重複使用）、振盪線路（Circuit of oscillator）及訊號處理系統。葡萄糖先經樣品槽中濾片上碳六十固定化葡萄糖氧化酵素（C60-GOD）催化樣品中葡萄糖氧化產生葡萄糖酸並用石英晶片上C60吸附劑吸附葡萄糖酸，而使石英晶片之共振頻率下降（如圖8-10(b)所示），此共振頻率先經訊號處理系統中7474IC晶片和參考晶片（Reference crystal）共振頻率比較，以算出共振頻率下降量ΔF（可用來推算所產生的葡萄糖酸含量），並將此頻率相差訊號經9400IC晶片轉成電壓訊號再經運算放大器（OPA）放大，然後用類比／數位轉換器轉成數位訊號輸入微電腦做數據處理以計算出生化樣品中原來葡萄糖含量。此共振頻率下降量ΔF亦可用頻率計數器（Frequency counter）直接顯示。由圖8-10(b)顯示此塗佈C60石英晶片吸附葡萄糖酸後，共振頻率會下降，但當用水沖洗晶片後，葡萄糖酸被洗出，石英晶片共振頻率又會恢復原始頻率，這表示此塗佈C60石英晶片可重複使用。

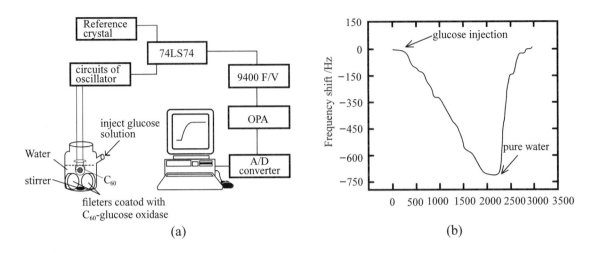

圖8-10　葡萄糖壓電晶體生化感測器之(a)含固定化酵素C60-Glucose oxidase（GOD）濾片及C60-塗佈石英晶片之樣品槽（Sample cell），和(b)感測器對葡萄糖感應頻率訊號[204]。（原圖取自：C.W. Chuang and J. S. Shih, Sensors & Actuators, 81, 1 (2001)）

8-2.2.2.　尿素酵素壓電生化感測器

　　尿素酵素壓電生化感測器（Urea piezoelectric enzyme-biosensors）之感測元件如圖8-11(a)所示，其含固定化碳六十／尿素分解酵素（Immobilized C60-urease）PVC膜及碳六十固定化大環胺醚（Immobilized C60-cryptand22）塗佈石英晶片（兩面含銀（Ag）電極）和樣品。其偵測原理是先利用PVC膜上之固定化酵素C60-Urease催化尿素分解，反應如下：

$$H_2NCONH_2（尿素）+ H_2O \xrightarrow[（固定化酵素膜）]{C60\text{-}urease} NH_3 + NH_4^+ + HCO_3^-　（8\text{-}18）$$

　　然後利用石英晶片上塗佈物C60-Cryptand22吸附尿素分解產物NH_4^+，反應如下：

$$NH_4^+ + C60\text{-}Cryptand\ 22（晶片塗佈物）\rightarrow NH_4^+(C60\text{-}Cryptand\ 22)　（8\text{-}19）$$

　　石英晶片上塗佈物因吸附尿素分解產物NH_4^+離子，而使石英晶片共振頻率下降，利用此共振頻率下降量ΔF依式8-16可推算樣品中尿素含量。圖8-11(b)顯示此頻率下降訊號在使用固定化C60-Urease酵素下（圖8-11(b)之(A)直線）和尿素（Urea）含量成線性增加關係。然而，圖8-11(b)(B)顯示若

沒用C_{60}-Urease固定化酵素時，幾乎無頻率感應訊號（即$\Delta F \approx 0$），這表示此感測器在石英晶片上塗佈固定化酵素C_{60}-Urease是必要的。

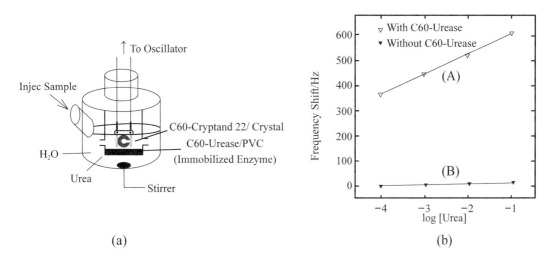

(a)　　　　　　　　　　　　　　　　(b)

圖8-11　尿素壓電晶體生化感測器之(a)含固定化酵素C60-UreasePVC膜及C60-Cryptand22 塗佈石英晶片和樣品之感測元件，和(b)在有(A)無(B)固定化酵素C60-Urease之感測器頻率訊號／尿素濃度（log[Urea]）關係圖[205]。（原圖取自：L. F. Wei and J. S. Shih, Anal. Chim. Acta, 437, 77 (2001)）

8-2.3.　光化學酵素生化感測器

常見的光化學酵素生化感測器（Photochemical enzyme-biosensor）為光學式血糖感測器（Optical blood glucose sensor）或稱「光學式血糖機（Optical glucometer)」。光學式血糖感測器常用的酵素有葡萄糖氧化酵素（Glucose oxidase, GOD）與葡萄糖去氫酵素（Glucose dehydrogenase, GDH）兩種。血液中葡萄糖被此兩種酵素之催化反應分別如下：

$$C_6H_{12}O_6(Glucose) + O_2 + 6H_2O \xrightarrow{GOD} C_5H_{11}COOH \text{ (Gluconic acid)} + 6H_2O_2 \quad （8\text{-}20）$$
$$C_6H_{12}O_6(Glucose) + GDH^+ \rightleftharpoons C_6H_{10}O_6 \text{ (D-glucono-1, 5-lactone)} + GDH\text{-}H + H^+ \quad （8\text{-}21）$$

此兩反應皆產生酸性物質，若在含其中一種酵素之酵素試紙塗上酸鹼顯色劑就會使試紙變色。光學式血糖感測器之偵測步驟是先將血液滴在含酵素及

顯色劑試紙上後，血液將與試紙酵素產生反應，而改變試紙顏色，再藉用特定波長入射光（強度I_o）照射試紙由光學鏡頭或光偵測器偵測反射光強度（I）（如圖8-12(a)所示）製成光學反射式血糖感測器（Optical reflection blood glucose sensor）。因入射光對不同顏色之試紙會有不同的反射率R（R=I/I_o×100%），故經由反射率變化可轉換成顏色變化訊號進而轉換成血糖值，此感測器測量敏感度佳，較不會出現誤差，價格較電化學式便宜。圖8-12(b)為利用葡萄糖去氫酵素（GDH）的羅氏光學反射式活力血糖機（Accu-Chek active Optical glucometer）實物圖（含採血筆、試紙及血糖機）。

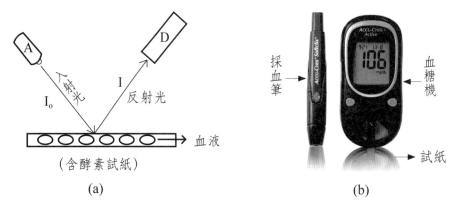

(a)　　　　　　　　　　　　　(b)

圖8-12　光學反射式血糖感測器之(a)基本結構圖，和(b)羅氏光學反射式活力血糖機實物圖[206]（(b)圖來源：http://www.knicehealth.com/index.php?option=com_content&task=view&id= 22&Itemid=37）

8-3.　免疫親合型生化感測器

　　免疫親合型生化感測器（Immuno-bioaffinity biosensors）乃是利用免疫抗體（Antibody, Ab）與抗原（Antigen, Ag）高選擇性親密結合力，例如血紅素抗體（Anti-Hemoglobin, Anti-Hb）和血紅素（Hemoglobin (Hb)，當抗原）有高選擇性結合力。在免疫親合型生化感測器中可用抗體（Ab）或抗原（Ag）當生化感測器之辨識元以選擇性吸附生化樣品中之抗原或抗體。本節將介紹常見用不同感測元件轉能器（Transducer）之各種免疫親合型生化感測器：(1)光化學免疫生化感測器（Optical immuno-biosensor）、(2)壓電免疫

生化感測器（Piezoelectric immuno-biosensor）、(3)表面聲波免疫生化感測器（Surface acoustic wave (SAW) immuno-biosensor）、及(4)表面電漿共振免疫生化感測器（Surface plasma resonance (SPR) immuno-biosensor）。

8-3.1. 光化學免疫生化感測器

光化學免疫生化感測器（Optical immuno-biosensor）乃利用抗體和抗原結合後，對光波吸光度或吸收波長的改變而推算生化樣品中之抗體或抗原含量之生化感測器。本小節將介紹常見的光化學免疫生化感測器：(1)光纖衰減全反射（ATR）免疫生化感測器（Optical fiber attenuated total reflectance (ATR) immuno-biosensors），(2)螢光標幟抗體生化感測器（Fluorescent leveled antibody biosensors），及(3)光懸臂免疫生化感測器（Optical cantilever immuno-biosensors）。

8-3.1.1. 光纖衰減全反射免疫生化感測器

光纖衰減全反射免疫生化感測器（Optical fiber attenuated total reflectance (ATR) immuno-biosensors）之感測元件如圖8-13所示，其利用雷射光（紅外線（IR）或可見光（VIS））進入外表塗佈免疫辨識元（如抗體（Antibody））之光纖中全反射，在全反射過程中部分光波可透過插入樣品溶液中的光纖進入樣品室中成漸逝波（Evanescent wave），部分漸逝波會被樣品中被辨識元（如抗體）所吸附之待測物（如抗原（Antigen））吸收而衰減，經數次全反射和多次漸逝波之衰減造成全反射光的衰減（Attenuated total reflectance (ATR)）[87]，故到達光偵測器之光強度衰減，而由光強度衰減量ΔI（$\Delta I = I_o - I$）可推算樣品中待測物（如抗原）之含量。

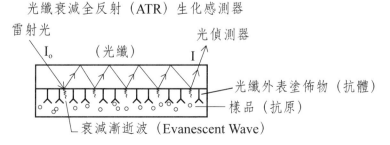

圖8-13 光纖衰減全反射（ATR）免疫生化感測器元件基本結構圖[87]

8-3.1.2. 螢光標幟免疫生化感測器

螢光標幟免疫生化感測器（Fluorescent labeled immuno-biosensors）是利用抗體或抗原和螢光標幟劑（Fluorescent labeling reagents）結合之螢光標幟物當感測元件之辨識元以吸附及偵測生化樣品中之抗原或抗體。常用螢光標幟劑為(1)Fluorescein isothiocyanate (FITC)與(2)N-hydroxy-succinimidyl-ester-Fluorescein (NHS-Fluorescein)[207]，例如可製成FITC-Anti-IgG螢光標幟抗體與FITC-Hemoglobin (Hb)螢光標幟血紅素蛋白質。螢光標幟劑FITC或NHS-Fluorescein因皆可和抗體及蛋白質分子之-NH$_2$ (Primary amine)結合而可接上成螢光標幟抗體與螢光標幟蛋白質。

圖8-14為螢光標幟免疫抗體生化感測器之基本結構圖，其感測原理為當螢光標幟抗體（如FITC-Anti-IgG）和樣品中之抗原（如IgG）結合時，會改變螢光標幟抗體之螢光強度，由螢光強度之改變量即可推算偵測生化樣品中之抗原含量。此感測器之感測元件為一表面塗佈有螢光標幟抗體（如FITC-Anti-IgG）之高分子膜。當用一特定波長（λ_0）之入射光照射含螢光標幟抗體／高分子膜感測元件及樣品（如IgG）時產生螢光（波長λ_F）並用在和入射光垂直方向之螢光偵測器偵測，並經由計算因抗體（如FITC-Anti-IgG）和樣品中抗原（如IgG）結合而引起的螢光強度之變化量以估算樣品中之抗原含量。

螢光標幟免疫抗體生化感測器

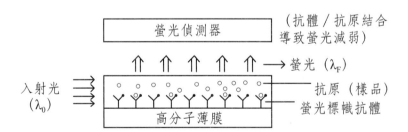

圖8-14　螢光標幟免疫抗體生化感測器元件基本結構圖

8-3.1.3. 光懸臂免疫生化感測器

光懸臂免疫生化感測器（Optical cantilever immuno-biosensors）是利用表面塗佈免疫抗體或抗原之可彎曲微懸臂（Cantilever）[208]當感測元件。

如圖8-15所示，當雷射光照射一表面塗佈抗體之可彎曲微懸臂，若樣品中無抗原（待測物）存在，其雷射反射光A會射到位移偵測器a位置。但若樣品中含有待測物-抗原時，微懸臂上之抗體會和待測物-抗原結合，重量增加使微懸臂向下彎曲，而使雷射反射光變爲B（如圖8-15所示），其射到位移偵測器b位置，因而產生位移訊號輸出，由不同位置之位移訊號可推算生化樣品中待測物-抗原含量。反之，可用塗佈抗原之可彎曲微懸臂感測元件偵測生化樣品中抗體含量。常用的位移偵測器爲分列式光二極體偵測器（Split photodiode detector）[208]。

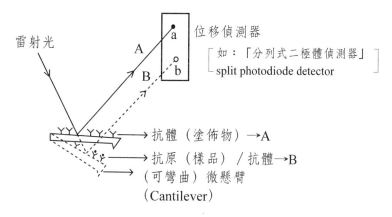

圖8-15　光懸臂生化感測器（Optical Cantilever Biosensors）元件基本結構圖[208]

8-3.2.　壓電免疫生化感測器

壓電免疫生化感測器（Piezoelectric immuno-biosensor）乃是利用塗佈有固定化抗體（如C60-Anti-IgG）或抗原（如C60-Hemoglobin或C60-Myoglobin）之壓電晶體（如石英晶體）當感測元件以吸附與偵測生化樣品中抗原（如IgG）或抗體（Anti-Hemoglobin或Anti-Myoglobin）。圖8-16(a)爲利用塗佈C60-肌紅素（C60-Myoglobin, C60-Mb）固定化抗原（Immobilized antigen）之兩面含銀電極（Ag electrode）石英晶體感測元件以偵測化樣品中肌紅素抗體（Anti-Myoglobin, Anti-Mb）的壓電免疫生化感測器（PZ）結構示意圖，而圖8-16(b)則爲塗佈C60-Myoglobin（當吸附劑以吸附Anti-Myoglobin 抗體）之石英晶片感測元件結構圖。由圖8-16(a)中振盪線路

（Oscillation circuit）產生的石英晶片原始共振頻率（F_0）會因當石英晶片C60-Myoglobin 塗佈物吸附樣品中Anti-Myoglobin 抗體使石英晶片表面重量增加而下降成共振頻率F，此共振頻率F經計頻器（Frequency counter）偵測後，可得共振頻率下降量ΔF（$\Delta F = F_0 - F$）。如圖8-16(a)所示，此頻率差訊號ΔF由計頻器轉成數位訊號輸出再經RS232序列介面卡將此數位訊號輸入微電腦中計算，由頻率差訊號ΔF依式8-16可推算樣品中待測物Anti-Myoglobin 抗體含量。

圖8-17(a)為塗佈 C60-Myoglobin石英晶體感測元件感測Anti-Myoglobin抗體頻率變化情形。由圖可知當塗佈物吸附Anti-Myoglobin抗體時，石英晶片之共振頻率就開始下降（A點），下降至平穩點（P點）就可量其頻率下降值ΔF。測量完成後（P點），用大量純水（Pure water）灌入樣品室中石英晶片，將石英晶片上被塗佈物吸附之待測物Anti-Myoglobin 抗體脫附沖洗去除。由圖8-17(a)可看出，最後此石英晶片之共振頻率可恢復到其原始共振頻率F_0（B點）。換言之，此石英晶片可重複使用。圖8-17(b)顯示此Anti-Myoglobin 抗體壓電免疫生化感測器之頻率改變感應訊號和待測物Anti-Myoglobin抗體濃度有相當良好的線性關係。

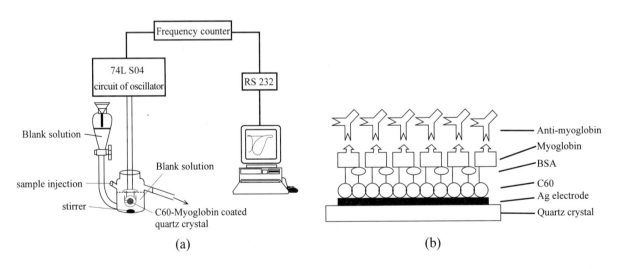

(a)　　　　　　　　　　　　　　(b)

圖8-16　液體石英壓電晶體免疫生化感測器（PZ）偵測Anti-Myoglobin抗體之(a)偵測系統，與(b)塗佈C60-Myoglobin之石英晶片感測元件[209]。（原圖取自：Y. H. Liao and J. S. Shih, J. Chin. Chem. Soc., In Press (Accepted) (2013)）。

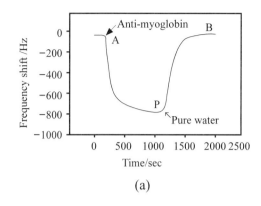 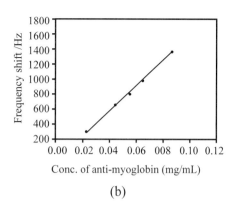

(a)　　　　　　　　　　　　(b)

圖8-17　塗佈C60-Myoglobin石英晶體之Anti-Myoglobin抗體免疫生化感測器（PZ）之(a)感測Anti-Myoglobin 抗體情形，與(b)頻率感應訊號和樣品中Anti-Myoglobin抗體濃度之線性關係圖[209]（原圖取自：Y. H. Liao and J. S. Shih, J. Chin. Chem. Soc., In Press (Accepted) (2013)）。

8-3.3.　表面聲波免疫生化感測器

　　表面聲波感測器和壓電晶體感測器雖然兩者都屬是質量感測器且其感測元件都用壓電晶體，即兩者皆會因其壓電晶體表面質量或壓力改變而使壓電晶體頻率改變。但兩者不同的是：(1)表面聲波感測器所用的壓電晶體共振頻率約在100~400 MHz超音波，而壓電晶體感測器所用的壓電晶體共振頻率則約在4~20 MHz超音波，　因壓電晶體感受分析物單位面積質量（m/A）之頻率感應改變ΔF會隨所通過的頻率平方（F_o^2）成正比（若爲石英晶體$\Delta F = -2.3 \times 10^6 \times F_o^2 (m/A)$），故表面聲波化學感測器之偵測靈敏度比壓電晶體感測器大約1000~10000倍，(2)表面聲波感測器之100~400MHz超音波只經壓電晶體及樣品表面通過（如圖8-18，一般用在液體SAW感測器之壓電晶體爲$LiTaO_3$晶片。），而壓電晶體感測器之振盪線路所產生的4~20MHz超音波則由一面Ag電極穿過石英晶片由另一面Ag電極輸出。

　　圖8-18爲表面聲波免疫生化感測器（Surface acoustic wave (SAW) immuno-biosensor）之基本結構圖，表面聲波（SAW）從振盪線路出來之原始頻率爲F_o，當SAW波經樣品／吸附劑區時部分能量被樣品待測物（如抗原（Antigen））／吸附劑（如抗體（Antibody））吸收而使頻率下降成F且速

度也變慢（但波長不變），並由計頻器偵測改變的輸出頻率訊號，由頻率下降量 ΔF（$\Delta F = F_0 - F$）即可推算被吸附劑（如抗體）吸附之樣品中待測物（如抗原）含量。

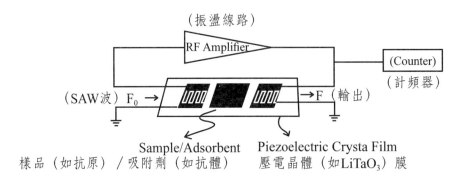

圖8-18　表面聲波免疫生化感測器之基本結構圖

　　圖8-19(a)為用 $LiTaO_3$ SAW元件之**胰島素表面聲波免疫生化感測器**（SAW Insulin immuno-biosensor）偵測系統結構示意圖，此系統一樣含振盪線路（Oscillation circuit）產生聲波與偵測頻率改變的Agilent 53131A型頻率計數器（Frequency counter）和溫度控制系統以及塗佈吸附劑之 $LiTaO_3$ SAW感測元件與訊號處理與繪圖用的微電腦。圖8-19(b)為塗佈C60-Anti-Insulin（碳六十固定化胰島素抗體）當吸附劑以吸附樣品中胰島素（Insulin）之SAW感測元件。圖8-20(a)為此胰島素SAW感測器對胰島素之頻率感測情形，當注入含胰島素之樣品時（A點，頻率 F_0），吸附劑C60-Anti-Insulin會吸附待測物Insulin分子，而使SAW感測元件之共振頻率下降至平穩點（P點，頻率F），量其頻率下降值 ΔF（$\Delta F = F_0 - F$），就可推算樣品中胰島素含量。測量完成後（P點），用Glycine-HCl溶液灌入樣品室，將SAW晶片上Insulin（抗原）和C60-Anti-Insulin塗佈物（抗體）分離脫附並沖洗去除。由圖8-20(a)可看出，最後此SAW晶片之共振頻率可恢復到其原始共振頻率 F_0（B點）。換言之，此SAW晶片可重複使用。圖8-20(b)顯示此胰島素表面聲波免疫生化感測器之頻率感應訊號和待測物胰島素（Insulin）之濃度有良好的線性關係。

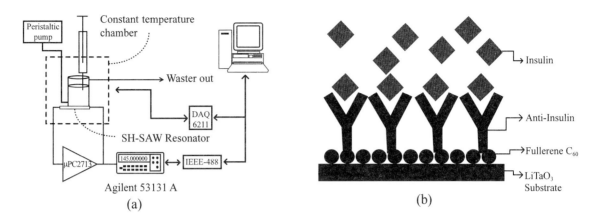

圖8-19　液體表面聲波胰島素感測器之(a)偵測系統，與(b)塗佈Anti-Insulin（胰島素抗體）以吸附樣品中胰島素（Insulin）之SAW晶片示意圖[210]（原圖來源：H. W. Chang and J. S. Shih, J. Chin.Chem. Soc. 55, 318 (2008)）

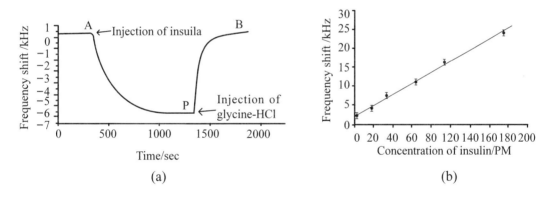

圖8-20　液體表面聲波胰島素感測器之(a)頻率感應訊號與(b)胰島素濃度效應[210]（原圖來源：H. W. Chang and J. S. Shih, J. Chin.Chem. Soc. 55, 318 (2008)）

8-3.4. 表面電漿共振免疫生化感測器

　　圖8-21為應用表面電漿共振免疫生化感測器（Surface plasma resonance (SPR) immuno-biosensor）偵測生化抗體（Antibody, A_b）之SPR感測元件裝置圖，如圖8-21(a)所示，先在稜鏡／奈米金膜表面上先塗佈一層抗原（Antigen, A_g），然後放入含抗體（A_b）樣品中，樣品中之抗體就會和金膜上的抗原結合成抗體／抗原（A_b/A_g）複合物，當雷射射入稜鏡／奈米金膜表面就會產生SPR波（Surface plasma resonance wave），此SPR漸逝波在

樣品中會被A_b/A_g複合物吸收或折射（如圖8-21(b)），會造成SPR波向量強度及金奈米粒子周圍的介電常數之改變，進而造成雷射光強度減弱及奈米金膜（Nano-Au membrane）表面折射率改變因而使雷射全反射之臨界共振角也改變[523]，而如圖8-21(c)所示，臨界共振角改變角度會隨樣品中抗體（A_b）濃度增大而增加。同時，待測樣品分子吸附在奈米金膜上亦會導致金膜吸收波長的改變。

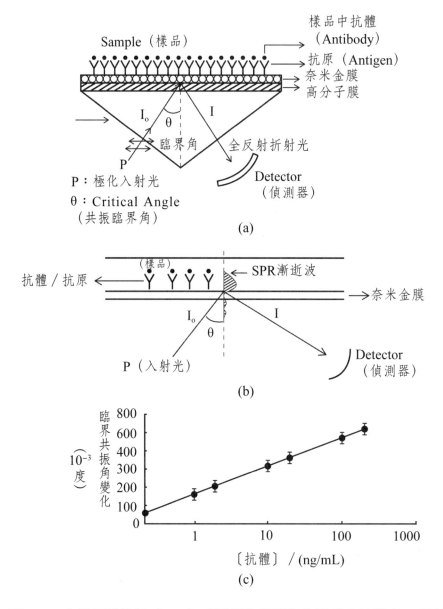

(a)

(b)

(c)

圖8-21　表面電漿共振（SPR）感測元件偵測生化樣品中抗體之(a)系統結構圖，(b)SPR漸逝波，及(c)共振角變化與樣品中抗體濃度關係圖[211]

8-4.　非酵素／非免疫型生化感測器

除了酵素及免疫抗體和抗原外，各種其他生化物質（如DNA和蛋白質）與其他物質（如電子和電極）都可能可以當生化感測器之感測元件的辨識元而成**非酵素／非免疫型生化感測器**（Non-enzymatic/non-immune-type biosensors），較常見的有以DNA當辨識元的各種DNA生化感測器（DNA biosensor）與以電子／電極當辨識元感測元件的血氧生化感測器（Blood-oxygen biosensor）。本節將分別介紹此兩種生化感測器。

8-4.1.　DNA生化感測器

DNA生化感測器（DNA biosensor）[212]最常見的為檢驗親子關係之親子關係DNA生化感測器（DNA paternity biosensor），其主要偵測原理與步驟如圖8-22(a)所示，首先(1)製備固定化（父）單股DNA（固定在金屬（如Ag）膜或高分子膜）當辨識元，製備（父）單股DNA（製法如圖8-22(b)所示）之換能器元件（Transducer）的感測探針（Probe，如圖8-22(a)(A)），常見的各種換能器元件有壓電晶體、電極、奈米金膜、微懸臂（Cantilever）、螢光標幟DNA晶片及光纖。接著(2)注入待測（子）單股DNA（當樣品），若探針上（父）單股DNA可以和待測（子）單股DNA結合（Hybridization，如圖8-22(a)(B)，就會引起各種換能器元件之各種變化（如晶片共振頻率、光強度、折射率及電流／電壓之變化），然後將這些頻率、光強度及電流／電壓之變化訊號輸出並分別用計頻器、光偵測器及電流／電壓偵測器偵測。

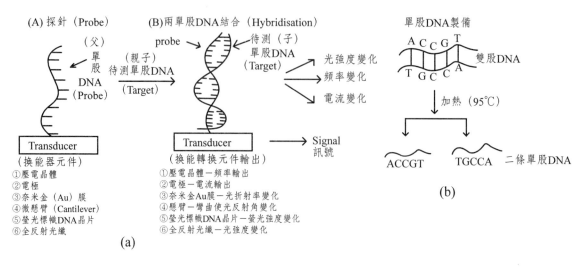

圖8-22　親子關係DNA生化感測器之(a)偵測原理和步驟，與(b)單股DNA的製備法

　　DNA生化感測器常用之換能器感測元件及所製成的感測器如圖8-23所示的有壓電晶體（製成石英壓晶體DNA感測器及表面聲波DNA感測器）、電極（製成電化學DNA感測器）、奈米金膜（製成表面聲波DNA感測器）、微懸臂（製成微懸臂DNA感測器）、螢光探針（製成螢光DNA感測器）及全反射光纖（製成衰減全反射DNA感測器）。本節將介紹較常見的石英壓電晶體DNA生化感測器（Pizoelectric quartz crystal DNA biosensor）、表面聲波DNA生化感測器（Surface acoustic wave (SAW) DNA biosensor）、表面電漿共振DNA生化感測器（Surface plasma resonance (SPR) DNA biosensor）及螢光標幟DNA生化感測器（Fluorescent labeled DNA biosensor）。

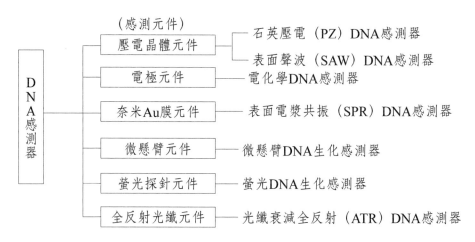

圖8-23　DNA生化感測器依常用感測元件分類

8-4.1.1. 石英壓電晶體DNA生化感測器

　　石英壓電晶體DNA生化感測器（Pizoelectric quartz crystal DNA bio-sensor）是以接著（父）單股DNA含銀（Ag）電極之石英晶片感測元件（探針）以吸附及感測液體樣品中之親子單股DNA。如圖8-24(a)所示，此單股DNA感測元件是先利用含末端雙硫基之烷基磺酸鹽（Alkylate Sulfonate）接上石英晶片之銀（Ag）電極，然後利用其另一末端之磺酸根（OSO_2^-）接（父）單股DNA而製成的（父）單股DNA感測探針（Probe）。如圖8-24(b)為利用此（父）單股DNA石英感測晶片、振盪線路、計頻器及RS232／微電腦組成的石英壓電DNA感測系統。當石英晶片之（父）單股DNA接觸到樣品中之待測（子）單股DNA時，兩者會結合，使石英晶片表面重量增加（ΔM），而促使石英晶片之共振頻率由原來F_0下降成F，這下降的共振頻率經計頻器偵測後以數位訊號輸出並用序列介面RS232輸入微電腦中做數據處理與顯示。由共振頻率下降（$\Delta F = F_0 - F$）情形可瞭解父與親子兩單股DNA結合程度，以確定親子關係。

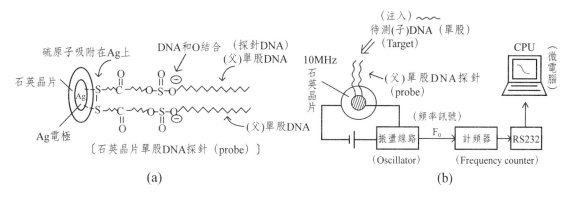

圖8-24　石英壓電DNA感測器之(a)單股DNA探針石英晶片[213]與(b)感測器基本結構圖

8-4.1.2. 表面聲波DNA生化感測器

　　表面聲波DNA生化感測器（Surface acoustic wave(SAW) DNA biosensor）一般乃是利用表面含輸入及輸出指叉電極和中間高分子膜固定化（父）單股DNA探針之$LiTaO_3$壓電晶片當感測元件（如圖8-25所示）以感測待測（子）單股DNA。由振盪線路所出來之共振頻率為F_0之表面聲波經輸入指叉

電極A射出至LiTaO$_3$壓電晶片表面並以速度Vo前進至高分子膜固定化（父）單股DNA探針區，若注入的待測（子）單股DNA能與探針上（父）單股DNA結合，此時部分表面聲波（SAW）之速度變慢成V（但波長不變），因而表面聲波頻率下降成F，兩單股DNA之結合與否，SAW頻率下降量亦不同。下降的頻率訊號如圖8-25所示可用計頻器偵測而以數位訊號輸出並以序列介面RS232輸入微電腦做數據處理。表面聲波頻率下降值（$\Delta F = F_0 - F$）可用來推論父及子單股DNA結合程度並可用來確認親子關係。

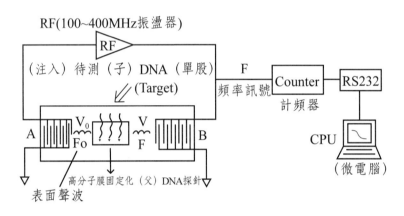

圖8-25　表面聲波（SAW）DNA感測器之基本結構圖

8-4.1.3. 表面電漿共振DNA生化感測器

圖8-26為表面電漿共振DNA生化感測器（Surface plasma resonance (SPR) DNA biosensor）之稜鏡式（Prism-Type）感測元件之基本結構示意圖。在此感測元件之稜鏡上先塗一層奈米金（Au）膜，再塗上一高分子膜以固定（父）單股DNA做為辨識元。當用一雷射光射入稜鏡上奈米金（Au）膜會產生面電漿共振波（SPR波），若固定化（父）單股DNA可和待測（子）單股DNA可結合時，SPR波被吸收或折射程度和兩單股DNA不結合時相當不同，造成光照到奈米金（Au）膜之表面折射率也會改變，因而可能會造成(1)雷射反射光強度改變，(2)全反射波長改變，及(3)全反射臨界角改變（詳細SPR工作原理請參考本書第七章表面電漿共振感測器）。經檢測反射光強度改變或全反射波長改變及全反射臨界角改變就可推論（父）單股DNA和（子）單股DNA是否可以結合，以確認親子關係。

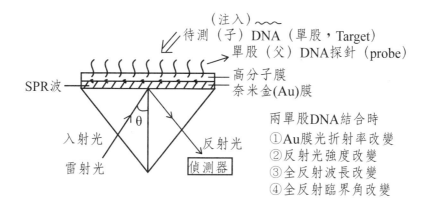

圖8-26　稜鏡式表面電漿共振（SPR）DNA感測器元件之基本結構示意圖

8-4.1.4.　螢光標幟DNA生化感測器

　　螢光標幟DNA生化感測器（Fluorescent leveled DNA biosensor）為較常用之親子關係DNA生化感測器。如圖8-27所示，其所用的感測元件為將螢光標幟的（父）單股DNA固定在高分子膜／基材所製成。常用的基材為矽晶片或玻璃及高分子材料，而常用接上DNA的螢光標幟劑（Fluorescent labeling agent）為綠色螢光蛋白（Green fluorescent protein，簡稱GFP）[214]。綠色螢光蛋白只需經由紫外光或藍色光激發便可以放出綠色螢光，若感測元件上之螢光標幟的（父）單股DNA遇到待測樣品中（子）單股DNA而結合，會使發出的綠色螢光強度改變，螢光強度改變情形反映父與子兩單股DNA結合程度，而此可用來確認是否有親子關係。西元2008年，諾貝爾化學獎頒給美國科學家馬丁·查爾菲（Martin Chalfie）、日本化學家下村脩（Osamu Shimomura）和美籍華裔科學家錢永健（Roger Y.Tsien）3人，表彰他們「發現和應用綠色螢光蛋白質」。GFP的基因目前被廣泛運用許多生化研究的領域上，除最常被作為基因的感測外，有些研究者將GFP基因轉殖到對砷有抵抗力的細菌成螢光標標幟細菌，使得它在砷存在時會發出綠色螢光。某些科學家也修飾了其他的生物細胞成螢光標標幟生物，當感測到具爆炸性的TNT或一些重金屬如鎘或鋅的存在時會發出綠色螢光[215]。

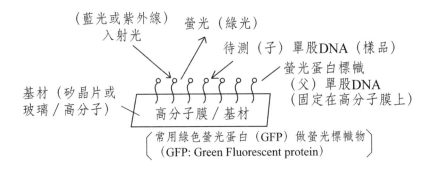

圖8-27 螢光標幟DNA生化感測器感測元件之基本結構示意圖

8-4.2. 血氧生化感測器

白金尖端氧微電極（Pt-tip O_2 Microelectrode）為常用電化學之血氧生化感測器（Blood-oxygen biosensor），其結構及偵測原理和反應如圖8-28a所示，其陰陽電極是直接接觸流動式血液待測樣品的。此白金尖端氧微電極之陰極為具有白金尖端（Pt-tip）之白金電極，而陽極通常為Ag/AgCl電極。待測樣品（如血液）的氧氣（O_2）經陰極的白金尖端和電子（e^-）發生還原反應產生O_2^-，產生還原電流，反應如下：

$$[陰極] \qquad O_2 + e^- \rightarrow O_2^- \qquad\qquad (8\text{-}22)$$

所產生的O_2^-離子會向陽極移動並在陽極上發生氧化反應放出電子（e^-）如下：

$$[陽極] \qquad O_2^- \rightarrow O_2 + e^- \qquad\qquad (8\text{-}23)$$

如此一來，完成全線路電流，此電流訊號（I）也用電流計偵測。同時，如圖8-28(b)所示，此電流訊號（I）和待測樣品（如血液）的氧氣濃度（$[O_2]$/ppm）有線性關係。

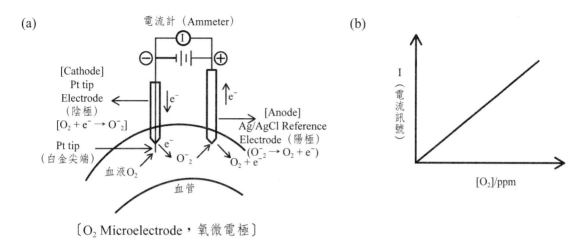

圖8-28　偵測血液中氧氣的白金尖端氧微電極（Pt-tip O₂ Microelectrode）之(a)結構和電極反應，(b)其電流訊號（I）和樣品溶液中氧含量[O₂]關係圖[216]

8-5.　熱生化感測器

　　熱生化感測器為檢測待測生化物質之化學反應熱的化學感測器。圖8-29為利用LM334或LM335晶片當熱感測元件組成的測葡萄糖之熱生化感測器（Thermal biosensor）[217-218]之裝置圖。在此葡萄糖熱生化感測器（Glucose thermal biosensor）中，利用在樣品室中固定化酵素GOD（Glucose oxidase）催化樣品中葡萄糖氧化並放出熱量（ΔH），反應如下：

$$Glucose + O_2 + 酵素GOD \rightarrow Gluconic\ acid + H_2O_2, \quad \Delta H = 80\ Kcal/mole \quad （8\text{-}24）$$

　　然後利用在樣品室中之LM334或LM335晶片測樣品室溫度並輸出電壓V_s，然後也由放在圖8-27參考室（沒加酵素）中之LM334或LM335晶片測參考室溫度並輸出電流V_R，然後利用一差示放大器（如差示OPA（Operational amplifier，運算放大器））並輸出電壓（V_o）傳入記錄器中，關係如下：

$$V_o = A\ (V_s - V_R) \quad （8\text{-}25）$$

　　式中A為放大器放大倍數。由輸出電壓（V_o）就可推算樣品中之葡萄糖含量。此熱生化感測器不只可用來偵測葡萄糖，還可用來偵測會產生熱反應之其他生化物質。

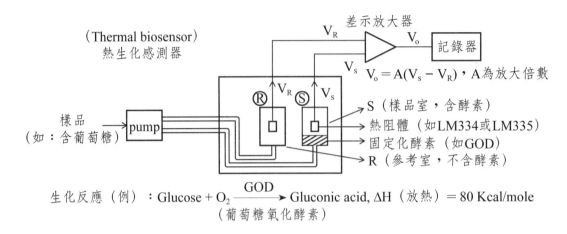

圖8-29　熱生化感測器（以測葡萄糖為例）之基本結構與原理示意圖[4]

8-6.　非侵入式生化感測器

　　所謂「非侵入式生化感測器（Non-invasive biosensor）」是指不用採取身體內生化樣品（如不需抽血）就可偵測此生化樣品中待測物（如血液中葡萄糖，即血糖）。例如只要將手放在非侵入式生化感測器上就可量測血液中葡萄糖含量（血糖值）與含氧量（血氧值）。常用非侵入式生化感測器為光學式非侵入式生化感測器。本節將介紹常見的非侵入式血氧感測器（Non-invasive blood-oxygen sensor）與非侵入式血糖感測器（Non-invasive blood-glucose sensor）。

8-6.1.　非侵入式血氧感測器

　　常用在於醫療之非侵入式血氧感測器（Non-invasive blood-oxygen sensor）為脈衝式血氧計量儀（Pulse oximeter）[219-220]，其利用血液中的血紅素（Hemoglobin, Hb）對於特定光波長的吸收會隨著血液含氧量的不同而改變的特性，以計算血氧值。在此非侵入式血氧感測器之手（指）袋型感測元件（如圖8-30(a)所示）中利用兩個發光二極體（Light emitting diode, LED）

分別發出波長為805與660nm脈衝式光波（兩波長光波脈衝交互式發出）透過皮膚照射血管中血液所含血紅素（Hb）及氧合血紅素（Oxygenated hemoglobin, HbO$_2$），兩者（Hb與HbO$_2$）皆會吸收部分光波並經光偵測器偵測穿透光強度，然後計算個別的光吸收度。在805 nm波長下，血液中血紅素（Hb）與氧合血紅素（HbO$_2$）之光吸收度差不多（吸收係數$\varepsilon_{Hb} \approx \varepsilon_{HbO2} = \varepsilon$），故在805nm波長下光吸光度 A_{805}和血紅素濃度C_{Hb}及氧合血紅素濃度C_{HbO_2}之關係為：

$$A_{805} = \varepsilon(C_{Hb} + C_{HbO_2}) \tag{8-26}$$

因吸收係數ε為定值，故由對805 nm波長之吸光度估算血液中$C_{Hb} + C_{HbO_2}$總量。然而在660 nm波長之血紅素（Hb）吸光度比氧合血紅素（HbO$_2$）大很多（即吸收係數$\varepsilon_{Hb} >> \varepsilon_{HbO_2}$），故在660 nm波長下光吸光度$A_{660}$為：

$$A_{660} = \varepsilon_{Hb} C_{Hb} + \varepsilon_{HbO_2} C_{HbO_2} \approx \varepsilon_{Hb} C_{Hb} \text{（因 } \varepsilon_{Hb} >> \varepsilon_{HbO_2}） \tag{8-27}$$

因吸收係數ε_{Hb}為定值， 故由對660nm波長之吸光度估算血液中血紅素（Hb）濃度C_{Hb}。可得：

$$C_{Hb} = A_{660}/\varepsilon_{Hb} \tag{8-28}$$

如此將式（8-28）代入式（8-26）就可計算出氧合血紅素（HbO$_2$）濃度如下：

$$C_{HbO_2}（氧合血紅素濃度） = \frac{\varepsilon_{Hb} \times A_{805} - \varepsilon \times A_{660}}{\varepsilon_{Hb} \times \varepsilon} \tag{8-29}$$

式中ε_{Hb}及ε已知而A_{805}及A_{660}可測，故由上式就可計算出氧合血紅素（HbO$_2$）濃度，進而推算血氧含量。

圖8-30(b)為此脈衝式血氧計量儀之實物圖（將手或手指插入手袋型感測元件中）。

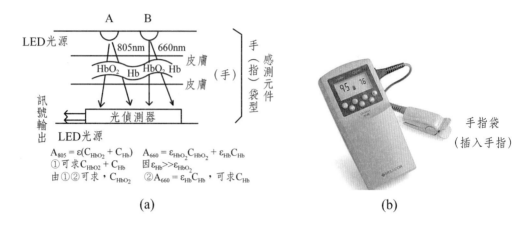

圖8-30 非侵入式血氧感測器（非侵入式血氧儀）之(a)偵測原理與(b)實物圖[219]
（(b)原圖來源：http://tw.myblog.yahoo.com/rick9420/article?mid=2882&prev=2898&next=-1）

8-6.2. 非侵入式血糖感測器

常見的非侵入式血糖感測器（Non-invasive blood-glucose sensor）[221-222]為光學式非侵入性血糖感測器，其感測原理如圖8-31(a)所示。其原理是用入射光（如紅外線光700~2500nm波長範圍）照射手或其他部位，光透過皮膚進入血管照射血液中葡萄糖，部分光波被葡萄糖吸收並反射成反射光或穿過血管及皮膚而成穿透光，再用光偵測器偵測反射光或穿透光之光強度，因而非侵入式血糖光學感測器可分為反射式非侵入式血糖光學感測器（Optical reflection non-invasive blood-glucose sensor）與穿透式非侵入式血糖光學感測器（Optical transmission non-invasive blood-glucose sensor）。然大部分市售者為反射式非侵入式血糖光學感測器。圖8-31(b)與(c)分別為市售及我國工業技術研究院所研製的反射式非侵入性血糖光學感測器實物圖。除光學式外，其他非侵入性血糖感測器（如德國研發的電擊式非侵入性血糖機NID）[222b]也陸續被開發出來。

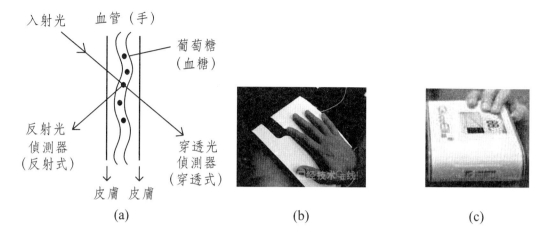

(a) (b) (c)

圖8-31 非侵入式血糖感測器（非侵入式血糖儀）之(a)偵測原理示意圖及(b)和
(c)兩種反射式非侵入性血糖機實物圖[221-222]（原圖來源：(b)http://www.
businessweekly.com.tw/blog/article.php?id=2; (c)http://www.itri.org.tw/chi/
news/detail.asp?RootNodeId=060&NodeId= 061&NewsID=674 [2012/10/02
台灣工研院發表]）

第 9 章

熱化學感測器
(Thermal Chemical Sensors)

　　熱化學感測器（Thermal chemical sensors）[223-226]顧名思義是檢測一物質樣品或系統所發出之熱量以偵測樣品中所含待測物含量或樣品所具有之溫度。傳統的熱量變化與溫度測量採用水銀或酒精溫度計，而本章所要介紹的則為電子式熱感測器，此熱感測器通常用來偵測物質或系統發出來的熱量所造成溫度變化，而溫度感測器純粹偵測物質或系統之溫度。然熱感測器與溫度感測器皆由偵測溫度之熱感應元件所構成，常用的熱感應元件為熱電偶（Thermocouple）或熱電堆（Thermopile），熱阻體（Thermistor）/電阻測溫計（Resistance temperature detectors, RTDs）及半導體感溫IC晶片（Thermal sensitive semiconductor IC Chip）等三大類，以這三類熱感應元件所組成的溫度感測器分別稱為熱電偶/熱電堆式溫度感測器（Thermocouple/Thermopile temperature sensor），熱阻體溫度感測器（Thermistor temperature sensor）及半導體IC晶片溫度感測器（Semiconductor IC Chip temperature sensor）。本章除介紹熱電偶/熱電堆式溫度感測器，熱阻體式溫度感測器及感溫IC溫度感測器外，也將介紹用在長距離測溫用之光纖溫度感測器（Optic fiber temperature sensor）和以酵素熱阻體生化感測器（Enzyme thermistor biosensors）及催化燃燒感測器（Catalytic combustion sensors (Pellistors)）為例，介紹熱敏化學感測器（Thermal sensitive chemical sensors）之應用。

9-1. 熱化學感測器簡介

熱化學感測器（Thermal chemical sensors）依其用來偵測樣品中所含待測物含量或樣品所具有之溫度分別可概分熱敏化學感測器（Thermal sensitive chemical sensors）與溫度感測器（Temperature sensors）兩大類。本章所要介紹的熱敏化學感測器與溫度感測器皆為可數位化的電子式熱化學感測器，而其常用的感測元件為熱電偶／熱電堆（Thermocouple/Thermopile）、熱阻體（Thermistor，或稱熱敏電阻（Thermally sensitive resistance）、電阻測溫計（Resistance temperature detectors, RTDs）及半導體溫度IC晶片（Semiconductor temperature transducer IC chip）和長距離測溫用光纖（Optical fiber）。圖9-1為一般熱敏／溫度感測器（Thermal sensitive/ Temperature sensors）之基本結構示意圖，其主要包括感測元件、訊號放大器（常用「運算放大器（OPA）」）、顯示器或數位化微電腦系統（包括類比／數位轉換器（ADC））。感溫元件感應溫度或熱通常以電壓或電流訊號輸出，這些訊號可直接用電壓／電流顯示器（V/I Display）顯示，也可再經運算放大器（OPA）放大電壓或電流訊號而以放大電壓訊號輸出，此放大電壓訊號可直接用電壓顯示器顯示，或再經類比／數位轉換器（ADC）轉成數位訊號輸入微電腦做數據處理與顯示。

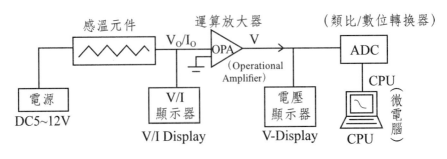

圖9-1　常見熱敏／溫度感測器之基本結構示意圖

常見用各種不同感溫元件所研製各種熱敏／溫度化學感測器為：(1)熱電偶／熱電堆溫度感測器（Thermocouple/Thermopile temperature sensors），(2)熱阻體溫度感測器（Thermistor temperature sensor），(3)電阻溫度感測器（Resistance temperature detector (RTD) sensor），(4)半導體IC晶片溫度感測器（Semiconductor IC chip temperature sensor），(5)酵素熱阻體生化感測器（Enzyme thermistor biosensors），(6)催化燃燒感測器（Catalytic combustion sensors (Pellistors）），(7)光纖溫度感測器（Optic fiber temperature sensor）及(8)紅外線溫度感測器（Infra red (IR) temperature sensor）。以下各節分別介紹這些溫度感測器／熱敏化學感測器之感溫元件與偵測原理。

9-2. 熱電偶／熱電堆溫度感測器

熱電偶／熱電堆式溫度感測器（Thermocouple/Thermopile temperature sensors）[227-229]之感測元件為熱電偶（Thermocouple）或熱電偶串聯所形成的熱電堆（Thermopile）。熱電偶如圖9-2(a)所示，由兩種不同金屬（M_1, M_2）所組成，當兩金屬相接之兩端點溫度（T與Tr，T與Tr分別為待測溫度與固定參考溫度，一般Tr為0℃或室溫）不同時，就會有輸出電壓（V_o）。圖9-2(b)為熱電偶輸出電壓（V_o）和待測溫度（相對於參考溫度之溫度差T－Tr）直線關係圖。換言之，由熱電偶輸出電壓（V_o）即可推算待測溫度（T），其關係如下：

$$V_o \cong A(T - Tr) \tag{9-1}$$

式9-1中A為靈敏度（Sensitivity）），由電壓V_o大小就可計算出待測溫度T大小。圖9-2(c)為單一熱電偶與測量其輸出電位之電位計實物圖，而圖9-2(d)為串聯熱電偶形成的微細金屬絲熱電堆（Thermopile）實物圖。圖9-3則為各種市售熱電偶溫度感測器實物圖。

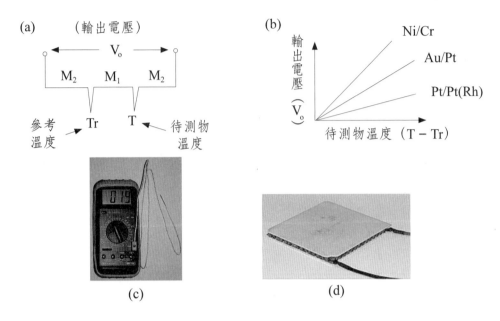

圖9-2 熱電偶之(a)基本結構圖,(b)輸出電壓和待測物溫度關係圖,和(c)單一熱電偶與測量其輸出電位之電位計實物圖[230]及(d)由多個熱電偶串聯形成的微細金屬絲熱電堆(Thermopile)外觀圖[231]。(圖c及d來源:From Wikipedia, the free encyclopedia, http://upload.wikimedia.org/wikipedia/commons/thumb/e/ee/Thermocouple0002.jpg/220px-Thermocouple0002.jpg; http://upload.wikimedia.org/wikipedia/commons/thumb/8/88/Peltierelement_16x16.jpg/220px-Peltierelement_

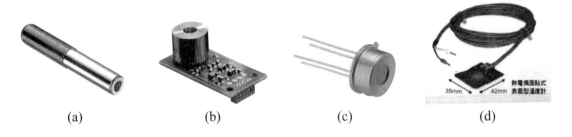

圖9-3 各種市售熱電偶溫度感測器實物圖:Measurement Specialties 公司生產的TPT300V型(b)TSEV01CL型(c)TS 105-10型溫度感測器[232]及(d)台灣的嘉升科技公司(GIGARISE Technology Co.)生產的PT-100型表面溫度感測器[233]。(原圖來源:(a)~(c):http://www.meas-spec.com/temperature-sensors/thermopiles/thermopile-components-and-modules.aspx;(d)http://img.calldoor.com.tw/images/store2/0001/2404/products/d50b 6514ca59100481f62564abe7acdc.jpg)

9-3.　熱阻體溫度感測器

　　熱阻體式溫度感測器（Thermistor temperature sensor）顧名思義是用熱阻體（Thermistor，熱敏電阻材料之一種）[233]做爲感測元件。熱阻體指的是其電阻（或阻抗）對溫度改變相當靈敏的物質，常用的熱阻體材料爲金屬氧化物。依其電阻對溫度變化關係，如圖9-4所示，熱阻體概分三類：(1)NTC熱阻體（NTC Thermistor）：具有負熱係數熱阻體（Negative temperature coefficient (NTC) thermistor），即溫度越高，熱阻體之電阻就越低，(2)PTC熱阻體（PTC Thermistor）：具有正熱係數熱阻體（Positive temperature coefficient (PTC) thermistor），即溫度越高，熱阻體之電阻就越高，及(3)CTR臨界溫度電阻熱阻體（Critical temperature resistor (CTR) thermistor）：只有在一特定溫度（Tc），熱阻體之電阻才會突然變化（下降或上升，如圖9-4(a)所示）。由圖9-4(a)可看出在0~150℃溫度範圍內，NTC熱阻體之電阻變化的溫度範圍（0~150℃）比PTC熱阻體（125~150℃）大，故NTC熱阻體較常用，而CTR熱阻體則只在特殊溫度當開關（Switch）用。圖9-4(b)與圖9-4(c)分別爲熱阻體之符號與NTC熱阻體實物圖。表9-1爲各種常用熱阻體（Thermistor）之溫度感測範圍和所用之材料與晶片。在NTC熱阻體中由Mn/Ni/Co/FeOx半導體複合金屬氧化物所組成的LM334[538]與LM335[539]晶片之感測溫度範圍-50~350℃最適合一般化學研究用，所以其爲最常用之溫度晶片。若要偵測較高溫度就需用ZrO_2/Y_2O_3材料熱阻體（ZrO_2/Y_2O_3 Thermistor，感測溫度範圍：500~2000℃）。然較常用之PTC熱阻體爲BaTiO$_3$熱阻體（感測溫度範圍：-50~150℃），而CTR熱阻體則常用混合金屬氧化物材料（如表9-1）。

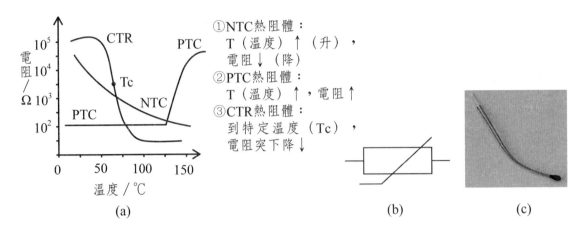

圖9-4　(a)各種熱阻體（Thermistor）之電阻和溫度關係圖，(b)熱阻體符號，及(c)NTC熱阻體實物圖[233]。（b, c圖：From Wikipedia, the free encyclopedia, http://en.wikipedia.org/wiki/Thermistor）

表9-1　各種熱阻體（Thermistor）偵測溫度範圍及所用材料[4]

熱阻體	溫度感測範圍	材料	備註
NTC	< 100K（超低溫）	C, Ce, Si	
	−30～0℃（低溫）	Mn/Ni/Co/FeOx + Cu	
	−50～350℃（常溫）	Mn/Ni/Co/FeOx（氧化物）	LM334-335[a]
	150～750℃（中溫）	Al_2O_3 + 過渡金屬氧化物	
	500～200℃（高溫）	ZrO_2 + Y_2O_3	
PTC	−50～150℃（常溫）	$BaTiO_3$	
CTR	0～150℃（常溫）	V/P/B/Si/Mg/Ca/Sr/Ba/Pb/LaOx（氧化物）	

(a)LM334與LM335為常用溫度感測晶片

9-4.　電阻式溫度感測器

　　電阻式溫度感測器（Resistance temperature detector(RTD) sensor）[223–224,234]為用電阻測溫計（Resistance temperature detectors, RTDs）感溫電阻材料當感測元件的感測器。一般用於電阻式溫度感測器之RTD感溫電阻材料（RTD Temperature sensing resistor）為感溫金屬材料，如白金（Pt, Platinum，可測−260~800℃）與鎳（Ni, Nickel，可測−100~260℃）或銅

（Cu, Copper，可測−100~260℃）金屬絲製成的RTD感溫電阻材料。電阻式溫度感測器之感測原理乃基於這些金屬RTD感溫電阻材料之電阻會隨溫度升高而增大，由電組變化即可推算其所處環境之溫度。由此可知此金屬RTD感溫電阻材料和正熱係數熱阻體（PTC thermistor）一樣都有溫度越高而電阻就越高之特性，然而兩者最大不同的為RTD感溫電阻材料都用純物質（Pure material如純白金（Pt）絲，反之PTC熱阻體用的為組成不固定的金屬氧化物（如BaTiO₃）。在一般電阻式溫度感測器中最常用白金（Pt）與鎳（Ni）金屬絲為RTD感溫電阻材料製成Pt-RTD及Ni-RTD感溫元件。

圖9-5為典型的電阻式溫度感測器（RTD）之儀器基本結構圖（圖9-5(a)）與各種類型的感測元件結構示意圖（圖9-5(b)~(d)）和實物圖（圖9-5(e)）。如圖9-5(a)所示典型的電阻式溫度感測器（RTD）是由熱敏金屬（如Pt和Ni）RTD感測元件和惠斯登電橋（Wheatstone bridge）所組成，而將RTD感測元件當做惠斯登電橋除已知R_1、R_2、R_3，三個電阻外第四個電阻（即待測電阻R_{RTD}），如此在電壓Vs下，惠斯登電橋之A、B兩點間之輸出電壓V_b為：

$$V_b = \frac{R_{RID}}{R_1 + R_{RID}} V_S - \frac{R_3}{R_3 + R_3} V_S \qquad (9-2)$$

由上式可知在R_1、R_2、R_3及Vs已知下，測出惠斯登電橋之輸出電壓V_b就可計算出RTD感測元件之電阻R_{RTD}，進而推算待測溫度。

RTD感測元件之電阻（R_{RTD}, ohm）和溫度（T, ℃）之關係在不同溫度範圍可用卡倫德-凡杜森方程式（Callendar-Van Dusen equation）[235]推算：

$$R_{RID} = R_0[1 + AT + BT^2 + CT^2(T - 100)] \quad (-200℃ < T < 0℃) \quad (9-3)$$
$$R_{RID} = R_0[1 + AT + BT^2] \quad (0℃ \leq T < 850℃) \qquad (9-4)$$

若用Pt-RTD感測元件，式中A=3.9083×10⁻³ ℃⁻¹，B=−5.775×10⁻⁷ ℃⁻²，C=−4.183×10⁻¹² ℃⁻⁴，而R_0為Pt-RTD感測元件在0℃時之電阻。

然而在溫度範圍0~100℃間，實驗發現Pt-RTD感測元件之電阻（R_{RTD}）和溫度（T）有如圖9-6白金絲（Pt）電阻式溫度感測器（Pt-Resistance temperature detector (Pt-RTD) sensor）之幾近正比例直線線性關係。此直線之斜率（Slope）為：

$$直線斜率 = (R_T - R_0)/(T - 0) = (R_T - R_0)/T \qquad (9\text{-}5)$$

式中R_T與R_0分別為溫度T與0℃時之RTD電阻（R_{RTD}）。若T = 100℃時，式（9-5）改為：

$$直線斜率 = (R_{100} - R_0)/100 \qquad (9\text{-}6)$$

式中R_{100}為溫度100 ℃時之RTD電阻。令：

$$\alpha = （直線斜率）/R_0 = (R_{100} - R_0)/100R_0 \qquad (9\text{-}7)$$

式中α值被稱為RTD感測元件之RTD感溫電阻溫度係數（Temperature co-efficient of RTD resistance）。由式（9-7）亦可得：

$$直線斜率 = R_0 \times \alpha \qquad (9\text{-}8)$$

將式（9-8）代入式（9-5）又可得：

$$\alpha \times T = (R_T - R_0)/R_0 \qquad (9\text{-}9)$$

因特定RTD電阻之α值一定（如Pt-RTD之α值約為=0.00385ohm/ohm/℃（加工不同Pt-RTD之α值也會不同），只要測得R_T及R_0之RTD電阻值即可由式（9-9）推算出待測溫度T。

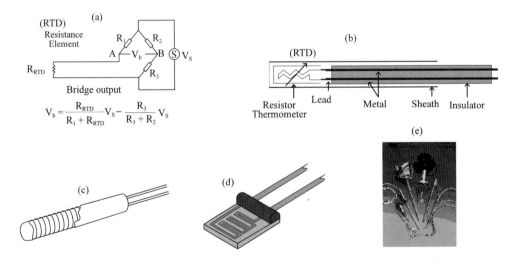

圖9-5　電阻式溫度感測器（RTD）之(a)儀器基本結構圖，(b)感測元件結構示意圖，(c)Pt線圈桿型元件圖[236]，(d)Pt薄膜型元件圖[234]及(e)St. Louis, MO-Watlow公司生產的各種RTD元件實物圖（原圖來源：(a)-(d):https://en.wikipedia.org/wiki/Resistance_thermometer; (e)http://www.designworldonline.com/resistance-temperature-detector-sensors/）

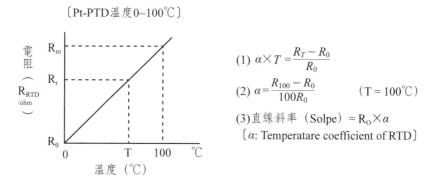

〔Pt-PTD溫度0~100℃〕

(1) $\alpha \times T = \dfrac{R_T - R_0}{R_0}$

(2) $\alpha = \dfrac{R_{100} - R_0}{100R_0}$ 　　(T = 100℃)

(3) 直線斜率（Solpe）$= R_O \times \alpha$

〔α: Temperatare coefficient of RTD〕

圖9-6　白金絲（Pt）電阻式溫度感測器（RTD）在溫度0~100℃範圍之電阻／溫度關係圖[234]（參考資料：https://en.wikipedia.org/wiki/Resistance_thermometer）

9-5.　半導體IC晶片溫度感測器

半導體IC晶片溫度感測器（Semiconductor IC chip temperature sensor）[4,237–239]為利用半導體IC晶片（如LM 334、LM335、TMP36、AD590及DS18B20 IC晶片）為感測元件之溫度感測器。圖9-7為利用LM334 IC晶片之**LM334熱阻體溫度感測器**（LM334 Thermistor temperature sensor）線路圖，當LM334晶片（屬於NTC熱阻體之一種）放入待測溫度溶液中，因LM334晶片材料為NTC熱阻體，溶液之溫度越高，其電阻越低，其輸出電壓V_1就越高，在經用參考電壓Vr之差示運算放大器（OPA）放大後，此LM334溫度感測器之最後輸出電壓V_o為：

$$V_o = (R_f/R_1)(V_1 - V_r) \qquad\qquad （9\text{-}10）$$

式中R_1與R_f分別為運算放大器（OPA）輸入電阻（圖9-7，R_1=1KΩ）與迴授（Feedback）電阻（R_f = 100KΩ），R_f/R_1為放大倍數。由感測器輸出電壓V_0即可推算待測溫度高低。

市售半導體IC感溫晶片種類相當多，其所用感測材料也相當不同，常見的有二極體（Diode，如Silicon diode）、熱阻體晶片（如LM334/335）及電晶體（如NPN Transistor）皆可用做半導體IC感溫晶片材料。圖9-8為各種常用在溫度感測器之半導體IC感溫晶片實物圖。

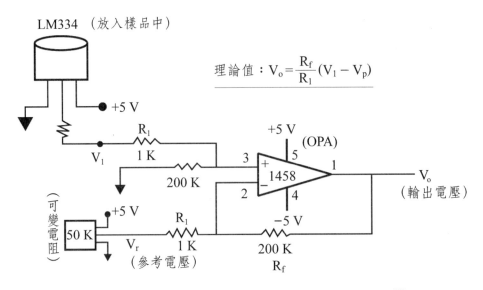

圖9-7 LM334半導體晶片溫度感測器線路圖[4]

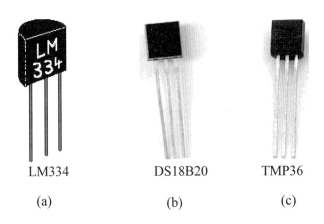

圖9-8 各種常用在溫度感測器之(a)LM334[237]，(b)DS18B20[238]及(c)TMP36 IC[239]
感溫晶片（原圖來源：(a)http://www.sentex.ca/~mec1995/gadgets/lm334.gif;
(b)http://www.adafruit/com/images/medium/ds18b 20to92_MED.jpg; (c)http://
www.adafruit.com/images/medium/TMP36_MED.jpg）

9-6. 光纖溫度感測器

因光纖不具導電性，不易受電磁波干擾，並可遠距離傳輸資料，幾乎不

會耗損訊號，故光纖溫度感測器（Optic fiber temperature sensor）[240~245]因而適合遠距離及危險地區的溫度感測。然光纖在光纖溫度感測器中光纖本身亦可當溫度感測元件，而不只有當光傳輸的功能，因而光纖溫度感測器可分為(1)光纖本身當溫度感測元件的內質式光纖溫度感測器（Intrinsic optic fiber temperature sensor），與(2)光纖只當光傳輸功能，而另有專門感測元件之外質式光纖溫度感測器（Extrinsic optic fiber temperature sensor）。本節將分別介紹此兩類光纖溫度感測器。

9-6.1.　內質式光纖溫度感測器

內質式光纖溫度感測器（Intrinsic optic fiber temperature sensor）將光纖當成溫度感測元件，而其偵測原理乃基於當光纖受溫度改變時，對光纖的長度、折射率及傳導截面光強度會造成影響，而光纖之熱膨脹造成長度改變與折射率變化會產生相位變化，一般光纖信號的檢測有光強度型與相位干涉型兩種方式。然而因相位干涉型光纖溫度感測器（Phase interferometric optic fiber temperature sensor）之靈敏度較高，故其應用之範圍亦較廣，可以感測到非常微小溫度變化量。圖9-9為典型相位干涉型光纖溫度感測器之基本結構圖，其主要含一雷射光源（如He-Ne雷射或CO_2雷射）、參考光纖、待測光纖及干涉儀或CCD攝影機和微電腦。如圖所示，光源出來的雷射光經分光器（Beam splitter）分成兩道雷射光，分別射向參考光纖線圈及待測光纖線圈，在參考光纖線圈中雷射光（I_1）相位無變化，而在待測光纖線圈中因溫度改變（測溫點溫度比周遭高或低）時，雷射光（I_2）相位會變化，此兩相位不同的兩道雷射光射入干涉儀中會產生干涉圖譜，干涉譜線可以直接顯示，亦可用CCD攝影機攝影干涉圖輸入微電腦中做數據處理及干涉譜線顯示，可利用這個干涉條紋與變動量去計算測溫點之溫度與溫度改變情形。

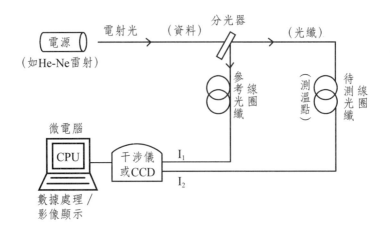

圖9-9　相位干涉型光纖溫度感測器之一般基本結構示意圖[242-243]（參考資料：(1) http://140.134.32.129/eleme/premea/images/11-6a.gif; (2)http://140.134.32.129/plc/pre-oe/optical/OP6.htm）

9-6.2.　外質式光纖溫度感測器

外質式光纖溫度感測器（Extrinsic optic fiber temperature sensor）乃是利用一可透光或吸光的感溫元件（如感溫半導體）接光纖和光源及光電偵測器所組成的。較常見的為半導體GaAs光纖溫度感測器[240-241]，其利用GaAs半導體可吸收850~950nm間之近紅外線光且其吸光度及透光率和溫度有關（其主要由於GaAs之導電能階（Conduction band）和共價能階（Conduction band）間之能隙（Energy gap, ΔEg）會隨溫度變化而改變，在0℃時GaAs半導體之ΔEg為1.52eV可吸收近紅外線光），可利用其吸光度與透光率改變而測知所處環境之溫度改變。常用之GaAs感溫元件有兩類：GaAs晶片及GaAs奈米顆粒感溫元件。圖9-10(a)與(b)分別為**GaAs光纖溫度感測器**（GaAs optic fiber temperature sensor）之GaAs晶片感溫元件與GaAs奈米顆粒感溫元件之結構示意圖。在GaAs晶片感溫元件中近紅外線光（常用880nm光，光強度I_0）經薄GaAs晶片除部分近紅外光被吸收外（光強度變為I），其他光可透過GaAs晶片，而其透光率百分比會隨環境溫度升高而下降（如圖9-10(c)所示）。同樣在GaAs奈米顆粒感溫元件（圖9-10(b)）中，原來光強度I_0之光波

經部分被GaAs奈米顆粒吸收和散射會使輸出的光強度下降為I。因溫度越高，GaAs奈米顆粒之吸光度越大，故輸出的光強度I會隨溫度升高而降低。此種用奈米顆粒感溫元件之光纖溫度感測器特稱為**光纖奈米溫度感測器**（Fiber optic nano temperature sensor）。圖9-10(d)為GaAs奈米顆粒感溫元件實物圖，而圖9-10(e)為GaAs晶片感溫元件實物圖。

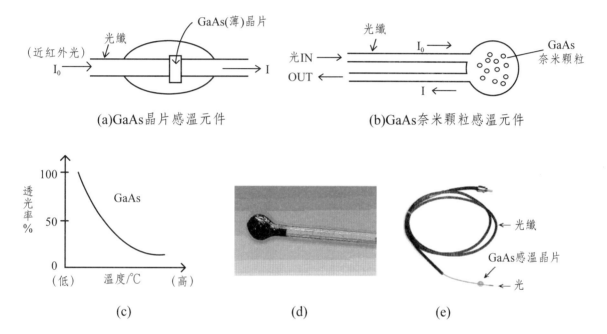

圖9-10 GaAs光纖溫度感測器之(a)GaAs晶片感溫元件，(b)GaAs奈米顆粒感溫元件，(c)透過GaAs元件後透光率與溫度關係示意圖，(d)GaAs奈米顆粒感溫元件實物圖[240]，及(e)GaAs晶片感溫元件實物圖[247]（原圖來源：(d)http://en.wikipedia.org/wiki/Fiber_optic_nano_temperature_sensor, (e) http://www.lumasenseinc.com/CH/products/fluoroptic-temperature-ensors/gallium-arsenide-based-product-line-for-distribution-transformer/fiber-optic-temperature-sensor-otg-t.html（LumaSenseinc Inc.公司產品））

圖9-11(a)為GaAs光纖溫度感測器之基本結構示意圖，由光源（如近紅外線光發光二極體（LED））所發出之近紅外線光經濾波片（器）選出特別定波長（常選880nm）近紅外線光（光強度I_0）經光纖傳至感測元件照射GaAs晶片或奈米顆粒，經GaAs部分吸收，其穿透光（光強度I）再經光纖傳送至可

偵測近紅外線光之光電偵測器（如PbS紅外線光導電偵測器（PbS Infra-red photoconductivity detector））輸出電壓訊號V_0，感測器之GaAs穿透光光強度I與輸出電壓訊號（V_0）會隨溫度都會隨溫度升高而下降（如圖9-11(b)所示）。圖9-11(c)為可偵測近紅外光之PbS光導電偵測器結構示意圖，在外接電壓V_s（通常為5V），PbS為光敏物質可吸收紅外線光而使其電阻下降，即其輸出電壓V_R會比未照光時較大，由輸出電壓的變化可換算紅外線光強度。GaAs光纖溫度感測器對溫度偵測相當靈敏，其偵測溫度之精確度可精確至±1℃。

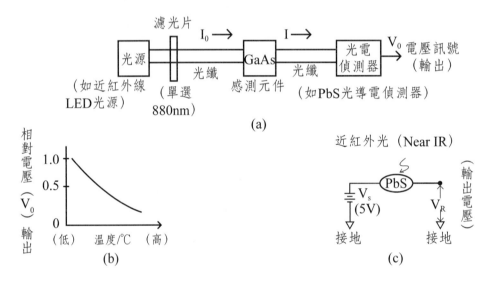

圖9-11　GaAs光纖溫度感測器之(a)基本結構圖[247-248]，(b)輸出電壓訊號與溫度關係圖[248]及(c)PbS光導電偵測器結構圖[249]（參考資料：(1)http://wenku.baidu.com/view/e1225e97dd88 d0d233d46ac9.html, (2)http://wenku.baidu.com/view/20b68511f18583d049645984.html）

9-7.　紅外線溫度感測器

紅外線溫度感測器（Infra red (IR) temperature sensor）[250-255]乃是基於所有物體在一般溫度（如常溫或高溫下）都會發出通常為紅外線的輻射線，而紅外線可利用紅外線偵測器（如熱電堆（Thermopile）與輻射熱計（Bolom-eter））偵測待測物體所發出紅外線光之物體溫度（可不需接觸，可測一定距

離之物體溫度）。一般紅外線溫度感測器偵測範圍為－50~400℃左右，然有些市售紅外線溫度感測器可測高至1600℃（偵測範圍為－50~1600℃）。

圖9-12為紅外線溫度感測器之基本結構與常用紅外線偵測器（熱電偶，熱電堆及輻射熱計）結構圖。如圖9-12(a)所示，當由物體所發出之紅外線（IR）照射到熱敏感測元件（如熱電堆（Thermopile）或輻射熱計（Bolometer））後，會有電壓（V_0）或電流（I_0）訊號輸出。再經運算放大器（OPA）將電壓（V_0）或電流（I_0）訊號轉換成放大電壓訊號，可直接用電壓／溫度（V/T）顯示器，其中含電壓計以測量電壓訊號並以此推算待測物溫度並顯示。亦可接類比／數位轉換器（ADC）將電壓訊號轉成數位訊號並輸入微電腦做數據處理並計算待測物溫度與顯示。紅外線溫度感測器常用之熱敏感測元件為熱電堆（Thermopile）或熱阻體（Thermistor）製成的輻射熱計（Bolometer）。

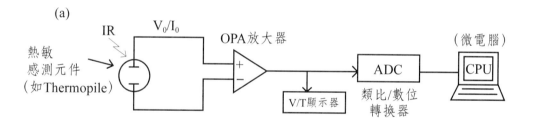

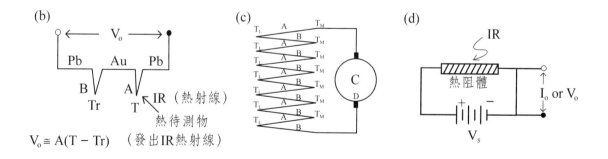

圖9-12　紅外線溫度感測器之(a)基本結構，(b)熱電偶（Thermocouple）[249]，(c)熱電堆（Thermopile）[256]及(d)輻射熱計（Bolometer）紅外線感測元件結構示意圖[249]（c圖來源：http://encyclopedia2.thefreedictionary.com/thermoelectricity）

　　熱電堆（圖9-12(c)）常由多個Au-Pb熱電偶（Thermocouple）串聯所成，而如圖9-12(b)所示，當熱電偶之Au-Pb兩金屬接點A接收待測物體所發出之紅外線（Au比其他金屬較易吸收紅外線），而使Au-Pb之A、B兩端點因溫度不同而產生電位差Vo輸出。而如圖9-12(d)所示，熱阻體（常用InSb半導體）製成的輻射熱計（Bolometer）感測元件接收待測物體所發出之紅外線時會使熱阻體因溫度改變而使其電阻改變，因而使感測元件輸出之電壓（Vo）或電流（Io）訊號改變，測量電壓或電流訊號即可推算待測物體之溫度。圖9-13為市售 MLX90614ESF-AAA型紅外線感測元件與手持式JDIT-500型之紅外線溫度感測器實物圖。

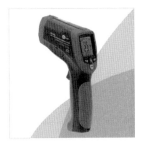

MLX90614ESF-AAA　　　　　　JDIT-500手持式

(a)　　　　　　　　　　　　(b)

圖9-13　(a)MLX90614ESF-AAA型[252]紅外線感測元件與(b)手持式JDIT-500型[253]紅外線溫度感測器實物圖（原圖來源：(a)http://www.aroboto.com/shop/goods.php?id=201;www.pololu.com（Melexis生產，−70 to 380℃）(b)http://www.jetec.com.tw/chinese/application4-11.html (−50~1600℃)）

　　在機場常見用於偵測來往旅客之體溫的紅外線熱像儀（Infrared thermograph, IRT）[257-258]，也是利用熱敏感測元件探測由旅客身體發出的紅外輻射線，再配合影像系統而成的。市售紅外線熱像儀依感測元件分兩大類：半導體型紅外線熱像儀[259-260]與CCD照相型紅外線熱像儀[261]。CCD照相型紅外線熱像儀（CCD Infrared thermograph）利用CCD紅外線感光元件直接感光照相而得溫度影像，而半導體型紅外線熱像儀是用感溫半導體元件（如半導體熱阻體InSb）陣列組成的平面紅外線感測器（圖9-14(a)）感應由待測物所

發出的紅外輻射線，然後利用電子線路將陣列上各個感溫半導體元件出來電子訊號組合成熱像圖。圖9-14(a)為典型半導體型紅外線熱像儀之基本結構示意圖，其平面紅外線感測器一般是由半導體熱阻體（如InSb）組成微輻射熱元件（Microbolometer）[280-281]陣列製成的紅外線聚焦平面陣列感測器（IR focal-plane array (FPA) sensor）[259-260]。當紅外輻射線照射平面紅外線感測器上各個半導體熱阻體（溫度升高），而使其電阻下降（半導體屬負熱係數（NTC）熱阻體），其輸出電流就會增大，而平面上每一點的半導體熱阻體所受紅外輻射線能量不同，故每一點的輸出電流就不同。這些平面上各點的不同輸出電流訊號經數據收集／處理電子線路（DAS, Data acquisition system）轉成陣列掃瞄式訊號以串列數位訊號輸入微電腦處理成熱像圖顯示。圖9-14(b)為利用微輻射熱元件（Microbolometer）陣列平面紅外線感測器所得的狗頭紅外線熱像圖，而圖9-14(c)為市售UTi160A型紅外線熱像儀實物圖。

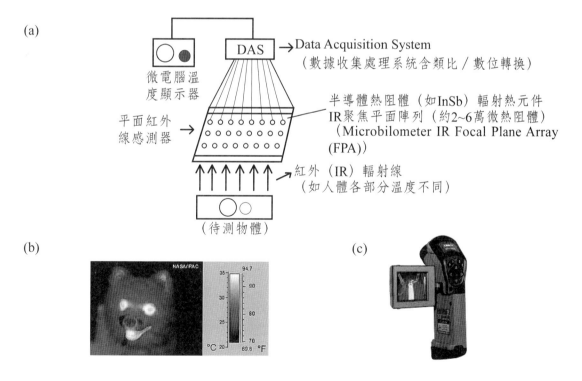

圖9-14　半導體型紅外線熱像儀之(a)基本結構示意圖[260,263]，(b)狗頭紅外熱像圖[264]，及(c)UTi160A型紅外線熱像儀[265]實物圖（原圖來源：(b)https://zh.wikipedia.org/zh-tw/紅外線；(c)http://www.tecpel.com.tw/UTi160A.html（泰菱電子儀器公司產品，可測溫度範圍：−20℃至+300℃）；參考資料(a)http://link.springer.com/article/10.1007%2F978-3-642-18253-2_19/lookinside/000.png; http://www.optotherm.com/microbolometers.htm）

9-8. 熱敏化學感測器

熱敏化學感測器（Thermal sensitive chemical sensors）是利用物質樣品或系統所發出之熱量以偵測樣品中所含待測物含量，本節將介紹兩種常見的熱敏化學感測器：酵素熱阻體生化感測器（Enzyme thermistor biosensors）與催化燃燒感測器（Catalytic combustion sensors (Pellistors)）。

9-8.1. 酵素熱阻體生化感測器

酵素熱阻體生化感測器（Enzyme thermistor biosensors）[266–268]乃是利用固定化酵素（Immobilized enzyme，可由高分子或其他物質（如C60）接著與固定酵素）催化待測生化物質（如葡萄糖）反應產生反應熱（放熱或吸熱），引起熱阻體感測器中感溫熱阻體電阻變化，偵測熱阻體（如LM334晶片）電阻變化可推算樣品中生化物質含量。已有偵測葡萄糖（Glucose）[4]、乳糖（Lactose）[269–270]、果糖（Fructose）[271]、盤尼西林（Penicillin）[272–273]及蔗糖（Sucrose）[274]之酵素熱阻體生化感測器被開發成功。以下為偵測這些生化物質所用之酵素及其熱反應方程式：

$$\text{Glucose} + O_2 \xrightarrow{\text{Glucose oxidase}} \text{Gluconic acid} + H_2O_2 + \Delta H(\text{Heat}) \qquad （9\text{-}11）$$

$$\text{Lactose} + O_2 \xrightarrow{\text{Cellobiose dehydrogenase}} \text{Lactobionic acid} + H_2O_2 + \Delta H \qquad （9\text{-}12）$$

$$\text{Fructose} + \text{Orthophosphate} \xrightarrow{\text{Fructose-6-phosphate kinase}} \text{fructose-1, 6-biphosphate} + \Delta H \qquad （9\text{-}13）$$

$$\text{Penicillin} \xrightarrow{\text{Penicillinase}} \text{Penicilloate} + \Delta H \qquad （9\text{-}14）$$

$$\text{Sucrose} + H_2O \xrightarrow{\text{Invertase}} \text{Glucose} + \text{Fructose} + \Delta H \qquad （9\text{-}15）$$

圖9-15為典型的酵素熱阻體生化感測器基本結構圖，其熱絕緣感測元件中含固定化酵素管（Enzyme column）與熱阻體（Thermistor），而生化樣品（如含乳糖及葡萄糖樣品）由壓縮小幫浦抽入感測元件中經酵素管中酵素催化其氧化／還原或水解／裂解或加成熱反應而產生反應熱（放熱或吸熱），並引起感測元件中之熱阻體電阻變化，常用外加電壓Vs使流經熱阻體後之電流也因此改變（熱阻體電阻變小時將使電流上升），然後此改變後電流再經放大器

（Amplifier）放大後以電流訊號輸出，可用電流計（Current meter）測定，由電流大小可計算熱阻體電阻變化量（ΔR），進而推算此樣品中待測生化物質（如乳糖與葡萄糖）之含量。

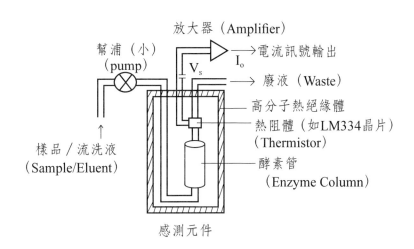

圖9-15　酵素熱阻體生化感測器基本結構示意圖[266]（參考資料：http://www.sciencedirect.com/science/article/pii/S0003267012017680）

9-8.2.　催化燃燒感測器

　　催化燃燒感測器（Catalytic combustion sensors 或稱Pellistors）[275−279]乃是利用一含熱敏電阻金屬絲（通常用鉑金（Pt）絲）和表面塗有含燃燒催化劑（Catalyst，常用如Pd、Rh之貴金屬當燃燒催化劑）之多孔陶瓷催化珠（Catalyst ceramic pellet）組成的催化燃燒感測元件（Pellistor感測元件如圖9-16(a)所示），用以催化燃燒及偵測待測可燃氣體。其感測原理是利用熱敏電阻金屬絲（如鉑金絲）在溫度升高時其電阻會有規律升高的特性來測量環境樣品中可燃氣體的濃度。

　　圖9-16(b)為典型催化燃燒感測器之基本結構圖，其主要由催化燃燒Pellistor感測元件和惠斯登電橋（Wheatstone bridge）所組成。如圖所示，在此感測器中將有催化劑（如Pd）[280]之Pellistor感測元件（當惠斯登電橋之電阻D）和一無催化劑之陶瓷催化珠參考補償元件（Reference compensator）

當惠斯登電橋（圖中C）之兩個電阻體。惠斯登電橋之A、B及C電阻皆固定，然當氣體燃燒溫度升高，Pellistor感測元件中鉑金（Pt）絲電阻也升高（即惠斯登電橋D電阻升高），因而惠斯登電橋T_1與T_2兩點之電壓與輸出電流都會改變，輸出電流可用圖中電流計檢測與顯示，由電流的改變值可計算Pellistor感測元件中溫度，進而可推算環境樣品中可燃氣體的濃度。圖9-16(c)為市售KGS601型催化燃燒感測器（**Pellistor**）實物圖。

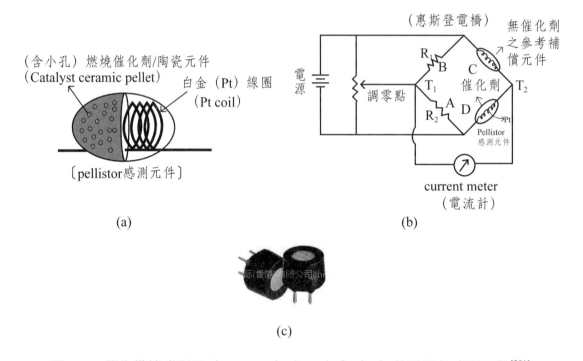

(a)

(b)

(c)

圖9-16　催化燃燒感測器（Pellistor）之(a)白金（Pt）熱電阻熱感測元件[281]，(b)基本結構圖[282]，及(c)市售KGS601型催化燃燒感測器實物圖[283]（原圖來源：http://www.citytech.com/technology/pellistors.asp, (b)http://www.felcom.it: 8080/tutorial/copy2_of_test-1, (c)http://top.baidu.com/ wangmeng/ index. html?w=500&h=200）

第 10 章

磁化學感測器和磁感測器
(Magnetic Chemical Sensors and Magnetic Sensors)

　　本章將介紹磁化學感測器（Magnetic chemical sensors）和磁感測器（Magnetic sensor），磁化學感測器為利用各種磁感測器元件偵測磁性化學物質或磁標幟化合物之感測器，包括光化學磁感測器（Photochemical magnetic sensors），電子式磁化學感測器（Electronic magnetic-chemical sensors）及用來偵測生化物質的磁生化感測器（Magnetic biosensors）。磁感測器則為偵測磁場強度與磁力線之感測器，常用的磁感測器為霍爾效應磁感測器（Hall effect magnetic sensor）與磁阻感測器（Magnetoresistance (MR) Sensors）。本文將先介紹各種常用磁感測元件，再介紹各種磁化學感測器。本章也將簡單介紹對磁場非常敏感且可探測磁場又可偵測磁性化學物質的超導量子干涉磁感測元件（Superconducting quantum interference device, SQUID），其可偵測極小磁場與磁性化合物之微小磁性變化。

10-1.　磁性物質

　　磁性物質（Magnetic materials）[284-287]簡單來說就是含有不成對電子的物質，如自由基、某些具有不成對電子的磁性金屬及其化合物，不只為磁化學感測器所要偵測的對象，而且是磁感測元件之主要組成物質。物質依磁性可分為順磁性物質（Paramagnetic materials）、鐵磁性物質（Ferromagnetic materials）及反磁性物質（Diamagnetic substance）和非磁性物質（Non-magnetic substance）。各種磁性物質分別介紹如下：

　　順磁性物質（Paramagnetic materials）是指可受到外部磁場的影響，暫時會被磁化產生指同方向的磁向量且會被磁場吸引的材料，然順磁性物質在沒有外部磁場時就會失去磁性。大部分稀土金屬（有不成對f電子者）、所有鹼金屬（具有最外層單一S^1電子，如鈉與鋰）、許多過渡金屬及其化合物（如鋁、錳、鉻、氯化銅、硫酸鎳）及空氣中二氧化氮和臭氧等皆為順磁性物質。順磁性物質可用磁感測器偵測。

　　鐵磁性物質（Ferromagnetic materials）在外部磁場的作用下得而磁化後，即使外部磁場消失，依然能保持其磁化的狀態而具有磁性之材料，因以鐵（Fe）為代表而得名。鐵（Fe）、鈷（Co）、鎳（Ni）、釓（Gd）、鏑（Dy）等金屬及Fe_2O_3鐵氧（Ferrite）、Fe_3O_4、ZnTe、ZnSe、ZnS、CdTe、CdSe和CdS等化合物：皆為鐵磁性物質。鐵磁性物質不只可用磁感測器偵測且常做磁感測元件之主要成分。

　　反磁性物質（Diamagnetic substance，又稱「逆磁性或抗磁性物質」）由於在外加磁場下，會發生反向磁化，與磁鐵不是相互吸引，而是產生斥力的材料。雖有些反磁性物質（如熱解碳（Pyrolytic carbon））可因斥力足過大而會產生磁浮現象。然大部分物質因只具有微弱斥力的反磁性，故通常被許多科學家作為非磁性物質看待。除順磁性及鐵磁性物質外，大部分物質多多少少在磁場下有點反磁性。其中包括金、銀、銅、鉛、水銀，DNA，絕大多數有機化合物如石油和一些塑料等為只會產生微弱斥力的反磁性物質很難直接用磁感測器偵測，但其分子或原子團若接上一小順磁性或鐵磁性物質就可用磁感測器偵測。

10-2. 磁感測器

　　磁感測器（Magnetic sensor）為偵測磁場強度與磁力線之感測元件，本節將介紹常用的磁感測器為霍爾效應磁感測器（Hall effect magnetic sensor）與磁阻感測器（Magnetoresistance (MR) sensors）。

10-2.1. 霍爾效應磁感測器

　　霍爾效應磁感測器（Hall effect magnetic sensor）[288-292]是依據霍爾效應（Hall effect）所研製探測磁場強度之感測器。霍爾效應是指當放一垂直磁場（圖10-1之z軸）在有電流（圖10-1之x軸）通過之固體導體或半導體時（一般半導體的霍爾效應要強於固體導體），會在垂直於磁場和電流方向（圖10-1之y軸）產生一感應電位差，即為霍爾電壓（Hall voltage, V_H）。在如圖10-1所示之長、寬、厚分別為a、b、c之半導體所產生的霍爾電壓（V_H）[292]為：

$$V_H = K_H(I \times B/c) \tag{10-1}$$

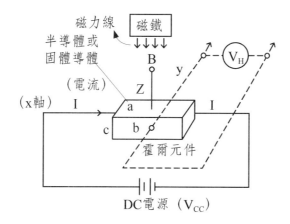

圖10-1　霍爾效應元件之結構和產生霍爾電位（V_H）原理[228,292]（參考資料：(1) http://www.electronics-tutorials.ws/electromagnetism/hall-effect.html; (2) zh.wikipedia.org/zh-tw/霍爾效應）

　　式中　B為z軸磁場強度（垂直於ab平面，單位 **Tesla**，1 Tesla $= 10^4$

Gauss），I為通過半導體x軸之電流強度（電流經過ac平面，單位**amp**），K_H為霍爾效應係數（Hall effect coefficient，單位m^3/C，米^3／庫倫），c為半導體厚度（Thickness of the sensor，單位mm）。

　　圖10-2(a)為霍爾磁感測元件之實物圖，其為據有三支接腳之IC元件。圖10-2(b)為霍爾元件符號及其三支接腳用途，其第1支接腳與第3支接腳分別用於接電源（V_{cc}）與接地（GND），而其第2支接腳用於輸出霍爾電壓訊號（V_H）。測量時，磁力線要垂直於霍爾元件平面正面。圖10-2(c)為霍爾磁感測器偵測磁場之線路接線圖，其中包含一電阻R用於調節霍爾輸出電壓大小，而放大器則放大霍爾電壓輸出訊號（V_H）。此線路圖所得之最後電壓輸出訊號V_0可進一步利用類比／數位轉換器（ADC）轉成數位訊號，再傳入微電腦做數據處理並計算出磁場強度。

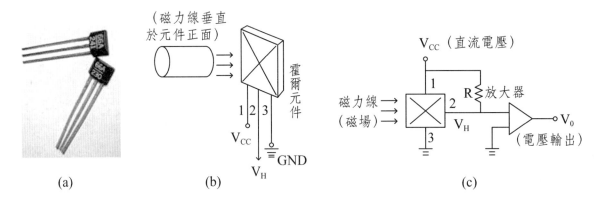

圖10-2　霍爾磁感測元件之(a)實物圖[293]，(b)霍爾元件接腳示意圖[292]，及(c)霍爾磁感測器偵測磁場線路圖[291]（原圖來源：(a) http://www.lessemf.com/dcgauss.html；參考資料：(b)http://www.electronics-tutorials.ws/electromagnetism/hall-effect.html, (c)http://www.chinabaike. com/uploads/allimg/110425/162P21396-1.jpg; http://t3.gstatic.com/ images?q=tbn:ANd9GcRjpFPxkAukzMSUAv9-bMaywINirVgrxrjLjV7RZ-E5-zKkTMr1）

10-2.2.　磁阻效應／磁阻感測器

　　磁阻感測器（Magnetoresistance (MR) sensors）[294-303]乃基於其使用之

鐵磁性感測元件在外加磁場時會改變其電阻之磁阻效應（Magnetoresistance (MR) effect），其鐵磁性感測元件主要由鐵磁性物質（Ferromagnetic materials）所組成。在外加磁場下，鐵磁性感測元件所改變的磁阻變化率（MR）定義為有無磁場電阻差ΔR和原來電阻R_0比值，表示如下：

$$\text{MR（磁阻變化率）} = \frac{R_0 - R_H}{R_0} = \frac{\Delta R}{R_0} \ (R_0 > R_H) \tag{10-2}$$

或

$$\text{MR（磁阻變化率）} = \frac{R_H - R_0}{R_0} = \frac{\Delta R}{R_0} \ (R_H > R_0) \tag{10-3}$$

式中R_H與R_0分別為在有及無磁場下時鐵磁性感測元件之電阻。由式10-2與式10-3暗示在外加磁場下鐵磁性感測元件之電阻可能增加也可能減小，此現象最早於西元1857年由**威廉湯姆森先生（William Thomson）在利用鐵**（Iron, Fe）當鐵磁性感測元件時，發現流經Fe感測元件之電流和磁場方向相同時，Fe電阻增加，反之當電流和磁場方向呈90°時，Fe電阻減小，此種效應被稱為異向性磁電阻（Anisotropic magnetoresistance, AMR）效應。用此AMR效應組成的磁感測器就稱為異向性磁電阻感測器（Anisotropic magnetoresistance sensor, AMR sensor）。然此種AMR感測器所用的鐵磁性材料通常為單一鐵磁材料（如Fe或Ni），其產生磁阻（MR）效應（電阻改變）大約只有2~3%而已，故有人發展出多層（如Fe/Cr/Fe）磁阻感測元件，其電阻改變量可達30%以上，特稱為巨磁阻感測器（Giant magnetoresistive sensor, GMR sensor）。磁阻感測器是基於該原理製成，具有高靈敏度、高可靠性及小體積之優點。本節將分別介紹異向性磁電阻感測器（AMR sensor）和巨磁阻感測器（GMR srsensor）之基本結構與感磁原理。

10-2.2.1. 異向磁阻感測器

在1856年威廉‧湯姆森發現當用Fe或Ni當磁阻感測元件時，當通過感測元件磁性薄膜（如Fe金屬薄膜）的電流在和磁場成90°或同時會引起感測元件的電阻降低（如圖10-3(a)）或電阻增大（圖10-3(b)），這種電阻會隨電流的磁場間角度不同而改變之現象稱為異向磁阻效應（Anisotropic magnetoresistance (AMR) effect）。異向磁阻感測器（Anisotropic magnetoresistance

（AMR）Sensors）[297-299]乃基於此異向磁阻效應所研製而成的。當磁場與電流方向成90°時，AMR電阻為$R_\perp(H)$，而磁場與電流方向相同時，AMR電阻為$R_\parallel(H)$，然當磁場與電流方向成θ角時，AMR電阻為R(H)，和$R_\perp(H)$及$R_\parallel(H)$關係如下[299]：

$$R(H) = R_\perp(H) + (R_\parallel(H) - R_\perp(H)) \cos^2\theta \qquad （10\text{-}4）$$

(1)θ＝90°, cosθ＝cos 90°＝0,

$$R(H) = R_\perp(H) + (R_\parallel(H) - R_\perp(H)) \cos^2 90° = R_\perp(H) + 0 = R_\perp(H) \qquad （10\text{-}5）$$

(2)θ＝0°, cosθ＝cos 0°＝1,

$$R(H) = R_\perp(H) + (R_\parallel(H) - R_\perp(H)) \cos^2 0° = R_\perp(H) + (R_\parallel(H) - R_\perp(H)) = R_\parallel(H) \qquad （10\text{-}6）$$

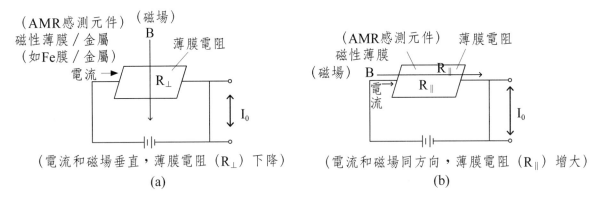

圖10-3　通過磁性薄膜之電流和磁場方向(a)垂直及(b)同向時之AMR（異向磁阻性）感測器元件結構示意圖[297-299]

圖10-4為利用AMR感測元件組成的惠斯登電橋[304]（Wheatstone bridge）式異向磁阻感測器系統基本結構示意圖。惠斯登電橋的R_1、R_2、R_3為固定值之電阻，而AMR感測元件之電阻R_H（當電橋之未知電阻）會受外加磁場磁力線強度影響而改變，AMR感測元件電阻R_H改變會引起惠斯登電橋B、D兩點間輸出電壓V_b改變，換言之，測定惠斯登電橋輸出電壓V_b可計算AMR感測元件電阻R_H值，由電橋輸出電壓V_b及感測元件電阻R_H都可計算出外加磁場強度。惠斯登電橋輸出電壓V_b和感測元件電阻R_H關係為：

$$V_b = \left(\frac{R_H}{R_3 + R_H} - \frac{R_2}{R_1 + R_2}\right)V_S \qquad (10\text{-}7)$$

式中V_s為直流電源電壓。如圖10-4所示，通常會先將惠斯登電橋輸出電壓V_b經放大器（如運算放大器，OPA）放大成V_{out}再輸出。放大的電壓訊號V_{out}可再經類比／數位轉換器（ADC）轉換成數位訊號再輸入微電腦做數據處理並計算外加磁場強度。因此種異向磁場感測器之電阻會隨電流與磁場方向間角度（θ）不同而改變，故其亦可用來判斷外來磁場及磁力線方向。

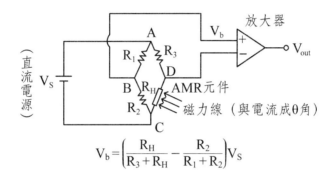

$$V_b = \left(\frac{R_H}{R_3 + R_H} - \frac{R_2}{R_1 + R_2}\right)V_S$$

圖10-4　惠斯登電橋式異向磁阻感測器系統基本結構示意圖[297-299]

10-2.2.2.　巨磁阻感測器

巨磁阻感測器（Giant magnetoresistance (GMR) sensors）[299-303]為利用多層（如Fe/Cr/Fe）磁阻感測元件，其電阻改變量可達30%以上的磁阻感測器。巨磁阻感測器（GMR）之發明者Albert Fert及Peter Grünberg兩位科學家因此發明而獲得西元2007諾貝爾物理獎。在外加磁場下，GMR感測元件之電阻由原來（無磁場）的R_0下降為R_H，電阻改變量為ΔR（$\Delta R = R_0 - R_H$），其磁阻變化率（MR）為：

$$MR（磁阻變化率）= \frac{\Delta R}{R_0} = \frac{R_0 - R_H}{R_0} = 1 - \frac{R_H}{R_0} \qquad (10\text{-}8)$$

一般巨磁阻感測器（GMR）之感測元件如圖10-5(a)所示，常為三層結構所組成，其三層結構為：

鐵磁性金屬層（如Fe）／非鐵磁性金屬層（如Cr）／鐵磁性金屬層（如Fe）（10-9）

當外在磁場之磁力線照射此三層結構感測元件會使其電阻（R_H）改變

（下降）而產生輸出電壓V_0之改變。但如圖10-5(a)與圖10-5(b)所示，由於所量電壓接點不同，三層結構GMR感測元件分爲兩類（Type I與Type II），在Type I之 GMR感測元件（圖10-5(a)）中，測第一層（鐵磁層）與第三層（鐵磁層）A、C兩點間之電壓爲輸出電壓V_0。而在Type II之GMR感測元件（圖10-5(b)）中，則測第一層（鐵磁層）上A_1與A_2兩端點之電壓爲輸出電壓V_0。然而不管採用Type I或Type II之GMR感測元件其因外在磁場強度的改變都會引起圖10-5(c)所示的GMR感測元件電阻R_H改變，由圖10-5(c)可知外在磁場強度越增大，有磁場及無磁場電阻之比值（R_H/R_0）就會越減小，因無磁場時感測元件電阻R_0是一定的，換言之，外在磁場強度越增大，GMR感測元件電阻R_H就越下降。然圖10-5(c)又顯示R_H/R_0因磁場強度變化值及曲線又會隨所用鐵磁性層（Fe）／非鐵磁性層（Cr）厚度比（如Fe 3nm/Cr 0.9nm（A曲線）或Fe 3nm/Cr 1.2nm（B曲線））不同而有所不同。

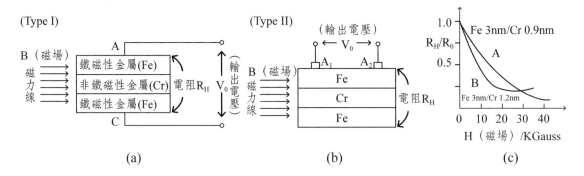

圖10-5　巨磁阻感測器（GMR）之(a)感測元件，(b)基本結構示意圖及(c)磁阻變化率R_H/R_0和外加磁場強度之關係[300]（參考資料：http://en.wikipedia.org/wiki/Giant_magnetoresistance）

圖10-6爲電橋式巨磁阻感測器（GMR）之基本偵測線路圖。在這偵測系統中，將GMR感測元件放在惠斯登電橋（Wheatstone bridge）中當未知電阻R_H（其他R_1、R_2、R_3已知電阻）。GMR感測元件之電阻R_H會因外在磁場強度改變而改變，然後引起惠斯登電橋輸出電壓V_b的改變，惠斯登電橋輸出電壓V_b和GMR感測元件電阻R_H之關係爲：

$$V_b = \left(\frac{R_H}{R_3 + R_H} - \frac{R_2}{R_1 + R_2} \right) V_S \qquad (10\text{-}10)$$

　　式中V_S爲直流電源電壓。此由感測元件電阻R_H改變而改變的惠斯登電橋輸出電壓V_b通常再經放大器（如運算放大器，OPA）放大成V_{out}輸出。一般進一步將此輸出電壓V_{out}再經類比／數位轉換器（ADC）轉成數位訊號，然後再輸入微電腦做數據處理並計算因外在磁場而改變的感測元件電阻R_H與估算外在磁場強度。

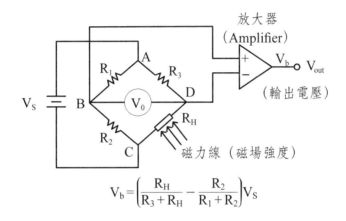

$$V_b = \left(\frac{R_H}{R_3 + R_H} - \frac{R_2}{R_1 + R_2} \right) V_S$$

圖10-6　電橋式巨磁阻感測器（GMR）之電橋式基本偵測線路圖[303]（參考資料：http://www.gmrsensors.com/gmr-operation.htm）

10-3.　磁化學感測器

　　磁化學感測器（Magnetic chemical sensors）[4,305-307]是用來偵測樣品中磁性物質（Magnetic materials）。磁性物質簡單來說就是含有不成對電子的物質，如自由基、某些具有不成對電子的磁性金屬及其化合物，一般常用磁感測器檢驗之磁性物質分兩大類：順磁性（Paramagnetic materials）與鐵磁性物質（Ferromagnetic materials）。至於在外加磁場下會發生反向磁化與磁鐵產生的斥力的反磁性物質（Diamagnetic substance），如DNA，絕大多數有機化合物如石油和一些塑料，雖不能直接用磁感測器偵測，其分子亦可接上磁性物質就可利用磁化學感測器偵測了。

　　本節將介紹常用之磁化學感測器，如光化學磁感測器（Photochemical magnetic sensors）、電子式磁化學感測器（Electronic magnetic-chemical sensors）、生物磁感測器（Magnetic biosensors）及磁液位偵測器（Magnetic fluid level detector）。

10-3.1. 光化學磁感測器

光化學磁感測器（Photochemical magnetic sensors）[4]是利用磁性探針可被樣品表面磁性原子吸引或排斥，而使磁性探針上下位置改變，再用光化學系統檢測磁性探針上下位置改變，以推算樣品表面磁性原子分布情形。

圖10-7(a)是具有磁性探針之光化學式磁化學感測器之基本儀器結構圖，在圖中之懸臂探針尖（Cantilever tip）可用磁性探針以感應樣品表面磁性原子之磁力，當表面磁力改變時，懸臂探針被樣品原子吸引或排斥，將使懸臂探針上下位置改變（從A→B）。如圖10-7(b)所示，磁性探針遇到樣品表面有同順磁性原子區就會被吸引而使磁性探針往下移，反之，磁性探針遇到逆磁性原子就會互相排斥而上升。然後如圖10-7(a)所示，利用雷射光照到上下偏移的探針後，其反射光射到位差分列式二極體光偵測器位置（如從A→ B）就會改變，而這位置改變即可反應表面原子之磁力之改變。經掃瞄裝置掃瞄整個樣品表面就可得樣品表面磁性原子分布影像。分列式二極體光感測器出來的訊號再經鎖定放大器（Lock-In Amplifier）去除雜訊後，透過電腦界面將訊號輸入微電腦中做數據處理並繪出樣品表面磁性原子分布影像圖。

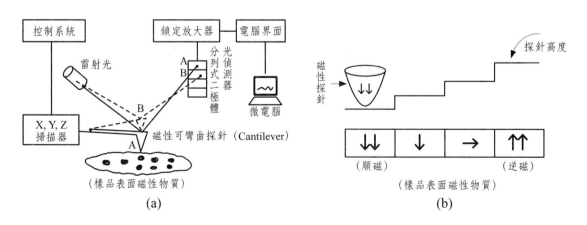

圖10-7　具有磁性探針之光化學式磁化學感測器(a)儀器結構與(b)感測樣品中磁性物質示意圖[208]

10-3.2.　電子式化學磁感測器

電子式化學磁感測器（Electronic chemical-magnetic sensors）是利用電子式磁感測器當磁化學感測器之磁感測元件，此電子式磁感測器因受穿過化學樣品改變之磁力線影響而產生電子線路中電子移動以致於引起電壓或電流變化而得名，由其電壓或電流變化訊號可推算化學樣品中待測磁性物質濃度或分布情形。

圖10-8為電子式磁化學感測器儀器結構示意圖，如圖所示，當一外加磁場穿過移動式樣品時，若遇非磁性或反磁性物質，部分磁力線會被阻止通過，反之，遇到待測磁性物質磁力線則易通過，以至於射到磁感測元件之磁力線與磁場強度會因物質磁性大小而呈現強弱，使磁感測元件輸出電壓V_i或電流I_i訊號會變化（磁性物質訊號強，而非磁性物質訊號則弱）再經電流／電壓轉換放大器（如運算放大器，OPA）以放大的電壓V_o訊號輸出，再接類比／數位轉換器（ADC）並以數位訊號輸入微電腦中數據處理並繪出樣品中待測磁性物質濃度分布圖。

此電子式化學磁感測器中常用之磁感測元件為霍爾效應感測元件（Hall effect magnetic sensing element）與磁阻感測元件（Magnetoresistance (MR) sensing element）。霍爾效應感測元件在外在磁場強度或磁力線改變時會產生霍爾電壓訊號變化輸出，而磁阻感測元件在外加電壓下，當外在磁場強度或磁力線改變時則會使磁阻感測元件產生電阻變化，進而引起輸出電流變化。

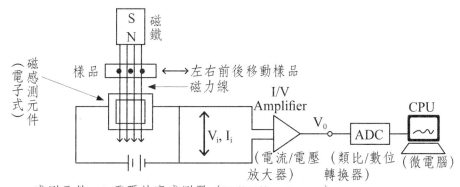

感測元件：1.霍爾效應感測器（Hall Effect Sensor）
　　　　　　2.磁阻感測器（Magnetoresistamce Sensor）

圖10-8　電子式磁化學感測器儀器結構示意圖

10-3.3.　生物磁感測器

　　生物磁感測器（Magnetic biosensors）[305-307]為利用磁化學感測器偵測樣品中生化分子（如抗體及DNA）。本節將分別介紹較著名的磁免疫生物感測器（Magnetic immuno-biosensors）與磁DNA生物感測器（Magnetic DNA biosensors）如下：

10-3.3.1.　磁免疫生物感測器

　　磁免疫生物感測器（Magnetic immuno-biosensors）[307]是利用抗體（Antibody(Ab)，如Anti-IgG或Anti-Hemoglobin）或抗原來偵測樣品中抗原（IgG或 Hemoglobin）之磁化學感測器。圖10-9為應用標幟鐵氧（主成分Fe_2O_3磁性物質）之抗體磁珠（Ferrite particle-labeled antibody magnetic bead）偵測抗原（Antigen, A_g）之磁抗體生物感測器（Magnetic antibody biosensors）結構圖與工作原理。標幟鐵氧鐵之抗體磁珠是將抗體（如Anti-IgG或Anti-Hemoglobin）固定化在鐵氧鐵上並包在塑膠或陶瓷中製成。然後將此大小在微米與奈米（μm-nm）間之鐵氧磁珠（Ferrite bead）附著在一晶片（如Si晶片或Si_3N_4/Si晶片）上。步驟如下：

　　　　抗體（Ab）+鐵氧磁珠（Ferrite bead）+晶片（Chip）
　　　→抗體-磁珠（Ab-Ferrite bead）／晶片　　　　　　　　　（10-11）

　　當此抗體-鐵氧磁珠（Ab-Ferrite bead）／晶片受外加磁場之磁力線照射後（如圖10-9(a)所示），穿過晶片之磁力線照射到磁感測元件（如巨磁阻（GMR）元件或霍爾元件），並以電壓V_0或電流I_0輸出。然當在晶片上注入抗原（如IgG或Hemoglobin(Hb)）樣品時，如圖10-9(b)所示，樣品中抗原會和抗體-磁珠中之抗體結合，而放出鐵氧磁珠（Ferrite bead），步驟如下：

　　　　抗體-磁珠（Ab-bead）／晶片+抗原（樣品）
　　　→抗體-抗原（Ab-Ag）+鐵氧磁珠（Ferrite bead）　　　（10-12）

　　放出的鐵氧磁珠（Ferrite bead）因屬強磁性物質，會對磁鐵放出之磁力線產生順磁反應，而使照射到磁感測元件之磁力線增強而使磁感測元件電壓或

電流輸出增強成V_1或I_1（如圖10-9(b)所示）。利用有抗原及無抗原樣品時磁感測元件所輸出之電壓差（$\triangle V = V_1 - V_0$）或電流差距（$\triangle I = I_1 - I_0$）可計算出生化樣品中抗原（如IgG或Hb）之含量。

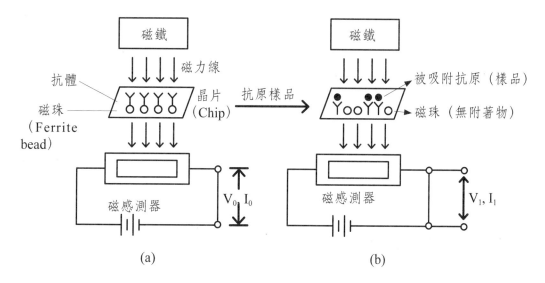

圖10-9 (a)應用標幟鐵氧之抗體磁珠（Ferrite particle-labeled antibody magnetic bead）偵測抗原（Antigen）之磁抗體生物感測器結構圖與(b)加入樣品後釋放鐵氧磁珠示意圖[307]（參考資料：http://www.cchem.berkeley.edu/mmmgrp/res_sensors.htm）

10-3.3.2. 磁DNA生物感測器

磁DNA生物感測器（Magnetic DNA biosensors）[307]乃利用標幟鐵氧磁珠（父）單股DNA(Ferrite particle-labeled DNA magnetic bead）偵測樣品中單股（子）DNA以確認親子關係之磁生物感測器。圖10-10為DNA磁生物感測器結構圖與工作原理。如圖10-10(a)所示，首先利率鐵氧磁珠（Ferrite bead）接在單股（父）DNA上成單股DNA-鐵氧磁珠（DNA-Ferrite bead）並放在一透明晶片上，步驟如下：

單股（父）DNA + 鐵氧磁珠（Ferrite bead）+晶片

→單股（父）DNA-鐵氧磁珠／晶片　　　　　　　　　　　（10-13）

　　然後如圖10-10(a)所示，在晶片上方和下方分別放一磁鐵及一CCD攝影／影像顯示系統，此時影像顯示系統只顯示接在一起的單股（父）DNA-磁珠之反射光影像（此時有相當強的磁珠反射光影像）。

　　然當在晶片上注入含單股（子）DNA之樣品時，單股（子）DNA和單股（父）DNA會結合成雙股DNA並釋放出鐵氧磁珠（Ferrite bead），步驟如下：

　　　　單股（父）DNA-磁珠／晶片 + 單股（子）DNA（樣品）
　　　→雙股DNA／晶片+磁珠　　　　　　　　　　　　　　　　　　　（10-14）

　　如圖10-10(b)所示，釋放出來鐵氧磁珠會被晶片上方之磁鐵所吸引住，故由晶片下方之CCD攝影系統所得到的影像只有晶片上雙股DNA影像而大大減少磁珠之光反射影像，甚至無鐵氧磁珠之光反射影像（若晶片上已無鐵氧磁珠，所有鐵氧磁珠都已被晶片上方之磁鐵所吸引住）。由鐵氧磁珠之光反射影像之減少與晶片之光反射影像，可用來確認親子關係。

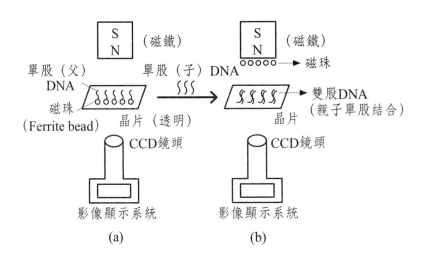

圖10-10　(a)應用標幟鐵氧磁珠單股DNA（ferrite particle-labeled DNA magnetic bead）之DNA磁生物感測器結構圖與(b)加入另外子單股DNA樣品後釋放鐵氧磁珠及攝影系統示意圖[307]（參考資料：http://www.cchem.berkeley.edu/mmmgrp/res_sensors.htm）

10-3.4. 磁液位偵測器

　　磁液位偵測器（Magnetic fluid level detector）[308]乃是利用磁感測器偵測一液體（如石油與水）之液面。圖10-11爲應用霍爾磁感測元件當**液位偵測器**（Fluid level detector）偵測液體之液位偵測器結構示意圖，如圖所示，當含磁鐵頭浮標受液體浮力浮在液面時，浮標之磁鐵頭發出磁力線照射上方之霍爾磁感測器而產生霍爾電壓V_H輸出。液面越高，浮標之磁鐵頭越接近霍爾磁感測器，霍爾磁感測器所感受到的磁場強度越強，所產生的霍爾電壓V_H也越大。換言之，由霍爾電壓V_H大小就可推算液面高度。

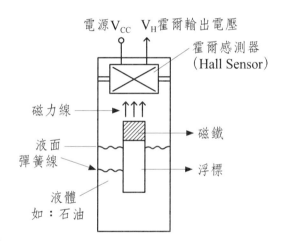

圖10-11　霍爾磁感測元件應用當液位偵測器（Fluid level detector）結構示意圖
　　　　 [308]（參考資料：http://www.mfg.mtu.edu/cyberman/machtool/machtool/
　　　　 sensors/magnetic.html）

10-4.　超導量子干涉磁感測元件

　　超導量子干涉磁感測元件（Superconducting quantum interference device, SQUID）[309-313]是由如圖10-12(a)所示的超導體A／絕緣界面I／超導體B／絕緣界面II的兩個超導環(A, B)所構成的約瑟夫森界面（Josephson junction）超導線圈所組成的，可偵測極微小磁場強度變化之磁感測元件。當外

加電源V_D供應電流流經超導線圈端點分成I_a，I_b兩約瑟夫森電流（Josephson current），在無外加磁場時，$I_a = I_b$。然當外加一個磁場時，則將在超導環中感應出一個環流，這使得通過兩個超導結的Josephson電流不再相等（即$I_a \neq I_b$），因而在超導線圈兩端點A、B會感應出一電壓V_{out}輸出訊號，由輸出電壓V_{out}訊號變化ΔV_{out}可推算外在磁場磁通量（Magnetic flux quantum）變化$\Delta \Phi$，關係[309]如下：

$$\Delta V_{out} = (R/L)\Delta \Phi \qquad\qquad (10\text{-}15)$$

式中R與L為SQUID感測元件之環路電阻（Shunt resistance）與電感（Inductance）。

此SQUID超導線圈也可能製成如圖10-12(b)所示的方型SQUID超導線圈，而圖10-12(c)則為方型SQUID超導線圈元件實物圖。而一般SQUID感測元件所用之超導體常為純鈮（Nb, Niobium）或Pb-Au或Pb-In（Au及In各占約10%）。同時，由SQUID感測元件所用之電源為直流電（DC）或交流無線電波（Radio frequency, RF）又可分DC-SQUID與RF-SQUID元件，一般DC-SQUID比RF-SQUID感測元件靈敏度較高，但造價成本DC-SQUID也較高。

一般SQUID感測元件之偵測極限可低至10^{-14}Tesla（即10^{-10}Gauss）[311]，其可偵測極微小磁場變化，除可應用在偵測一般微小磁場強度變化外，目前已可應用在探測生物體內的微小磁場，如腦波、心臟及神經訊號，因為一般腦波與心臟跳動所發出磁場強度分別為10^{-13}與10^{-10}Teslas，皆在此SQUID感測元件之偵測下限（10^{-14}Tesla）內，因而SQUID感測元件在醫學診斷應用日趨重要。同時由於一般電器（如電冰箱）與一般動物身上所發出的磁場強度分別約為10^{-2}Teslar與$10^{-9} \sim 10^{-6}$Tesla，也都在SQUID感測元件之偵測下限內，SQUID感測元件亦可應用在電器機械與動物之追蹤上，因而SQUID感測元件應用日漸增廣。

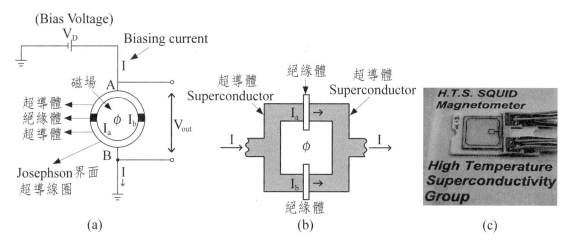

圖10-12　超導量子干涉磁感測儀（SQUID）之(a)SQUID元件超導線圈結構與磁場改變引起輸出電壓（V_{out}）[311]，(b)方型SQUID磁感測儀之基本電路圖[309]和(c)方型SQUID元件實物圖[309]（(a)參考資料：http://hyperphysics.phy-astr.gsu.edu/hbase/solids/squid.html; (b)及(c)原圖來源：http://en.wikipedia.org/wiki/SQUID）

第 11 章

環境汙染現場化學感測器
(Field Chemical Sensors for Environmental Pollution)

環境汙染（Environmental pollution）最注重現場檢測（Field monitoring），以便在第一時間就可偵測與處理空氣汙染或水汙染。為現場檢測，各種簡易偵測各種汙染物之現場感測器因應而生。本章將介紹常見用來偵測空氣汙染物（如NO_2/NO、SO_2、CO、CO_2、H_2S及揮發性有機物）和水汙染物（如陰陽離子（含重金屬離子）與有機物）之現場化學感測器（Field chemical sensors）與強毒性有機汙染物（如戴奧辛與多氯聯苯）生物感測器。

11-1. 環境汙染簡介

自二十世紀以後人類科技發展迅速，帶動世界各國工業蓬勃發展，而工業所排出各種有機及無機廢棄物，造成嚴重環境汙染。環境汙染主要是空氣汙染與水汙染。空氣汙染[314-315]主要來自工業和交通車輛所排出各種有機與無機廢棄物所造成的，空氣汙染對人體健康與環境危害影響極大，主要空氣汙染

物為一氧化碳（CO）、二氧化氮（NO₂）、有機物（HC, Hydrocarbon）、氧化硫（SOx）、二氧化碳（CO₂）及粉塵粒狀物（Particles），表11-1為美國一年所排出的各種空氣汙染物的總量與汙染來源。表11-1顯示一氧化碳（CO）、氧化氮（NOx）及有機物（HC）的最主要汙染來源來自交通（以汽車為主）排放物所造成的汙染，氧化硫（SOx）之最主要汙染來源則來自定點燃燒（以燒煤的工廠或電廠為主）排放物，而粉塵粒狀物（Particles）主要來自工業生產所造成的。

表11-1 美國全年（1970年）各種空氣汙染物總量（百萬噸／年）[314b]

汙染源	一氧化碳 （CO）	氧化氮 （NOx）	氧化硫 （SOx）	有機物 （HC）	粉塵 （particle）
交通（汽車、火車、飛機）	100.6*	10.6*	0.9	17.7*	0.6
定點燃燒（電廠、煤石油、天然氣）	0.7	9.1	24.0*	0.5	6.2
工業生產（生產發出）	10.3	0.2	5.4	5.0	12.1*
其他（含垃圾處理及其他）	23.1	0.9	0.4	8.4	4.9
總量	134.7	20.8	30.7	31.6	23.8

*各汙染物之主要汙染源（如CO主要汙染源為交通）
(a)交通排放11.7百萬噸NOx，汽車排放9.1百萬噸NOx最多。

水中汙染物主要為可溶於水之有毒之金屬（如重金屬（Heavy metals，如Cu^{2+}、Hg^{2+}））與類金屬（Metalloid如As^{3+}）離子、陰離子（Anion如CN^-及NO_2^-）及極性有機物。在環境水汙染中，主要毒性較強的金屬元素為重金屬與類金屬，重金屬主要是指對生物有明顯毒性且密度大於$4.5 g/cm^3$之金屬[316]，如汞、鎘、鉛、鉻、鋅、銅、鈷、鎳、錫等，此類汙染物不易被微生物降解。本章除介紹用來偵測空氣中各種有毒的無機和有機氣體汙染物及水中有毒的重金屬、類金屬及陰離子汙染之化學感測器外，本章也將介紹由工業製程或燃燒所產生的強毒性有機汙染物（如戴奧辛與多氯聯苯）生物感測器。

11-2. 空氣汙染現場化學感測器

空氣汙染現場化學感測器（Field chemical sensor for air pollution）是用來偵測現場空氣中各種汙染物，如NO_2/NO、SO_2、CO、CO_2、H_2S、微粒及有機物（RH）。本節將分別介紹偵測這些空氣汙染物之現場化學感測器及其對健康可能的危害。

11-2.1. 現場NO_2/NO化學感測器

現場NO_2/NO化學感測器（Field chemical sensor for NO_2/NO）用來偵測現場空氣中NO_2與NO汙染。NO_2及NO對身體健康危害相當大，世界各國對NO_x（含NO_2與NO）汙染國家標準（National standard for NO_x pollution）約為1 ppm。二氧化氮之主要汙染來源如圖11-1所示來自(1)高溫燃燒（如煤氣燃燒）使空氣中N_2和O_2反應產生及(2)氮燃料燃燒所致，反應如下：

$$N_2 + O_2（高溫燃燒 > 1300℃）→ NO \qquad (11-1)$$
$$2NO + O_2（室溫及 < 600℃）→ 2NO_2 \qquad (11-2)$$

及　$RN（氮燃料燃燒）+ O_2 → NO + CO_2 \xrightarrow{O_2} NO_2（室溫）+ CO_2 \quad (11-3)$

如上所示，不管是一般如煤氣之高溫燃燒或含氮燃料燃燒在大於1300℃下，首先產生的為一氧化氮（NO）排放，因為在燃燒的煤氣爐邊就有可能有NO存在。但一遇低溫小於600℃或室溫NO就會和空氣中O_2反應產生NO_2。如表11-2所示，NO之產生及存在和溫度有關，在高溫大於1500℃時NO只要1秒中就可形成500ppm，此高溫下，空氣中NO濃度大於NO_2濃度。在1300~1500℃時，NO形成速率雖較慢（形成500 ppm要約2分鐘），但在空氣中NO/NO_2比仍然相當大，而在500~1300℃時，空氣中NO仍會形成並存在。一直要到在小於500℃低溫下，NO才難形成，所有NO都會變成NO_2，空氣中幾乎不會有NO存在。在室溫（25℃）中NO幾乎就不存在。所以在室溫空氣中不會有NO存在，反之，NO_2可能會存在空氣中。

二氧化氮產生原因

(1)$N_2 + O_2 \rightarrow 2NO$　（高溫>1300 ℃燃燒）

　　$2NO + O_2 \rightarrow 2NO_2$　（在室溫中或低溫<600 ℃）

　　（在大氣中NO_2產生量比NO高）

(2)$C_mH_nN_p$（氮化物燃料）$+ (m + \dfrac{n}{4} + p)O_2 \rightarrow mCO_2 + \dfrac{n}{2}H_2O + pNO_2$

圖11-1　空氣中二氧化氮／一氧化氮（NO_2/NO）產生來源與步驟[315]

表11-2　一氧化氮（NO）形成時間與溫度關係[315]

溫度（℃）	形成500 ppm所需時間	NO/NO_2關係
1500～2000	約需1.0秒	NO > NO_2
1300～1500	約需2.5秒	NO ≈ NO_2
500～1300	約需20分鐘	NO < NO_2
25～500	難生成NO，只有NO_2（所有NO都變成NO_2）	NO << NO_2（只有NO_2存在）

　　氮氧化物（NO_2/NO）汙染對環境及人體健康危害相當大， 圖11-2為空氣中氮氧化物（NO_2/NO）汙染所造成對環境及動植物之各種危害。首先空氣中NO_2汙染會造成酸雨（圖11-2（一）），這是因為NO_2遇雨水會反應成硝酸（HNO_3）與亞硝酸（HNO_2），反應如下：

$$2NO_2 + H_2O \rightarrow HNO_3 + HNO_2 \tag{11-4}$$

　　酸雨會侵蝕金屬及大理石建築物並造成河水酸化使河中魚類難生存。其次，NO_2對人體健康危害相當大，首先因NO及NO_2會和血紅素（Hb）結合成NO-Hb，NO-Hb結合力比CO-Hb及O_2-Hb都來得大（圖11-2（二）），NO-Hb, CO-Hb及O_2-Hb三者結合力比約為$10^6 : 10^3 : 1$。其次，NO_2進入人體內會和水起作用產生亞硝酸（HNO_2，式11-4），而亞硝酸（HNO_2）會和體內DNA中之胞嘧啶（Cytosine）反應變成尿嘧啶（Uracil）（如圖11-2（四）所示），使DNA失去功能，會使孕婦生出畸形兒。NO_2汙染亦會使豆類植物根部之根瘤菌失去將N_2氮固定生成蛋白質之能力（如圖11-2（三）所示），這是因為NO_2會和根瘤菌之固氮酶素（Nitrogenase）結合，使其酶素不再和N_2結合，而失去氮固定生成蛋白質之能力，使和根瘤菌共生的豆類植物枯死。

氮氧化物汙染的危害

(一)酸雨（Acid Rain）

- pH值4.0＜雨水（正常雨水5.7～6.8）
- 來源：$H_2O + 2NO_2 \rightarrow HNO_2 + HNO_3$，$H_2O + SO_2 \rightarrow H_2SO_3$
- 酸雨使河湖中魚類難生存。
- 酸雨會腐蝕金屬、大理石及其他建築物及設備：

$$CaCO_3 + 2H^+ \rightarrow H_2CO_3 + Ca^{2+}$$

(二)NOx會和血紅素（Hb）結合

NO-Hb(K（結合常數）≈ 10^6) > CO-Hb(10^3)>O_2-Hb (1.0)

(三)阻礙豆類植物氮的固定（Nitrogen Fixation）

- 氮的固定：N_2（根瘤菌Nitrogenase酵素）→NH_3→Protein（蛋白質）
- 根瘤菌Nitrogenase酵素：Protein-Mo-S-Fe使$N_2 \rightarrow N_3^- \rightarrow NH_3$

(四)使DNA之Cytosine變成Uracil

- DNA結構改變易造成畸形兒

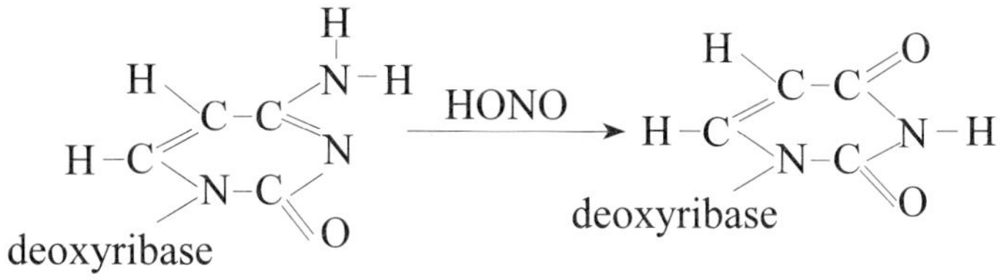
H
N-H
C-C
H-C
N
N-C
O
deoxyribase
HONO
H
O
C-C
H-C
N-H
N-C
O
deoxyribase

Cytosine　　　　Uracil

(五)光煙霧（Photo-Smog）產生

- 產生過氧化物（如PAN，Peroxyacetyl nitrate）刺激眼睛

$NO_2 \xrightarrow{h\upsilon} NO + O$

$NO + O + M \longrightarrow NO_2 - M$（M：吸熱體）

$O + O_2 + M \longrightarrow O_2 + M$

$O + HC(Olefin/Aromatic) \rightarrow R + RCO$

$O_2 + HC \rightarrow RCO_3^- + RCHO\ (Aldehyde) + R_2CO\ (Ketone)$

（產生Ketone及Aldehyde）

$RCO_3^- + NO \longrightarrow NO_3 + RCO$

$RCO + O_2 \longrightarrow RCO_3$

$CH_3O-C(=O)-O^- + NO_2 \rightarrow CH_3O-C(=O)-O-ONO_2$

PAN

（產生PAN過氧化物）

(六)使臭氧層臭氣（O_3）減少

- NO會催化臭氧層臭氣（O_3）變成O_2（NO為催化劑）

(1)$NO + O_3 \rightarrow NO_2 + O_2$

(2)$NO_2 + O \rightarrow NO + O_2$

全反應：$O_3 + O \xrightarrow{NO} 2O_2$

圖11-2　空氣中氮氧化物（NO_2/NO）汙染所造環境及動植物之危害[315]

在化學工廠中高溫燃燒產生的NO_2受太陽光照射很容易分解成NO，而NO會和化學工廠空氣中有機物產生一連串化學反應（如圖11-2（五）所示），會產生醛類（RCHO）、酮類（R_2CO）及會刺激眼睛的過氧化物如PAN

（Peroxyacetyl nitrate，過氧乙醯硝酸酯）[317]。另外，眾所周知，大氣中之NO飄至臭氧層中會催化臭氧層之臭氧（Ozone, O_3）分解（如圖11-2（六）所示），造成臭氧層破洞（Ozone holes，即臭氧減少（Ozone depletion）區）[431]，因臭氧幾乎可完全吸收對生物與人類相當有害的波長小於290nm（100~290nm）之太陽光之紫外線，故臭氧減少會使太陽光之小於290nm紫外線直射地球危害地球上動植物之健康（易造成癌症及基因破壞）。

空氣中**NO_2/NO現場監測**爲環保重要課題，世界各國環保署（EPA, Environmental protection agency）大都用**NO_2/NO化學冷光法**（Chemical luminescence for NO_2/NO）做現場監測空氣中NO_2與NO之用[318]。圖11-3(a)爲化學冷光法偵測空氣中NO_2/NO的偵測步驟和原理及偵測系統，此法偵測NO_2及NO之三步驟：(1)測NO_2+NO總量（M_t），(2)測NO含量（M_1）及(3)估算NO_2含量（M_2）。分別說明如下：

[步驟一]偵測NO_2+NO總量Mt（如圖11-3(a)（一）所示），首先將空氣樣品抽入圖11-3(b)的NO_2/NO現場監測器中，空氣樣品先經監測器之過濾器去除懸浮顆粒，再進入$FeSO_4$轉換器（$FeSO_4$ Converter）中，$FeSO_4$中Fe^{2+}當還原劑將空氣中NO_2還原轉換成NO：

$$NO_2 + Fe^{2+} \rightarrow NO + Fe^{3+} + 1/2\ O_2 + e^- \qquad (11\text{-}5)$$

NO_2轉換成NO後，如圖11-3(b)所示，含NO之空氣樣品進入反應室和通入的臭氧（O_3）反應，NO會和臭氧（O_3）反應產生高能NO_2*，隨後此高能NO_2*即發射出波長590nm可見光：

$$NO + O_3 \rightarrow NO_2^* + O_2 \qquad (11\text{-}6)$$
$$NO_2^* \rightarrow NO_2 + hv\ (590nm) \qquad (11\text{-}7)$$

然後如圖11-3(b)所示，用光電倍增管（Photomultiplier tube, PMT）偵測此光波之強度並以電流輸出，此電流再經放大器放大成輸出電流I_o，並用電流計測定此輸出電流I_o，即可推算此空氣樣品中NO_2+NO總量（M_t）。

[步驟二]測NO含量（M_1）：首先將圖11-3(b)之監測器內之$FeSO_4$轉換器拆除，即空氣樣品直接通到監測器之反應器中，直接和臭氧（O_3）反應（如

式（11-6））產生高能NO_2^*，同樣，高能NO_2^*隨即發射出波長590nm可見光
（如式（11-7））並用光電倍增管（PMT）偵測發射之光波，即可用輸出電
流估算空氣中NO含量（M_1）。因此步驟不用$FeSO_4$轉換器，故空氣中NO_2在
此步驟無反應，故偵測到的只是空氣中NO含量（M_1）。

[步驟三]估算NO_2含量（M_2）：只要將步驟一所得的之NO_2+NO總量
（M_t）減去步驟二所得的之NO含量M_1，即可得NO_2含量（M_2）：

$$NO_2含量（M_2）=（NO_2+NO總量M_t）－NO含量（M_1）\qquad（11-8）$$

圖11-4為NO_2/NO的化學冷光偵測器（NO_2/NO Chemical luminescence
detection system）結構圖與美國Southeastern Automation, Inc.公司產品化
學冷光偵測器951A外觀圖。

化學冷光法（Chemical Luminoscence，現場監測法）
(一)測[NO_2 + NO]總量（M_t）（用含$FeSO_2$之NO轉換
　　器）

$$NO_2 \xrightarrow[FeSO_4]{光熱} NO$$

$NO + O_3 \longrightarrow NO_2^* + O_2$
$NO_2^* \longrightarrow NO_2 + h\upsilon$（強度$I_t$，590 nm）
所測得化學發光（$h\upsilon$）強度I_t，用NO標準品
所得標準曲線可知[NO_2 + NO]總量為M_t
(二)測NO含量（M_1）（不用$FeSO_4$轉換器）
$NO + O_3 \longrightarrow NO_2^* + O_2$
$NO_2^* \longrightarrow NO_2 + h\upsilon$（強度$I_1$，590 nm）
依化學發光強度（I_1）及NO標準工作曲線
可得氣體樣品中NO含量為M_1
(三)計算NO_2含量（M_2）
　　NO_2含量（M_2）＝M_t（總量）－M_1（NO含量）

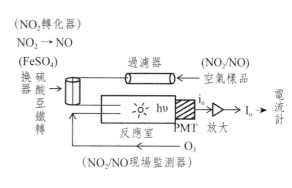

(a)　　　　　　　　　　　　　　　　　(b)

圖11-3　偵測空氣中NO_2/NO的化學冷光偵測法之偵測步驟和原理，與(b)偵測系統示
　　　　意圖[315]

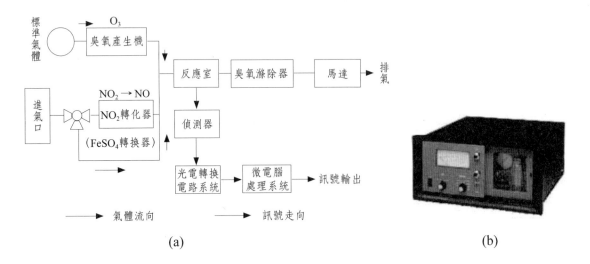

(a)   (b)

圖11-4   (a)NO_2/NO的化學冷光偵測器結構圖[318]，與(b)美國Southeastern Automation, Inc.公司產品Chemiluminescence NO/NOx Analyzer (951A)外觀圖[319]。（資料來源：(a)我國環保署NIEA A417.11C公告方法，(b)http://southeastern-automation.com/Assets/Images/Emerson/PAD/951a.jpg_）

除了化學冷光法外，市面上已開發出**電化學NO_2現場監測器**（Electro-chemical NO_2 field monitor），圖11-5為美國ESC公司所開發偵測空氣中NO_2 Z-1400XP型NO_2電化學偵測器實物圖。此電化學NO_2現場監測器如圖11-5所示，即利用NO_2特有的氧化電位（E_o= 0.78 V）或還原電位（E_0= 1.09 V），而產生氧化或還原並偵測其氧化電流或還原電流，即可推算空氣中NO_2含量。

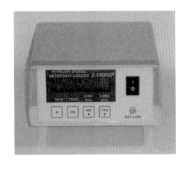

（美國ESC Z-1400XP型NO_2電化學偵測器）

偵測氧化還原電位

(1)氧化：$NO_2 + H_2O \rightarrow NO_3^- + 2H^+ + 2e^-$, Eo = 0.78V
(2)還原：$NO_2 + H^+ + e^- \rightarrow HNO_3$,   Eo = 1.09V

圖11-5   偵測空氣中NO_2之美國ESC公司生產的Z-1400XP型NO_2電化學偵測器實物圖[320]和所用氧化或還原電位。（資料來源：http://www.hcxin.net/upimg/allimg/080627/1948400.jpg）

11-2.2.　現場SO₂化學感測器

由於空氣中二氧化硫（SO₂）汙染對動植物危害均相當大，應用現場SO₂化學感測器（Field chemical sensor for SO₂）隨時偵測空氣中SO₂汙染有其必要。而空氣中二氧化硫（SO₂）汙染[321~324]如前述表11-1所示，主要來自工廠與火力發電廠之定點燃燒排放廢氣。因為許多工廠及電場仍然用煤粒做燃料，而一般煤粒（Coal particle）含有硫（S）原子雜質（煤成分之平均式為$C_{135}H_{96}O_9NS$），故煤燃燒時硫（S）原子就會氧化成二氧化硫（SO₂）：

$$S（煤雜質）+ O_2 \rightarrow SO_2 \qquad\qquad (11-9)$$

空氣中SO₂汙染對環境與人體健康之危害如表11-3所示，首先SO₂和NO₂一樣會產生酸雨造成建築物及河中魚類的死亡，其因SO₂會和水反應產生H_2SO_3或在陽光下SO₂和空氣之O_2起作用形成SO_3，SO_3再與水反應產生H_2SO_4，這些反應如下：

$$SO_2 + H_2O \rightarrow H_2SO_3 \qquad\qquad (11-10)$$

及
$$2SO_2 + O_2 \rightarrow 2SO_3 \qquad\qquad (11-12)$$

$$SO_3 + H_2O \rightarrow H_2SO_4 \qquad\qquad (11-13)$$

SO₂汙染對植物的危害相當大，如表11-3所示，只要空氣中含0.35ppm SO₂，就會破壞植物葉片組織，抑制植物生長，故世界各國大都訂空氣中SO₂汙染國家標準（National standard for SO₂ pollution）為0.35ppm。同樣地，SO₂汙染也會危害人體健康。如表11-3所示，若空氣中含1.6ppm SO₂，就會刺激支氣管產生不舒服，10 ppm會刺激眼睛造成眼睛傷害，20ppm SO₂就會立即引起咳嗽甚至呼吸系統傷害。

表11-3　空氣中SO₂汙染對環境及動植物所引起之危害[315]

（一）產生酸雨，腐蝕建築物並使河流pH值下降
$$SO_2 + H_2O \rightarrow H_2SO_2$$
$$SO_2 + H_2O \xrightarrow{h\nu} SO_3; SO_3 + H_2O \rightarrow H_2SO_4$$

（二）對植物危害
　　[SO₂]>0.05ppm會使松樹不結果
　　[SO₂]>0.35ppm會破壞葉片組織，抑制生長

（下頁繼續）

（接上頁）

（三）對人體危害

[SO_2]>1.6ppm會刺激支氣管收縮

[SO_2]>8.0ppm會刺激喉嚨（立即）

[SO_2]>10ppm眼睛受到刺激

[SO_2]>20ppm會立即引起咳嗽

註：大部分國家訂「空氣中SO_2汙染標準」均為0.35ppm

　　我國環保署公告的現場自動監測SO_2法為SO_2**現場自動監測螢光法**（SO_2 Automatic monitoring fluorescence method）[325]，圖11-6為現場自動監測 SO_2螢光偵測系統。在此螢光偵測系統中，空氣樣品先抽入一活性碳吸附管中 去除水分及灰塵，再進入一反應槽中，然後用波長約190~230nm（λ_o）之紫 外線照射反應槽中空氣，空氣中SO_2會吸收此波長範圍紫外線，而放出350 nm （λ）波長之螢光，然後再經和光源入射光垂直位置的350 nm濾光器及光偵測 器（如「光電倍增管（PMT, Photomultiplier tube）」）偵測放出之螢光強 度，由光偵測器（如PMT）輸出之電流再用電流計測量，由輸出電流（I_o）利 用標準樣品（含確定量SO_2）所建立的標準曲線（Calibration curve）就可推 算空氣中二氧化硫（SO_2）之含量。

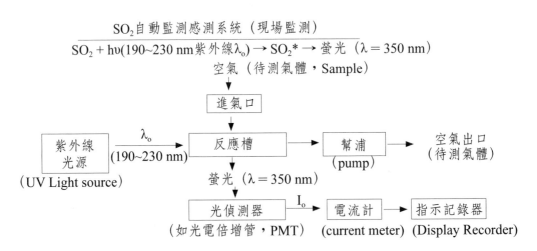

SO_2自動監測感測系統（現場監測）

$$SO_2 + h\upsilon(190\sim230\text{ nm紫外線}\lambda_o) \rightarrow SO_2^* \rightarrow \text{螢光}\ (\lambda = 350\text{ nm})$$

圖11-6　現場空氣汙染物二氧化硫（SO_2）自動監測螢光偵測系統結構示意圖（我國 環保署NIEA A416.11C公告方法[325]）

11-2.3. 現場CO化學感測器

在世界各重要城市幾乎都建立有空氣中現場一氧化碳（CO）化學感測器（Field chemical sensor for CO）偵測站，臺北市在南門及天母就各立有CO偵測站，可見空氣中CO汙染[420-423]在世界各重要城市普遍存在，空氣中CO主要來自汽車及工廠中碳燃料未完全燃燒結果：

$$C（碳燃料）+ 1/2O_2 \rightarrow CO \qquad\qquad (11-14)$$

CO汙染最主要的危害為CO會和人體中之血紅素（Hemoglobin, Hb）及肌紅素（Myroglobin, Mb）結合，而使血紅素與肌紅素失去吸氧和輸送氧氣到各器官與組織的能力，會使人昏迷甚至死亡。圖11-7為CO和血紅素（Hb）結合情形，每一個血紅素分子都具有四個以$Fe(II)$為中心的血基質（Heme），每個$Fe(II)$中心會吸收一CO分子，一血紅素分子共可吸收四個CO分子形成CO-Hb結合。然原來這些$Fe(II)$中心本來是用來吸收氧（O_2）分子的，因血紅素$Fe(II)$中心吸收CO比吸收O_2要強約400倍（如表11-4所示），故當人體吸入CO後，血紅素再也不吸收氧（O_2），當然也就不能輸送氧到各器官與組織了。表11-4是血紅素第四個血基質$Fe(II)$中心吸收氧（O_2）、CO及NO能力（以其吸收之平衡常數K_4表示），可見血紅素吸收CO與NO能力分別為吸收O_2之約400倍和200000倍。

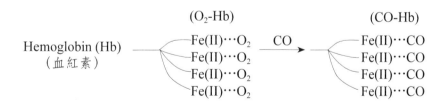

圖11-7　血紅素（Hemoglobin, Hb）和氧（O_2）及一氧化碳（CO）結合示意圖[315]（空氣中CO來自碳燃料未完全燃燒結果）

表11-4　血紅素（Hb）對氣體之吸收結合力[315]

氣體（X）	血紅素對各氣體之吸收平衡常數（K_4）*
氧（O_2）	6.7×10^5
一氧化碳（CO）	2.6×10^8
一氧化氮（NO）	1.5×10^{11}

*$K_4 = [HbX_4]/[HbX_3][X]$

　　然而多少（％）血紅素吸收CO會對人體造成健康傷害。如圖11-8(a)所示，當一工人暴露在含有1000ppm之CO汙染空氣中工作約1小時後，此時其體內約有35％血紅素吸收有CO（即35％ CO-Hb），此人即可能會昏倒（失去知覺）。如果其繼續工作2小時，其體內的血紅素就會約有60％吸收有CO（即60％ CO-Hb），此人可能就會死亡。在空氣中CO濃度小於100ppm（<100 ppm）時[321]，血液中血紅素吸收有CO百分比（即CO-Hb％）和空氣中CO濃度（ppm）有關，實驗結果顯示有下列關係：

　　　CO-Hb ％（血液）= 0.16×空氣中CO濃度（ppm）+ 0.5　　　（11-15）

　　圖11-8(b)為在各種血紅素吸有CO百分比（CO-Hb ％）所造成身體不適與對健康傷害情形，可看出只要CO-Hb％大於1％，身體就會受影響，而大於5％，就會使心臟與腦功能受傷害，大於10％明顯嚴重傷害就出現，例如前所述在40％CO-Hb人就會昏倒失去知覺，而當60％CO-Hb就可能會死亡。

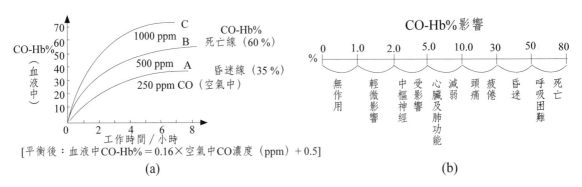

(a)　　　　　　　　　　　　　　　　(b)

圖11-8　人體血液中COHb％和(a)空氣中CO含量／暴露時間關係圖及(b)和人體健康關係示意圖[315]

　　空氣中CO汙染現場監測法（CO field monitoring）世界各國都採用非分散式紅外線光譜法（NDIR, Non –dispersive infra-red spectrometry）[326]。在NDIR儀中，光源出來的所有波長（λ_1, λ_2…）紅外線並不先分開（即不分散（Non-dispersive (ND)））而是一起照射樣品。圖11-9為偵測空氣中CO之NDIR（CO-NDIR監測系統）的系統裝置圖。圖中由一鎢絲組成的紅外線（IR）光源發出各種波長紅外線（其中含CO會吸收的波長$\lambda_{CO} = 1.45\mu m$），經一光束分裂器（Beam splitter）成兩道光束（含λ_{CO}、λ_1、λ_2等各種波長），分別射入一長約100 cm的開放式樣品槽（Sample cell，內含待測真實空氣）與封閉式參考槽（Reference cell，內為不含CO之標準空氣），由於λ_{CO}紅外光經樣品槽時部分光被空氣中CO吸收（其他波長λ_1、λ_2等不會被吸收），樣品槽出來光強度變弱（$I_o \rightarrow I$）。而經參考槽之λ_{CO}光則因其槽中不含CO，從參考槽出來時光強度仍然維持I_o，從樣品槽與參考槽出來的光分別進入充滿CO偵測器之兩側，由於進入偵測器兩側之λ_{CO}光強度不同（I_o與I）會激發偵測器之CO分子數不同造成放出來熱量也不同，偵測器兩側形成一冷一熱而使其間兩片金屬膜距離改變（Δd），造成兩片金屬膜間電容改變與輸出電流i_o改變（Δi_o）。換言之，空氣中CO濃度[CO]越大，即 [CO]（越大），而[I_o-I]，Δd與Δi_o（輸出電流改變量）也會變得越大。此NDIR偵測CO裝置可測

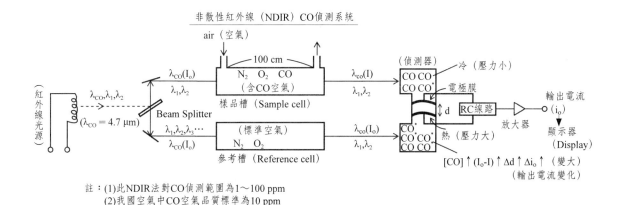

註：(1)此NDIR法對CO偵測範圍為1～100 ppm
　　(2)我國空氣中CO空氣品質標準為10 ppm

圖11-9　我國環境保護署（EPA，公告NIEA A704.04C法）偵測空氣中CO標準法-非散性紅外線（NDIR）法偵測CO測定系統（CO-NDIR）之基本結構及原理示意圖（參考資料：(1)EPA，公告NIEA A704.04C法[327]，(2) J.S.Shih（本書作者），一氧化碳的汙染與分析，J. Sci.Edu.（科教月刊），51，69 (1982)[326]）

1~100ppm CO濃度，而我國空氣中CO容許標準（National standard for CO pollution）爲10ppm，故此NDIR裝置用來測量空氣中CO含量是合適的。圖 11-10(a)爲建立在臺北市南門的偵測CO-NDIR裝置工作站。

然而偵測CO-NDIR工作站都爲固定式，不易移動且體積龐大，故近幾年來許多科技公司研發出可攜帶式小時CO偵測器。圖11-10(b)爲市售**攜帶型CO偵測器**實物圖。

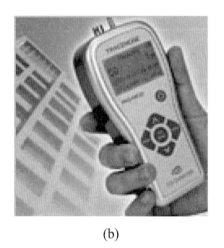

(a)　　　　　　　　　　　　　　　　　(b)

圖11-10　非散性紅外線（NDIR）型(a)一氧化碳（CO）偵測站（臺北市南門）[326]，(b)IAQ-MC攜帶型CO偵測器[328]（資料來源：http://www.iaq-monitor. com/products_1_2_4view.html台中市暉曜科技公司產品，info@iaq-monitor.com）

11-2.4. 現場CO₂化學感測器

因二氧化碳（CO_2）除會吸收地面上之紅外線熱能（CO_2會吸收$667cm^{-1}$（15μm）與$2330cm^{-1}$（4.3μm）波長IR光）外，二氧化碳氣體還具有隔熱的功能，能在低空大氣中形成一熱的保護網（如圖11-11所示）形同保溫帶，使太陽輻射到地球表面的熱量及地面所產生的紅外（IR）射線與熱能無法向高空散去，形成暖化層的**溫室效應**（Greenhouse effect）[329-330]。如眾所周知，二氧化碳可能是**全球氣候暖化**（Global warming）的主因。空氣中二氧化碳

（CO$_2$）除了來自動植物之呼吸作用產生外，工業（如製造及發電）與交通（如汽車）上的燃燒爲二氧化碳汙染之主要原因。全球二氧化碳濃度已自工業革命前的280ppm增加至2004年的370ppm。地球表面的平均溫度從19世紀後期起，也已經增加了攝氏0.6度。CO$_2$溫室效應不只增加地表溫度並使全球氣候暖化，氣候暖化結果除了使全球氣候變遷並已使南北極的冰山慢慢融化，使各國海平面上升而使若干小島被上升海平面淹沒消失了。可見二氧化碳汙染對環境影響之大，這也是京都議定書[331]（Kyoto Protocol，1997年12月在日本京都由聯合國氣候變化綱要公約參加國三次會議制定的）提出的原因，其目標是「將大氣中的溫室氣體含量穩定在一個適當的水準，進而防止劇烈的氣候改變對人類造成傷害」。同時，二氧化碳是室內空氣品質指標，室內空氣品質惡化會造成頭痛、疲倦、眼睛癢、流鼻水、喉嚨乾燥及紅腫等。

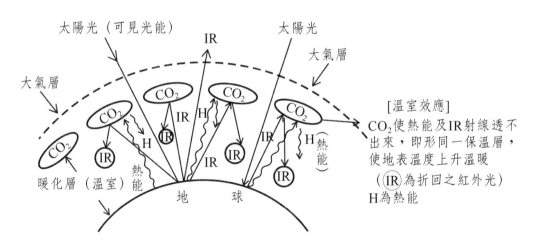

圖11-11　二氧化碳汙染所形成的熱保護網及溫室效應示意圖[315]

我國環保署（EPA）公告現場CO$_2$化學感測器（Field chemical sensor for CO$_2$）偵測空氣中二氧化碳之標準方法（NIEA A415.72A）爲非散性紅外線（NDIR）分析法（即CO$_2$-NDIR現場偵測法），CO$_2$可吸收15μm（667cm^{-1}）與4.3μm（2330cm^{-1}）之IR射線。圖11-12(a)爲完整的CO$_2$非散性紅外線（NDIR）偵測系統（NDIR Spectrometer for CO$_2$），包括空氣樣品處理系統及NDIR分析儀，而NDIR分析儀亦可用類似偵測CO所用的CO-NDIR分析儀（請見本章上一節（第**11-2.3**節）圖11-9），只要將CO-NDIR之

偵測器內換充滿CO_2以偵測CO_2即可（其偵測原理亦類似）。市面上售有攜帶經濟型二氧化碳NDIR偵測器，圖11-12(b)為市售攜帶經濟型二氧化碳NDIR偵測器實物外觀圖。

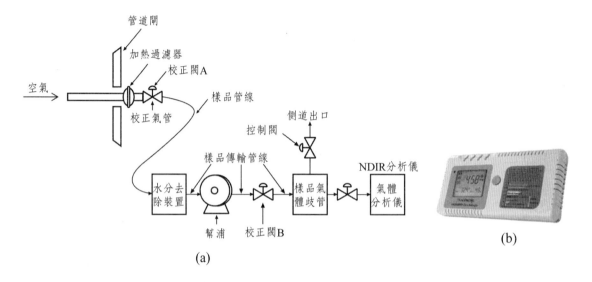

(a)

(b)

圖11-12　我國環保署（EPA）偵測空氣中二氧化碳之NDIR標準方法（NIEA A415.72A）之(a)完整NDIR-偵測系統[332]，與(b)經濟型二氧化碳NDIR偵測器實物圖（台灣台中市暉曜科技公司產品IAQ-E300P[333]。http://www.trade-taiwan.org/vender/80524015/image/2010811152833-s.jpg））

11-2.5. 現場H_2S化學感測器

　　硫化氫（H_2S）會造成人與動物（如魚類）中毒甚至死亡。硫化氫是一種無色、有臭雞蛋氣味的氣體，有劇毒，是一種大氣汙染物。大氣中的硫化氫汙染主要來自生物體腐敗，火山爆發，溫泉蒸發及工業上含硫原油和天然氣之精煉所產生。工業上硫化氫產生於天然氣淨化、石油煉製，以及製煤氣、製革、製藥、造紙、合成化學纖維等生產過程中。表11-5為硫化氫（H_2S）汙染濃度與所引起對人體健康危害之關係[334]，如表所示，在空氣中含硫化氫（H_2S）0.00041~0.14ppm人會嗅到臭味，然硫化氫含量到達50~100ppm就會引起支氣管與結膜炎疾病，而到100~200ppm就會使嗅覺麻痺，到達200~300ppm會

讓人在一小時內急性中毒，若空氣中硫化氫含量到600ppm（0.06%）就會使人在一小時內死亡，而空氣中硫化氫含量到達1,000~2,000ppm（0.1~0.2%）就會使人在短時間內死亡。可見硫化氫之劇毒性。

表11-5　硫化氫（H_2S）汙染濃度與對身體健康危害關係[334]

濃度（ppm）	身體反應
1,000~2,000(0.1~0.2%)	短時間內死亡
600(0.06%)	一小時內死亡
200~300	一小時內急性中毒
100~200	嗅覺麻痺
50~100	氣管刺激、結膜炎
0.41	嗅到難聞的氣味
0.00041	人開始嗅到臭味

（原表來源：zh.wikipedia.org/zh-tw/硫化氫）

常見的現場H_2S化學感測器（Field chemical sensor for H_2S）為金屬氧化物半導體感測器（Metal oxide semiconductor sensor）與氧化電流式H_2S微感測器（Amperometric H_2S microsensor）。

金屬氧化物半導體感測器中常用偵測H_2S之金屬氧化物半導體感測元件為SnO_2膜（Tin oxide film）、CuO 奈米線（CuO nanowires）及Au膜（gold thin films）。這些金屬氧化物半導體感測元件皆利用金屬氧化物半導體會吸附空氣中H_2S，而使其電阻改變。以如圖11-13(a)所示之二氧化錫（SnO_2）感測元件[335]為例，SnO_2為n型半導體微熱時會產生電子而使SnO_2感測元件（SnO_2 Sensing element）電阻下降，然當吸附空氣中H_2S表面產生電子就會減少，以至於SnO_2感測元件電阻就增大，如外加電壓V_s（如圖11-13(b)所示）時，因感測元件電阻增大，故其輸出電流I_o就會減小，由圖11-13(b)之輸出電流I_o之變化量（ΔI_o），即可推算空氣中H_2S之含量。圖11-13(c)為SnO_2感測元件之實物圖。

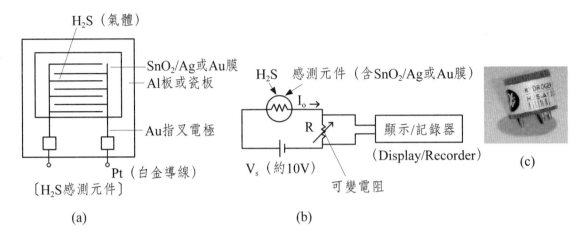

圖11-13　現場H_2S化學感測器之(a)SnO_2感測元件結構圖[335]、(b)感測系統圖和(c)
實物圖[336]（資料來源：(a)http://en.wikipedia.org/wiki/Hydrogen_sulfide_
sensor; (c)http://www. alibaba.com/showroom/h2s-sensor.html）

氧化電流式H_2S微感測器（Amperometric H_2S microsensor）是利用將
空氣中H_2S氧化成硫（S）並偵測其所產生的氧化電流，藉以推算空氣中H_2S
濃度。圖11-14(a)為氧化電流式H_2S微感測器之基本結構圖與工作原理[337]，
此H_2S微感測器由電源V_{cc}及正負極、電解質內溶液（含$Fe(CN)_6^{3-}$（鐵氰離
子，Ferricyanide）和KOH/H_2O）及含透氣薄膜之吸收尖端（Tip，直徑約
$10\mu m$）所組成。空氣中H_2S會穿過尖端透氣薄膜進入內溶液中並先和內溶液
中KOH反應產生硫離子（HS^-），反應如下：

$$H_2S + OH^- \rightarrow HS^- + H_2O \qquad (11\text{-}16)$$

然後此反應所產生的硫離子（HS^-）會到達陽極（Anode）與內溶液中
$Fe(CN)_6^{3-}$（鐵氰離子）產生氧化反應產生硫（S）與$Fe(CN)_6^{4-}$（亞鐵氰離
子，Ferrocyanide）並放出電子（e^-）給陽極傳至電子線路產生氧化電流且以
電流Io訊號輸出，反應如下：

$$Fe(CN)_6^{3-} + HS^- \rightarrow Fe(CN)_6^{4-} + S + H^+ + e^- \qquad (11\text{-}17)$$

由氧化電流I_o訊號可推算空氣中H_2S濃度。圖11-14(b)為此H_2S微感測器
之實物圖，而圖11-14(c)則為感測器尖端（Tip）套上一微呼吸系統（Micro-
respiration system）成為醫療用H_2S微感測器以偵測H_2S中毒或腹瀉病人呼出

之氣體中所含H_2S含量。

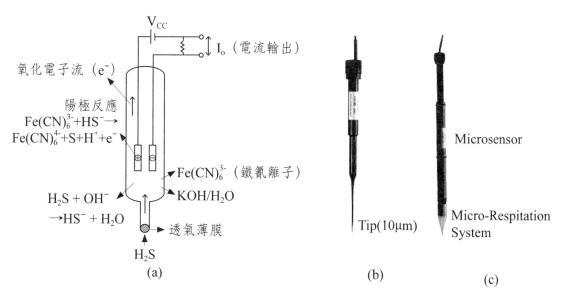

(a)　　　　　　　　(b)　　(c)

圖11-14　氧化電流式H_2S微感測器（Amperometric H_2S microsensor）之(a)基本結構
　　　　及工作原理，(b)實物圖，以及(c)帶微呼吸系統實物圖[337]（(b)(c) 原圖來
　　　　源：http://www.unisense.com/H_2S/）

11-2.6.　現場有機物（RH）化學感測器

　　空氣中現場有機物（RH）化學感測器（Field chemical sensor for organic species in air）較常用的為多重光徑非分散式紅外線光譜儀（Multi-pass non-dispersive infra-red (NDIR) spectrometer）[338]。圖11-15為此非分散式紅外線光譜儀之結構示意圖，其偵測原理為由紅外線光源出來多波長紅外線光透過一雙圓筒型標準品／氮氣槽，其中一圓筒（A）內裝純氮氣（N_2），另一圓筒（B）中裝滿待測有機標準品（RH），當紅外線光照射純氮氣圓筒時，因氮氣（N_2）不會吸收紅外線光，所以從純氮氣圓筒出來的多波長紅外線光和原來紅外線光是一樣的。這些紅外線光經反射鏡系統後多次反射經過含待測有機汙染物（RH）之空氣中，有一部分波長（如λ_1）之紅外線會被有機汙染物RH吸收，最後到達IR偵測器（如熱電偶陣列（Thermopile）偵測器），從偵測器出來的類比電壓訊號經類比／數位轉換器（Analog to Digital converter, ADC）將數位訊號傳入微電腦做訊號收集及數據處理。經純氮氣圓筒出來紅外線最後到達IR偵測器後各波長之總吸光度（$A_{tot(N_2)}$）為：

$$A_{tot(N_2)} = A_{\lambda 1} + A_{\lambda 2} + A_{\lambda 3} + A_{\lambda 4} + A_{\lambda 5} + \cdots\cdots \qquad （11\text{-}18）$$

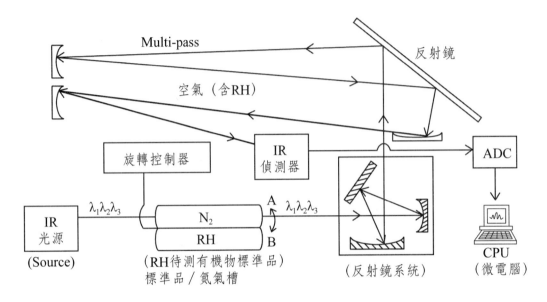

圖11-15　現場偵測有機氣體之多重光徑非分散式紅外線光譜儀（Multi-Pass NDIR Spectrometer）結構示意圖[338]

　　當圖11-15中之旋轉控制器將圓筒型標準品／氮氣槽轉成裝滿待測有機標準品（RH）之圓筒（B）。假如待測有機標準品（RH）可吸收波長λ_1波長紅外線光，當RH濃度過高就可完全吸收從IR光源出來的多波長紅外線中之λ_1波長光。當多波長紅外線光照射圓筒（B）中之有機標準品（RH）後，λ_1波長紅外線光全被吸收了，其他波長紅外線光經反射鏡系統及多次在反射在空氣中（含待測有機汙染物（RH）），最後到達IR偵測器並經類比電壓訊號經類比／數位轉換器（ADC）將數位訊號傳入微電腦做訊號處理。因λ_1波長光已在樣品室中被吸收完了，故經有機標準品（RH）圓筒出來紅外線最後到達IR偵測器後各波長之總吸光度（$A_{tot(RH)}$）為：

$$A_{tot(RH)} = A_{\lambda 2} + A_{\lambda 3} + A_{\lambda 4} + A_{\lambda 5} + \cdots\cdots \qquad （11\text{-}19）$$

由式（11-18）減式（11-19）可得：

$$A_{tot(N_2)} - A_{tot(RH)} = A_{\lambda 1} \qquad (11\text{-}20)$$

故由測量$A_{tot(N_2)}$及$A_{tot(RH)}$就可得$A_{\lambda 1}$（空氣中RH之吸光度），再由比爾定律（Beer's Law）：

$$A_{\lambda 1} = \varepsilon_{RH} \times b \times [RH] \qquad (11\text{-}21)$$

式中ε_{RH}為RH之莫耳吸收常數（Molar absorption coefficient），ε_{RH}可由RH標準樣品的工作標準曲線（Calibration curve）求得。而 b 為IR光所經多重路距（光徑），[RH]為空氣中有機汙染物之濃度，如此空氣中有機汙染物RH之含量即可測得。此法常被環保單位用於鹵素碳烴（RX）和其他具有特殊功能基之有機物（如RN/RS）的現場檢測之用。

11-2.7.　現場微粒化學感測器

空氣中粒狀汙染物常以粉塵漂浮在空氣中，空氣中現場微粒化學感測器（Field chemical sensor for particles in air）常用石英晶體微天平（Quartz crystal microbalance, QCM）偵測法。圖11-16(a)為我國環保署標準方法（NIEA A207.10C）[339]中偵測空氣中粒狀汙染物之QCM偵測系統。如圖所示，空氣中的粒狀汙染物經由粒徑篩分器，以適當的吸引量採集到濾紙上，濾紙直接裝在石英微天平之石英晶片上（石英晶體為壓電晶體（Pizoeletric crystal）之一種，QCM偵測原理和壓電晶體在本書第2章有較詳細介紹），當空氣中的粒狀集在石英晶片上（圖11-16(b)）會使石英晶片之共振頻率下降，由石英晶片之共振頻率改變量（ΔF）可用索爾佈雷方程式（Sauerbrey equation）[40]直接測出瞬間粒狀重量的變化（ΔM）如下式：

$$\Delta F = -2.3 \times 10^6 \times F_o^2 \times \Delta M / A \qquad (11\text{-}22)$$

式中A為石英晶體表面積（cm^2），F_o為石英晶體原始振盪頻率（單位：MHz）。依式（11-22），由頻率下降值ΔF可計算出晶片上粒狀汙染物（粉塵）之含量（ΔM），再經儀器自動換算出即時空氣中粒狀汙染物濃度值。本方法適用於空氣中粒徑在10微米（μm）以下之粒狀汙染物（PM_{10}）濃度之自動測定，其適用濃度範圍介於$0\sim5\times10^6\mu g/m^3$（$5g/m^3$）。

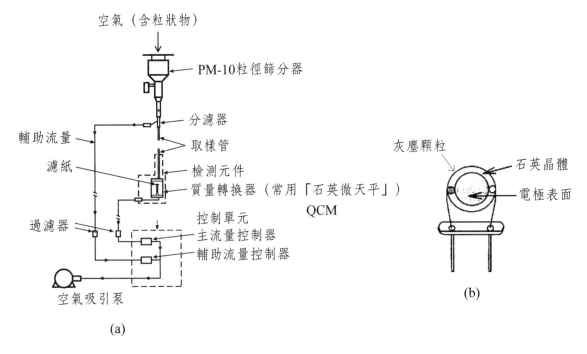

圖11-16　偵測空氣中粒狀汙染物之(a)偵測系統與(b)吸附灰塵顆粒之石英晶片示意
圖（(a)原圖取自環保署NIEA A207.10C公告檢驗法）[339]

　　空氣中粒狀汙染物主要成分為無機金屬鹽類或複合物，少部分為有機物。
空氣中粒狀汙染物之金屬成分可依我國環保署公告的NIEA A305.10C標準分
析方法[340]檢測，其法是先將樣品溶解或消化後，再用感應耦合電漿質譜儀
（Inductively coupled plasma-mass spectrometer, ICP-MS）檢測。此法適
用於檢測大氣中粒狀汙染物之銻（Sb）、鋁（Al）、砷（As）、鋇（Ba）、
鈹（Be）、鎘（Cd）、鉻（Cr）、鈷（Co）、銅（Cu）、鉛（Pb）、錳
（Mn）、鉬（Mo）、鎳（Ni）、硒（Se）、銀（Ag）、鉈（Tl）、釷
（Th）、鈾（U）、釩（V）及鋅（Zn）等20種元素分析。此ICP-MS法對空
氣中各種金屬偵測下現大部分可低至$0.01ng/m^3$。[340]

11-3. 水汙染現場化學感測器

本節將介紹常見之各種水汙染現場化學感測器（Field chemical sensor for water pollution）如水質化學感測器（Water chemical sensors），水中離子化學感測器（Chemical sensor for ions in water）與水中有機溶氧感測器（Dissolved oxygen sensor for organic species in water）。

11-3.1. 水質化學感測器

水質化學感測器（Water chemical sensors）是用來偵測水樣品之濁度、pH、色度及導電度等性質之感測器，以確定水汙染情形。本節將介紹常用之水質化學感測器如1.光學水質感測器（Optical water sensors）與2.電化學水質感測器（Electrochemical water sensors）。

1.光學水質感測器

光學水質感測器（Optical water sensors）主要用來偵測水樣品中之濁度與色度。偵測水樣品中之濁度與色度之水質感測器常分別稱為光學濁度感測器（Optical turbidity sensor）與色度計（Colorimeter）。

(1)光學濁度感測器

光學濁度感測器（Optical turbidity sensor）是利用水的散射光強度來推算水中所含的懸浮固體微粒所引起的濁度[341]。圖11-17(a)為光學濁度感測器之基本儀器結構示意圖。常用可見光光源（如鎢絲燈）所發出的波長400~600 nm光波照射水樣品並用和入射光垂直（90°）方向之光偵測器（如光電倍增管（PMT）偵測散射光強度並以電流訊號I_o輸出及用電流計檢測和換算成濁度並顯示，也可將此電流訊號I_o先經運算放大器（OPA）轉成電壓放大訊號再用類比數位轉換器（ADC）轉成數位訊號並透過RS-232將資料傳送至微電腦做數據處理和換算成濁度並顯示。圖11-17(b)為市售可攜帶式光學濁度感測器之實物圖。水的濁度是以每公升水中含一毫克之懸浮固體微粒為一濁度單位（NTU）。世界各國大多規定是以1升水中含有1毫克二氧化矽為一個標準濁

度單位（NTU）。

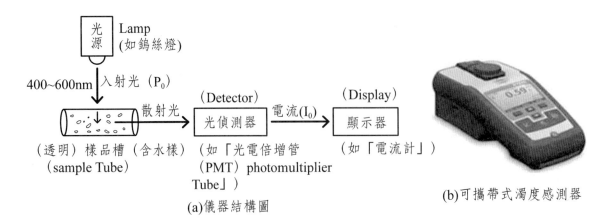

(a)儀器結構圖

(b)可攜帶式濁度感測器

圖11-17　光學濁度感測器（Optical Turbidity Sensor）之(a)儀器結構示
　　　　意圖及(b)市售可攜帶式光學濁度感測器實物圖（美國哈希公司
　　　　產品（HACH-2100Q型）[342]）（(b)圖來源：http://www.erlish.
　　　　com/htmlstyle/productinfo_10177390_%e5% 3%88%e5%b8%8c%
　　　　e6%b5%8a%e5%ba%a6%e4%bb%aa.html））

(2)色度計（Colorimeter）

　　色度計（Colorimeter）常用水的透光率來檢測水中真色色度（True col-
or）之感測器。真色是指水樣去除濁度後之顏色。水中真色色度之偵測步驟
[343~347]如表11-6所示，首先利用色度計在590 nm、540 nm及438 nm三個波長
測量透光率（表11-6(1)步驟），由透光率計算三色激值（Tristimulus value,
X、Y、Z）（表11-6(2)與(3)步驟）和孟氏轉換值（Munsell values）（表
11-6(4)步驟），最後利用亞當－尼克森色值公式（Adams-Nickerson chro-
matic value formula，詳見表11-6）算出DE值（DE：Delta E 或稱Delta Er-
ror）（表11-6(5)步驟）。DE值與標準品檢量線（表11-6(6)步驟）比對可求
得樣品之真色色度值（ADMI (American Dye Manufacturers Institute) True
color），美國染料製造協會真色色度值（表11-6(7)步驟）。

　　偵測水樣色度中常用的標準溶液為鉑－鈷標準品（$PtCl_6^{2-}$-$CoCl_2$ Stan-
dard），其製備方法為：溶解1.246g氯鉑酸鉀（K_2PtCl_6）和1.00g晶狀的氯化
亞鈷（$CoCl_2 \cdot 6H_2O$）於含100 mL 12N濃鹽酸之試劑水中，再以試劑水定容

至1,000 mL，此標準儲備溶液為500色度ADMI單位。圖11-18為水樣真色色度之偵測原理與檢測步驟，與市售色度計實物圖。

表11-6　水中真色色度（ADMI）檢測步驟[343-344]

水中真色色度檢測步驟[舉例]

(1)偵測樣品在590nm, 540nm及438nm之透光率（T）%

　　$T_1(590\ nm) = 68.17\%$, $T_2(540\ nm) = 84.40\%$, $T_3(438\ nm) = 86.44\%$ [舉例]　　　　（E-1）

(2)樣品的三色激值：X_3, Y_3, Z_3

　　$X_3 = (T_3 \times 0.1899) + (T_1 \times 0.791) = (86.44 \times 0.1899) + (68.17 \times 0.791) = 70.34$　　（E-2a）

　　$Y_3 = T_2 = 84.40$　　　　　　　　　　　　　　　　　　　　　　　　　　　　　　（E-2b）

　　$Z_3 = T_3 \times 1.1835 = 86.44 \times 1.1835 = 102.3$　　　　　　　　　　　　　　　　　（E-2c）

(3)水的三色激值以X_c Y_c, Z_c表示，一般以試劑水調整100%透光率後，其值為

　　$X_c = 98.09$、$Y_c = 100.0$、$Z_c = 118.35$　　　　　　　　　　　　　　　　　　　（E-3）

(4)將三色激值轉換成孟氏轉換值V_x、V_y、V_z，其值可由孟氏轉換表中求得：

　　樣品：$V_{xs} = 8.669$, $V_{ys} = 9.259$, $V_{zs} = 9.356$　　　　　　　　　　　　　　　（E-4a）

　　水　：$V_{xc} = 9.9006$, $V_{yc} = 9.902$, $V_{zc} = 9.910$　　　　　　　　　　　　　　　（E-4b）

(5)樣品DE（Delta Error）值

　　(a)先求：$\Delta V_y = V_{ys} - V_{yc} = 9.259 - 9.902 = -0.643$　　　　　　　　　　　　　（E-5a1）

　　(b)$\Delta(V_x - V_y) = (V_{xs} - V_{ys}) - (V_{xc} - V_{yc}) = (8.669 - 9.259) - (9.9006 - 9.902) = -0.5916$

　　　　　　　　　　　　　　　　　　　　　　　　　　　　　　　　　　　　　　（E-5a2）

　　(c)$\Delta(V_y - V_z) = (V_{ys} - V_{zs}) - (V_{yc} - V_{zc}) = (9.259 - 9.356) - (9.902 - 9.910) = -0.089$

　　　　　　　　　　　　　　　　　　　　　　　　　　　　　　　　　　　　　　（E-5a3）

　　(d)求DE值：DE $= \{(0.23\Delta V_y)^2 + [\triangle(V_x - V_y)]^2 + [0.4\triangle(V_y - V_z)]^2\}^{1/2}$ [亞當-尼克森色值公式]

　　　　DE $= \{(0.23 \times (-0.643))^2 + [-0.5916]^2 + [0.4 \times (-0.089)]^2\}^{1/2} = 0.611$　　（E-5b）

(6)利用標準溶液檢量線（DE vs F作圖，F為標準溶液校正因子）及樣品DE值，求樣品F值。

　　(a)由標準溶液檢量線之斜率A及截距B可得：

　　$F = A \times DE + B$，例如：$F = 220.91 \times DE + 1468$　　　　　　　　　　　　　　（E-6a）

　　(b)再求：樣品F值 $= 220.91 \times DE$（樣品）$+ 1468 = 220.91 \times 0.611 + 1468 = 1603$

　　　　　　　　　　　　　　　　　　　　　　　　　　　　　　　　　　　　　　（E-6b）

(7)再由下式求出樣品ADMI色度值：

　　樣品真色色度值（ADMI）$= F$（樣品）$\times DE$（樣品）$/ b = 1603 \times 0.611/1.0 = 979$

　　　　　　　　　　　　　　　　　　　　　　　　　　　　　　　　　　　　　　（E-7）

　　（b為樣品槽的光徑值）

（註一）色度標準儲備溶液：溶解1.246g氯鉑酸鉀（K_2PtCl_6）和1.00g晶狀氯化亞鈷（$CoCl_3 \cdot 6H_2O$）於含100 mL 12N濃鹽酸之試劑水中，再以定容至1000 mL，此標準溶液之色度為500色度單位。

（註二）b：樣品槽的光徑值（cm）。

（參考資料：www.niea.gov.tw/analysis/method/methodfile.asp?mt_niea=W223.52B NIEA W223.52B; myweb.ncku.edu.tw /~wcj72/class/Ex1.ppt）

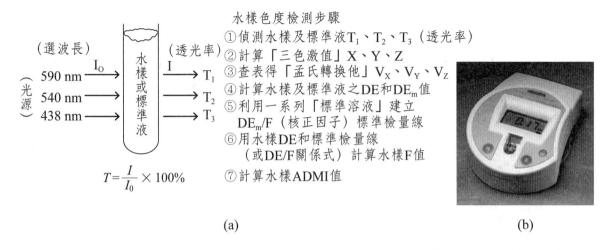

(a) (b)

圖11-18　水樣真色色度之(a)偵測原理及檢測步驟，與(b)市售zhishi公司生產之色度
計[346]（(b)圖來源：http://baike.baidu.com/view/248546.htm）

2.電化學水質感測器

常用之電化學水質感測器（Electrochemical water sensors）為pH計
（pH meter）與導電度計（Conductivity detector），分別介紹如下：

(1)pH計

pH電極（pH electrode）[348]為最常用偵測溶液中pH值之pH計（pH meter）的感測元件。pH電極之電極薄膜是由玻璃膜（Glass membrane）所製成
（圖11-19），其對氫離子（H^+）有很好的靈敏度與選擇性。圖11-19(a)為pH
電極之常見的基本結構圖，其主要含Ag/AgCl內電極、0.1 MHCl電極內溶液/
AgCl（AgCl飽和溶液）及玻璃電極膜。玻璃電極膜因浸在HCl內電極中含有
氫離子（$H^+_{內}$）。此pH電極之結構可表示如下：

$$Ag/AgCl(Satd.), H^+ (0.1\ M)\ Cl^-(a_{Cl^-})/Glass\ membrane \qquad (11\text{-}23)$$

Ag/AgCl內電極之輸出電壓（$E_{Ag/AgCl}$）即為此pH電極之輸出電壓
（E_{pH}），Ag/AgCl內電極之半電池反應與輸出電壓能斯特方程式如下：

$$AgCl + e^- \rightarrow Ag + Cl^- \qquad (11\text{-}24)$$

$$E_{pH} = E_{Ag/AgC} = E^\circ_{Ag/AgCl} + 0.059\ \log (1/a_{Cl^-_{內}}) \qquad (11\text{-}25)$$

　　樣品中氫離子（$H^+_{外}$）濃度增加↑會使內電極周圍Cl^-之活性（$a_{Cl-內}$）下降↓，由式（11-25）可知此pH電極之輸出電壓（E_{pH}）就會上升↑。此pH電極之詳細工作原理請見本書第五章第5-2.1節。

　　實際上，pH電極操作需如圖11-19(b)所示外接一外參考電極（電壓E_{ref}，通常用Ag/AgCl,）組成一完整電化學系統，再用電位計（Voltmeter）測量其電位差（E_{cell}）：

$$E_{cell} = E_{pH} - E_{ref} \qquad (11-26)$$

　　因外參考電極電壓（E_{ref}）固定，由上式即可計算出pH電極輸出電壓（E_{pH}）。圖11-19(c)為市售pH計實物圖。

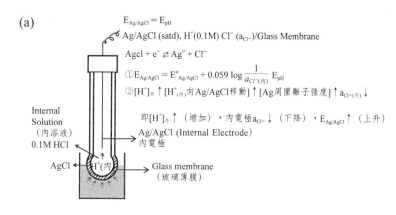

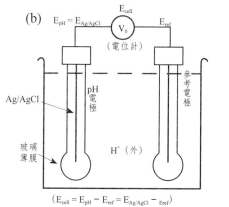

圖11-19　pH電極之(a)基本結構圖與原理[348]，(b)電位測定裝置[348]，及(c)市售筆型pH計pH703實物圖[349]. ((c)圖來源：http://www.tecpel.com.tw/phc.html，台灣泰菱有限公司產品）

(2)導電度計

　　導電度計（Conductivity detector）用來偵測一水樣品的電導性或導電度。依所用的電源，導電度計可分為交流（AC）導電度計（AC Conductivity detector）和直流（DC）導電度計（DC Conductivity detector），而較常用的為交流導電度計。圖11-20為交流電導測定儀之基本結構圖與測定樣品溶液之電阻（R_c），用以計算溶液的比電導κ基本原理。用交流（AC）電導系統，主要是交流（AC）電才不會使待測物產生氧化或還原電解，反之，直流電容易引起電解反應。

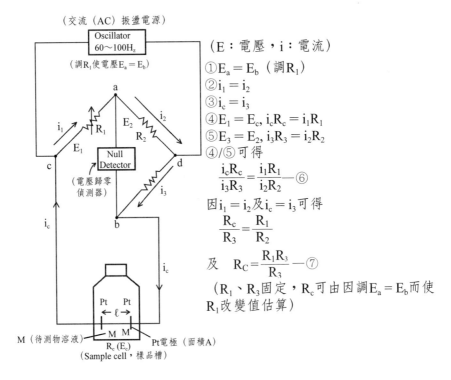

圖11-20　交流（AC）導電度計之裝置及惠斯登電橋（Wheatstone bridge）線路圖[350]

　　如圖11-20所示，交流（AC）電導測定儀主要含一惠斯登電橋（Wheatstone bridge）線路，只要調整圖中可變電阻R_1，使惠斯登電橋a、b兩端點的電壓相等（即$E_a = E_b$，相等與否可用惠司同電橋之歸零偵測器（Null detector）偵測），因$E_a = E_b$，故：

$$i_1 = i_2 \text{ ; } i_c = i_3 \qquad (11\text{-}27)$$

及
$$E_c = E_1 \text{ ; 即} i_c R_c = i_1 R_1 \qquad (11\text{-}28)$$

$$E_3 = E_2 \text{ ; 即} i_3 R_3 = i_2 R_2 \qquad (11\text{-}29)$$

式中R_c與E_c分別爲樣品溶液之電阻與電位。由式（11-28）／式（11-29）可得：

$$i_c R_c/(i_3 R_3) = i_1 R_1/(i_2 R_2) \qquad (11\text{-}30)$$

因$i_1 = i_2$、$i_c = i_3$，代入（11-30）可得：

$$R_c = R_1 R_3/R_2 \qquad (11\text{-}31)$$

因R_3與R_2爲固定值，故由式（11-31），樣品溶液之電阻（R_c）取決於調整使$E_a = E_b$後之可變電阻R_1之值。

一導電物質或樣品溶液之導電性常用電導（Conductance）[351]表示，而電導又分爲比電導κ（Specific conductance）與當量電導L（Equivalent conductance）兩種表示法。比電導κ和固體樣品或樣品溶液之電阻（Resistance）與所通電長度（L，即兩Pt電極間距離）與面積（A，即兩Pt電極面積）關係如下：

$$\kappa = (1/R_c) \times L/A \qquad (11\text{-}32)$$

由上式可知，比電導κ（單位mho/cm或$ohm^{-1}cm^{-1}$）和樣品之電阻（R_c）成反比，故電導性分析法常測樣品之電阻（R_c），由式（11-31）測得的電阻（R_c）可計算溶液的比電導κ，測知樣品溶液之電導性。

雖然因爲用交流（AC）電導系統，可防止待測物產生氧化或還原電解，而直流電容易引起電解反應，但因交流（AC）電導儀價格較貴，故市場上仍然有價格較低的直流電導系統（如圖11-21所示的直流電導測定儀（DC Conductivity detector，或稱「直流導電度計」）），然爲防止電解反應，此直流電導系統中利用S_1開關做瞬時測量，瞬時開測量後，馬上就關閉以免起電解反應。此直流電導系統中樣品溶液之電阻（R_s）可由兩W電極間之電位差（V）與電流計瞬時測量所得電流（I）計算而得：

$$R_s = V/I \qquad (11\text{-}33)$$

同樣地，由樣品溶液之電阻（R_s）可計算溶液的比電導κ及電導性。

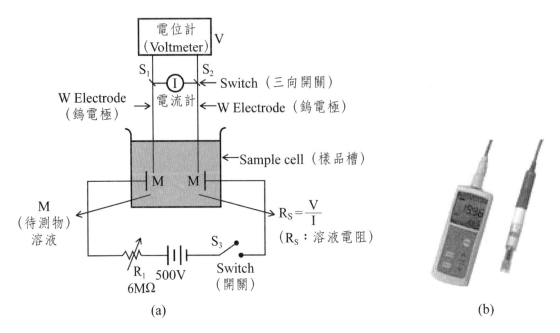

(a)　　　　　　　　　　　　　　　　　(b)

圖11-21　(a)直流（DC）導電計之裝置線路圖[350]與(b)市售SC72攜帶式導電度計實
物圖[352]（http://www.yokogawa.com/tw/product/measure/an/liquid/conduct-
index.htm台灣橫河公司產品）

11-3.2.　水中離子化學感測器

常用離子選擇性電極為水中離子化學感測器（Chemical sensor for ions
in water）之感測元件。離子選擇性電極主要包含內（參考）電極（Internal
(reference) electrode，常簡稱為「內電極」）、內（電解質）溶液（Internal
(electrolyte) solution，常簡稱為「內溶液」）及和外界待測溶液接觸的電極
薄膜（Electrode membrane）。整個離子選擇性電極（ISE）偵測樣品溶液之
電化學系統如下：

Internal Reference Electrode （內參考電極） /	Internal (Electrolyte) Solution （內（電解質）溶液） /	Crystalline / Noncrystalline Membrane （晶體／非晶體電極薄膜）	Extenal Analyte Solution （外部分析樣品溶液）	External reference electrode （外參考電極）	（11-34）

$$\overleftarrow{\qquad\qquad 離子選擇性電極（ISE） \qquad\qquad}\overrightarrow{\qquad}$$

　　常見的離子選擇性電極可慨分(1)金屬離子選擇性電極，與(2)陰離子離子選擇性電極等兩類，這些離子選擇性電極之結構與詳細工作原理請見本書第五章第5-2.1節。以下分別簡單介紹這些離子選擇性電極偵測水中離子之功能：

1.金屬離子選擇性電極

　　在水分析中，金屬離子選擇性電極（Metal ion selective electrode, Metal ISE）[348]常用來偵測水中重金屬離子（如Cu^{2+}、Pb^{2+}）。圖11-22(a)爲金屬離子選擇性電極結構圖，電極底端之電極膜對離子具有選擇性，只讓樣品中待測離子進入電極內溶液引起此離子選擇性電極之Ag/AgCl內電極電位變化，Ag/AgCl內電極電位即爲此金屬離子選擇性電極（ISE）之輸出電位（E_M），而金屬ISE輸出電位（E_M），和樣品中待測金屬離子（M^{n+}）濃度（$a_{M外}$）之關係如下：

$$E_M = E^o_M + (0.059/n) \log a_{M外} \qquad (11\text{-}35)$$

　　式中E^o_M在特定溫度爲固定值，故由電極輸出電位（E_M）可推算樣品中待測離子濃度（$a_{M外}$）。金屬離子選擇性電極主要具有選擇性功能的爲電極膜，而電極膜材料必須對待測離子具有吸引力與選擇性，例如要偵測水樣中銅離子（Cu^{2+}）的銅離子離子選擇性電極可用CuS固態膜之電極膜（圖11-22(b)爲用固態膜所製成的市售銅離子離子選擇性電極實物圖），亦可用含可吸引Cu^{2+}離子的配位子（Ligand）和高分子（Polymer）所製成不溶性配位子／高分子膜（如Fluorene（茀）/PVC膜）[348b]。

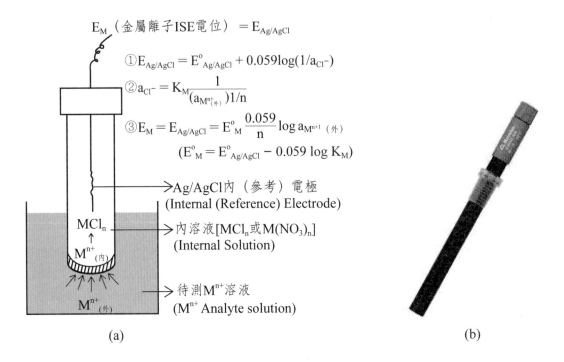

圖11-22 金屬離子選擇性電極之(a)基本結構圖[348]與(b)市售晶體膜Cu離子選擇性電極實物圖（瑞士METROHM公司產品）[353]（(b)圖來源：http://www.yidian.com/product-46473.html）

2.陰離子離子選擇性電極

　　水汙染中常見的陰離子為鹵素離子（如Cl^-、F^-）和 NO_3^-、NO_2^-、S^{2-}、SO_4^{2-}、CO_3^{2-}等，許多陰離子（如F^-、S^{2-}）都已有商品化的陰離子離子選擇性電極[348]（Anionic ion selective electrode, Anionic ISE）產品。圖11-23(a)為一般陰離子（如F^-、S^{2-}）離子選擇性電極之基本結構。待測溶液中陰離子（X^{z-}）被電極底端之晶體膜（如F^-與S^{2-}電極分別常用LaF_3與Ag_2S晶體膜）吸附進入電極內溶液引起此離子選擇性電極之Ag/AgCl內電極電位變化，而Ag/AgCl內電極電位（$E_{Ag/AgCl}$）即為此陰離子ISE之輸出電壓（E_x），而陰離子ISE輸出電位（E_x），和樣品中待測陰離子（X^{z-}）濃度（$a_{X^{z-}}$）之關係如下：

$$E_X = E^o_X - (0.059/z) \log a_{X^{z-}} \qquad （11\text{-}36）$$

　　式中E^o_x在特定溫度為固定值,故由電極輸出電位(E_x)可推算樣品中待測陰離子濃度($a_{X^{z-}}$)。圖11-23(b)為市售硫離子離子選擇性電極(S^{2-} ISE)實物圖。

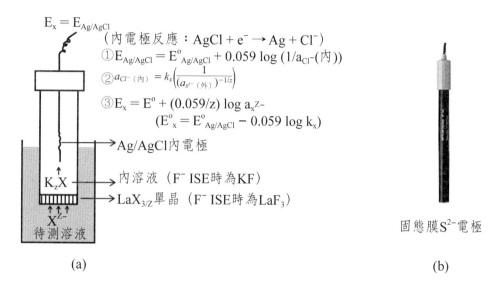

$$E_x = E_{Ag/AgCl}$$
(內電極反應:$AgCl + e^- \rightarrow Ag + Cl^-$)

①$E_{Ag/AgCl} = E^o_{Ag/AgCl} + 0.059 \log(1/a_{Cl^-(內)})$

②$a_{Cl^-(內)} = k_x \left(\dfrac{1}{(a_{x^{z-}(外)})^{-1/z}} \right)$

③$E_x = E^o + (0.059/z) \log a_x{}^{z-}$
　　　($E^o_x = E^o_{Ag/AgCl} - 0.059 \log k_x$)

→Ag/AgCl內電極

→內溶液(F^- ISE時為KF)

→$LaX_{3/z}$單晶(F^- ISE時為LaF_3)

K_zX

X^{z-}
待測溶液

(a)

固態膜S^{2-}電極

(b)

圖11-23　陰離子離子選擇性電極之(a)基本結構圖[348]與(b)AgS固態膜S^{2-}電極實物圖（METTLER公司產品）[354]（(b)圖來源:http://youqian.foodmate.net/sell/index.php?itemid=417430）

11-3.3.　水中有機溶氧感測器

　　現場水中有機溶氧感測器（Dissolved oxygen sensor for organic species in water）乃利用水中有機物在水中氧化需要消耗水中氧（O_2）原理,而可藉用水樣的化學需氧量（Chemical oxygen demand, COD）或一段時間內消耗水中氧量來估算水中有機汙染物含量。常用偵測水樣的化學需氧量（COD）為光學化學需氧量感測器（Optical chemical oxygen demand (COD) sensor）,而溶氧電極（Dissolved oxygen electrode）則常用於偵測一段時間內消耗水中氧量,這些現場水中有機溶氧感測器之偵測原理介紹如下:

1.光學化學需氧量感測器

光學化學需氧量感測器（Optical chemical oxygen demand (COD) sensor）偵測水樣的化學需氧量（COD）之偵測原理[355-357]乃利用有顏色的強氧化劑（如重鉻酸鉀及高錳酸鉀）將有機汙染物氧化而由強氧化劑自身還原之顏色與光吸收度變化以推算有機汙染物含量。一般光學化學需氧量感測器中常用澄色的重鉻酸離子（$Cr_2O_7^{2-}$）做強氧化劑將水樣中有機物（$C_nH_aO_bN_c$）氧化成CO_2、H_2O及NH_4^+，而澄色的重鉻酸離子還原則還原成藍綠色的Cr^{3+}離子，反應如下：

$$C_nH_aO_bN_c + dCr_2O_7^{2-} + (8d + c)H^+ \rightarrow nCO_2 + \frac{a+8d-3c}{2} H_2O + eNH_4^+ + 2dCr^{3+}$$

（11-37）

由上式可知，只要偵測澄色重鉻酸離子（$Cr_2O_7^{2-}$）之消耗量或藍綠色Cr^{3+}離子產生量就可推算出水樣中有機物（$C_nH_aO_bN_c$）含量。而光學化學需氧量感測器如圖11-24(a)所示，可利用偵測Cr^{3+}離子吸收波長600nm的光吸收度即可計算水樣中Cr^{3+}離子產生量與$Cr_2O_7^{2-}$消耗量，進而推算水樣中有機物（$C_nH_aO_bN_c$）含量。圖11-24(b)為即時COD監測器之實物圖。

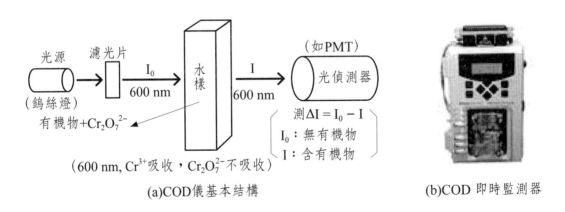

(a)COD儀基本結構   (b)COD 即時監測器

圖11-24 光學溶氧感測器(a)基本結構圖與(b)COD 即時監測器之實物圖[358]（(b)圖來源：http://www.yuanjiou.com.tw/product_cg40705.html，台灣源久環境科技公司產品，適用範圍：0至50mg/L，解析度：0.01mg/L，精確度：±0.1mg/L）

2.溶氧電極

常用的液動式伏安氧電極有兩種：(1)克拉克伏安氧電極（Clark voltam-metric O_2 electrode）與(2)白金尖端氧微電極（Pt-tip O_2 Microelectrode）。

(1)克拉克伏安氧電極

克拉克伏安氧電極（Clark voltammetric O_2 electrode）常被稱為**克拉克氧感測器**（Clark oxygen sensor）[359-360]，如圖11-25(a)所示，其由外加電壓電源（Applied voltage, 0.8~1.5V）、白金（Pt）陰極電極（Pt Cathode electrode）、銀陽極電極（Ag Anode electrode）、O_2可透電極薄膜（O_2 Permeable membrane）、含HCl緩衝內電極溶液（Buffered HCl）及電流計（Ammeter）所組成。攪拌中之待測溶液（Test solution）中之氧氣（O_2）透過氧電極薄膜進入氧電極電極內，氧氣（O_2）接觸氧電極中之陰極產生還原反應產生還原電流，而陽極發生氧化反應，陰陽電極之反應如下：

$$[陰極] \quad O_2 + 4H^+ + 4e^- \rightarrow 2H_2O \qquad (11\text{-}38)$$

$$[陽極] \quad Ag + Cl^- \rightarrow AgCl_{(s)} + e^- \qquad (11\text{-}39)$$

氧電極所產生的電流（I）用電流計偵測，而此電流訊號（I）強度和待測溶液中之氧氣濃度（$[O_2]$/ppm）有幾近線性關係（圖11-25(b)），電流訊號越大表示待測溶液中之氧氣濃度越大。圖11-26為市售兩種氧電極溶氧計實物圖，溶氧計可用於河水汙水監視、汙水處理、活性汙泥處理、飲用水處理等水處理工廠及其他注重水質的領域。

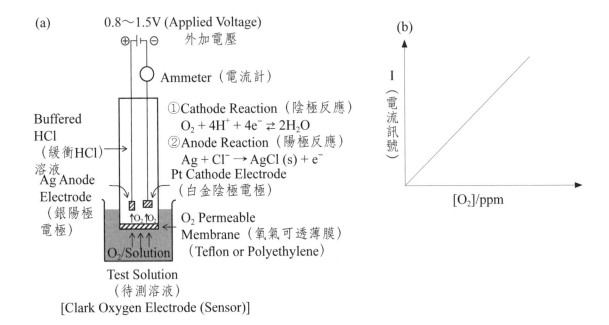

圖11-25　克拉克伏安氧電極（Clark Voltammetric O$_2$ Electrode）之(a)結構和電極反應，與(b)其電流訊號（I）和樣品溶液中氧含量[O$_2$]關係[360]

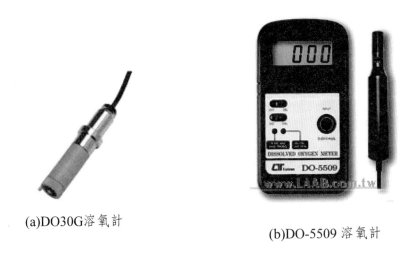

(a)DO30G溶氧計

(b)DO-5509 溶氧計

圖11-26　市售兩種溶氧計實物圖[361-362]（原圖來源：((a)http://www.yokogawa.com/
tw/product/measure/an/liquid/img/do-do30-001.jpg台灣橫河公司產品，(b))
http://www.yalab.com.tw/sfront/Proddesp.asp?Pid=DO-5509&tree=6台灣邁
多科技公司產品）

(2)白金尖端氧微電極

　　白金尖端氧微電極（Pt-tip O_2 Microelectrode）[360]之結構及反應如圖11-27(a)所示，其陰陽電極是直接接觸流動式待測樣品的。此白金尖端氧微電極之陰極爲具有白金尖端（Pt-tip）之白金電極，而陽極通常爲Ag/AgCl電極。待測樣品（如水樣）的氧氣（O_2）經陰極的白金尖端發生還原反應產生O_2^-，產生還原電流，反應如下：

$$[陰極]　　O_2 + e^- \rightarrow O_2^-　　　　　（11\text{-}40）$$

所產生的O_2^-離子會向陽極移動並在陽極上發生氧化反應如下：

$$[陽極]　　O_2^- \rightarrow O_2 + e^-　　　　　（11\text{-}41）$$

　　如此一來，完成全線路電流，此電流訊號（I）也用電流計偵測。同時，如圖11-27(b)所示，此電流訊號（I）亦和待測樣品（如水樣）的氧氣濃度（$[O_2]$/ppm）有線性關係。圖11-27(c)爲利用氧微電極偵測氣體樣品中各種含量的O_2之電流訊號和外加電壓關係圖。

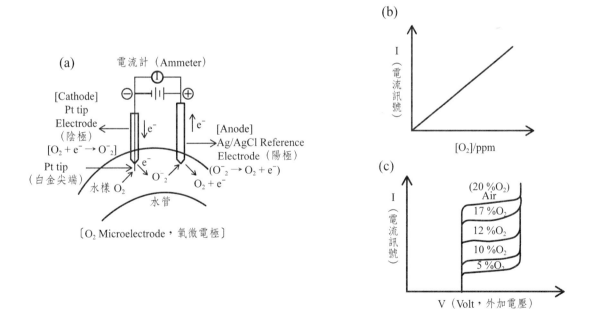

圖11-27　偵測水樣中氧氣的白金尖端氧微電極（Pt-tip O_2 Microelectrode）之(a)結構和電極反應，(b)其電流訊號（I）和樣品溶液中氧含量$[O_2]$關係，與(c)氧微電極偵測氣體樣品中氧氣之電流訊號和外加電壓關係圖[360]

11-4.　強毒性有機汙染物生物感測器

在水中強毒性有機汙染物較著名的有戴奧辛（Dioxin，圖11-28(a)）與多氯聯苯（Polychlorinated biphenyls, PCBs，圖11-28(b)）。本節將介紹偵測此兩大強毒性有機汙染物之強毒性有機汙染物生物感測器（Highly Toxic Organic Pollutants Biosensor）。

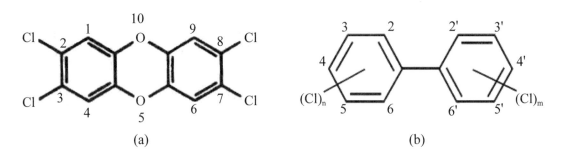

圖11-28　(a)常見的TCDD戴奧辛（2,3,7,8 –tetrachloro dibenzo-p-dioxin）結構式[363b] 及(b)多氯聯苯（Polychlorinated biphenyl, PCB）結構通式[363c]

11-4.1.　戴奧辛生物感測器

戴奧辛常被稱為世紀之毒，為工業製品（如除草劑）之副產品及有機物燃燒之生成汙染物。而用來偵測戴奧辛的戴奧辛生物感測器（Dioxin biosensor）乃利用生物物質（如細胞或其他生化物質）做生化辨識元偵測戴奧辛汙染物之生物感測器，已商業化的戴奧辛生物感測器為利用螢光酵素基因標幟細胞之CALUX (Chemical activated luciferase expression) **戴奧辛細胞感測器**（Cell based dioxin biosensor）[363–365]。如圖11-29(a)所示，此**CALUX戴奧辛細胞感測器**是利用螢光酵素基因（**Luciferase gene**）標幟的細胞（如老鼠H411E細胞株）和樣品中戴奧辛反應產生螢光酵素（Luciferase），最後用產生的螢光酵素催化螢光劑D-luciferin（[蟲]螢光素，$C_{11}H_8N_2O_3S_2$）氧化而產生綠色螢光（530 nm）。CALUX螢光偵測法之步驟如下：

細胞株（如老鼠H411E細胞株）＋螢光酵素冷光基因（Luciferase gene）

　→螢光酵素基因-細胞株　　　　　　　　　　　　　　　　　　（11-42）

螢光酵素基因-細胞株＋戴奧辛（Dioxin，樣品）→Luciferase（螢光酵素）

（11-43）

Luciferin（[蟲]螢光素，螢光劑）$+O_2 \xrightarrow{Luciferase}$ Oxyluciferin ＋ 螢光（530nm，綠光）

（11-44）

　　此所發出的綠色螢光亦可列屬爲生物冷光（Bioluminescence），由式（11-44）所產生的綠色螢光強度可推算樣品中戴奧辛（Dioxin）含量。圖11-29(b)爲市售化學發光感測儀實物圖。

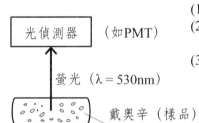

CALUX戴奧辛細胞偵測法
(1)製備「螢光酵素基因—細胞株」
(2)戴奧辛和螢光酵素基因—細胞株反應產生「螢光酵素Luciferase」
(3)螢光酵素催化螢光Luciferin氧化產生螢光（530nm，綠光）

(a)　　　　　　　　　　　　　　　　　　　(b)

圖11-29　(a)戴奧辛細胞生物感測器（Cell based dioxin biosensor）之基本結構圖及偵測原理[363]與(b)偵測生物冷光之化學發光感測儀實物圖[366]（(a)參考資料：www.cc.ntut.edu.tw/~f10955/files/20114-4/13%20dioxin.ppt, (b)圖來源：http://baike.baidu.com/view/3255604.htm）

11-4.2. 多氯聯苯免疫生物感測器

　　多氯聯苯（Polychlorinated biphenyls, PCBs）是工業中廣泛用做冷媒或熱媒的化合物。可用來現場偵測多氯聯苯的法常採用免疫分析法（多氯聯苯免疫分析法已爲我國環保署列爲多氯聯苯現場標準分析法NIEA M625.00C）[367–368]。如圖11-30(a)所示在多氯聯苯免疫生物感測器（（Polychlorinated biphenyl immuno-biosensors）中常用商品化的酵素-多氯聯苯結合試劑（Enzyme-PCBs conjugate reagent, PCB-RISc）和多氯聯苯抗體結合成無色的PCB-RISc-多氯聯苯抗體結合物，當含多氯聯苯（PCB）的樣品加入此無色結合物後，樣品中多氯聯苯（PCB）會和結合物中多氯聯苯抗體（A-PCB）結合成PCB/A-PCB，而放出有色的酵素-多氯聯苯（PCB-RISc），反應步驟如下：

酵素-多氯聯苯結合試劑（PCB-RISc）＋多氯聯苯抗體（A-PCB）

→ PCB-RISc/A-PCB（無色） (11-47)

多氯聯苯（PCB，樣品中）＋PCB-RISc/A-PCB（無色）

→PCB-RISc（有色）＋PCB/A-PCB (11-48)

由上可知，只要偵測顏色變化即可推算這樣品中所含的多氯聯苯（PCB）含量，而溶液顏色變化可用比色計（Colorimetric detector）偵測。如圖11-30(a)所示，多氯聯苯免疫生物感測器中可用吸光式比色感測系統或反射式比色計感測系統。在吸光式比色感測系統（圖11-30(a)之(A)）中偵測溶液在特定波長之吸光度A（$A = \log I/I_0$，I與I_0分別爲光波經樣品前後之光強度），由溶液吸光度變化可推算樣品中多氯聯苯含量。而在反射式比色計感測系統（圖11-30(a)之(B)）則偵測溶液在特定角度之反射光強度（I）與反射率R（$R= I/I_0$, I_0爲特定角度射入樣品中之光強度），當樣品溶液顏色變化時會引起光反射率變化，由溶液反射率變化可推算樣品中多氯聯苯含量。圖11-30(b)爲市售手提反射式比色計感測器實物圖。

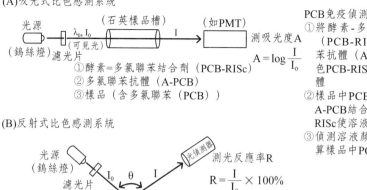

(A)吸光式比色感測系統

光源
(鎢絲燈)
濾光片
λ_0, I_0
(可見光)
(石英樣品槽)
I
(如PMT)
測吸光度A

$A = \log \dfrac{I}{I_0}$

①酵素＝多氯聯苯結合劑（PCB-RISc）
②多氯聯苯抗體（A-PCB）
③樣品（含多氯聯苯（PCB））

(B)反射式比色感測系統

光源
(鎢絲燈)
濾光片
I_0　θ　I
光偵測器
測光反應率R

$R = \dfrac{I}{I_0} \times 100\%$

(石英樣品槽)

①PCB-RISc結合劑
②PCB抗體
③樣品（含PCB）

(a)

PCB免疫偵測步驟
①將酵素-多氯聯苯結合劑（PCB-RISc）和多氯聯苯抗體（A-PCB）形成無色PCB-RISc／A-PCB結合體
②樣品中PCB和結合體中，A-PCB結合，而放出PCB-RISc使溶液成有色
③偵測溶液顏色變化，並推算樣品中PCB含量

(b)

圖11-30　多氯聯苯免疫生物感測器(a)所用吸光式和反射式比色計感測系統和偵測步驟[367]與(b)市售反射式比色計感測器實物圖[369]（(a)參考資料：http://www.niea.gov.tw/niea/REFSOIL/M62500C.htm,；(b)原圖來源：http://www.sungreat.com.tw/cc-np-nf-999.htm日本NIPPON DENSHOKU製品）

第 12 章

毒氣現場化學感測器
(Toxic Gas Field Chemical Sensors)

　　常見的毒氣可概分汙染性毒氣和人工刻意製造毒氣兩種，汙染性毒氣大都為無機毒氣，如一氧化碳、一氧化氮、硫化氫、二氧化硫、氯氣及臭氧。人工刻意製造毒氣則有曾用做戰場毒氣及恐怖攻擊的劇毒毒氣如光氣（Phosgene）、芥子氣（Mustard gas）、神經毒氣（Nerve gas，如沙林毒氣（Sarin））、橙劑毒氣（俗稱落葉毒氣（Agent Orange (Defoliant) gas））及常常致人於死的外洩家用瓦斯煤氣（Household gases）。因汙染性毒氣之偵測已在上一章（第十一章、環境汙染現場化學感測器）介紹，本章只介紹這些人工刻意製造毒氣之化學感測器。

12-1.　毒氣簡介

　　本節將介紹人工刻意製造毒氣，如光氣（Phosgene）、芥子氣（Mustard gas）、神經毒氣（Nerve gas，如沙林毒氣（Sarin））、橙劑毒氣（俗稱落葉毒氣（Agent Orange (Defoliant) gas））及家用瓦斯煤氣（Household gases）。

12-1.1. 光氣

光氣（Phosgene ,COCl₂）[370-374]之分子結構如圖12-1所示，光氣曾在許多戰爭與恐怖攻擊中被用作為化學武器。工業上，光氣常用於製造染料、農藥及聚碳酸酯塑料。人體吸入光氣會造成肺水腫。此外，光氣還可引起交感神經麻痺和嚴重的肺血管收縮。病變危重時可導致心肌損害、腦病、休克等多臟器損害。鹼性物質可以用來消除光氣的毒性。常溫下為無色帶黴草味的氣體，可加壓成液體儲於鋼瓶中。光氣易溶於是醋酸、氯仿、苯和甲苯。

光氣容易水解，在水中分解成二氧化碳及氯化氫。故水源、含水食物以及易吸水的物質均不會染（光氣）毒。水解反應如下：

$$COCl_2 + H_2O \rightarrow CO_2 + 2HCl \qquad (12\text{-}1)$$

光氣在鹼溶液中很快被分解，生成無毒物質。各種鹼性物質均可對光氣進行消毒。如光氣與氨很快反應，主要生成尿素和氯化銨等無毒物質，因此，濃氨水可對光氣消毒。反應如下：

$$COCl_2 + 4NH_3 \rightarrow CO(NH_2)_2 + 2NH_4Cl \qquad (12\text{-}2)$$

光氣與有機胺作用，生成氰酸酯（RN=C=O）。反應如下：

$$RNH_2 + COCl_2 \rightarrow RN=C=O + 2HCl \ (R = alkyl, aryl) \qquad (12\text{-}3)$$

光氣和苯胺（C₆H₅NH₂）生成二苯脲（Diphenyl urea, (C₆H₅NH)₂CO）白色沉澱和苯胺鹽酸鹽。可用此反應來檢驗光氣。反應如下：

$$2C_6H_5NH_2 + COCl_2 \rightarrow (C_6H_5NH)_2CO + 2HCl \qquad (12\text{-}4)$$

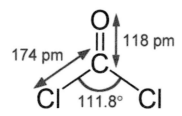

圖12-1　光氣（$COCl_2$）之分子結構圖（原圖來源：http：//en.wikipedia.org/wiki/
Phosgene）

12-1.2.　芥子氣

　　芥子氣（Mustard gas）[375-376]，學名二氯二乙硫醚$C_4H_8Cl_2S$（熔點
14.4℃：沸點217℃（分解）），為無色液體，但通常含雜質為淺黃色至深棕
色，分子結構如圖12-2所示。芥子氣是一種揮發性液體毒劑，具有輕微的蒜或
辣根味道，芥子氣可通過皮膚或呼吸道侵入人體，直接損傷組織細胞，對皮膚
與黏膜具有糜爛刺激作用，　皮膚燒傷，出現紅腫、水皰、潰爛；呼吸道黏膜
發炎壞死，出現劇烈咳嗽和濃痰，甚至阻礙呼吸；眼睛出現眼結膜炎，導致紅
腫甚至失明；故可當化學武器中的糜爛性毒劑，中毒後無特效藥可解其毒。對
造血器官也有損傷；多伴有繼發感染。攝入芥子氣會引起嘔吐和腹瀉。有人認
為芥子氣還會導致人體發生癌病變。芥子氣可溶於鹼性液，所以芥子氣可以用
石灰水或硫代硫酸鈉（大蘇打）溶液處理消毒。

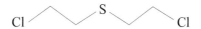

圖12-2　芥子氣（$C_4H_8Cl_2S$）之分子結構圖（原圖來源：zh.wikipedia.org/zh-tw/芥
子氣）

12-1.3. 神經毒氣

神經毒氣（**Nerve gas**）[377-382]是以神經系統爲對象的全身性毒劑，其主要是抑制神經系統功能，輕者中毒，嚴重時可致命。神經性毒劑與常見的有機磷農藥屬同一類化合物，屬有機磷化合物或有機磷酸酯。雖然稱「神經毒氣」，但它們在常溫下是液態的。

根據聯合國第687號決議，神經毒氣中沙林（Sarin）、太奔（**Tabun**）、梭曼（**Soman**）和環沙林（**Cyclosarin**）被列爲大規模殺傷性化學武器。它的生產受到嚴格控制，且被列爲1993年通過的《禁止化學武器公約》管制物。這些管制神經毒氣之基本性質如下所述。

沙林毒氣（Sarin, $(CH_3)_2$-HC-O-POF(CH_3)）之分子結構如圖12-3(a)所示，透明無色無味液體：沸點158℃，熔點−56℃，本身無氣味，只有當與其他化學物質混合後才會產生氣味，可溶於有機溶劑中。被稱作「窮國的原子彈」，爲最常用之神經毒氣。沙林毒氣已多次被當化學武器應用在戰場及恐怖攻擊中。

太奔（Tabun, $(CH_3)_2$-N-PO(C≡N)-O-C_2H_5）之分子結構如圖12-3(b)所示，太奔在常溫常壓下是一種液體，顏色依濃度高至低而呈無色至棕色。在常溫下具強揮發性，雖然揮發性沒有沙林或索曼高。太奔易溶於水，所以作爲化學武器，經常利用太奔汙染水源。

梭曼（Soman, CH_3-PO(F)-O-CH(CH_3)-C(CH_3)$_3$）之分子結構如圖12-3(c)所示，梭曼純淨時爲無色液體，有水果味。不純時，棕黃或深棕色，伴有石油味並具有強烈的氣味，類似樟腦。它比沙林與太奔更具殺傷力，功能更持久。

環沙林（Cyclosarin, CH_3-PO(F)-O-C_6H_{11}）之分子結構如圖12-3(d)所示，環沙林爲無色液體，毒性比沙林毒氣強，且效果更爲持久。

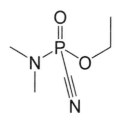

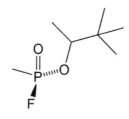

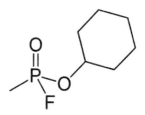

(a)沙林（sarin）（甲氟膦酸異丙酯）
(RS)-Propan-2-yl methylphosphonofluorid

(b)太奔（tabun）（二甲胺氰膦酸乙酯）
N,N-Dimethylphosphoramidocyanidate

(c)梭曼（soman）（甲氟膦酸特己酯）
O-Pinacolyl methyl phosphonofluoridate

(d)環沙林（cyclosarin）（氟甲基磷醯基氧環己烷）
(Fluoro-methyl-phosphoryl) oxycyclohexane

圖12-3　神經毒氣(a)沙林（sarin），(b)太奔（tabun），(c)梭曼（soman），及(d)環沙林（cyclosarin）之分子結構圖（原圖來源：(a)zh.wikipedia.org/zh-tw/沙林）[379]，(b)http://en.wikipedia.org/wiki/Tabun_(nerve_agent)[380]，(c)zh.wikipedia.org/zh-tw/梭曼[381]，(d)zh. wikipedia.org/zh-tw/環沙林[382]）

12-1.4. 橙劑（落葉）毒氣

　　橙劑毒氣，俗稱落葉毒氣（Agent Orange (Defoliant) gas）[383–387]，或稱落葉劑（Defoliant），為美軍在越南戰爭時期對抗採取叢林戰的越共使用的除草劑，可使樹葉掉落。橙劑因其封裝在橙色條紋55加侖（210公升）的圓桶中以運送而得名。其主要成分為 2,4-D（2,4-dichlorophenoxyacetic acid）與2,4,5-T（2,4,5-trichlorophenoxyacetic acid）兩種除草劑，橙劑是以50% 2,4-D與50% 2,4,5-T組成並含雜質TCDD（2,3,7,8-tetrachloro diben-zo-p-dioxin, 2,3,7,8-四氯二苯並戴奧辛（戴奧辛的一種））。圖12-4為2,4-D, 2,4,5-T與TCDD分子結構圖。橙劑其所含2,4-D與2,4,5-T不只會造成植物落葉且會毀掉了農田中水稻和其他農作物。同時因其包含有劇毒的化學物質

TCDD戴奧辛雜質而對人體造成了巨大傷害，在戰爭結束之後，越南出生的許多畸形嬰兒以及出現的許多怪病就是與此有關。

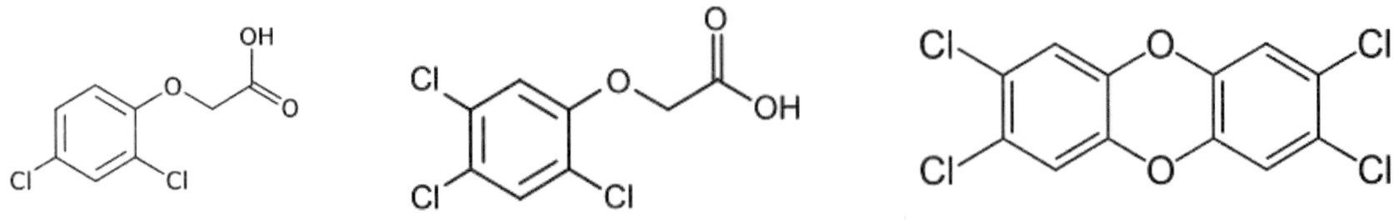

(a)2,4-D   (b)2,4,5-T   (c)TCDD

圖12-4 橙劑（落葉）毒氣主成分(a)2,4-D (2,4-dichlorophenoxyacetic acid)及(b)2,4,5-T (2,4,5-trichlorophenoxyacetic acid)和(c)雜質TCDD(2,3,7,8-tetrachloro dibenzo-p-dioxin之分子結構圖（原圖來源：(a)(b)http://en.wikipedia.org/wiki/Agent_Orange[383], (c)http://en. wikipedia.org/wiki/Polychlorinated_dibenzodioxins[387]）

12-1.5. 家用瓦斯

家用瓦斯（Household gas）[388-392]一般可概分三大類：人工煤氣（Artificial gas）、天然氣（Natural gas）及液化石油氣（Liquefied petroleum gas）。分別說明如下：

人工煤氣（Artificial gas）由煤、焦炭等固體燃料或重油等液體燃料經乾餾、氣化或裂解等過程所製得的氣體。如表12-1所示，人工煤氣概可分為發生爐煤氣（Producer gas）、焦爐煤氣（Coke oven gas），即為煤乾餾氣（Coal carbonization gas））、油裂解煤氣（Oil cracking gas）及高爐煤氣（Blast furnace gas），而發生爐煤氣即由煤、焦炭氣化而得，由氣化時所用氧化劑不同又約可分為水煤氣（Water gas）、空氣煤氣（Air gas）及混合發生爐煤氣（Mixed producer gas）。水煤氣是煤、焦炭用水蒸汽當氣化劑而氣化所得，反應如下：

$$C（煤、焦炭）+ H_2O（高溫）\rightarrow CO + H_2 \qquad (12-5)$$

因而如表12-1所示，水煤氣主要成分為一氧化碳（CO，約38.5%）和氫

氣（H_2，約**48.4%**）。除煤、焦炭外，甲烷和水也可製造水煤氣，其反應如下：

$$CH_4 + H_2O \rightarrow CO + 3H_2 \qquad\qquad （12\text{-}6）$$

空氣煤氣則以空氣為氧化劑的煤氣化產物，其主要成分為CO（75.3%）、CO_2（14.2%）及少量H_2（2.6%）、N_2（7.2%）。**混合發生爐煤氣**是以空氣和水蒸氣作為氧化劑，煤與空氣及水蒸氣在高溫作用下製得的混合煤氣。其主要成分為CO（27.5%）、H_2（13.5%）、N_2（52.8%），許多大都市常用發生爐煤氣（即水煤氣及混合發生爐煤氣）當家用瓦斯。**焦爐煤氣**即由煤乾餾所得之煤氣，一般用煙煤配成煉焦用煤在煉焦爐中高溫乾餾而得，其主要成分為氫氣（H_2 56%）、甲烷（CH_4 27%）及少量一氧化碳（CO）。

人工煤氣中之油裂解煤氣及高爐煤氣則分別為重油和輕油催化裂解所得氣體及煉鐵過程中產生的氣體副產品。油裂解煤氣之主要成分為烷烴、烯烴及少量一氧化碳（CO），而高爐煤氣之主要成分則為CO、CO_2、N_2及少量H_2、CH_4。

天然氣（Natural gas）是指貯存於地層中一種富含碳氫化合物的可燃氣體，天然氣由億萬年前的有機物質轉化而來，主要成分是甲烷（約90%），根據不同的地質形成條件，尚含有不同含量的低碳烷烴（如乙烷、丙烷、丁烷）及二氧化碳、氫氣等非烴類物質。天然氣是一種高效的能源，其熱值是人工煤氣的兩倍、火焰傳播速度慢。天然氣是一種潔淨環保的優質能源，幾乎不含硫和粉塵。而人工煤氣是多種氣體的混合物，含有水分、灰塵、集油、氨萘、硫化氫等雜質。

液化石油氣（Liquefied petroleum gas，俗稱液化瓦斯，簡稱液化氣）是石油在提煉汽油、煤油、柴油、重油等過程中剩下的一種石油尾氣並將石油尾氣加壓，使其變成液體，裝在受壓容器內，故又常稱為筒裝瓦斯。它的主要成分有乙烯（C_2H_4）、丙烯（C_3H_6）、丙烷（C_3H_8）和丁烷（C_4H_{10}）等。

表12-1 家用瓦斯種類、主要成分及來源

種類	主要成分	來源
(一)人工煤氣		固體或液體燃料加工所得之可燃氣體
(1)發生爐煤氣		煤、焦炭氣化
水煤氣	CO、H_2	水作氧化劑（C（煤、焦炭）+ H_2O（高溫）→$CO+H_2$）
空氣煤氣	CO、CO_2	空氣作氧化劑，煤（焦炭）氣化所得
混合發生爐煤氣	CO、H_2、N_2	空氣和水蒸汽混合物作氧化劑，煤(焦炭)氣化所得
(2)焦爐煤氣（煤乾餾氣）	H_2、CH_4（甲烷）	煙煤配成煉焦用煤在煉焦爐中高溫乾餾
(3)油裂解煤氣	烷烴、烯烴 少量CO	重油和輕油催化裂解
(4)高爐煤氣	CO、CO_2、N_2 少量H_2、CH_4	煉鐵過程中產生的副產品
(二)天然氣	甲烷（CH_4, 90%） 乙烷（C_2H_6）	埋藏在石油或煤礦區地層內的可燃氣體
(三)液化石油氣 （液化瓦斯）	乙烯（C_2H_4）、 丙烯（C_3H_6）、 丙烷（C_3H_8）、 丁烷（C_4H_{10}）	石油在提煉汽油、煤油、柴油、重油等過程中剩下的石油尾氣加壓所成之液體

（參考資料：(1) http://bangpai.taobao.com/group/thread/14429691-260842246.htm[392], (2) http://baike. baidu.com/view/23992.htm[388], (3) http://baike.baidu.com/view/160161.htm[389], (4) www.baike.com/wiki/天然氣灶[391]）

12-2. 光氣現場感測器

本節將介紹常用專用偵測光氣的光氣現場感測器（Field phosgene sensors）：電化學光氣感測器（Electrochemical phosgene sensor）、螢光光氣感測器（Fluorescence phosgene sensor）及比色光氣感測器（Colorimetric phosgene sensor）。

12-2.1.　電化學光氣感測器

電化學光氣感測器（Electrochemical phosgene sensor）[393-395]常採用定電壓電解法，偵測光氣之定電壓電解感測器之基本結構圖如圖12-5(a)所示。光氣（$COCl_2$）從電解槽底部光氣可透電極膜進入電解槽中，和電解液中水反應產生CO_2與HCl，反應如下：

$$COCl_2 + H_2O \rightarrow CO_2 + 2HCl \qquad （12\text{-}7）$$

產生的HCl解離產生之Cl^-離子接近陽極（Anode）在約0.3V電壓下氧化（$2Cl^- \rightarrow Cl_2 + 2e^-$）產生$Cl_2$與電子（$e^-$）並產生氧化電流（I），再用電流計（Ammeter）測所產生之氧化電流（I），由電流（I）變化值可推算空氣中光氣含量。圖12-5(b)為市售電化學光氣感測器實物圖。

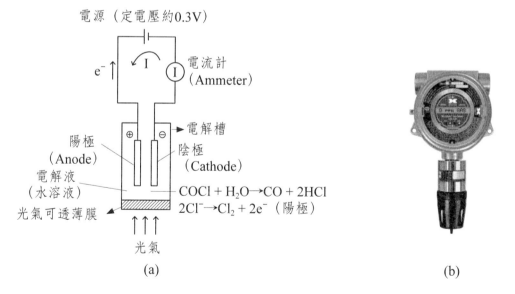

(a)　　　　　　　　　　　　(b)

圖12-5　電化學光氣感測器之(a)基本結構示意圖與(b)市售實物圖（(a)參考資料：http://tc.wangchao.net.cn/baike/detail_1698701.html[393]; http://wenku.baidu.com/view/6868f0de 50e2524de5187e7f.html[394] (b)圖來源：http://datasheets.globalspec.com/ds/15/Detcon/ F83A134C-9AA2-42B6-8D86-80B957174BA8 (Detcon, Inc.)[395]）

12-2.2.　螢光光氣感測器

　　螢光光氣感測器（Fluorescent phosgene sensor）常利用一非螢光物質藥劑和光氣起作用而產生螢光物質產物，利用偵測此螢光產物品所發出之螢光強度可推算樣品中光氣含量。例如臺灣的清華大學化學系黃國柱教授（Professor Kuo Chu Hwang）實驗室曾用一有機酸之非螢光物質和光氣反應而使有機酸分子環化（Intramolecular cyclization，如圖12-6所示）產生螢光物質產物，此螢光物質產物可發出明亮藍色螢光（Bright blue fluorescence），由藍色螢光之螢光強度即可推算樣品中光氣含量，此法對光氣溶液之偵測下限可低至1nM[396]。廈門大學化學生物系的韓守法教授（Professor Shoufa Han）[397]也曾用非螢光物質的玫瑰紅衍生物（rhodamine derivatives）和光氣反應而使玫瑰紅分子胺基環化而成螢光物質發出螢光，亦可利用其螢光強度推算樣品中光氣含量。圖12-7(a)為螢光感測器之結構示意圖，光源所發出各種波長先經單光器或濾波片選一特定波長光波當激發光照射樣品而產生螢光，收集和激發光成90°角度方向之螢光並先經另一單光器或濾波片濾去非螢光波長光波，再進入光偵測器偵測螢光強度產生電流訊號，並用顯示器顯示。圖12-7(b)為攜帶式螢光感測器實物圖。

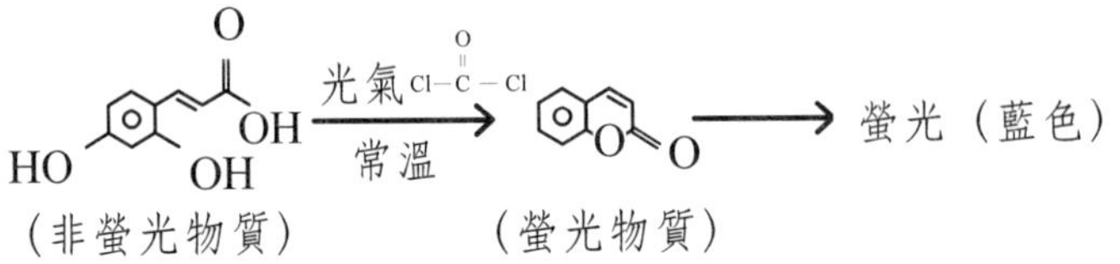

圖12-6　螢光光氣感測器之偵測原理（參考資料：P. Kundu and K.C.Hwang, Anal. Chem., 84, 4594 (2012)[396]）

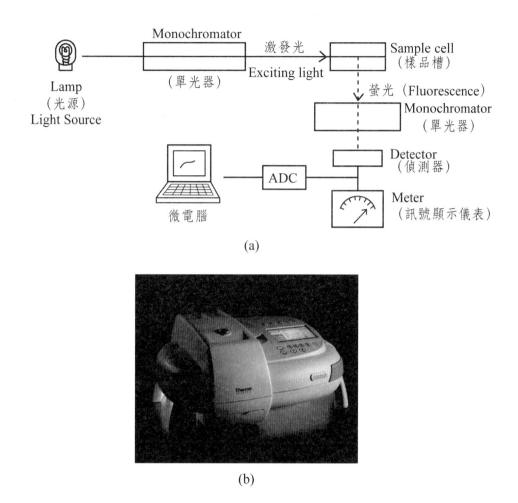

(a)

(b)

圖12-7 螢光感測器之(a)結構示意圖與(b)攜帶式螢光感測器實物圖（(b)圖來源
[398]：http://nano.tca.org.tw/2012/uploadfiles/doc1348670935.jpg;http://nano.
tca.org.tw/company_news1.php?id=73（台灣新國呢科技公司））

12-2.3. 比色光氣感測器

比色光氣感測器（Colorimetric phosgene sensor）乃是利用光氣和無色
顯色劑產生顏色產物[399-403]，由偵測顏色產物的吸光度即可推算樣品中光氣含
量。在比色光氣感測器中常用之顯色劑為有機胺類（如RNH_2），這些胺類和
光氣（$COCl_2$）反應可得黃色異氰酸酯（isocyanates）產物，反應如下：

$RNH_2 + COCl_2 \rightarrow RN=C=O$ (isocyanates, yellow, λ_{max} = 430nm) + 2 HCl　　（12-8）

此黃色異氰酸酯可吸收430nm波長光波，利用其在此波長的吸光度（莫耳吸收係數$\epsilon = 2.80 \times 10^4$ L·mol^{-1}·cm^{-1}）可計算黃色異氰酸酯產量並以此估算樣品中光氣含量。常用在比色光氣感測器之胺類顯色劑為二甲基苯胺（$C_6H_5N(CH_3)_2$）。二甲基苯胺和光氣（$COCl_2$）反應如下：

C_6H_5-$N(CH_3)_2$ + $COCl_2$ →$(CH_3)_2$-C_6H_3-N=C=O (3,5-Dimethyl

-phenyl isocyanate, λ_{max} = 430 nm yellow) + 2 HCl　　　　（12-9）

二甲基苯胺和光氣反應會產生黃色異氰酸酯產物（(3,5-Dimethyl-phenyl isocyanate），同樣可由黃色異氰酸酯產物在430nm波長之吸光度計算黃色異氰酸酯產量和樣品中光氣含量。圖12-8為攜帶式與固定式光氣比色感測器和光氣顯色膠片／指示紙之實物圖。

Gas Instruments
(a)

ChemLogic 1 for Phosgene
(b)

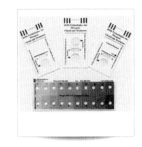
Dosimeter Badges for Phosgene
(c)

圖12-8　(a)攜帶式及(b)固定式光氣比色感測器和(c)光氣顯色膠片／指示紙之實物圖（原圖來源：(a)http://www.globalspec.com/industrial-directory/colorimetric_method phosgene gas_detector[400], (b)http://www.dodtec. com/site/epage/82349_843.htm[401]; (c)http://www.afcintl.com/product/tabid/93/productid/130/sename/chemlogic-dosimeter-badges -for-phosgene-from-dod/default.aspx[402]; www.hudong.com/wiki/光氣（二甲基苯胺（$C_6H_5N(CH_3)_2$）指示紙）[403]）

12-3.　芥子氣現場感測器

芥子氣現場感測器（Field mustard gas sensors）用於偵測現場芥子氣（$C_4H_8Cl_2S$）含量，常見的有表面聲波芥子氣感測器（Surface acoustic wave (SAW) mustard gas sensor），石英（壓電）晶體微天平芥子氣感測器（Quartz (piezoelectric) crystal microbalance (QCM) mustard gas **sensor**）及比色芥子氣感測器（Colorimetric mustard gas sensor）。

12-3.1.　表面聲波芥子氣感測器

圖12-9為表面聲波芥子氣感測器（Surface acoustic wave (SAW) mustard gas **sensor**）[404-407]之基本結構圖。當由無線電振盪放大器（RF Amplifier）所組成的共振線路產生一聲波（頻率F_o）由左邊指叉換能電極A（Interdigital transducer electrodes）轉成表面聲波F_o向右進入在壓電晶體膜（Piezoelectric crystal film）上之含聚環氧氯丙烷（Poly (epichlorohydrin), PECH）吸附劑與被吸附的待測芥子氣分子之樣品區，因芥子氣分子被PECH吸附劑吸附時會使樣品區質量增加，當表面聲波經壓電晶體膜上增加質量（ΔM）的樣品區就會速度變慢且頻率變小成F（但波長不變），若SAW感測器用石英晶體當壓電晶體材質，其頻率變化ΔF（$\Delta F = F_o - F$）和增加質量（ΔM）及樣品區面積A之關係為：

$$\Delta F = -2.3 \times 10 \times F_o^2 \times (\Delta M/A) \qquad (12\text{-}9)$$

經樣品區後改變速度與頻率之表面聲波再經圖12-9右邊指叉電極B轉成聲波波動電流輸出到計頻器測量其頻率（F）並計算頻率變化（ΔF），再利用式12-9計算被吸附劑吸附之待測物芥子氣之重量並計算空氣樣品中芥子氣含量。

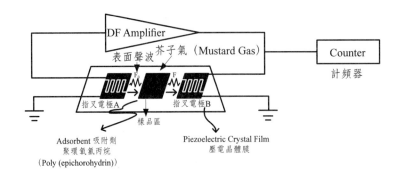

圖12-9　表面聲波芥子氣感測器之基本結構示意圖（參考資料：(1)http://d. wanfangdata. com.cn/periodical_hxcgq200501013.aspx[404]; (2) Liu Wei-wei ,Yu Jian-hua, Pan Yong,Zhao Jian-jun and Huang Qi-bin, CHEMICAL SENSORS化學傳感器2005, 25(1) [405]; (3) http://lib.cnki.net/cpfd/AGLU200812001057.html[406]）

12-3.2.　石英（壓電）晶體微天平芥子氣感測器

石英（壓電）晶體微天平芥子氣感測器（Quartz (piezoelectric) crystal microbalance (QCM) mustard gas **sensor**）也以聚環氧氯丙烷（PECH,Polyepichlorohydrin）爲石英晶體上吸附感測膜材料以吸附樣品中之芥子氣分子而使石英晶體之共振頻率下降[408]。圖12-10爲塗佈聚環氧氯丙烷（PECH）石英壓電晶體微天平芥子氣感測器之基本結構示意圖。當振盪線路使石英晶片以振盪頻率F_o（常用10MHz晶片）通過塗佈聚環氧氯丙烷吸附劑以吸附空氣中芥子氣分子，因而引起石英壓電晶體的頻率下降成F並用計頻器偵測和用顯示器顯示，而頻率下降ΔF（ΔF =F_o－ F）和晶片上所吸附芥子氣含量Δm關係爲：

$$\Delta F = -2.3 \times 10^6 \times F_o^2 \times \Delta m/A \qquad (12\text{-}10)$$

故由頻率下降ΔF可推算空氣中芥子氣含量[408]。

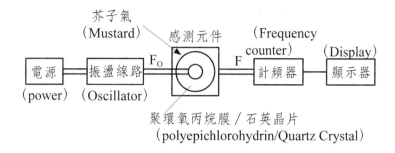

圖12-10　塗佈聚環氧氯丙烷（PECH, Polyepichlorohydrin）石英壓電晶體微天平芥子氣感測器之基本結構示意圖（參考資料：http://www.cqvip.com/QK/94521X/200610/23069726.html[408]）

12-3.3.　比色芥子氣感測器

比色芥子氣感測器（Colorimetric mustard gas sensor）乃是利用一無色藥劑（如百里酚酞鈉鹽（Thymolphthalein-Na⁺salt））和樣品中芥子氣分子（無色）產生有色產物，然後用比色法偵測這有色產物濃度，即可推算樣品中芥子氣含量。圖12-11(a)爲芥子氣分子（無色）和無色的百里酚酞鈉鹽（Thymolphthalein-Na⁺salt）環化反應產生黃色的百里酚酞-芥子氣化合物（光吸收波長λ_{max} = 444nm）之結構反應式，其反應步驟[409]如下：

$$\text{Thymolphthalein（百里酚酞）} + \text{NaOH}$$
$$\rightarrow \text{Thymolphthalein-Na}^+\text{salt （Colorless）} \qquad （12\text{-}11）$$
$$\text{Mustard} + \text{Thymolphthalein-Na}^+\text{salt （Colorless）}$$
$$\rightarrow \text{Thymolphthalein-Mustard （Yellow）} \qquad （12\text{-}12）$$

圖12-11(b)爲利用此百里酚酞鈉鹽和芥子氣產生有色產物反應所組成的比色芥子氣感測器基本結構圖。圖中由鎢絲燈發出各種可見光波長先經一濾光片，只讓波長444nm光波（光波強度P_0）通過並進入含百里酚酞鈉鹽和芥子氣樣品之樣品槽中，部分光波被黃色產物吸收使出射光波強度減少成P並進入光偵測器（常用光電倍增管（Photomultiplier tube, PMT））偵測產生電流訊號（I）。由入射光（P_0）與出射光強度（P）可推算其吸光度：

$$A（吸光度）= \log (P_0/P) = \varepsilon bc \qquad （12\text{-}13）$$

式中ε與c分別為黃色產物（百里酚酞-芥子氣）之莫耳吸收係數（Molar absorption coefficient）與濃度，b為樣品槽寬度。由吸光度A和已知之ε依上式可計算出黃色產物濃度c，進而可推算樣品中芥子氣含量。

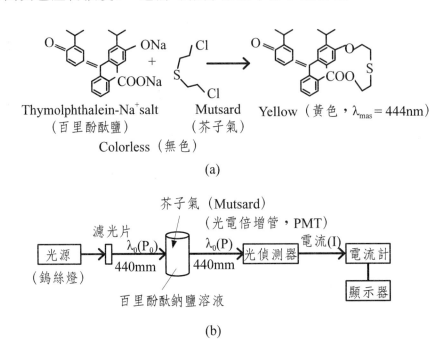

(a)

(b)

圖12-11　(a)芥子氣（Mustard）和百里酚酞鈉鹽（Thymolphthalein-Na[+]salt）之化學反應[409]與(b)比色芥子氣感測器結構示意圖（參考資料：http://www.yumpu.com/en/document/view/5210281/basic-science-in-medicine-medical-journal-of-the-islamic-republic-;A.SHAFIEE,A.CHERAGHALI,AND A.KEBRIAEIZADEH,Medical Journal of the Islamic Republic of Iran(MJIRI), 2(3), 213(1988)）

12-4. 神經毒氣現場感測器

　　本節將介紹常見的神經毒氣現場感測器（Field nerve gas sensors）：
(1)表面聲波沙林毒氣感測器（Surface acoustic wave (SAW) sarin gas sensor），(2)石英（壓電）晶體微天平沙林毒氣感測器（Quartz (piezoelectric) crystal microbalance (QCM) sarin gas sensor），及(3)碳奈米管神經毒氣螢光感測器（Carbon nanotube fluorescence nerve gas sensors）。

12-4.1. 表面聲波沙林毒氣感測器

　　表面聲波沙林毒氣感測器（Surface acoustic wave (SAW) sarin gas sensor）之感測原理[410-412]乃是利用強氫鍵酸性共聚矽氧烷高分子（如bsp3 siloxane polymer）當塗佈在表面聲波壓電晶片之吸附劑以強氫鍵吸附空氣樣品中沙林毒氣（如圖12-12所示）而改變表面聲波之頻率，由表面聲波頻率改變量ΔF並依式（12-9）可計算被吸附的沙林毒氣（Sarin gas）質量ΔM，進而可推算空氣樣品中沙林毒氣含量。圖12-13為含塗佈氫鍵酸性共聚矽氧烷感測元件之表面聲波神經毒氣感測器基本結構圖。原始頻率Fo而速度為Vo之表面聲波由輸入指叉電極進入LiTaO$_3$或石英壓電晶體極膜上含吸附劑與樣品之樣品區，由於樣品中沙林毒氣被吸附劑吸附增加壓電晶片上重量增大而使表面聲波速度變慢（但波長不變），進而使表面聲波下降成F，此下降表面聲波F再用計頻器計數，可計算表面聲波頻率改變量ΔF，最後依式（12-9）可計算被吸附的沙林毒氣質量ΔM及空氣樣品中沙林毒氣含量。

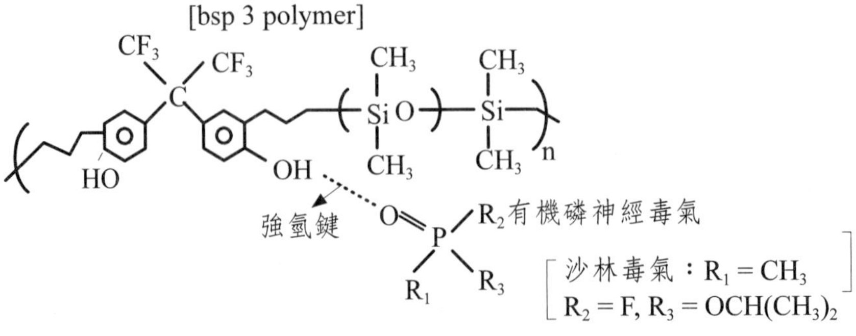

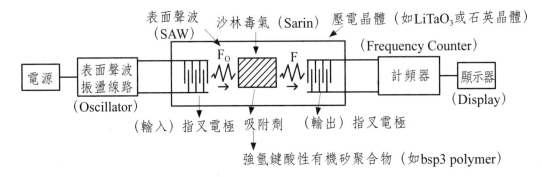

圖12-12 bsp3polymer（強氫鍵酸性共聚矽氧烷高分子）對有機磷神經毒氣（如沙林毒氣）之吸附作用（參考資料：http://pubs.acs.org/subscribe/journals/ci/30/i11/html/11grate.html[410]）

圖12-13 含塗佈氫鍵酸性共聚矽氧烷感測元件之表面聲波神經毒氣感測器基本結構示意圖（參考資料：(1)http://qkzz.net/article/2d405b9c-17a6-4faa-906d-bbcc65e8f341.htm[411], (2)http://medsci.cn/sci/nsfc_ab.asp?q=51601435631[412]）

12-4.2. 石英（壓電）晶體微天平沙林毒氣感測器

石英（壓電）晶體微天平沙林毒氣感測器（Quartz (piezoelectric) crystal microbalance (QCM) sarin gas **sensor**)[413~414]，結構如圖12-14(a)所示）則可利用奈米CuZSM-5沸石分子篩（圖12-14(b)）或氫鍵酸性共聚矽氧烷（如 bsp3 Siloxane polymer）當石英壓電晶片上吸附劑以吸附樣品中沙林毒氣分子而使石英壓電晶片從原來由振盪器出來的共振頻率F_o下降成頻率F，再由圖12-14(a)中計頻器偵測並由式（12-10）可計算被吸附的樣品中沙林毒

氣質量與推算空氣樣品中沙林毒氣含量。

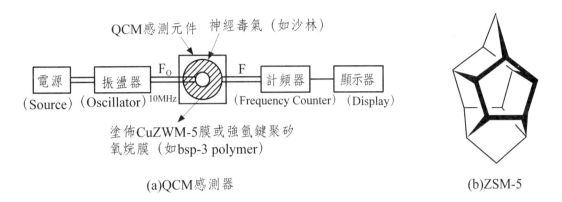

(a)QCM感測器　　　　　　　　　　　　(b)ZSM-5

圖12-14　塗佈奈米CuZSM-5沸石分子篩或氫鍵酸性共聚矽氧烷（如 bsp3 polymer）
　　　　之石英（壓電）晶體微天平（QCM）沙林毒氣感測器之(a)基本結構示圖
　　　　與(b)含八個Si-O-Al五圓環沸石（Zeolite)ZSM-5分子篩結構示圖（(a)圖參
　　　　考資料：(1)http://www.cqvip.com/QK/95913A/200808/28033791.html[413],
　　　　(2)http://qkzz.net/article/2d405b9c-17a6-4faa-906d-bbcc 65e8 f34 1.htm[414];
　　　　(b)圖來源：http://en.wikipedia.org/wiki/ZSM-5 l[415]）

12-4.3.　碳奈米管神經毒氣螢光感測器

　　麻省理工學院斯坦諾教授實驗室利用了蜜蜂毒液中一種稱為Bombolitins
的蛋白質片段（肽類）塗佈在碳奈米管上做辨識元件研製可偵測沙林神經毒氣
與硝基爆炸物之碳奈米管感測器[416-417]，而其用來偵測沙林毒氣之碳奈米管神
經毒氣之螢光感測器（Carbon nanotube fluorescence nerve gas sensors）是
利用這些蛋白質片段會對神經毒氣沙林起反應，而使碳奈米管之螢光波長與螢
光強度改變。由偵測螢光波長與螢光強度的改變，可估算樣品中神經毒氣沙林
（Sarin Gas）之含量。對不同毒氣及爆炸物可選用不同的Bombolitins的蛋白
質片段做為辨識元件。

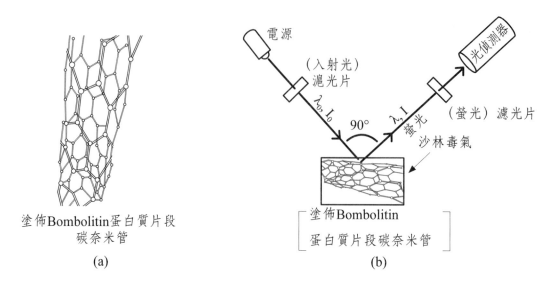

塗佈Bombolitin蛋白質片段
碳奈米管

(a)

塗佈Bombolitin

蛋白質片段碳奈米管

(b)

圖12-15　(a)塗佈Bombolitin蛋白質片段碳奈米管圖與(b)碳奈米管神經毒氣螢光感測
器結構示意圖（參考資料(a)zh.wikipedia.org/zh-tw/碳納米管[418]，(b)http://
news.sciencenet.cn/htmlpaper/ 20115119195535816786.shtm[419]）

12-5.　橙劑（落葉）毒氣現場感測器

橙劑（落葉）毒氣（Agent Orange (Defoliant) gas）主成分為2,4-D
(2,4-dichlorophenoxyacetic acid）與2,4,5-T(2,4,5-trichlorophenoxyacetic
acid)。而橙劑（落葉）毒氣現場感測器（Field Agent Orange (Defoliant)
gas sensor）通常主要以偵測主成分2,4-D的電化學橙劑感測器（Electro-
chemical Agent Orange gas sensor）與表面電漿共振橙劑免疫感測器（Sur-
face plasmon resonance (SPR) immunosensor Agent Orange gas sensor）較
常見。

12-5.1.　電化學橙劑感測器

電化學橙劑感測器（Electrochemical Agent Orange gas sensor ）通
常利用一以複合金屬錯合物（如金屬紫質（Metalloporphyrin））修飾電極

（Modified electrode，如玻璃碳電極（Glassy carbon electrodes））當工作電極（Working electrode）[420]，如圖12-16(a)的2,4-D電流式橙劑感測器（Amperometric Sensor for Agent Orange Gas 2,4-D）結構中所示，在外加電壓下氧化橙劑中之2,4-D產生氧化擴散電流（Diffusion current），並用電流計偵測擴散電流大小即可計算2,4-D濃度並推算出樣品中橙劑含量。圖12-16(b)為以Co(II)金屬紫質Co(II)TPP（5,10,15,20-tetraphenyl porphyrinato cobalt(II)）及Fe(III)金屬紫質Fe(III)TPPCl（5,10,15, 20-tetraphenyl por-phyrinato iron(III) chloride）修飾玻璃碳電極示意圖。用此修飾玻璃碳電極所構成的電化學橙劑感測器對2,4-D偵測下限可低至1×10^{-7}M。

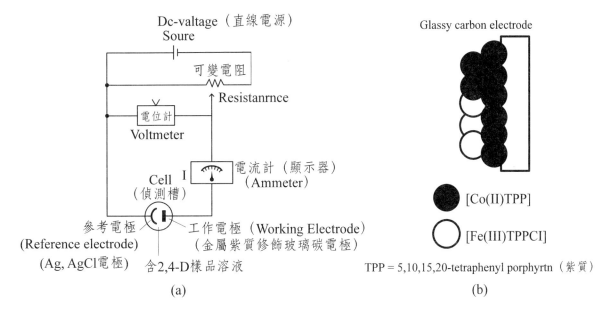

(a)　　　　　　　　　　　　　　　　(b)

圖12-16　偵測2,4-D之電流式橙劑感測器（Amperometric Sensor for Agent Orange Gas 2,4-D）(a)基本結構圖與(b)所用之金屬紫質修飾玻璃碳電極結構示意圖（參考資料：http://pubs.acs.org/doi/abs/10.1021/bk-1992-0511.ch004[420]）

12-5.2.　表面電漿共振橙劑免疫感測器

表面電漿共振橙劑免疫感測器（Surface plasmon resonance (SPR) im-

munosensor for Agent Orange gas）偵測橙劑中2,4-D乃利用塗佈2,4-D抗體
（2,4-D-Ab）與2,4-D-卵白蛋白聯結蛋白質（2,4-D-OVA(Ovalbumin)）之奈
米金（Au）膜當表面電漿共振感測元件[421]以吸附樣品中之2,4-D（抗原），
而使經稜鏡（Prism）照射到感測元件（如圖12-17所示）之雷射光折射率改
變（因雷射光照到感測元件之奈米金（Au）膜所產生SPW波（Surface plas-
ma resonance wave）被2,4-D-Ab（抗體）/2,4-D（抗原）複合體所吸收或折
射（SPW波為一種漸逝波（Evanescent wave）），而可能引起圖12-17中金
膜折射率改變和雷射光全反射臨界角改變及雷射光強度改變或吸收波長改變，
由光偵測器偵測這雷射光全反射臨界角改變、光強度改變及吸收波長改變就可
推算在感測元件上被吸附的待測物2,4-D含量，進而計算樣品中橙劑濃度。

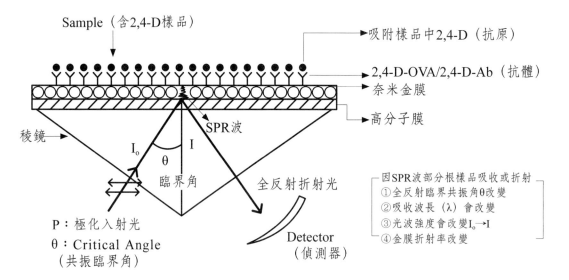

圖12-17　塗佈2,4-D-OVA（Ovalbumin卵白蛋白）/2,4-D-Ab抗體之奈米金膜所組
　　　　　成的表面電漿共振橙劑免疫感測器（SPR Immunosensor for Agent Orange
　　　　　Gas）基本結構圖（參考資料：V.Gobik, S. J. Kin and T. Hiroyuki, Sensors
　　　　　and actuators B, 123, 583 (2007)[421]）

12-6.　半導體瓦斯（煤氣）感測器

半導體瓦斯感測器（Semiconductor coal gas sensors）常用ZnO-Fe$_2$O$_3$-SnO$_2$-n型半導體感測器（ZnO-Fe$_2$O$_3$-SnO$_2$-n-type semiconductor sensor）[422]（前述SnO$_2$感測器亦為n型半導體感測器（n-type semiconductor sensors）），其結構與偵測原理如圖12-18所示。如圖12-18(a)所示，此複合金屬氧化物n型半導體瓦斯感測器是利用白金加熱絲（Heater）使此複合金屬氧化物n型半導體加熱產生電子（e$^-$），在正常無瓦斯外洩時，產生的電子因被空氣中O$_2$吸收，而使O$_2$反應成O$_2^-$，反應如下：

$$O_2 + e^- \rightarrow O_2^- \qquad\qquad （12\text{-}14）$$

因而剩下跑向接收電極之電子數變小（即半導體電阻變大），因而接收電極之輸出電流（I$_o$）也變小。反之，當有瓦斯外洩時，空氣中O$_2$含量相對變少或O$_2$因和瓦斯燃燒而減少，因而n型半導體加熱產生電子被O$_2$吸收數也會變少（即半導體電阻（R）變小，如圖12-18(b)所示）。換言之，在有瓦斯時，半導體電阻變小，剩下跑向接收電極之電子數變大，因而接收電極之輸出電流（I$_o$）也變大。圖12-18(b)也顯示此半導體瓦斯感測器對不同的瓦斯有相當不同的靈敏度，同濃度的液態瓦斯（含丙烷（C$_3$H$_8$），丁烷（C$_4$H$_{10}$））比甲烷（CH$_4$）瓦斯和CO/H$_2$瓦斯所感應造成半導體電阻（R）變小量（即接收電極輸出電流（Io）變大量）幅度都來得大，即靈敏度較大。

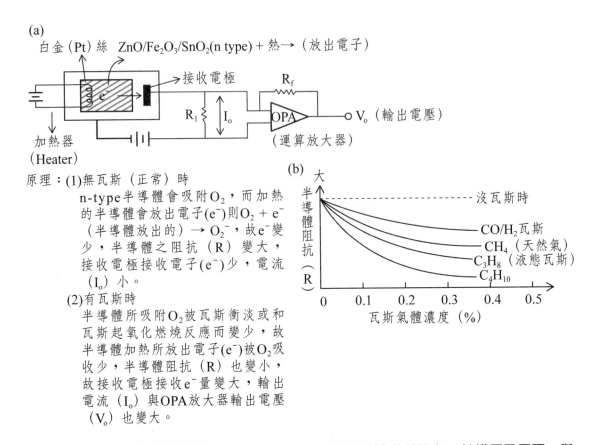

圖12-18　偵測各種瓦斯之$ZnO\text{-}Fe_2O_3\text{-}SnO_2$-n型半導體感測器之(a)結構圖及原理,與(b)半導體電阻和各種瓦斯氣體濃度關係圖[4,422]

12-7. 可攜式多種毒氣感測器

　　本節將簡介各種常用可偵測各種毒氣之可攜式多種毒氣感測器(Portable multi-toxic gas sensors),如可攜式毒氣氣體層析質譜儀(Portable GC-Mass spectrometer for toxic gases)、可攜式光游離毒氣偵測器(Portable photo ionization detector for toxic gases)及可攜式紅外線毒氣偵測器(Portable infra-red detector for toxic gases)。

12-7.1. 可攜式毒氣氣體層析質譜儀

可攜式毒氣氣體層析質譜儀（Portable GC-Mass spectrometer for toxic gases）之常用感測元件為離子阱（Ion trap）分析器，其為近年來發展的一種質量分析器，離子阱分析器顧名思義是將由氣體層析儀（GC）分離出來知毒氣分子（RH）經離子源解離成的各種離子（A^+、B^+、C^+等）困在電場或磁場中，然後改變電場的電壓或磁場的強度選擇一特定質量的離子放出離開到離子偵測器偵測，而其他質量離子則仍在電場或磁場中。圖12-19(a)為典型的GC-離子阱質量分析器之結構圖，在圖中利用無線電頻率電壓（Radio-frequency (RF) voltage）將各種從離子化源出來的各種離子（A^+、B^+、C^+等等）困陷（Trap）在電場中並依一定軌跡做圓周運動，這些在固定軌跡做圓周運動之離子慣稱為穩定離子（Stable ions），然後選擇RF電壓使其中一種具有特定m/e之離子（如C^+）脫離固定軌跡而從離子阱電場中脫困出來，此種脫離固定軌跡而從離子阱脫困出來的離子慣稱為去穩定離子（Destabilized ion，如C^+），此去穩定離子（如C^+）從離子阱脫困出來後到離子偵測器偵測。改變RF電壓就可選擇不同質量離子從離子阱脫困並到離子偵測器偵測。圖12-19(b)為可偵測各種毒氣之可攜式毒氣離子捕捉層析質譜儀（Portable ion trap GC-MS）之實物圖。

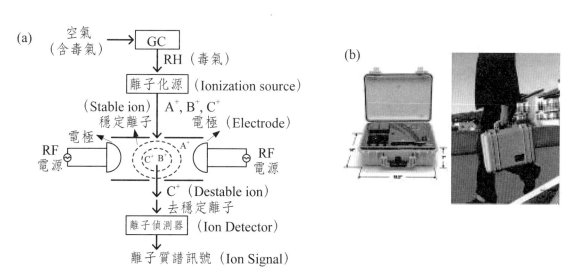

圖12-19 可攜式毒氣氣體層析／離子捕捉質譜儀（Portable Ion Trap GC-MS）之(a)基本結構示意圖[424b]與(b)市售實物圖（b圖來源：http://www.analytik-jena.com.tw/product_cg41005.html.[423]）

　　在可攜式毒氣質譜儀中亦常用電噴灑游離離子化源（Electrospray ionization source）。電灑游離法（Electro-spray Ionization, ESI）為西元2002年諾貝爾化學獎得主（Nobel laureate）美國的菲恩博士（Dr. John Bennett Fenn）開發出來的[424~425]。電灑游離法（ESI）克服了一般質譜儀所用離子源將高分子或大分子離子化時會將高分子撕成碎片，以致於不能得到完整的高分子峰的缺點，換言之，電灑游離法（ESI）除可用來偵測毒氣分子外，亦可用來分析高分子與生化大分子（Biological macromolecules)。

　　圖12-20(a)為可攜式電噴灑游離質譜儀（Portable electrospray ionization MS）之基本結構示意圖，將一樣品（M）經高電場中一毛細管（Capillary）並從具有高密度電子的毛細管尖端形成帶電離子（M+、M++、M+++及Mz+）噴出，再經一陰極（Cathode）進入質譜儀（MS）加速電場。圖12-20(b)為電灑游離（ESI）源毛細管尖端運作時之景觀實圖，而圖12-20(c)為手持式毒氣電噴灑游離質譜儀實物圖。

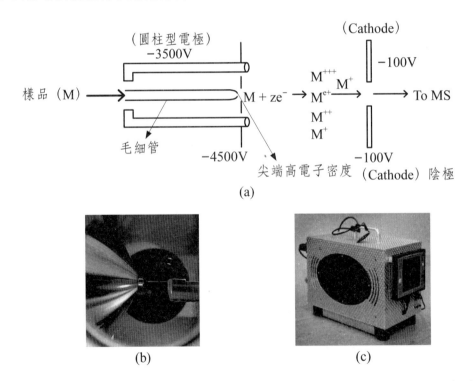

(a)

(b)　　　　(c)

圖12-20　可攜式電噴灑游離質譜儀（Portable Electrospray ionization MS）之(a)基本結構圖[424~425]，(b)毛細管電噴灑現象圖及(c)普渡大學Dr. R. Graham Cooks and Dr.Henry Bohn Hass所領導的團隊開發出來的手持式毒氣電噴灑游離質譜儀實物圖。（原圖來源：(b)圖：http://upload. wikimedia.org/wikipedia/commons/thumb/e/e2/Nano ESIFT.jpg/220px-NanoESIFT.jpg[426]，(c)圖：http://www.wretch.cc/blog/fsj/6274836[424]; http://www. sciencedaily.com/releases/ 2007/02/070227104038.htm[425]）

12-7.2.　可攜式光游離毒氣偵測器

可攜式光游離毒氣偵測器（Portable photo ionization detector for toxic gases）[427-429]之基本結構如圖12-21(a)所示，其乃利用紫外線燈（UV Lamp）發出的紫外線光進入含毒氣分子之空氣（Air）或先經氣體層析儀（GC）分離之毒氣分子與兩電極的樣品室並將毒氣分子（R）光分解（Photo ionization）成正離子R^+與電子e^-如下：

$$R（毒氣分子）+ h\upsilon（紫外線光）\rightarrow R^+ + e^- \qquad （12\text{-}15）$$

其中正離子R^+奔向負電極，而電子e^-奔向正電極產生輸出電流I_o，再用電流／電壓計（Electrometer）偵測其輸出電流I_o並用顯示器（Display）或微電腦顯示。由電流I_o大小可推算氣體樣品中毒氣分子含量。在偵測不同的毒氣分子，需選擇不同的紫外線波長與不同的兩電極間外加電壓V。圖12-21(b)與(c)分別為市售MiniRAE 3000型光氣光游離偵測器（photoionization detector (PID)）偵測儀（可偵測光氣範圍為0到15,000ppm）與FIRST廠商生產可攜式芥子氣沙林氣體PID偵測儀實物圖。

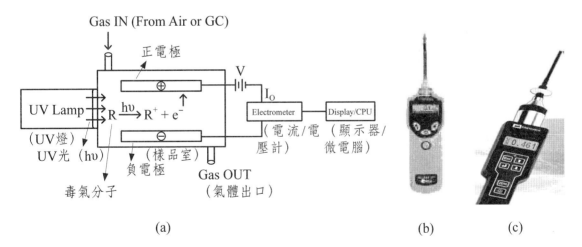

(a)　　　　　　　　　(b)　　(c)

圖12-21　手攜式毒氣光游離偵測器（Photoionization Detector,PID）之(a)結構示意圖，(b)市售MiniRAE 3000 光氣PID偵測儀及(c)FIRST廠商生產可攜式芥子氣、沙林氣體PID偵測儀實物圖（(a)參考資料：http://www.shsu.edu/chm_tgc/PID/PID.GIF[427]；(b)圖來源：http://www.Envcoglobal.com/catalog/product/vapor-screening/minirae-3000-photoionization-detector.html[428]；(c)圖來源：http://bojiatu1.cn.gongchang.com/product/ d23832732.html[429]）

12-7.3.　可攜式紅外線毒氣偵測器

　　可攜式紅外線毒氣偵測器（Portable infra-red detector for toxic gas-es）中較常用的為屬非分散式紅外線光譜儀的傅立葉轉換紅外線（FTIR）毒氣偵測器[430-432]和多重光徑非分散式紅外線（NDIR）毒氣偵測器（Multi-pass non-dispersive infra-red (NDIR) toxic gas detector）。

　　圖12-22(a)為**可攜式紅外線FTIR毒氣偵測器**（Portable FTIR toxic gas detector）之結構及偵測原理示意圖。如圖所示，從紅外線光源中所發出來的各種波長（λ_1、λ_2、λ_3等）之紅外線光進入一常稱為邁克生干涉儀（Michel-son interferometer）[33A]首先進入S點經一晶體（CsI）光分器（Beam split-ter）分成兩道光，照射到兩反射鏡，其中一為可移動的反射鏡A（Movable mirror A），另一個為固定不動的反射鏡B（Fixed mirror B），兩道光分別走d_1與d_2距離經兩反射鏡反射回來在S點產生建設性（兩道光波峰對波峰）與破壞性干涉（Interference），圖12-22(a)中之圖A為由可移動反射鏡之移動造成此兩道反射光來回之距離差Δd（$\Delta d = |d_1 - d_2|$）所造成和時間有關之干涉圖。對波長λ_1而言，當$\Delta d=\lambda_1/2$時，來回剛好差一個λ_1，會產生建設性干涉而造成圖12-22(a)中圖A（干涉波圖）所示的最大波峰（Peak），由於可移動反射鏡之來回移動，就產生圖A中許多的波峰1、2、3⋯等。同樣地，若$\Delta d=\lambda_2/2$時，也會產生如圖12-22(a)中之波峰1'、2'、3'⋯等，其他波長（λ_3,λ_4⋯等）亦復如此。然後將這多波長干涉光波照射到待測樣品而被樣品吸收後之紅外線被一IR偵測器偵測，偵測出來的和時間有關的各波長被吸收的強度電壓或電流訊號$\Delta I(t)$和$\Delta d(t)$關係圖如圖12-22(a)中圖B（吸收干涉圖），因實際上Δd和時間有關，所以圖B亦為電壓或電流訊號$\Delta I(t)$和時間之關係圖。這些電壓或電流類比訊號可經類比／數位轉換器（ADC, Analog to Digital convert-er）轉成數位訊號並讀入微電腦做訊號收集與數據處理，在微電腦中即可得圖B重現，然後利用下列傅立葉轉換方程式（Fourier transform equation）將以時間（Time domain）為函數的吸收干涉圖（圖B）積分且轉換成以頻率（Frequency domain）為函數（$I(\nu)$）之吸收頻率或波數圖（即圖12-22(a)中圖C）：

$$I(\nu) = \int_0^\infty \Delta I(t)(\cos \nu t - i \sin \nu t)dt \qquad （12\text{-}16）$$

　　圖C為一般紅外線光譜圖，圖C之各波長之波峰實際上為將原來圖B各波長許多波峰（Peaks）積分所得。一般傳統紅外線光譜儀（IR）各波長只測到一次吸收峰之強度，而此傳立葉轉換光譜儀（FTIR）卻是許多吸收峰積分起來之強度，所以FTIR光譜儀之偵測靈敏度比傳統IR光譜儀要高很多且偵測下限（Detection limit）也比一般IR光譜儀低很多，其可移動反射鏡來回移動次數（即掃瞄（Scan）次數）越多其靈敏度越高，其偵測下限也越低，FTIR光譜儀對各種化合物之偵測下限可低至ppb濃度。所以FTIR光譜儀除可偵測微量毒氣分子外，常用來偵測許多高純度物質（如矽（Si）晶片）中極微量的雜質（如SiC、SiN等）。圖12-22(b)為可攜式紅外線FTIR毒氣偵測器之市售實物圖。

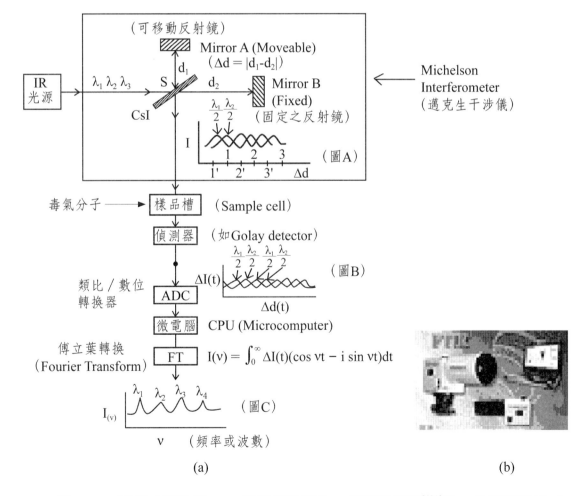

圖12-22　可攜式紅外線FTIR毒氣偵測器之(a)結構示意圖[431]及(b)市售實物圖（b圖來源：http://www.flickr.com/photos/58115903@N07/ 5948966014/ in/ photostream/[432]

　　圖12-23為多重光徑非分散式紅外線（NDIR）毒氣偵測器（**Multi-pass non-dispersive infra-red (NDIR) toxic gas detector**）[431]之結構示意圖與實物圖，其偵測原理為由紅外線光源出來多波長紅外線光透過一雙圓筒型標準品／氮氣槽，其中一圓筒（A）內裝純氮氣（N_2），另一圓筒（B）中裝滿待測毒氣標準樣品（R），當紅外線光照射純氮氣圓筒時，因氮氣（N_2）不會吸收紅外線光，所以從純氮氣圓筒出來的多波長紅外線光和原來紅外線光是一樣的。這些紅外線光經反射鏡系統後多次反射經過含待測毒氣分子（R）之空氣中，有一部分波長（如λ_1）被毒氣分子（R）吸收，最後到達IR偵測器（如熱電偶陣列（Thermopile）偵測器），從偵測器出來的類比電壓訊號經類比／數位轉換器（Analog to Digital converter, ADC）將數位訊號傳入微電腦做訊號收集與數據處理。經純氮氣圓筒出來紅外線最後到達IR偵測器後各波長之總吸光度（$A_{tot(N_2)}$）為：

$$A_{tot(N_2)} = A\lambda_1 + A\lambda_2 + A\lambda_3 + A\lambda_4 + A\lambda_5 + \cdots\cdots \qquad (12\text{-}17)$$

　　若將圖12-23中之標準品／氮氣槽用旋轉控制器轉成裝滿待測毒氣（R）標準樣品之圓筒（B）。由於此毒氣分子（R）可吸收λ_1波長紅外線光，當毒氣標準樣品中毒氣分子濃度過高就可以完全吸收從IR光源出來的多波長中之λ_1波長光，而其他波長紅外線光經反射鏡多次反射並照射在空氣中（含待測毒氣分子R），最後到達IR偵測器後各波長之總吸光度（$A_{tot(R)}$）為：

$$A_{tot(R)} = A_{\lambda_2} + A_{\lambda_3} + A_{\lambda_4} + A_{\lambda_5} + \cdots \qquad (12\text{-}18)$$

由式（12-17）減式（12-18）可得：

$$A_{tot(N_2)} - A_{tot(R)} = A_{\lambda_1} \qquad (12\text{-}19)$$

故由測量$A_{tot(N_2)}$及$A_{tot(R)}$就可得A_{λ_1}，再由比爾定律（Beer's Law）：

$$A_{\lambda_1} = \varepsilon_R \times b \times [R] \qquad (12\text{-}20)$$

式中ε_R為R之莫耳吸收常數（Molar absorption coefficient），b為IR光徑。因ε_R及b固定，故依式（12-20）即可估算空氣中毒氣分子R之含量[R]。

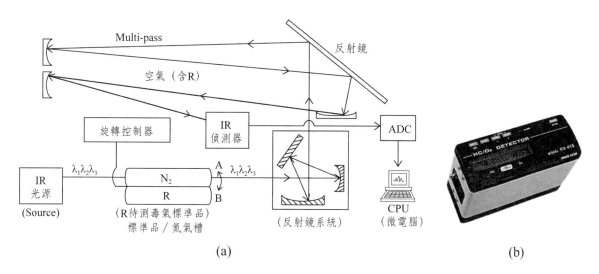

圖12-23 可攜式多重光徑紅外線NDIR毒氣偵測器之(a)結構示意圖[431]與(b)市售實物圖（b圖來源：http://www.intrinsically-safe-instruments.com/gas-detectors.html[433]）

第 13 章

核輻射化學感測器
(Chemical Sensors for Nuclear Radiations)

現在世界各國能源依賴核能發電仍然相當普遍，然自從俄國車諾比、美國三里島及日本福島核輻射外洩事件發生後，世界各國相當重視核輻射安全檢測。同時，放射性同位素亦相當普遍應用在各大醫院的核子醫學醫療系統中，醫學核輻射安全檢測亦相當重要。本章將介紹偵測各種核輻射射線（如α、β、γ射線）及與核輻射有關的中子（Neutron）之各種化學感測器之偵測原理及應用。

13-1. 核輻射簡介

核輻射線（Nuclear Radiations）乃是指由各種放射性同位素所發出的各種放射線（如α、β和γ射線）。本節將介紹放射線種類（Radiation types），放射性同位素之活性（Activity of radio-isotopes）與輻射劑量（Radiation dose）。

13-1.1. 放射線種類

　　各種放射性同位素放出的各種放射線主要有α、β、γ射線三種，部分放射性同位素會放出X光（X Ray）、正子（β⁺, Positron）、中子（n, Neutron）及微中子（ν, Neutrino）。其中X光射線感測器已在本書第四章4-6節介紹，而正子發射很少見，故本章主要介紹α、β、γ射線及中子之感測器。各種放射性同位素放出的各種放射線之特性如表13-1所示。阿伐（α）粒子（Alpha particle）所形成的阿伐（α）射線（Alpha ray）為一帶+2電荷，質量數為4的氦原子（$^4He^{2+}$）射線，β（貝他）射線（Beta ray）為一帶−1電荷的電子射線，γ（加馬）射線（Gamma ray）為一高能（約MeV）之電磁波，正子（β⁺）為帶+1正電，質量和電子相同之粒子（正子為電子之反物質），X射線為能量約KeV之電磁波，中子（n）不帶電而質量和質子相等的中性粒子，微中子（ν）則為速度幾近光速之無電荷且幾無質量的基本粒子，其穿透力很強可穿過一般物質（包括地球本體及一般物體）[434-435]。

表13-1　放射性同位素放出的各種放射線特性[434]

放射線 （Radioctive ray）	符號 （Symbol）	粒子形式 （Particle form）	電荷 （Charge）	質量數 （Mass number）
阿伐（Alpha）射線	α	$^4_2He^{2+}$	+2	4
貝他（Beta）射線	β⁻	$^0_{-1}e^-$	−1	1/1840[a]
正子（Positron）射線	β⁺	$^0_{+1}e^-$	+1	1/1840[a]
加馬（Gamma）射線	γ	—	0	0
X光射線	X	—	0	1
中子（Neutron）	n	^1_0n	0	1
微中子（Neutrino）	ν	ν	0	0

(a)因質量數（1/1840）相對太小，故在核反應方程中，貝他及正子射線分別可寫為$^0_{-1}β^-$（貝他）及$^0_{+1}β^+$（正子）

　　表13-2為常見之放射線源（Radiation sources）及其放射時之核反應方程式，表中α射線源的U-238為天然鈾礦中主要放射線同位素，其放出α射線^4He後先變成Th-234，然後再經一連串核反應最後會變成Pb-206。C-14（即

^{14}C）為存在生物體中和自然界的β射線（e$^-$）源，放出β射線與微中子變成^{14}N非放射性原子。Zn-65為有名的正子（β$^+$, e$^+$）放射源，放出正子成Cu-65。鈷六十（Co-60）為醫學常用著名的γ射線源，其不只放出兩種γ射線（能量1.17與1.35MeV）還同時放出β射線變成Ni-60。γ射線為一種電磁波，故如其他非放射性原子放出的其他電磁波一樣可形成一譜圖，圖13-1(a)即為用中子照射非放射性鈷（Co-59）樣品所產生的放射性鈷六十（*Co-60，即^{60}Co*）同位素所發出的γ射線譜圖。圖13-1(b)為各種放射線（α, β, γ）之穿透性比較，α射線一張紙（paper）就可擋住，β射線紙擋不住，但鋁（Al）片可擋住，γ射線紙和鋁片都擋不住，只有鉛（Pb）塊可擋大部分γ射線。

　　中子源（Neutron sources）如表13-2所示概分原子爐用與儀器所用中子源兩類，原子爐中常用的中子源為Be-9及Ra-226，Be-9和Ra-226放出的α粒子（He-4）起核反應放出中子（n）並產生非放射性原子C-12，此反應放出來的中子為快中子（能量範圍為MeV），若要用此快中子引發U-235連鎖反應需用石墨或其他物質變成能量約0.025eV的熱中子，而在儀器常用的中子源為Cf-252，其可自然衰變成Cf-251並放出中子（n）。電子捕獲（Electron capture）同位素源如Cm-241與K-40會捕獲其原子核外的電子而會分別形成 Am-241與Ar-40。Am-241為常用之X光放射性同位素，如表13-2所示其放出59.5KeV之X光且同時也放出一α粒子（^{4}He^{2+}）。然微中子（ν, Neutrino）源如表13-2所示可由兩快速質子碰撞而產生，而實際在許多β（電子）與β$^+$（正子）放射線源（如C-14與Zn-65）放出個別放射線時都會伴隨放出微中子。

表13-2　常見的各種放射線源及其放射之核反應方程式[434]

(1) α射線源：$^{235}_{92}$U→$^{234}_{90}$Th + $^4_2$He

(2) β射線源：$^{14}_6$C→$^{14}_7$N + $^0_{-1}$β$^-$ + ν（Neutrino，微中子）

(3) β$^+$（正子）射線源：$^{65}_{30}$Zn→$^{65}_{29}$Cu + $^0_{+1}$β$^+$ (Positron) + ν(Neutrino)

(4) γ射線源：$^{60}_{17}$Co→$^{60}_{28}$Ni + $^0_{-1}$β$^-$ + γ(1.17MeV) + γ(1.33MeV)

(5) 中子源：　（原子爐）$^9_4$Be + $^4_2$He（α射線由^{226}Ra）→$^{12}_6$C + $^1_0$n + 5.7MeV
　　　　　　　（儀器）$^{252}_{98}$Cf→$^{251}_{98}$Cf + $^1_0$n

(6) 電子捕獲源：　（Eletron Capture）：$^{241}_{96}$Cm + $_{-1}$e$^-$→$^{241}_{95}$Am
　　　　　　　　$^{40}_{19}$K + $_{-1}$e$^-$→$^{40}_{12}$Ar + ν(Neutrino)

（下頁繼續）

（接上頁）

(7) X光放射源：$^{241}_{95}$Am→$^4_2$He(α) + $^{237}_{93}$Np + X-ray(59.5KeV)

(8) 微中子（ν）源：$^1_1$p（質子）+ $^1_1$p→$^2_1$H + $^0_1$β$^+$ + ν(Neutrino)

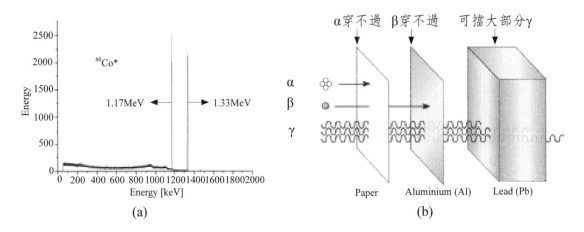

圖13-1　(a)中子照射非放射性鈷（Co-59）樣品所產生的放射性鈷六十（*Co-60）同位素所發出的加馬（γ）射線能圖[436]，與(b)各種放射線（α、β、γ）之穿透性比較圖[437]。（圖片來源：From Wikipedia, the free encyclopedia, (a) http://en.wikipedia.org/wiki/File:60Co_gamma_ spectrum_ energy.png, (b) http://en.wikipedia.org/wiki/Radiation)

13-1.2.　放射性同位素之活性

放射性同位素之活性（Activity of radio-isotopes）[434]取決於其衰變速率（Decay rate, Rd），而放射性同位素之衰變速率和同位素原子數（N）關係如下：

$$Rd（衰變速率）= -dN/dt = \lambda N \tag{13-1}$$

式中λ為此放射性同位素之衰變常數（Decay constant），t為時間。將上式重整可得：

$$-dN/N = \lambda dt \tag{13-2}$$

積分式（13-2）為：

$$\int_N^{N_0} \frac{dN}{N} = \lambda \int_0^t dt \qquad (13\text{-}3)$$

式（13-3）積分成為對數方程式：

$$\ln(N/N_o) = -\lambda t \qquad (13\text{-}4)$$

將式（13-4）寫成如下指數方程式：

$$N = N_o e^{-\lambda t} \qquad (13\text{-}5)$$

當放射性同位素衰變一半（即$N = (1/2)N_o$）時，所需時間稱為半衰期$t_{1/2}$（Half life，即$t = t_{1/2}$），將$N = (1/2)N_o$及$t = t_{1/2}$代入式（23-5）可得：

$$\frac{1}{2}N_o = N_o e^{-\lambda t_{1/2}} \qquad (13\text{-}6)$$

可得：

$$\lambda = 0.693/t_{1/2} \qquad (13\text{-}7)$$

一放射性同位素之活性（Activity, A）依其衰變速率（Rd）來表示，依式（13-1）即：

$$A = Activity（活性）= Rd（衰變速率）= -dN/dt = \lambda N \qquad (13\text{-}8)$$

將上式$A = \lambda N$代入式（13-5）可得：

$$A = A_0 e^{-\lambda t} \qquad (13\text{-}9)$$

式中A_0及A分別為時間time = 0及time = t之同位素活性。然因放射線偵測器（Detector）之偵測效率（Detection efficiency, c）未必100%，故由偵測器所偵測到的同位素之活性（A'）和真正活性如下：

$$A' = cA \qquad (13\text{-}10)$$

上式代入式（13-9）可得：

$$A' = A_0' e^{-\lambda t} \qquad (13\text{-}11)$$

式中A_0'及A'分別為時間time = 0及time = t偵測器所偵測到的活性。放射性同位素之活性（A）之常用單位及定義如下：

(1) Bq（Becquerel，貝克）：1 decay/sec（1dps，每秒一衰變），即：1 Bq = 1 dps（13-12）

(2) Ci（Curie，居里）：1居里（Ci）＝ 3.70×10^{10}dps ＝ 3.70×10^{10}Bq　　　（13-13）

(3) cpm（Counter per minute，計數／分鐘）：每分鐘偵測器測到的計數速率。

13-1.3.　輻射劑量

人體所受的輻射劑量（**Radiation dose**）則常以侖目（rem）與西弗（Sievert, Sv）兩種單位[434]表示，侖目（rem）是舊單位，而西弗（Sv）為西元1985年後國際用的新單位，為紀念瑞典醫療放射線測量專家西弗博士（Dr.Sievert）一生對輻射防護的功蹟。侖目（rem）和西弗（Sv）兩單位定義及關係如下：

(1) 侖目（rem）：人體每克接受加馬射線的能量為100爾格（erg）時，劑量定為一侖目。即：

$$1侖目 ＝ 100爾格／克；即1 \text{ rem} = 100 \text{ erg/g}　　　（13-14）$$

(2) 西弗（Sv）：人體每公斤接受加馬射線的能量為一焦耳（J）時，其劑量定為西弗（Sievert, Sv）。即：

$$1西弗 ＝ 1焦耳／公斤；即1 \text{ Sv} = 1 \text{ J/Kg}　　　（13-15）$$

(3) 因 $1\text{Sv} = 1\text{J/Kg} = 10^7\text{erg/Kg} = 10000 \text{ erg/g} = 100 \text{ rem}$，即：

$$1西弗（Sv）＝ 100侖目（rem）　（13-16）$$

然一般物質在輻射場中之被照射劑量及吸收劑量則常分別用侖琴（Roentgen, R）與戈雷（Gray, Gy）來表示，

(1) 侖琴（R）：侖琴（R）為一物質所受的照射劑量（Exposure dose）的單位，用來表示一輻射的電離能力，一侖琴（R）照射劑量相等於在每公斤空氣裡會產生 2.580×10^{-4}庫侖（C）之正或負電荷的離子。即：

$$1\text{R}（侖琴）＝ 2.580 \times 10^{-4}\text{C/Kg}（空氣）　　　（13-17）$$

(2) 戈雷（Gy）：戈雷（Gy）是吸收劑量（Absorbed dose）的單位。吸收劑量的定義是指單位質量物質接受輻射的平均能量。1千克物質

質量接受1焦耳（J）能量時之吸收劑量為1戈雷（即1Gy = 1J/Kg（物質））。戈雷（Gy）為國際較新使用的吸收劑量單位，而吸收劑量的舊單位為雷得（rad），1rad為1克物質質量接受100爾格（erg）能量時之吸收劑量（即1 rad = 100 erg/g），故1Gy = 100red。另外，戈雷（Gy）為一般物質之吸收劑量單位，同一強度之輻射劑量若為人體所吸收會對體內組織器官造成比一般物質較大的傷害。同一強度之輻射劑量對人體所引起的等效劑量（Dose equivalent, Hr，單位：西弗（Sv））和一般物質的吸收劑量（D，單位：戈雷（Gy））之關係為：

$$Hr（西弗（Sv）） = D（戈雷（Gy））×Q \qquad (13-18)$$

式中Q為射質因數，其為不同放射線對人體所引起不同效應指標，例如對β與γ射線，Q = 1，但對α射線與中子，Q = 10。

13-1.4. 核輻射感測器簡介

核輻射感測器（Nuclear radiation sensors）若依偵測方法[434]，常用之偵測方法如表13-3所示有：(1)氣體離子化偵測器（Gas ionization detectors），(2)閃爍偵測器（Scintillation detectors），(3)半導體偵測器（Semiconductor detectors），(4)放射線劑量計（Radiation dosimeters），及(5)核反應偵測器（Nuclear reaction detectors）。

氣體離子化偵測器乃利用放射線撞擊氣體（如Ar）使之離子化（如Ar → $Ar^+ + e^-$）並偵測其發出之電子或離子，可推算放射線強度與能量。

閃爍偵測器則利用放射線撞擊各種閃爍劑（如NaI晶體）產生可見閃爍光並用閃爍光強度推算放射線強度與能量。

半導體偵測器利用放射線撞擊各種半導體（如Ge或Si半導體）產生半導體電流並用電流大小推算放射線強度與能量。

放射線劑量計則利用放射線撞擊化學藥劑（如Fe^{2+}, **CaSO₄/Dy, AgBr**）產化學反應（如氧化還原）變色或發熱或發光並用以估算放射線強度。

核反應偵測器則常用於中子n，及微中子ν偵測，其利用中子或微中子撞

擊各種原子（如^{10}B、^7Li、^{112}Cd）起核反應（如$^{10}B(n, \alpha)^7Li$、$^6Li(n、\alpha)^3H$、$^{112}Cd(n, \gamma)^{113}Cd$、$\nu(p,e^+)n/Gd$），而產生其他放射線（如$\alpha$、$\beta$、$\gamma$）再偵測這些放射線就可推算中子與微中子劑量。

然而針對個別不同放射線之偵測方法所組成的各種常用感測器則如表13-4所示，分別如下：

(1)α射線感測器（**α-ray sensors**）：蓋革計數器、正比計數器、Ge半導體偵測器及ZnS閃爍計數器。

(2)β射線感測器（**β-ray sensors**）：蓋革計數器、正比計數器、Ge半導體偵測器及AgBr膠片劑量計。

(3)γ射線感測器（**γ-ray sensors**）：蓋革計數器、正比計數器、Ge半導體偵測器、空氣游離腔計數器、NaI閃爍計數器、硫酸鈣熱發光劑量計、$FeSO_4$化學劑量計及AgBr膠片劑量計。

(4)中子感測器（**Neutron sensors**）：^6Li蓋革計數器、^{10}B蓋革計數器、$^{10}BF_3$正比計數器、^6LiF正比計數器、中子Gd閃爍計數器、中^{112}Cd劑量計及中子$^{112}Cd/AgBr$膠片劑量計。

(5)微中子感測器（**Neutrino sensors**）：$\nu(p, e^+)n/Gd$微中子閃爍計數器。

本章其他各節將分別介紹常見偵測各種放射線及中子和微中子之化學感測器之儀器基本結構與感測原理。

表13-3　常見核放射線感測器種類及偵測項目

種類	分類	常偵測項目	備註
氣體離子化偵測器（Gas Ionization detectors）或稱「充氣式偵測器」	1.蓋革-米勒計數器（Geiger-Miller (GM) Counter）	α、β、γ、X射線	所用氣體（電壓）：He、Ar（500-1000V）
	2.正比例計數器（Proportional Counter）	α、β、γ、X、中子	P-10(90%Ar,10%CH_4) 200-600V, BF_3（中子）
	3.游離腔計數器（Ionization Chamber Detector）	γ、X射線	含袖珍筆：空氣、Ar(100-500V)

（下頁繼續）

（接上頁）

種類	分類	常偵測項目	備註
閃爍偵測器（Scintillation detectors）	1.無機晶體閃爍計數器（Inorganic Crystal Scintillation Counters）		閃爍劑：如
	(A)NaI閃爍計數器（NaI Scintillation Counter）	γ、X射線	NaI晶體
	(B)ZnS閃爍計數器（ZnS Scintillation Counter）	α射線	ZnS晶體
	(C)Gd閃爍計數器（Gd Scintillation Counter）	中子	n/Gd→γ射線
	2.有機閃爍計數器（Organic Scintillation Counters）		閃爍劑：如
	(A)液體閃爍計數器（Liquid Scintillation Counters）	α、β射線	PPO（液體溶液）、
	(B)有機晶體閃爍計數器（Organic Crystal Scintillation Counters）	γ、X射線	蒽、芘（吸收輻射並放出可見光）
	(C)塑膠閃爍計數器（Plastic Scintillation Counters）	β射線	有機閃爍劑／塑膠薄膜
半導體偵測器（Semiconductor detectors）	1.Si固體偵測器（Si Solid detector）	α、β、γ、X	Si逆壓二極體
	2.Ge固體偵測器（Ge Solid Detector）	α、β、γ、X	Ge逆壓二極體
	3.Li漂移Ge/Si偵測器（Li drifted Ge/Si detectors）	γ、X射線	p/Li/Ge/n逆壓半導體 p/Li/Si/n逆壓半導體
放射線劑量計（Radiation Dosimeters）	1.化學劑量計（Chemical Dosimeters）	γ、X	如：硫酸亞鐵（Fricke劑）（Fe^{2+}→Fe^{3+}）
	2.熱發光劑量計（Thermo-Luminescence Dosimeters, TLD）	γ、X、α、β、中子	如：$CaSO_4$/Dy熱發光；$^6Li(n, \alpha)^3H$（中子）
	3.膠片劑量計（Film dosimeter）	γ、X、β中子	AgBr膠片 ^{112}Cd/AgBr（中子）
核反應偵測器（Nuclear reaction detectors）	1.中子^{6}Li蓋革計數器（Neutron ^{6}Li GM Counter）；中子^{10}B蓋革計數器（Neutron ^{10}B GM Counter）	中子（n） 中子	核反應：$^6Li(n, \alpha)^3H$ $^{10}B(n, \alpha)^7Li$

（下頁繼續）

（接上頁）

種類	分類	常偵測項目	備註
	2.中子BF$_3$正比計數器（Neutron ^{10}BF$_3$ Proportional Counter）；中子^{6}LiF正比計數器（Neutron 6LiF Proportional Counter）	中子 中子	^{10}B(n, α)^{7}Li ^{6}Li(n, α)^{3}H
	3.中子Gd閃爍計數器（Neutron Gd Scintillation Counter）	中子	n/Gd→γ射線
	4.中子Cd劑量計（Neutron Cd Dosimeter）	中子	^{112}Cd(n, γ)^{113}Cd
	5.中子^{112}Cd/AgBr膠片劑量計（Neutron sensing ^{112}Cd/AgBr film Dosimeter）	中子	^{112}Cd(n, γ)^{113}Cd/AgBr
	6.微中子閃爍計數器（Neutrino Scintillation Counters）	中子 微中子（ν）	ν(p, e$^+$)n n + Gd→γ射線

註：蒽（Anthracene）、芪（Stilbene，二苯乙烯）；PPO（2, 5-diphenyl oxazole）閃爍劑

表13-4　各種放射線及中子常用攜帶式感測器

感測器	常用感測器種類	常偵測項目	備註
α射線感測器（α-ray sensors）	蓋革-米勒計數器	定量： 活性（Activity, cpm）、輻射劑量（Dose, Gy/h）	cpm: counts/min.
	正比例計數器	定量：活性（cpm）	
	半導體偵測器	定性：能量（Energy） 定量：活性（cpm）	Ge逆壓二極體
	ZnS閃爍計數器	定性：能量 定量：活性（cpm）、輻射劑量（Gy/h）	
β射線感測器（β-ray sensors）	蓋革-米勒計數器	定量：活性（cpm）、輻射劑量（Dose, Gy/h）	
	正比例計數器	定量：活性（cpm）	
	半導體偵測器	定性：能量（Energy） 定量：活性（cpm）	Ge逆壓二極體
	膠片劑量計	定量：輻射劑量（Gy/h）	AgBr膠片

（下頁繼續）

（接上頁）

感測器	常用感測器種類	常偵測項目	備註
γ射線 感測器（β-ray sensors）	蓋革-米勒計數器	定量：活性（cpm）、輻射劑量（Dose, Gy/h）	
	正比例計數器	定量：性（cpm） 定性：能量	
	半導體偵測	定性：能量（Energy） 定量：活性（cpm）	Ge逆壓二極體
	空氣游離腔計數器	定量：輻射劑量（Gy/h）	
	NaI閃爍計數器	定量：活性（cpm）、輻射劑量（Gy/h） 定性：能量	
	硫酸鈣熱發光劑量計	定量：輻射劑量（Gy/h）	
	化學劑量計	定量：輻射劑量（Gy/h）	$FeSO_4$試劑
	膠片劑量計	定量：輻射劑量（Gy/h）	AgBr膠片
中子（n） 感測器 （Neutron sensors）	BF_3正比計數器	定量：中子計數	$^{10}B(n, \alpha)^7Li$核反應
	$^6Li/^{10}B$蓋革-米勒計數器	定量：中子計數	$^6Li(n, \alpha)^3H/^{10}B(n, \alpha)^7Li$
	Gd閃爍計數器	定量：輻射劑量（Gy/h）	n/Gd→γ射線
	中子劑量計	定量：輻射劑量（Gy/h）	$^{112}Cd(n, \gamma)^{113}Cd$
	中子膠片劑量計	定量：輻射劑量（Gy/h）	$^{112}Cd(n, \gamma)^{113}Cd/AgBr$
微中子（ν） 感測器 （Neutrino sensors）	微中子閃爍計數器	定量：輻射劑量（Gy/h）	$\nu(p, e^+)n, n + Gd→\gamma$射線

13-2.　氣體離子化放射線感測器

　　氣體離子化放射線感測器（Gas ionization sensor for radiations）[434,438] 乃利用放射線撞擊氣體（如Ar）使之離子化（如$Ar→Ar^+ + e^-$）並偵測其發出之電子或離子，可推算放射線強度與能量之感測器。此感測器結構如圖13-2 所示，利用放射線撞擊一游離腔（Ionization chamber）中之氣體G（如Ar或 He）產生電子（e^-）和氣體離子G^+（如Ar^+或He^{2+}），然後電子（e^-）衝向游

離腔之陽極（Anode），而氣體離子G^+（如Ar^+）衝向陰極（Cathode）則產生脈衝式（Pulse type，$\sqcap$）電流Io。如圖13-3所示，此脈衝式電流訊號之脈高（Pulse height, PH）和游離腔所用之外加電壓V大小及放射線能量有關，當外加電壓在$V_1 \sim V_2$間（約100~200伏特），γ、X射線或電子束撞擊游離腔中氣體而使之離子化產生脈衝式電流訊號，然在此段外加電壓下，電流訊號脈高不會隨外加電壓V變化，訊號相當穩定。而用此段外加電壓之氣體離子化感測器特稱之**游離腔計數器**（Ionization chamber detector），可用在γ、X射線檢測。而當外加電壓在$V_2 \sim V_3$間（約200~300伏特），訊號脈高和外加電壓V成正比，用此段外加電壓之氣體離子化感測器特稱為**正比例計數器**（Proportional counter）。正比例計數器可用來偵測X光和α、β、γ射線及中子（中子先經$^6Li(n, \alpha)^3H$或$^{10}B(n, \alpha)^7Li$核反應產生α射線再偵測），但較常用在X光偵測。在外加電壓在$V_3 \sim V_4$間（約200~300伏特），因電流訊號脈高會隨外加電壓V做不規則變化，故此段不用在放射線檢測。然當外加電壓在$V_4 \sim V_5$間（約400~600伏特），電流訊號脈高不會隨外加電壓V變化，訊號相當穩定。用此段外加電壓之氣體離子化感測器特稱為**蓋革-米勒計數器**（Geiger-Miller (GM) counter）或簡稱為蓋革計數器，蓋革計數器為最常用偵測α、β射線之感測器，其亦可用來檢測γ、X射線及中子。表13-5為各種氣體游離式放射線感測器（包括：蓋革計數器、正比計數器、游離腔計數器（Ionization chamber detector）之偵測條件及可偵測的放射線）。

　　當放射線撞擊圖13-2中游離腔氣體所產生的電流訊號可直接用電流計（Ammeter）偵測並顯示，進而推算放射線強度與能量。此電流訊號亦可再經電流／電壓轉換放大器（I/V Amplifier，如運算放大器（Operational amplifier, OPA））轉換成電壓輸出訊號Vo，並經類比／數位轉換器（Analog/Digital converter, ADC）轉成數位數位訊號D並輸入微電腦中做數據處理並推算和顯示放射線強度及能量。本節將針對各種氣體游離式放射線感測器進一步說明其偵測原理與儀器結構。

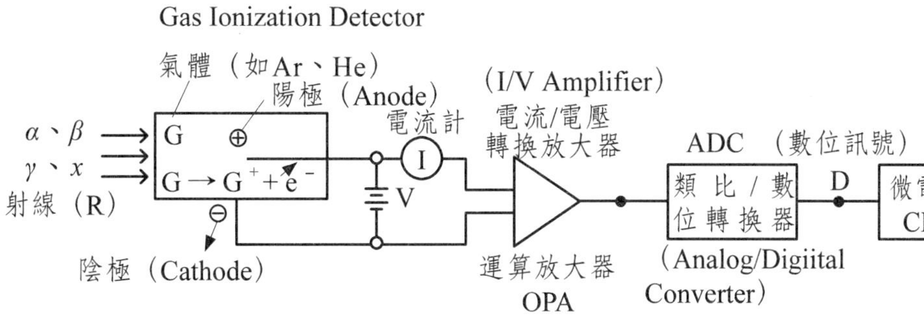

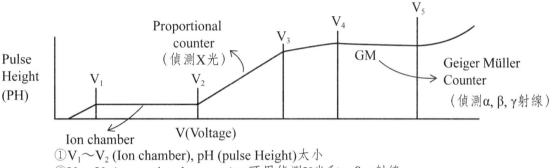

圖13-2 氣體離子化放射線感測器（Gas Ionization Sensor）之基本結構示意圖[434,438]

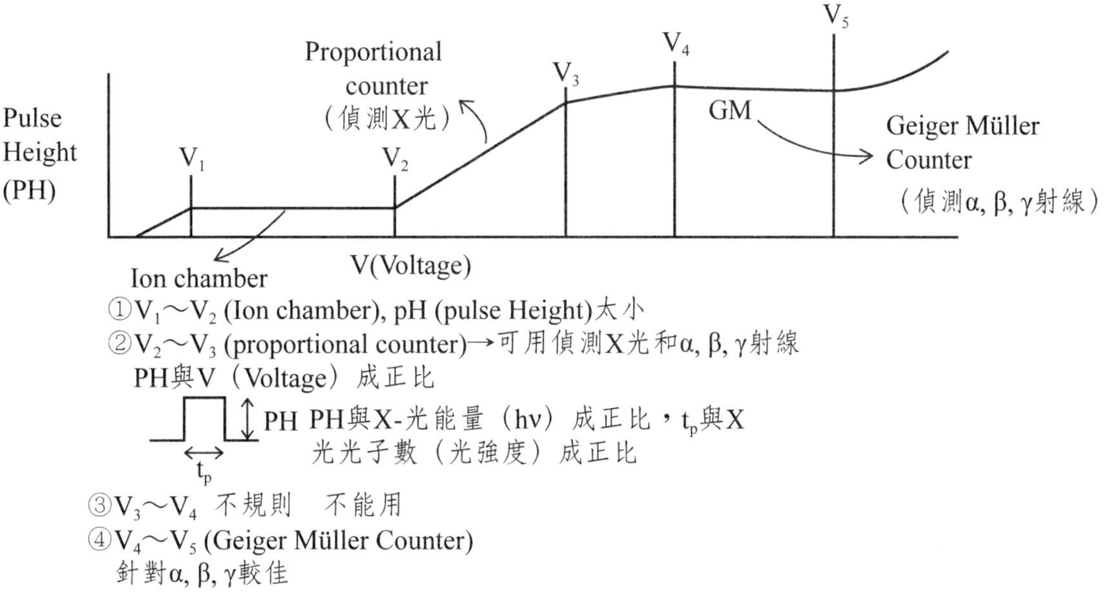

Pulse Height (PH)

Proportional counter（偵測X光）

Geiger Müller Counter（偵測α, β, γ射線）

GM

Ion chamber

V(Voltage)

①V₁～V₂ (Ion chamber), pH (pulse Height)太小
②V₂～V₃ (proportional counter)→可用偵測X光和α, β, γ射線
　PH與V（Voltage）成正比
　PH PH與X-光能量（hν）成正比，tₚ與X
　　光光子數（光強度）成正比
③V₃～V₄ 不規則 不能用
④V₄～V₅ (Geiger Müller Counter)
　針對α, β, γ較佳

圖13-3 氣體離子化偵測器輸出脈衝訊號高度（Pulse Height）和外加電壓（V）關係圖[438,440]

表13-5 氣體游離式放射線感測器種類及偵測條件

分　類	填充氣體	常用電壓範圍	偵測項目
蓋革-米勒計數器（GM counter）	He、Ar	400~600V	α、β、γ、X射線、中子[a]
正比例計數器（Proportional counter）	P-10(90%Ar, 10%CH₄), BF₃（中子）	200~300V	α、β、γ、X、中子[a]
游離腔計數器（Ionization chamber detector）	空氣、Ar	100~200V	γ、X射線

(a)中子先經⁶Li(n, α)³H或¹⁰B(n, α)⁷Li核反應產生α射線再偵測。

13-2.1.　蓋革-米勒計數器

　　蓋革-米勒計數器（Geiger-Miller (GM) counter）[439]為氣體游離偵測器之一種，亦常簡稱「**蓋革計數器（Geiger counter）**」，圖13-4(a)為蓋革-米勒計數器之基本結構，其游離室（Ionization chamber）中含有外接電壓之正負兩電極和充滿He或Ar氣體。放射線撞擊氣體（如He）使之離子化而產生離子（如He^{2+}）與電子（e^-）分向陰陽電極移動形成脈衝式電流Io輸出。蓋革-米勒計數器所用的外加電壓約400~600V高電壓，其脈衝式電流訊號之脈高（Pulse height, PH）不隨外加電壓E變化，可用來偵測α、β、γ、X射線及中子（中子先經$^6Li(n,\alpha)^3H$或$^{10}B(n,\alpha)^7Li$核反應產生α射線再偵測）。圖13-4(b)為手提式蓋革-米勒計數器（Portable GM counter）之實物圖。

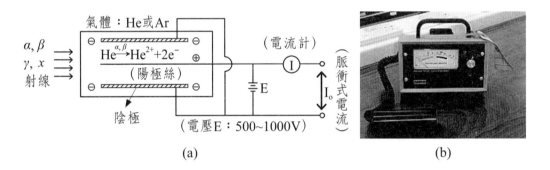

圖13-4　蓋革計數器(a)結構示意圖與(b)實物結構圖[439]（b圖來源：Wikipedia, the free encyclopedia, http://en.wikipedia.org/wiki/Geiger_counter）

13-2.2.　正比例計數器

　　正比例計數器（Proportional counter）[440-441]為氣體離子化偵測器（Gas ionization detector）之一種，圖13-5(a)為其儀器結構示意圖，可用來檢測α、β、γ、X射線及中子（中子先經$^6Li(n, \alpha)^3H$或$^{10}B(n, \alpha)^7Li$核反應產生α射線再偵測）。當放射線進入一含Ar且具有外加電壓之正負電極的氣體箱放射線會將Ar離子化產生Ar^+與e^-（電子），此產生的電子會撞擊陽電極而Ar^+離子衝向陰極形成脈衝式電流Io輸出。在外加電壓（E）約200~300 volt下，此

脈衝電流訊號高度（Pulse height, PH）和外加電壓（V）成正比關係（此計數器因而得名為正比例計數器）。在正比例計數器偵測放射線所得脈衝高度（PH）和放射線頻率或波長有關，頻率或波長不同其脈衝高度就不同，而脈衝寬度（Pulse width）會隨特定頻率放射線之光子數（或光強度）增大而變大。圖13-5(b)為正比例計數器實物結構圖。

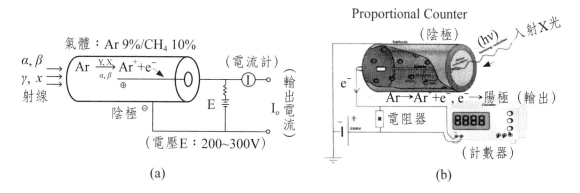

圖13-5　正比例計數器（Proportional Counter）(a)結構示意圖與(b)實物結構圖[441]
（b圖來源：Wikipedia, the free encyclopedia, http://upload.wikimedia.org/wikipedia/commons/f/f0/Geiger.png）

13-2.3.　游離腔計數器

　　游離腔計數器（Ionization chamber detector）[442-443]亦為氣體離子化偵測器（Gas ionization detector）之一種，其游離腔所用之外加電壓（約100~200 V）較其他氣體離子化偵測器（如蓋革計數器及正比計數器）為低，可用於偵測γ和X射線。圖13-6(a)為利用空氣做游離氣體之游離腔計數器的基本結構圖。當γ和X射線撞擊游離腔中空氣並使空氣分子離子化成電子（e^-）與空氣正離子Air^+（如N_2^+、O_2^+、Ar^+），空氣正離子（Air^+）和電子（e^-）分別衝向游離腔的陰陽電極產生脈衝式電流輸出。在約100~200V外加電壓下，此脈衝電流訊號之脈高不會隨外加電壓E變化，訊號相當穩定。圖13-6(b)為袖珍筆型游離腔計數器實物圖，而圖13-7(a)與圖13-7(b)分別為鍋型與圓筒型游離腔計數器實物圖。

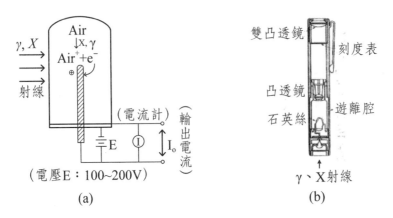

圖13-6　游離腔計數器之(a)基本結構圖，與(b)袖珍筆型實物圖[444]。（(b)原圖來源：(b)web.ypu.edu.tw/ctl/blog/jplin/...0809/h2008912114832.pdf）

圖13-7　游離腔計數器之(a)鍋型，與(b)圓筒型（Ion Chamber Radiation Detector Kits）實物圖[445]。（原圖來源：http://www.inmojo.com/store/mad-scientist-hut/item/ion-chamber-radiation-detector-kit）

13-3.　放射線閃爍偵測器

放射線閃爍偵測器（Scintillation detectors for radiations）[446]乃利用放射線撞擊一閃爍劑（Scintillator）產生紫外線／可見光（UV/VIS）光子，然後用光偵測器偵測產生光電子，最後檢測光電子強度以推算放射線強度。其偵測步驟如下：

α、β、γ、X射線→閃爍劑→（UV/VIS）光子→光電倍增管→光電子→電子流

$$(13\text{-}19)$$

　　圖13-8為一般放射線閃爍偵測器之基本結構圖。由圖13-8所示，各種放射線（α、β、γ、X射線）射入固體或液體閃爍劑產生紫外線／可見光（UV/VIS）光子，此光子再射入一多反射式光電倍增管（Photomultiplier tube, PMT）之Cs-Ag陰極（Cathode）打出電子（即光電子， hν+Ag→Ag*, Ag* + Cs→Cs* + Ag, Cs*→Cs$^+$ + e$^-$（光電子）），此光電子經多次反射射出更多電子射向光電倍增管之陽極（Anode）產生電子流並以電流訊號I$_o$輸出。如圖13-8所示，此電流訊號可直接用電流計偵測並用顯示器（指針或數字，途徑(a)）顯示以推算放射線強度。亦可將電流訊號輸入運算放大器（Operational amplifier, OPA，途徑(b)）轉換成電壓訊號Vo，然後再經類比／數位轉換器（Analog/Digital converter, ADC）轉成數位訊號D，再輸入微電腦做數據處理以推算放射線強度並繪圖。由所用之閃爍劑不同，常見之放射線閃爍偵測器可分為無機晶體閃爍器計數器（Inorganic crystal scintillation counters）與有機閃爍計數器（Organic scintillation counters），本節將分別介紹此兩類放射線閃爍偵測器之偵測原理與結構。

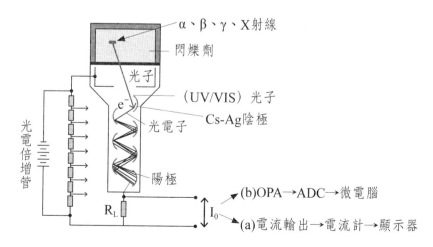

圖13-8　放射線閃爍偵測器之基本結構圖[446]（原圖來源：http://en.wikipedia.org/wiki/Scintillation_counter）

13-3.1. 無機晶體閃爍計數器

無機晶體閃爍計數器（Inorganic crystal scintillation counters）[447-448]乃是利用無機晶體閃爍劑（如NaI(Tl), CsI,. LiF(Eu), CaF$_2$(Eu) ,ZnS）所組成的閃爍計數器。本節將介紹較常見偵測γ、X射線及用碘化鈉（含微量鉈），NaI(Tl)晶體）閃爍劑之NaI閃爍計數器（NaI Scintillation counter）和偵測α射線之ZnS閃爍計數器（Lucas Cell）。

1.NaI閃爍計數器

NaI閃爍計數器（NaI Scintillation counter）[446,449-451]最常用來檢測γ和X射線，其所用之閃爍劑為最常用的無機晶體閃爍劑用微量鉈啟動的碘化鈉（含微量鉈，NaI(Tl)）晶體。它有很高的發光效率和對γ及X射線的探測效率。NaI閃爍計數器之偵測原理如圖13-9(a)所示，γ和X射線射入，NaI(Tl)晶體中產生紫外線／可見光光子，此光波再射入光電倍增管（Photomultiplier tube, PMT）之Ag-Cs陰極產生電子（即光電子，hν + Ag→Ag*, Ag* + Cs → Cs* + Ag, Cs*→Cs$^+$ + e$^-$（光電子）），此光電子在光電倍增管多次反射可產生近百萬倍（10^6）電子，此百萬倍電子流由光電倍增管之陽極輸出。圖13-9(b)為NaI閃爍計數器之基本結構圖。如圖所示，由光電倍增管陽極輸出之電子流可用電流計檢測並用顯示器（指針或數字）顯示。圖13-9(c)為NaI閃爍計數器之實物圖。

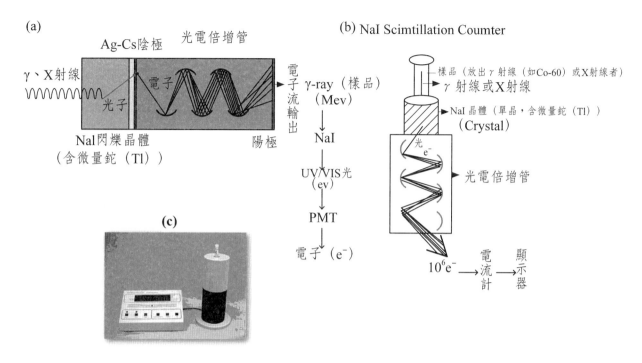

圖13-9　偵測γ、X射線用之NaI閃爍計數器(a)偵測原理[446]，(b)基本結構示意圖，及(c)實物圖[451]（原圖來源：(a)http://en.wikipedia.org/wiki/Scintillation_counter; (c)http://www. spectrumtechniques.com/st360w.htm）

2.ZnS閃爍計數器

ZnS閃爍計數器（ZnS scintillation counter，又稱「路加士偵檢器（Lucas Cell）[452]」）為用激發銀啓動的硫化鋅（塗佈銀，ZnS(Ag)）晶體當閃爍劑所組成的可用來感測α射線之閃爍計數器。圖13-10(a)為偵測α射線之ZnS閃爍計數器之結構與原理示意圖，α射線射入ZnS（含Ag）閃爍晶體產生光子，此光子束再射入光電倍增管（Photomultiplier tube, PMT）之Ag-Cs陰極產生電子（即光電子，$h\nu + Ag \rightarrow Ag^*$, $Ag^* + Cs \rightarrow Cs^* + Ag$, $Cs^* \rightarrow Cs^+ + e^-$（光電子）），此光電子在光電倍增管中經多次反射倍增成百萬（10^6）倍電子由陽極輸出並經電流計偵測並用顯示器（指針或數字）顯示，由電流訊號大小可推算α射線強度。此電流訊號亦可經電流／電壓轉換放大器（如運算放大器，Operational amplifier (OPA)）轉成電壓訊號，再經類比／數位轉換器（Analog/Digital converter, ADC）轉成數位訊號輸入微電腦做數據處理以推算樣

品所發出α射線強度。

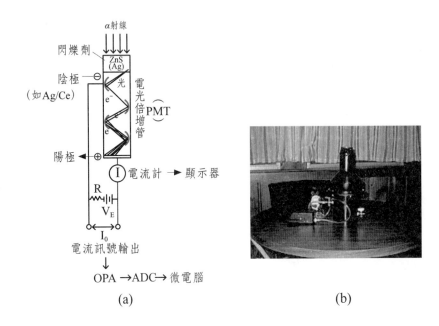

(a)　　　　　　　　　　　　　　(b)

圖13-10　偵測α射線之ZnS閃爍計數器（Lucas Cell）之(a)結構與原理示意圖，和(b)
　　　　　實物圖[452]（參考資料與b圖來源：http://en.wikipedia.org/wiki/Lucas_cell）

13-3.2.　有機閃爍計數器

依所用的有機閃爍劑種類不同，有機閃爍計數器（Organic scintillation
counters）可分為液體閃爍計數器（Liquid scintillation counter）、有機晶
體閃爍計數器（Organic crystal scintillation counter）及塑膠閃爍計數器
（Plastic scintillation counter）。這些有機閃爍計數器之基本結構與感測原
理將說明如下：

1.液體閃爍計數器

液體閃爍計數器（Liquid scintillation counter）[453]可用來偵測α與β射
線，特別常用於偵測一些放出能量較低β射線之放射性同位素，特別用來偵測
C-14、H-3及P-32，此三種同位素相當有用，C-14放射性同位素常用在古物
年代鑑定（C-14 Dating，碳十四定年），而H-3則常用在陳年老酒的年代鑑

定（Tritium (H-3) Dating，氚（H-3）定年），P-32則常用在生化反應標幟同位素與醫學癌症之醫療用途。圖13-11(a)為用有機閃爍劑（Organic scintillator）PPO（PPO=2,5-diphenyl oxazole）之液體閃爍偵測器之基本結構與偵測原理，圖中顯示液體閃爍偵測器由反應槽及光電倍增管（PMT）所組成，樣品中之放射性同位素（如 C-14）進入閃爍劑PPO反應槽中，當其放出來的具有MeV能量β射線照射閃爍劑PPO（PPO Scintillator）使之成高能閃爍劑PPO*，隨後高能閃爍劑PPO*放出較低能量的UV/VIS光，然後由光電倍增管（PMT）偵測UV/VIS光（PMT只能偵測UV/VIS範圍光，不能偵測具有MeV能量之β或γ射線），由光電轉換成電子流輸出（1光子可產生約百萬（10^6）電子）進而轉成電流訊號輸出。其偵測過程（以偵測C-14為例）如下：

$$\text{C-14} \rightarrow 放出β射線（MeV） \rightarrow PPO \rightarrow PPO* \rightarrow$$
$$放出UV/VIS光（eV） \rightarrow PMT \rightarrow 電子流 \qquad (13\text{-}20)$$

此電子流可用電流計偵測並用顯示器顯示，亦可用運算放大器，Operational amplifier (OPA)）轉成電壓訊號，再經類比／數位轉換器（Analog/ Digital converter, ADC）轉成數位訊號輸入微電腦做數據處理以推算樣品放出的β射線強度並估算樣品中C-14或H-3及P-32含量。圖13-11(b)為含微電腦之液體閃爍計數器實物圖。

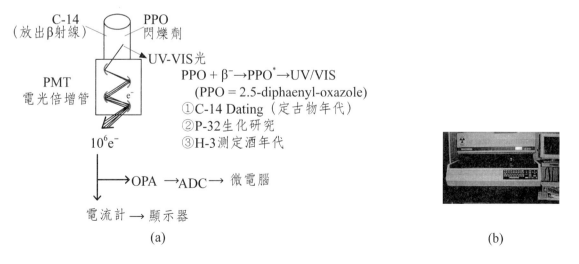

圖13-11　應用有機閃爍劑PPO之液體閃爍計數器偵測C-14、H-3及P-32之(a)結構和原理，及(b)實物圖[453]（(b)圖來源：http://en.wikipedia.org/wiki/Liquid_ scintillation_counting）

2.有機晶體閃爍計數器

有機晶體閃爍計數器（Organic crystal scintillation counter）[454]乃利用有機晶體閃爍劑（如芪（trans-Stilbene；trans-1,2-diphenylethylene）晶體與蒽（Anthracene）晶體）以偵測放射線（如γ、X射線）之有機閃爍計數器。圖13-12為有機晶體閃爍計數器之結構圖，如圖所示，γ、X射線射入有機晶體閃爍劑（如trans-Stilbene晶體）產生光子，然後所產生得光波射入光電倍增管（PMT, Photomultiplier tube）之Ag-Cs陰極產生電子（即光電子，$h\nu + Ag \rightarrow Ag^*$, $Ag^* + Cs \rightarrow Cs^* + Ag$, $Cs^* \rightarrow Cs^+ + e^-$（光電子）），此光電子在光電倍增管經多次反射成放大電子流由陽極輸出形成輸出電流I_o，此輸出電流可直接用電流計檢測並用顯示器顯示。如圖所示，此輸出電流I_o亦可經運算放大器（OPA）轉成電壓訊號V_o，再經類比／數位轉換器（ADC）並輸入微電腦做數據處理以推算γ或X射線之放射線強度。

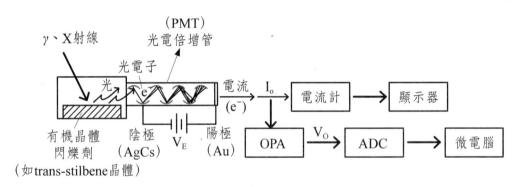

圖13-12　有機晶體閃爍計數器之結構與原理示意圖[454]（參考資料： http://baike. baidu. com/view/495757.htm）

3.塑膠閃爍計數器

塑膠閃爍計數器（Plastic scintillation counter）[455]乃是利用由有機閃爍劑（如「三聯苯（p-Terphenyl）或稱 1,4-二苯基苯（1,4-diphenylbenzene）」）摻入高分子樹酯（如「聚苯乙烯（Polystyrene）」）中所製成的固體狀或薄膜狀的塑膠閃爍劑所組裝的放射線閃爍計數器。圖13-13為塑膠閃爍計數器之結構示意圖，如圖所示，α、β、γ射線射入玻璃上含三聯苯（p-

Terphenyl）閃爍塑膠薄膜而產生光子，然後產生的光波再射入光電倍增管（PMT）之Ag-Cs陰極打出電子（即光電子），此光電子在光電倍增管內多次反射倍增成百萬電子之電子流並由光電倍增管陽極輸出，此電子流可直接用電流計偵測成電流訊號輸出並用顯示器顯示。亦可將電子流輸入運算放大器（OPA）轉成電壓訊號，再經類比／數位轉換器（ADC）轉成數位訊號並輸入微電腦做數據處理以推算放射線強度。

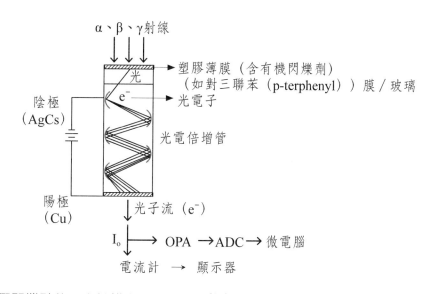

圖13-13　塑膠閃爍計數器之結構與原理示意圖[455]（參考資料：http://terms.naer.edu.tw/detail/1332302/）

13-4.　放射線半導體偵測器

放射線半導體偵測器（Semiconductor radiation detectors）[456–457]較常用的為由逆壓二極體所構成的Si或Ge固態半導體放射線偵測器（Solid-state semiconductor radiation detectors，俗稱固態偵測器（Solid-state detector）[457]）。圖13-14為Ge固態半導體放射線偵測器之結構與原理示意圖。如圖所示，Ge放射線半導體偵測器為以固態半導體Ge為基材逆壓二極體所構成，其利用放射線照射在二極體之p,n 極間之接面（Junction或Depletion region）而使半導體Ge產生游離成正離子Ge$^+$與電子e$^-$，反應如下：

$$Ge + 放射線（如 \gamma 或 X\ ray）\rightarrow Ge^+ + e^- \qquad （13-21）$$

如圖13-14所示，正離子Ge^+向接負電壓的p極移動，而電子e^-向接正電壓的n極移動產$n \rightarrow p$電流，以脈衝（Pulse）式電流訊號輸出，此脈衝電流訊號之脈高（Pulse height）可用來估算放射線（如γ或X射線）之能量（E）大小，而脈衝電流訊號之脈寬（Pulse width）則可用來推算放射線強度（γ或X光子數）。

表13-6為常用放射線固態半導體偵測器之半導體材料特性[458-460]，如表所示，常用的固態半導體有：Ge、Si、Cd、Te及HgI_2半導體，其中以Ge半導體的能隙（Energy gap, 0.74 eV）與游離化產生電子／電洞所需能量（Ionization energy, 2.98eV）最低。換言之，放射線（如γ或X射線）最容易使Ge半導體游離化，因而感應靈敏度也最高，故放射線固態半導體偵測器常用Ge半導體基材。同時用此Ge放射線半導體偵測器（Ge Solid-state semiconductor radiation detector）因游離化所需能量（2.98eV）比起前面（本章13-2節）所介紹的氣體離子化放射線感測器中氣體離子化所需能量（>10eV，如Ar；15.8 eV；He：24.7eV）要低很多，故Ge放射線半導體偵測器比氣體離子化放射線感測器之靈敏度要高一點。

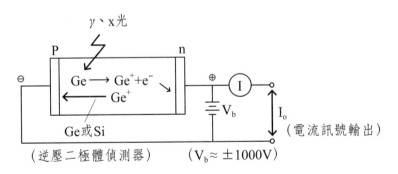

圖13-14　Ge固態半導體放射線偵測器之結構與原理示意圖[458-460]

表13-6　常用放射線固體半導體偵測器之半導體材料特性[458-460]

半導體材料	能隙（eV）	產生電子／電洞所需能量（eV）
Ge	0.67	2.98
Si	1.11	3.61
CdTe	1.44	4.43
HgI_2	2.10	6.50

13-5.　放射線劑量計

放射線劑量計（Radiation dosimeters）[461-462]是一種能在短時間內測量所接受的核輻射劑量（Dose，單位：侖琴（Roentgen, R）或戈雷（Gray, Gy）及侖目（rem）或西弗（Sv））的簡易檢測器。本節將介紹常見的放射線劑量計：(1)化學劑量計（Chemical dosimeters）、(2)熱發光劑量計（Thermo-luminescence dosimeters）、(3)輻射發光玻璃劑量計（Radiophotoluminescent glass dosimeter）及(4)感光膠片劑量計（Photographic film dosimeters）。

13-5.1.　化學劑量計

化學劑量計（Chemical dosimeters）[463-464]乃是利用放射線照射化學試劑引起化學反應（如氧化和還原）產生顏色或其他變化之放射線劑量計。歷史最久的化學劑量計為硫酸亞鐵劑量計（Ferous dosimeter），它是弗裏克先生（H.Fricke）在1929年開發的，故又稱弗裏克劑量計（Fricke dosimeter）。圖13-15(a)為硫酸亞鐵劑量計之γ、X放射線偵測原理示意圖，γ、X放射線照射試片上之硫酸亞鐵（$FeSO_4$）使亞鐵離子（Fe^{2+}）氧化成鐵離子（Fe^{3+}），顏色與光吸收波長因而改變，然後利用鐵離子（Fe^{3+}）光吸收峰波長302~305 nm紫外線（光強度I_0）照射試片，由其穿透光強度I，可計算其吸光度（Absorbance, $A = \log (I_0/I)$）及Fe^{3+}含量並可推算γ或X放射線計量。此硫酸亞鐵劑量計亦常以較穩定的硫酸氨亞鐵($Fe(NH_4)_2(SO_4)_2)_6$（庫存時亞鐵離子較不易

氧化）取代硫酸亞鐵（$FeSO_4$）使用。

另一種也較常用的化學劑量計為硫酸鈰（IV）劑量計（Cerium (IV) sulfate dosimeter 或Ceric sulfate dosimeter）。圖13-15(b)為硫酸鈰（IV）劑量計之放射線偵測原理示意圖，當γ、X放射線照射試片上之硫酸鈰（$Ce(SO_4)_2$）之黃色的鈰（IV）離子（Ce^{4+}）會使之還原成無色的亞鈰離子（Ce^{3+}）產生明顯的顏色變化，可用黃色物質可吸收可見光波長（約450nm）或Ce^{4+}離子最大吸收波長（320 nm）照射測試片並測其吸光度（$A = \log (I_o/I)$），以估算試片上黃色的Ce^{4+}變化量，即可推算放射線計量。硫酸鈰（IV）劑量計可測量高達2×10^6 Gy（Gy = Gray（戈雷））的吸收劑量。

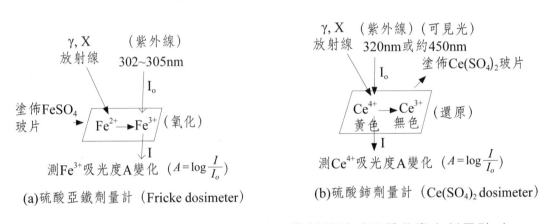

(a)硫酸亞鐵劑量計（Fricke dosimeter）

(b)硫酸鈰劑量計（$Ce(SO_4)_2$ dosimeter）

圖13-15　常用之化學劑量計(a)硫酸亞鐵劑量計（又稱弗裏克劑量計（Fricke dosimeter）），與(b)硫酸鈰劑量計之偵測原理[463-464]（參考資料：(1) www.baike.com/wiki/化學劑量計：(2)http://baike.baidu.com/view/144608. htm））

13-5.2.　熱發光劑量計（TLD）

熱發光劑量計（Thermo-luminescence dosimeters, TLD）[465-466]是利用某些可感應放射線之固態晶體物質（如LiF、CaF_2、$CaSO_4$、$Li_2B_4O_7$、$Ca_3(BO_3)_2$及feldspar（長石））經放射線照射發熱後會放出紫外光、可見光或紅外光，再測其光度，其總放光量與所接受的輻射劑量成正比，即可推算放射線輻射劑量，這類可感應放射線並放出光和熱之固態晶體材料稱為熱燐

光體（Thermoluminescence phosphor）。圖13-16為熱發光劑量計（TLD）之偵測原理示意圖，當放射線（如γ、X射線）照射到固體燐光體（如含Mg、Cu、P或Mg、Cu、Na、Si之LiF晶體）先發熱後會放出光波（紫外光、可見光或紅外光），然後用光偵測器（如光電倍增管（Photomultiplier tube, PMT））偵測，由其收集總光量可推算所接受的放射線輻射劑量。熱發光劑量計（TLD）因比傳統的膠片劑量計有較高的靈敏度與穩定性且不必像化學劑量計需產生化學變化較簡便，故熱發光劑量計（TLD）普遍用於輻射劑量的測量。

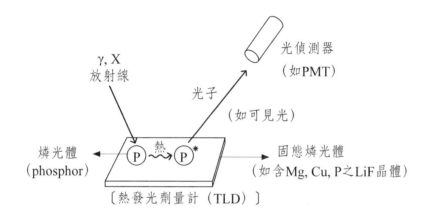

圖13-16　熱發光劑量計（TLD）之偵測原理示意圖[465-466]（參考資料：(1) http://terms.naer. edu.tw/detail/1320226; (2)http://en.wikipedia.org/wiki/Thermoluminescent_dosimeter）

13-5.3.　輻射發光玻璃劑量計（RPLGD）

前面一節（13-5.2節）所提之熱發光劑量計（TLD）雖然廣泛應用於輻射劑量的測量，然缺點為在劑量讀後，發光訊號會消失不見，無法重複判讀，而此輻射發光玻璃劑量計（Radiophotoluminescent glass dosimeter, RPLGD）[467-470]發光中心資訊卻不會因測讀後消失，而可重複判讀。輻射發光玻璃劑量計（RPLGD）中較見的為常用以檢測γ、X射線的銀激化磷酸鹽輻射發光玻璃劑量計（Silver-activated phosphate radiophotoluminescence glass dosemeter, AP-RPLGD）。此AP-RPLGD劑量計如圖13-17所示，γ、X射線射至含銀離子（Ag^+）磷酸鹽玻璃試片（玻璃組成含AgCl、$AgNO_3$、H_3PO_4、P_2O_5、Na_3PO_4、B_2O_3和$AlPO_4$）並激化Ag^+離子（Activated Silver ion）成激化態Ag^*，形成許多被激化Ag^*穩定的發光中心（Luminescent centers），此含Ag^*穩定的發光中心之銀離子磷酸鹽玻璃試片即使已無γ、X射線照射仍然會保存此Ag^*發光中心。這些發光中心在放射線照射過程中與照射後皆不會發光。而只在放射線照射完成後，隨時可用一發射紫外線光（如337.1nm）之雷射光源（Laser source）或螢光儀（Fluorophotometer），將紫外線光射入此含Ag^*發光中心之玻璃試片中，誘使Ag^*發光中心發光就會產生較長波長（如600~700nm可見光）之螢光。然後如圖13-17所示，先經濾波片或濾波器去除原來入射光波，只讓螢光通過，再用光偵測器（如光電倍增管（Photomultiplier tube, PMT））偵測此螢光強度，由螢光強度可推算原先照射銀離子磷酸鹽玻璃試片之放射線輻射總劑量。此AP-RPLGD劑量計因只要用雷射光照射發光中心就會產生螢光，故可隨時重複判讀。

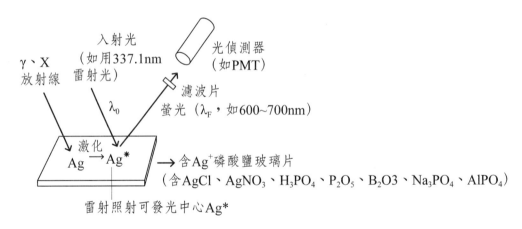

圖13-17　銀激化磷酸鹽輻射發光玻璃劑量計（AP-RPLGD）之偵測原理[467-470]
（參考資料：(1)http://140.113.39.130/cgi-bin/gs32/ymgsweb.cgi/login?o=dymcdr&s=id=%22GYP122558820%:(2)S. M.Hsu, Ph.D. Theses, Department of Biomedical Imaging and Radiological Sciences, National Yang-Ming University (2007)); (3)http://www.ym.edu.tw/birs/res/students_list/abstract/90/90_7.html (4) James H. Schulman,.Journal of Applied Physics ,22, 1479 (1951)）

13-5.4.　感光膠片劑量計

感光膠片劑量計（Photographic film dosimeters）[471-473]乃是輻射地區（如原子爐及同位素管或醫院輻射中心）工作人員必攜帶佩章，藉以瞭解每一工作人員所受輻射劑量。較常見輻射用感光膠片劑量計為**加馬膠片劑量計**（Gamma film dosimeter），而加馬膠片劑量計所用的感光膠片為AgBr膠片，圖13-18為加馬膠片劑量計偵測加馬（γ）射線之偵測原理，如圖所示，當放射線射至AgBr膠片會和膠片上的溴化銀（AgBr）反應而產生銀顆粒（Ag），經沖洗後利用照片黑度計（Densitometer）測定膠片之透光度T（T = (I/Io)×100%）以決定膠片之黑度並用以推算膠片所受γ射線輻射量。

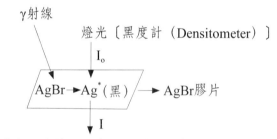

加馬（r）膠片劑量計

圖13-18　常見感光膠片劑量計之加馬（γ）膠片感測原理及步驟[471-473].（參考資料：(1)http://210.60.224.4/ct/content/1979/00110119/0014.htm; (2) www.baike.com/wiki/膠片劑量計；(3)thesis.lib.ncu.edu.tw/ETD-db/ETD-search/getfile?URN=93222025）

13-6.　中子化學感測器

中子化學感測器（Neutron chemical sensors）中常用中子偵測法（Neutron detection）[474,434]如表13-7所示有下列幾種：1.核反應蓋革計數器中子偵

測法（Nuclear reaction Geiger-Miller counter neutron detection methods，表13-7(I)(II)），2.核反應正比計數器中子偵測法（Nuclear reaction proportional counter neutron detection methods，表13-7(III)），3.中子閃爍劑發光計數器（Neutron scintillation counters，表13-7(V)），4.Gd核反應中子偵測器（Gd Nuclear reaction neutron detector，表13-7(IV)），5.中子劑量計（Neutron dosimeter，表13-7(VI)）及6.中子感測膠片（Neutron sensing film，表13-7(VII)）。

表13-7　各種常用之中子偵測法基本原理[434]

(I)硼B-10反應偵測法
　　$^{10}_{5}B + ^{1}_{0}n \rightarrow ^{7}_{3}Li + ^{4}_{2}He$（α射線）
　　（α射線用蓋革－米勒計數器（GM Counter）偵測）

(II)鋰Li-6反應偵測法
　　$^{6}_{3}Li + ^{1}_{0}n \rightarrow ^{3}_{1}H + ^{4}_{2}He$（α射線）
　　（α射線用GM Counter偵測）

(III)氦He-3反應偵測法
　　$^{1}_{0}n \rightarrow ^{3}_{2}He$（撞擊）$\rightarrow ^{3}_{1}He^{2+} + 2e^{-}$
　　$^{3}_{2}He^{2+} + ^{1}_{0}n \rightarrow ^{3}_{1}H^{+} + ^{1}_{1}H^{+}$
　　（$^{3}_{1}H^{+}$（氚）及$^{1}_{1}H^{+}$離子可用He Gas proportional counter偵測）

(IV)撞擊Gd產生電子偵測法
　　$^{1}_{0}n$（中子）$\rightarrow$ Gd（撞擊）$\rightarrow$ 產生電子（e^{-}）
　　（電子可用電子倍增器（Electron Multiplier Tube）偵測）

(V)閃爍發光法
　　(1)中子$\rightarrow$撞擊^{10}B成$^{6}Li \rightarrow$放出α射線
　　(2)α射線$\rightarrow$撞擊閃爍劑（ZnS/Ge_2O_2S）$\rightarrow$螢光（閃光）
　　(3)螢光可用光度計檢測其強度

(VI)中子劑量法：中子$\rightarrow ^{6}Li \rightarrow$α粒子$\rightarrow LiF \rightarrow LiF^{*} \rightarrow$發光

(VII)中子感測膠片法：中子$\rightarrow ^{14}N \rightarrow ^{14}C + ^{1}H \rightarrow$測$^{1}H$軌跡

1.核反應蓋革計數器中子偵測法

　　硼^{10}B核反應中子偵測法（B-10 Nuclear reaction detection method for neutron）[434]是利用硼^{10}B易吸收中子而放出α射線及Li原子（如圖13-19(a)所示），再用蓋革-米勒計數器（Geiger-Miller counter, GM Counter，簡稱蓋

革計數器）偵測α射線，由蓋革-米勒計數器脈衝（Pulse）寬度（Pulse width, PW）與高度（Pulse height, PH）即可估計中子數與中子能量，^{10}B（天然B中含^{10}B約19.9%）吸收中子而放出α射線（$^4He^{2+}$）和Li原子之核反應式如下：

$$^{10}B + {^1}n \rightarrow {^7}Li + {^4}He（α射線）\tag{13-22}$$

鋰^6**L1核反應中子偵測法**（Li-6 Nuclear reaction detection method for neutron）[434]是利用鋰^{6}Li（天然Li中含^{6}Li約7.5%）易吸收中子而放出α射線與^{2}H原子（如圖13-19(b)所示），同樣，用蓋革-米勒計數器（GM Counter）偵測α射線以測知中子數與中子能量，鋰^{6}Li吸收中子產生之核反應式如下：

$$^6Li + {^1}n \rightarrow {^2}H + {^4}He（α射線）\tag{13-23}$$

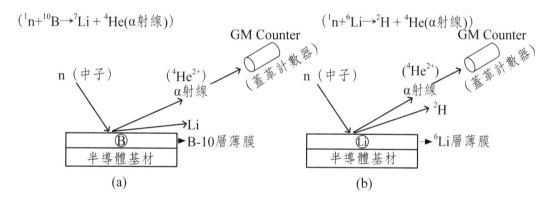

圖13-19　中子(a)^{6}LiF和(b)^{10}BF$_3$正比計數器之結構與原理示意圖[434]

2.核反應正比計數器中子偵測法

圖13-20為此法中常用之中子^3**He核反應正比計數器**（He-3 Nuclear reaction proportional counter for neutron）[434]之裝置及原理，其首先將待測中子射入一含氦氣（天然He含^{3}He和^{4}He）之氣體正比計數器（Gas proportional counter, 氣體游離偵測器一種，請見圖13-2和圖13-5）中，入射的中子（n）會先將其中之^3**He**（氦氣中含^{3}He之天然豐度為0.000137%）離子化成^3**He**$^{2+}$離子，然後^3**He**$^{2+}$離子再繼續和中子（n）起核反應產生^{3}H$^+$（氚）及^{1}H$^+$離子如下：

$$^3He \xrightarrow{\ n\ } {^3}He^{2+} + 2e^- \tag{13-24a}$$
$$^1n + {^3}He^{2+} \rightarrow {^3}H^+ + {^1}H^+ \tag{13-24b}$$

如圖13-20所示，產生的 $^3H^+$（氚）與 $^1H^+$ 離子撞擊氣體正比計數器之負極而產生脈衝式電流輸出。同樣地，由電流脈衝寬度（PW）與脈衝高度（PH）即可估計中子數與中子能量。

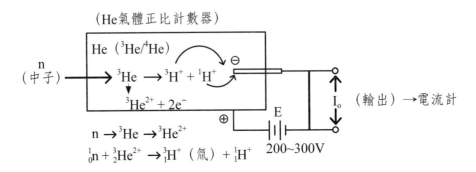

圖13-20　中子 ^{3}He正比計數器之結構與原理示意圖[434]

3.中子閃爍計數器

中子閃爍計數器（Neutron scintillation counters）[434]乃利用中子撞擊一含特殊原子（如Li或B）與閃爍劑（如ZnS或 Gd_2O_2S）之螢光屏產生螢光，以螢光強度推算中子強度（中子數及中子能量）。較常見的中子閃爍計數器為核反應中子閃爍計數器（Nuclear reaction neutron scintillation counter）。圖13-21為 $^{10}B/^6Li$ 核反應中子閃爍計數器之偵測原理與偵測步驟，如圖所示，其用含 ^{10}B 或 ^6Li 與閃爍劑之螢光屏。當中子撞擊 ^{10}B（天然B中含 ^{10}B 約19.9%）或 ^6Li（天然Li中含 ^6Li 約7.5%）產生核反應並放出α射線，反應如下：

$$^{10}B + ^1n \rightarrow ^7Li + ^4He（α粒子） \qquad （13-25）$$

$$^6Li + ^1n \rightarrow ^3T + ^4He（α粒子）〔^3T：氚〕 \qquad （13-26）$$

然後核反應所產生的α射線撞擊閃爍劑（ZnS）螢光屏產生螢光，可由螢光屏顯示的螢光強弱來顯示中子強度，然在閃爍計數器中卻要再用光偵測器偵測螢光強度，由光偵測器之電流輸出訊號可推算中子強度或再用運算放大器（OPA）轉成電壓輸出並經類比／數位轉換器（ADC）轉成數位訊號輸入微電腦可進一步做數據處理和精確推算中子強度（中子數與中子能量）。

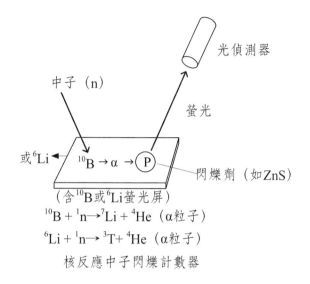

圖13-21　^{10}B/^{6}Li核反應中子閃爍計數器之偵測原理與偵測步驟（註：天然B中含^{10}B約19.9%，天然Li中含^{6}Li約7.5%）

4.Gd核反應中子偵測器

Gd核反應中子偵測器（Gd Nuclear reaction neutron detector）[475]乃是利用中子撞擊Gd（Gadolinium，釓）之^{157}Gd（天然Gd中含^{157}Gd 約15.65%）起核反應產生電子之中子偵測器。如圖13-22所示，其利用Gd當陰極（Cathode）吸收中子並起核反應而放出電子與γ**射線**， Gd陰極反應如下：

$$^1n + {}^{157}Gd \rightarrow {}^{158}Gd* \rightarrow {}^{158}Gd^+ + e^- \text{（電子}^-\text{）} + \gamma射線 \qquad （13-27）$$

Gd陰極所產生的電子再用電子倍增器（如多頻道電子倍增管（Multi-channel electron multiplier tube）或多發射極電子倍增器（Multi-dynode electron multiplier））放大成電子流，經電子線路轉成電流訊號輸出，由電流訊號強度可用來估計中子強度。

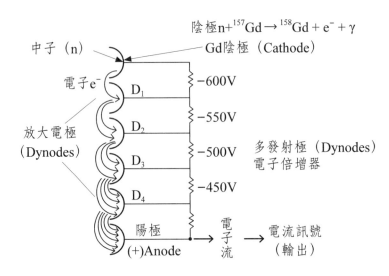

圖13-22　Gd反應中子偵測器之基本結構示意圖[475]（參考資料：www.myoops.org/cocw/.../problemset9_cn.doc）註：天然Gd中含^{157}Gd 約15.65%）

5.中子劑量計

中子劑量計（Neutron dosimeter）[476-479]中較常見的爲用熱發光劑量計（TLD, Thermo-luminescence dosimeters）與中子核反應爲骨幹的中子熱發光劑量計（Neutron thermo-luminescence dosimeters, n-TLD）。圖13-23爲利用含濃縮^{6}Li（Li中^{6}Li >7.5 %）之TLD-600燐光體晶片（即含濃縮^{6}Li之LiF(Mg,Ti)熱燐光體（Thermoluminescence phosphor）之中子熱發光劑量計（n-TLD）之中子偵測原理及儀結構示意圖，如圖所示，首先將待測中子射向TLD-600燐光體晶片和晶片上之^{6}Li起核反應產生α粒子（$^4He^{2+}$），反應如下：

$$(1)^1n + {}^6Li \rightarrow {}^4He（\alpha^*粒子）+ {}^3T \tag{13-28}$$

然後激化α粒子（α*）將能量（熱）傳給TLD-600燐光體（主要成分爲LiF燐光體）產生激態LiF*燐光體，進而激態LiF*回到基態LiF並放出可見光或紫外線（λ_{max}：400nm），反應分別如下：

$$(2)\alpha^* + LiF \rightarrow LiF^* \tag{13-29}$$

$$(3)LiF^* \rightarrow LiF + h\nu（\lambda_{max}：400nm，光偵測器偵測） \tag{13-30}$$

如圖13-23所示，產生的光波（λ_{max}：400nm）再用光偵測器（如光電倍

增管，PMT（Photomultiplier tube））偵測其光強度，並由產生的光強度與總光量推算照射在TLD-600燐光體晶片上之中子總劑量。

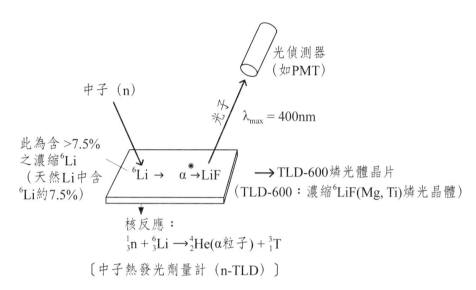

〔中子熱發光劑量計（n-TLD）〕

圖13-23　中子熱發光劑量計（n-TLD）之中子偵測原理及儀結構示意圖[476-479]
（參考資料：(1)http://hps.org/publicinformation/ate/q9915.html, (2)www.thermoscientific. com/.../tld-600-thermoluminescent-., (3)http://www.ncbi.nlm.nih.gov/pubmed/17578870, (4)http://thesis.lib.ypu.edu.tw/cgi-bin/cdrfb3/gsweb.cgi?ccd=PVMg4p&o=sid=%22NC093YUST7770003%22.）

6.中子感測膠片

常用的中子感測膠片（Neutron sensing film）[480]為一塗佈一氮化合物（含^{14}N原子，天然N中含^{14}N約99.634 %）之含^{14}N乳膠片。圖13-24為含^{14}N中子感測膠片（Neutron sensing ^{14}N film）偵測中子之偵測原理與步驟，如圖所示，當中子（n）照射含^{14}N中子乳膠片時，會和膠片上^{14}N起核反應產生質子（^{1}H）及碳-14（^{14}C），核反應如下：

$$^{1}n + {}^{14}N \rightarrow {}^{1}H + {}^{14}C \qquad (13\text{-}31)$$

如圖13-24乳膠片上所示，核反應所產生質子（^{1}H）會散開而在乳膠片上會留下散射軌跡。乳膠片經處理後，再用顯微鏡觀察質子（^{1}H）留下來的散射軌跡，計算質子散射軌跡數目並用以推算乳膠片所受中子劑量。

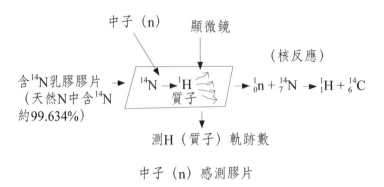

中子（n）感測膠片

圖13-24　含^{14}N中子感測膠片（Neutron sensing ^{14}N film）偵測中子之偵測原理與步驟
[480]（參考資料：http://210.60.224.4/ct/content/1979/00110119/0014.htm）

13-7. 微中子／正子閃爍偵測器

　　微中子（Neutrino）為幾無質量（小於電子質量之百萬分之一），但有能量，以接近光速運動，不帶電，可自由穿過地球及一般物質之放射微子，微中子之探測已為現代科學重要課題，而正子（Positron）醫診掃描儀已成各大醫院幾乎必備醫療儀器設備，然可深入體內微型正子探測器近年來世界各國也積極研發。本節將介紹可攜帶型的微中子閃爍偵測器（Scintillation neutrino detectors）與正子閃爍偵測器（Scintillation positron detectors）。

13-7.1. 微中子閃爍偵測器

　　微中子閃爍偵測器（Scintillation neutrino detectors）[481-483]乃是利用微中子（Neutrino）和其他粒子（如^{1}H）所引起的核反應產生中子或輻射線（如γ射線），然後利用激發塑膠閃爍劑或液體閃爍劑產生螢光，再用光電倍增管（PMT, Photomultiplier tube）偵測螢光強度以推算微中子之劑量。圖13-25為常用之H/Gd微中子閃爍偵測器（H/Gd Scintillation neutrino detector）之偵測原理及儀器結構示意圖，如圖13-25所示，首先利用微中子（ν）射入一含H/Gd固態物質和^{1}H起核反應產生中子（n）與正子（e$^+$），反應如下：

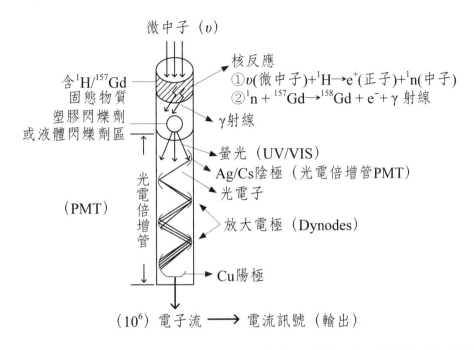

圖13-25 H/Gd微中子閃爍偵測器之偵測原理與儀器結構示意圖[481-483]（參考資料：
(1)zh.wikipedia.org/zh-tw/中微子探測器；(2) www.nciku.com.tw/search/all/液態閃爍微中子探測器；(3)www.myoops.org/cocw/.../problemset9_cn.doc）

(1)ν（微中子）+ ^{1}H → e$^+$（正子）+ ^{1}n（中子）　　　（13-32）

　　然後產生的中子（n）再和固態物質中之^{157}Gd（天然Gd中含^{157}Gd約15.65%）起核反應產生電子（e$^-$）與γ射線（7.9 MeV），反應如下：

(2)^{1}n（中子）+ ^{157}Gd → ^{158}Gd$^+$ + e$^-$ +γ射線（7.9MeV）　　　（13-33）

　　如圖13-25所示，產生的高能（7.9 MeV）γ射線將射入塑膠閃爍劑或液體閃爍劑產生螢光，步驟如下：

(3) γ射線 + 塑膠閃爍劑或液體閃爍劑→螢光　　　（13-34）

　　最後產生的螢光導入光電倍增管（PMT）之Ag-Cs陰極產生光電子（e$^-$）並以電流訊號輸出（hν+ Ag → Ag*, Ag* + Cs → Cs* + Ag, Cs*→ Cs$^+$ + e$^-$（光電子）），然後此光電子經光電倍增管（PMT）之多個放大電極（Dynodes）將每一個光電子放大成百萬（10^6）個電子之電子流並由光電倍增管之陽極

（Anode）輸出並經電子線路以電流訊號輸出，步驟如下：

(4) 螢光→光電倍增管（PMT）→光電子（e⁻）→電子流（e⁻）→電流訊號　（13-35）

　　由光電倍增管（PMT）輸出的電流訊號可計算螢光強度，進而推算射入閃爍偵測器之微中子（ν）總劑量。

13-7.2.　正子閃爍偵測器

　　雖然在各大醫院有大型利用正子診斷病人組織器官狀況之正子斷層掃瞄儀（PET, Positron emission tomography），然大型正子斷層掃瞄儀並不能照射到病人身體細微部分，故近年來世界各國積極發展可做人體細部或甚至導入體內探察各細微組織之微型正子電腦斷層儀（micro PET）及小型正子閃爍偵測器，可做細微或局部組織之檢測。而不論在大型或微型正子電腦斷層儀皆用正子閃爍偵測器當感測元件並用正子藥物放射正子射入各器官產生γ射線，再偵測γ射線。

　　正子閃爍偵測器（Scintillation positron detectors）[484-485]實際上如圖13-26所示，不論用在偵測正子發射源所發出正子劑量（圖13-26(a)）或偵測生物組織器官（圖13-26(b)）皆是由正子照射γ射線產生區與γ射線閃爍偵測器兩部分組成的。如圖13-26所示，在正子照射γ射線產生區中正子藥物（如含會放出正子之碳-11（^{11}C）、氮-13（^{13}N）、氧-15（^{15}O）及氟-18（^{18}F）藥物）所放出來的正子（e⁺）撞擊一薄膜及其他物質（圖13-26(a)）或器官組織（圖13-26(b)）中之電子（e⁻），產生互毀反應（Annihilation reaction）。在互毀反應中正子和電子的質量經由質能互換，轉變成兩個511 KeV的高能γ-光子，以180°的相反方向射出（如圖13-26(b)所示），反應如下：

(1) e⁺（正子）+ e⁻（物質之原子中電子）→2γ射線（2×511KeV）　（13-36）

　　產生的γ射線接著射入γ射線閃爍偵測器之BGO（$Bi_4Ge_3O_{12}$）閃爍晶體中產生紫外線／可見光（UV/VIS）之閃爍光，反應如下：

(2) γ射線（511keV）+BGO（$Bi_4Ge_3O_{12}$）閃爍晶體→UV/VIS閃爍光　（13-37）

　　最後，如圖13-26(a)與圖13-26(b)所示，BGO閃爍晶體所產生的UV/VIS閃爍光（hν）射入光電倍增管（PMT）之Ag-Cs陰極（Cathode）產生光電子（hν+ Ag→Ag*, Ag* + Cs→Cs* + Ag, Cs*→Cs$^+$ + e$^-$（光電子）），然後此光電子經光電倍增管（PMT）之多個放大電極（Dynodes）將每一個光電子放大成百萬（10^6）個電子之電子流並由光電倍增管之陽極（Anode）輸出並經電子線路以電流訊號輸出，過程如下：

(3) UV/VIS閃爍光→光電倍增管（PMT）→光電子（e$^-$）→電子流（e$^-$）→電流訊號

$$(13\text{-}38)$$

　　然後用電流計檢測光電倍增管（PMT）輸出的電子流及電流訊號，由電流強度大小可推算射入正子閃爍偵測器之正子（Positron）總劑量。

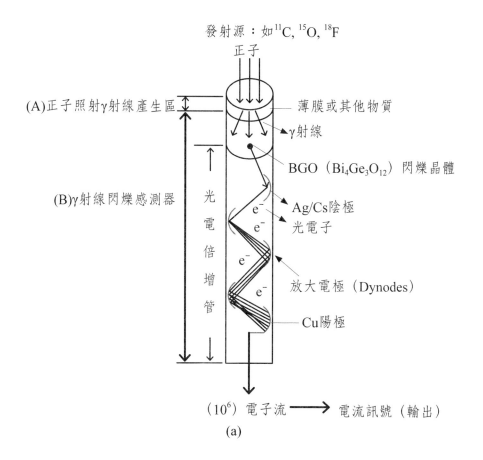

(a)

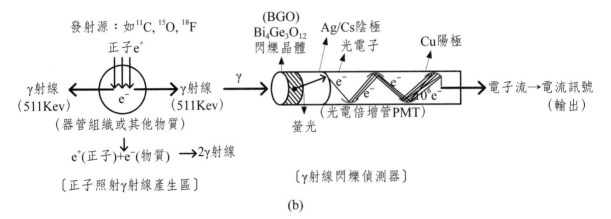

(b)

圖13-26　正子閃爍偵測器用在(a)偵測正子發射所發出正子劑量，(b)偵測生物
　　　　　組織器官之偵測原理與儀器結構示意圖[484-485]（參考資料：(1)https://
　　　　　sites.google.com/site/cboatpetct/home/fulltext/chapter-01/chapter-01-02,
　　　　　(2)https://sites.google.com/site/cboatpetct/home/fulltext/chapter-01/
　　　　　chapter-01-01）

第 14 章

微機電及微化學／生化感測器晶片
(MEMS and Micro-Chemical /Biologic Sensor Chips)

　　化學感測器之感測元件微小化一直為世界各國產業與學者追求之目標，而感測元件之微小化現主要由微機電技術（Micro-Electro-Mechanical System, MEMS）或奈米機電（Nano-Electro-Mechanical System, NEMS）來完成，微機電與奈米機電技術主要為利用微影技術（Lithography）、蝕刻技術（Etching）及沉積技術（Deposition）將微米級（mm）或奈米級（nm）之感測元件呈現在一微晶片（Microchip）上。一微晶片上甚至可含化學合成、化學分離及化學感測器以偵測化學合成所得各產物之組成成分（定性）與濃度（定量），此微晶片如同一實驗室，故又稱為微機電實驗晶片（Lab on a chip, Loc）。本章除了介紹這些微機電與奈米機電技術外，還將介紹現在已知已完成的包括電化學、光學、表面聲波（SAW）及表面電漿共振（SPR）之各種化學感測器微晶片（Chemical sensor microchips）。除此之外，本章

也將簡單介紹生化醫學所用的各種生化感測器晶片（Biosensor chips）。

14-1. 微機電技術（MEMS）及微晶片簡介

微機電系統（Micro-Electro-Mechanical System, **MEMS**）[486-487]指的是尺寸大小在微米（μm, 10^{-6}m）範圍之微元件、微晶片、微機器及微儀器等微系統。微機電系統（MEMS）在歐洲被稱爲微系統技術（Micro-system technology, **MST**），在日本則稱爲微機器（Micromachines）。由於近年來奈米科科技日漸發達，已可製造某些尺寸大小在奈米（nm, 10^{-9}m）範圍之微元件系統，這些奈米級系統就稱爲**奈米機電系統**（Nano-Electro-Mechanical System, NEMS）[488]，然奈米機電及微機電之製程（主要爲微影技術（Lithography technique））[489]類似，故本章仍用微機電系統（MEMS）技術來介紹微米級與奈米級之各種微元件、微晶片、微機器及微儀器等微系統。

在化學感測器元件中，最常用的微機電系統爲**微晶片**（Microchip）[490]。顧名思義，微晶片爲在很小晶片中放置微米級或奈米級元件。這些微米級或奈米級元件是用微影技術中蝕刻（Etching）成洞放進去或蝕刻成槽形成的。圖14-1爲利用微影蝕刻技術（MEMS）所製成具有複雜電子線路的微晶片。

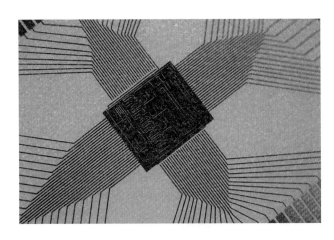

圖14-1 微影蝕刻技術（MEMS）所製成具有複雜電子線路的微晶片[491]

（參考資料：http://upload.wikimedia.org/wikipedia/en/a/a7/Labonachip 20017- 300.jpg）

　　微機電（MEMS）主要是在微機電元件（如晶片）上微影蝕刻或沉積及安裝微元件。如圖14-2所示，微晶片微機電技術主要為在微晶片上微雕的(I)微影技術（Lithography）[489,492]，(II)蝕刻技術（Etching）[493]及(III)沉積（Deposition）[494]，其中微影技術主要過程為曝光（Exposure）及顯影（Development），而曝光含照光與塗佈光阻劑（Photoresist）[495]之晶片和光罩（Photo Mask）[496]製備。沉積技術則主要為物理蒸鍍（Physical vapor deposition (PVD)）與化學蒸鍍技術（Chemical vapor deposition (CVD)）[494]。

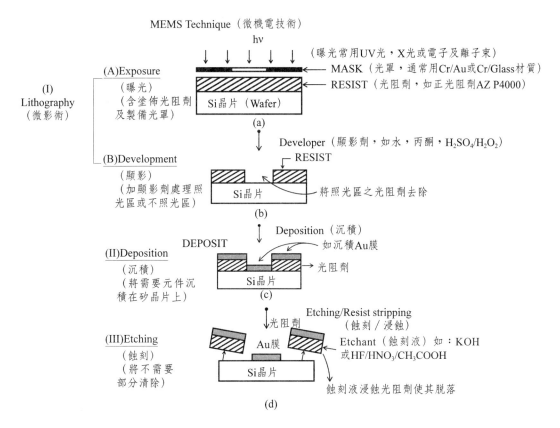

圖14-2　微機電（MEMS）主要技術與過程(I)微影（Lithography，含曝光和顯影），(II)沉積（Deposition），及(III)蝕刻（Etching）技術圖[492]

　　如圖14-2所示，在(I)微影技術中(A)曝光過程（Exposure）[492,495]是用一激發源發出光波或粒子束透過一光罩（Photo Mask）照射在塗佈有光阻劑（Photoresist）的晶片上。在微影(B)顯微過程是將受光的光阻劑部分可被顯

影劑（如水、丙酮）洗掉，而沒受光部分之光阻劑就不會被洗去（註：有的光阻劑剛好相反，受光後反而不會被顯微劑洗去，沒受光反而會被洗掉）。在(II)沉積過程（Deposition）是將物質沉積（如Au）在被顯影劑洗掉部分上成沉積膜（如Au膜）。而在(III)蝕刻（Etching）過程中是用蝕刻液（劑）（Etchant，如KOH, HF）將晶片上不需要的物質（如還未去除的光阻劑及晶片外層保護氧化膜）除去，最後就成微影晶片。下文將進一步較詳細介紹微影技術（含曝光與顯影）、蝕刻及沉積這些過程進行方法及所用器材和藥劑。

14-1.1. MEMS-微影技術

微機電（MEMS）之微影技術（Lithography）[489,492]是將一塗佈光阻劑矽微晶片（Photoresist/silicon wafer）光刻微影圖形之技術。微影技術主要是含曝光（Exposure）和顯影（Development）及塗佈光阻劑晶片和研製光罩之技術，而廣義的微影技術（Lithography）還包括蝕刻技術（Etching）。依微影所得圖形之分解力（Resolution）可將應用在微米級的微影技術稱爲微米微影（Microlithography）。

14-1.1.1. 曝光和顯影

曝光（Exposure）[492,495]是用一激發源（如UV光、X光、電子、離子）發出光波或粒子束透過一光罩照射在塗佈有光阻劑（Photoresist）的晶片（如矽晶片Wafer或塑膠片和玻璃片）上。圖14-3爲標準微影曝光製程標準裝置圖，一光源（Light source）或電子/離子源射出光波或粒子到光罩（Photo Mask），光罩上的圖形一定要剛好和擬刻在晶片上微影構形相反（即互成正負片），圖形光罩有如模板。光波或粒子透過光罩空隙處射出經聚焦透鏡（Focusing lens）聚焦射到微晶片上小區域內，使受光的小區域內塗佈的光阻劑變質。曝光後之晶片用顯影劑（Developer，如水及丙酮）將受光區之光阻劑處理（一般爲洗掉），使微晶片顯影（Development）呈現與光罩圖形明暗相反的微影構形。本節將分別介紹光阻劑、顯影劑及光罩功能及曝光源和微影靈敏度。

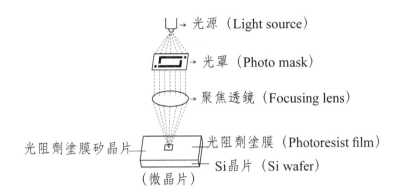

圖14-3　標準微影曝光製程裝置圖[497]

14-1.1.2.　光阻劑、顯影劑及光罩

光阻劑（Photoresists）[550,553]為一種照光後會產生分子結構與溶解性改變的分子物質。光阻劑依受光後溶解性變大與變小可分為正光阻劑（Positive photoresists）與負光阻劑（Negative photoresists）。換言之，正光阻劑受光後溶解性變大成可溶物質，而負光阻劑受光後溶解性變差成不可溶物質。

圖14-4為塗佈正光阻劑（Positive photoresists）[492]（如PMMA(Poly(methyl methacrylate))）[492]之微晶片照光情形與正光阻劑PMMA受光後分子結構與溶解性改變情形（正光阻劑PMMA照光前不溶於水（水當顯影劑））。如圖14-4(a)所示，當光照射到一中間空與兩邊端空之光罩時，光從中與兩邊端空隙射到塗佈正光阻劑PMMA之矽晶片，受光後之晶片中間與兩邊之正光阻劑PMMA分子結構改變成帶負電可溶性物質（如圖14-4(b)所示）可溶於水（當顯影劑）。反之，不受光（左右兩邊）部分之正光阻劑PMMA仍然不溶於水（當顯影劑），最後，即可成如圖14-4(a)所示之只存左右兩邊正光阻劑之矽晶片。除了正光阻劑PMMA外，常用廠商供應之正光阻劑為AZ-P400（商品名）。

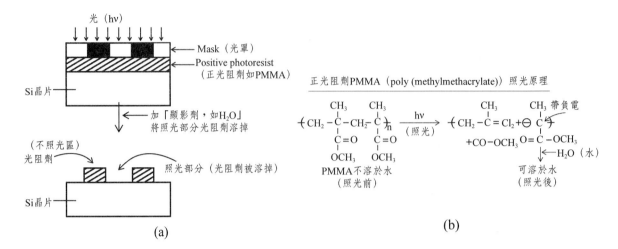

圖14-4　正光阻劑之(a)工作原理與(b)PMMA正光阻劑照光原理[492]

　　圖14-5為負光阻劑（Negative photoresists）[492]之工作原理與負光阻劑Azide/resin照光後之分子結構與溶解性變化情形（負光阻劑Azide在照光前是可溶於水（水當顯影劑））。如圖14-5(a)所示，當光照射到一中間及兩邊端空之光罩時，光從中間及兩邊端空隙射到塗佈負光阻劑Azide/resin(poly(cis-isoprene樹脂))之矽晶片，晶片上中間及兩邊端負光阻劑Azide/resin受光後，如14-5(b)所示，負光阻劑Azide(R-N$_3$)會產生一不共用電子對（R-N:）並和resin產生共價鍵成為水不可溶物質。換言之，原來可溶於水之負光阻劑受光後即變成不可溶於水（顯影劑）之物質。反之，不受光部分之負光阻劑仍然為可溶性可被水（顯影劑）溶解，即可成如圖14-5(a)所示之只存中間及兩邊端負光阻劑之矽晶片。

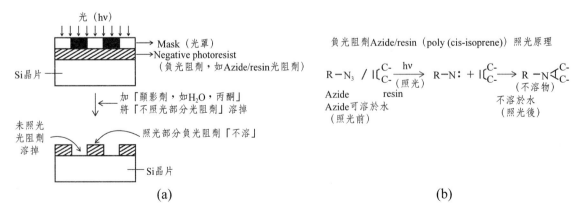

圖14-5　負光阻劑之(a)工作原理及(b)Azide/resin負光阻劑照光原理[492]

在微影技術中**顯影劑**（Developer）是用來處理照光後微晶片上之光阻劑。除了水可當顯影劑（Developer）外，顯影劑可用有機溶劑（如丙酮）及水溶液（如H_2SO_4/H_2O_2, KOH）。一般正光阻劑所用之顯影劑常爲鹼性水溶液（如KOH水溶液），而負光阻劑常用有機溶劑（丙酮）或有機／水（如丙酮／水）。商業上常見的顯影劑爲AZ 400K（商品名）。

光罩（**Photo Mask**）[495]是用來當照光時之圖形擋板的，光罩上的圖形一定要剛好和擬刻在晶片上微影構形相反（即光罩圖形與晶片微影構形互成正負片）。爲保持光罩上圖形用久不變，常用的光罩之材料爲Cr/Au／塑膠片（如Cr/Au/PMMA光罩片）。圖14-6(a)爲最常用的鉻／金／PMMA光罩（Au/Cr/PMMA Mask）製作過程。如圖所示，首先（過程1.）在一PMMA塑膠片先鍍上Cr膜（約70Å），然後再鍍上Au膜（約500Å）成Au/Cr/PMMA。然後（過程2.）在Au/Cr/PMMA塑膠片鍍上負光阻劑（如Novolak resist）與鋪上一塑膠緊貼光罩（Contact Photomask）並用UV光曝光及顯影。因用負光阻劑，不受光部分之光阻劑可被顯影劑溶解（過程3.），然後在被溶解地區鍍上Au（過程4.）。最後（過程5.）用化學蝕刻去除其他部分（受光部分負光阻劑）形成新凹槽並溶解凹槽內的Au/Cr就形成模板式Au/Cr/PMMA光罩片。

因爲光罩如同鑄造業的模板，故一般光罩分解力（Resolution）影響微晶片（如矽晶片）產品之分解力，晶片的分解力越細越小，晶片上所能容納電子元件就越多，所以世界各國電子業研究人員無不努力研製分解力越細越小光罩及晶片。如圖14-6(b)所示，在西元2005年前台灣和日本分別發展分解力爲0.13µm與0.11µm光罩與矽晶片。西元2005年台灣台積電和義大利合作成功研製0.09µm（即90nm）光罩與矽晶片。之後，歐洲成功研製0.045µm（即45nm）光罩與矽晶片（45nm（45奈米）矽晶片製程爲目前主流）。西元2009年台灣的「國家實驗研究院」的「國家奈米實驗室」成功研發分解力爲16nm（16奈米）半導體光罩與矽晶片製程。圖14-6(c)爲光罩／晶片顯影示意圖。

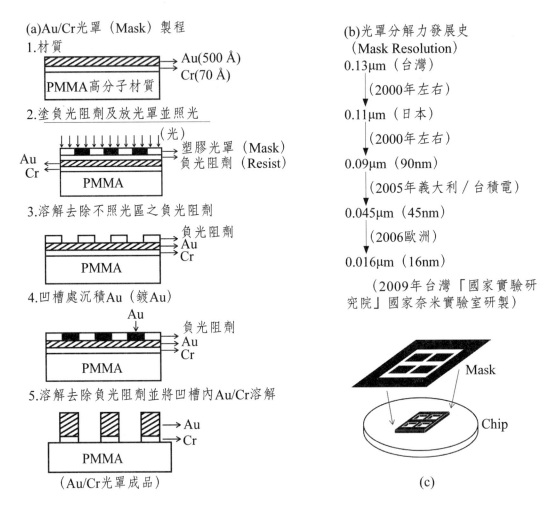

(a)Au/Cr光罩（Mask）製程

1.材質
→ Au(500 Å)
→ Cr(70 Å)
PMMA高分子材質

2.塗負光阻劑及放光罩並照光
（光）
→ 塑膠光罩（Mask）
→ 負光阻劑（Resist）
Au
Cr
PMMA

3.溶解去除不照光區之負光阻劑
→ 負光阻劑
→ Au
→ Cr
PMMA

4.凹槽處沉積Au（鍍Au）
Au
→ 負光阻劑
→ Au
→ Cr
PMMA

5.溶解去除負光阻劑並將凹槽內Au/Cr溶解
→ Au
→ Cr
PMMA
（Au/Cr光罩成品）

(b)光罩分解力發展史
（Mask Resolution）
0.13μm（台灣）
（2000年左右）
0.11μm（日本）
（2000年左右）
0.09μm（90nm）
（2005年義大利／台積電）
0.045μm（45nm）
（2006歐洲）
0.016μm（16nm）
（2009年台灣「國家實驗研究院」國家奈米實驗室研製）

Mask
Chip
(c)

圖14-6 化學感測器晶片中微影(a)常用鉻／金光罩（Au/Cr Mask）製作過程[492]，(b)光罩分解力[497]發展史，及(c)光罩／晶片顯影示意圖[496]。（C圖： From Wikipedia, the free encyclopedia,http://en.wikipedia.org/wiki/Photomask）

　　圖14-7為微矽晶片（Silicon Wafer）之微影曝光／顯影過程實例，首先在矽晶片（4~12吋）上塗上附著劑HMDS（Hexa-methyl-di-silazana），然後塗佈正光阻劑AZ-P400，經熱烤（Bake, 100℃, 90sec），再放入曝光機中並在矽晶片上方對準架上一Au/Cr光塑膠光罩片或Cr／玻璃片開始用UV光曝光（約10秒），曝光後用顯影劑AZ-400K將受光部分光阻劑溶解去除，再用純水洗淨（Rinse）定影，並經硬烤（Hard bake）就可製成圖形矽晶片，硬烤為了使未曝光的地方可阻擋蝕刻液，所以要把光阻烤硬。溫度154℃，12分

鐘（溫度比一般熱烤（即軟烤，80~120℃，1~2分鐘）溫度要高且加熱時間也較長）。最後用反射型顯微鏡或光學金相分析儀（Photo-Metallograph）觀察矽晶片上之圖形，鑑定是否為要的設計圖形。

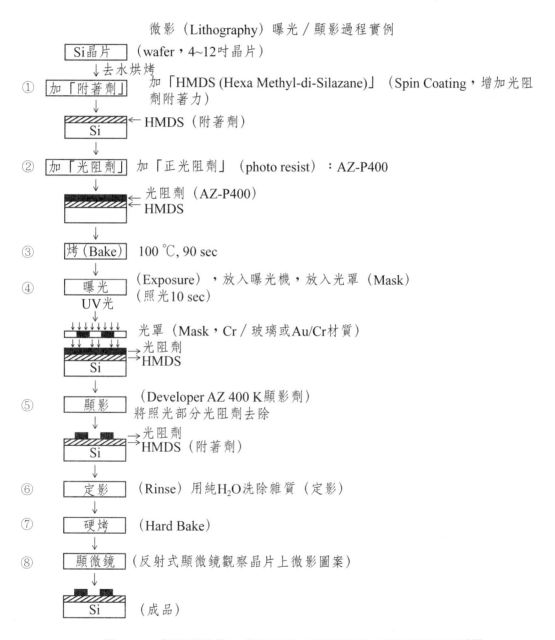

微影（Lithography）曝光／顯影過程實例

Si晶片　（wafer，4~12吋晶片）
↓去水烘烤
① 加「附著劑」　加「HMDS (Hexa Methyl-di-Silazane)」（Spin Coating，增加光阻劑附著力）
　　　← HMDS（附著劑）
　　Si
② 加「光阻劑」　加「正光阻劑」（photo resist）：AZ-P400
　　　← 光阻劑（AZ-P400）
　　　← HMDS
③ 烤（Bake）　100 ℃, 90 sec
④ 曝光　（Exposure），放入曝光機，放入光罩（Mask）
　　UV光　（照光10 sec）
　　　光罩（Mask，Cr／玻璃或Au/Cr材質）
　　　→光阻劑
　　　→HMDS
　　Si
⑤ 顯影　（Developer AZ 400 K顯影劑）
　　　　　將照光部分光阻劑去除
　　　→光阻劑
　　　→HMDS（附著劑）
　　Si
⑥ 定影　（Rinse）用純H$_2$O洗除雜質（定影）
⑦ 硬烤　（Hard Bake）
⑧ 顯微鏡　（反射式顯微鏡觀察晶片上微影圖案）
　　Si　（成品）

圖14-7　微機電技術中微矽晶片之微影曝光／顯影過程實例[497]

14-1.1.3. 曝光源和微影靈敏度

常用的微影曝光源（Lithography exposure sources）[492,498]為(1)紫外線／可見光（UV/VIS），(2)X光，(3)電子束及(4)離子束。表14-1為各種曝光源常用能源及發出的光波或粒子呈現的線寬度（Line width）大小與打入光塗佈光阻劑晶片深淺比較。常用之UV/VIS微影（UV/VIS Lithography）之曝光源為Hg-Xe 所發出的365與436 nm光和KrF雷射光（249 nm Laser），而X光微影（X-ray lithography）常用X光管發出的 3~10 KeV當曝光源。電子束微影（Electron beam lithography）則常用W/ZrO場發射電子束（Field emission electronbeam）當曝光源。然離子束微影（Ion beam lithography）常用Ar^+、He^{2+}、Ga^+等聚焦離子束（Focused ion beam, FIB）當曝光源。各種曝光源發出的光波或粒子呈現的線寬度（Line Width）大小不同，其線寬度順序如下：

UV\VIS光（2-3µm）＞X光（0.2µm）＞離子束（0.1µm）≈電子束（0.1µm）　（14-1）

因離子束及電子束的線寬度比X光及UV/VIS較小，可較集中射至微晶片內一小區域中。離子束（較常用離子束為Ar^+、He^{2+}、H^+）的線寬度小易集中，但射入較淺。而電子束的線寬度和離子束一樣，但射入稍深，然因電子粒子小易射散，以致於在晶片內會造成大範圍的散射圈。X光的線寬度雖比離子束及電子束稍大一點，但X光射入較深且可以幾乎平行光射入，可產生晶片上下較整齊蝕刻效果。UV/VIS光的線寬度（2~3µm）雖是各種曝光源最大的，不易集中且射入深度也比X光淺，但因UV/VIS光源其價格較低，一般微機電實驗室或研究室還是最常用。

表14-1　微影技術常用的各種曝光源功能比較[497]

曝光源	常用能源	能源線寬（Line width）	打入光阻／晶片深淺
(A)紫外線／可見光（UV/VIS）	Hg-Xe燈（Lamp）（365nm/436nm）KrF Laser（249nm）	2~3µm	淺
(B)X光	3~10KeV X光管	0.2µm	深
(C)電子束（Electron Beam）	W/ZrO場發射電子（Field emission electron）	0.1µm	中
(D)離子束（Ion beam）	Ar^+, He^{2+}, Ga^+聚焦離子束（Focused ion beam, FIB）	0.1µm	淺

　　微影靈敏度（**Lithography sensitivity, S_L**）[492,498]是以曝光／顯影後光阻劑之保存率（%）和照光強度（Dose）關係來表示的，微影靈敏度是曝光／顯影有效性之一種指標。如圖14-8(a)所示，塗佈**正光阻劑**之晶片而言，當照光強度（D）為Dpº時，晶片上受光之正光阻劑會開始解體成可溶性物質，照光強度若增大，正光阻劑保存率（%）就會下降，若照光強度增大到Dp時，晶片上受光正光阻劑就會完全改變分子結構而解體成可溶性物質，被顯影劑溶解而正光阻劑保存率為0%。這使受光正光阻劑完全改變分子結構成可溶性物質的照光強度Dp就被稱為正光阻劑的微影靈敏度（S_L）。照光強度Dp越小表示照光效果越佳。

　　同樣地，塗佈**負光阻劑**之晶片而言，其受光部分反而不會被顯影劑溶解，如圖14-8(b)所示，當照光強度（D）很強到Dgº時，所有受光負光阻劑因光強度Dgº很強而全變成不被顯影劑溶解之物質，即負光阻劑保存率為100 %。反之，當照光強度（D）下降為Dg時，負光阻劑保存率為0 %（即負光阻劑不受照光影響，但會完全被顯微劑溶解去除），換言之，所有負光阻劑在光強度小於Dg沒效果，照光要有效果就必需光強度大於Dg。故此光強度Dg就被定為負光阻劑之**微影靈敏度**（S_L）。照光強度Dg越小也表示負光阻劑之照光效果越佳。正負光阻劑之微影靈敏度（S_L）亦常以受光後光阻劑保存率為70%（即0.7）之光強度（$D_{0.7}$）定為其微影靈敏度（S_L）。

　　另外，微影線條之分解力（Resolution，常以微影線條之線寬（Line width）表示）可由圖14-8(a)與(b)兩圖光阻劑保存率（Preservation rate of photoresist）之下降曲線斜率（Slope）來評估，而此斜率常用γ（Contrast，對比值）表示，對正負光阻劑之對比值（γ_p與γ_g）分別表示如下：

$$\gamma_p = [\log(Dp/Dp^o)]^{-1} \qquad\qquad (14\text{-}2)$$

$$\gamma_g = [\log(Dg^o/Dg)]^{-1} \qquad\qquad (14\text{-}3)$$

　　由上兩式可知若Dp/Dpº 或 Dgº/Dg 差越小（即照光強度logD有效範圍越小），對比值（γ_p或γ_g）就越大，表示照光時的散光情形較少，因而越大的對比值（γ_p或γ_g）通常有較佳分解力。較佳的微影分解力所得微影線條之線寬較窄（Line width較小），典型的γ_p與γ_g之值分別約為2.2與1.5。

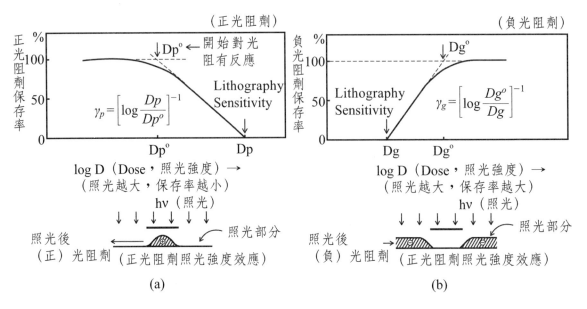

圖14-8　曝光／顯影後(a)正光阻劑與(b)負光阻劑之保存率（%）和照光強度（Dose）關係圖[492,497]

14-1.2.　MEMS-蝕刻技術

　　微機電晶片中常需要挖洞或將不需要的晶片保護層或局部去除，就需要用蝕刻技術（Etching technique）[492-493,499-500]在晶片挖洞及去除不需要的部分或拋光（Polishing）。蝕刻技術依所用的蝕刻劑（Etchant）為液體或氣體分為濕式蝕刻（Wet Etching）和乾式蝕刻（Dry Etching）。因濕式蝕刻常伴隨化學反應，故也常稱為濕式化學蝕刻。圖14-9為一經微影曝光／顯影後的半導體晶片（如Si晶片）之乾式和濕式蝕刻技術示意圖，圖中用HNA蝕刻液（HNA Etchant，含HF、HNO_3、CH_3COOH）對晶片做濕式蝕刻，將半導體晶片已經顯影去除光阻劑區域之絕緣保護層（如Si 晶片之SiO_2層）去除，另外用CF^{3+}電漿（Plasma）對晶片做乾式蝕刻。由圖14-9乾式蝕刻顯示，乾式蝕刻好似比濕式蝕刻可較整齊的蝕刻。

14-1.2.1.　濕式蝕刻

　　濕式蝕刻（Wet etching）[492,497]因所需裝置比乾式蝕刻簡單常用於微機電研究實驗室，表14-2為矽（Si）與砷化鎵（GaAs）半導體晶片與晶片上保

護層常用的濕式蝕刻液。以Si 晶片而言，最常用的蝕刻液為HNA蝕刻液（商品名CP-4A, CP-a等，成分為HF, HNO$_3$、CH$_3$COOH），其次為HF/HNO$_3$，及KOH。而GaAs晶片常用的蝕刻液為H$_2$SO$_4$-H$_2$O$_2$-H$_2$O與H$_3$PO$_4$-H$_2$O$_2$-H$_2$O溶液。晶片上常用保護層Si$_3$N$_4$與SiO$_2$分別常用HF/H$_3$PO$_4$及HF/NH$_4$F/H$_2$O或HF/HNO$_3$/H$_2$O當蝕刻液。微晶片上外加物常為金屬沉積物有時也需要蝕刻。表14-3為微晶片上各種常見金屬沉積物（Al、Au、Pt、W、Mo）常用蝕刻液，如Au及Pt蝕刻分別常用KI/I$_2$（產生I$_3^-$）及王水（3：1 HCl/HNO$_3$），Al及Mo用HNO$_3$、CH$_3$COOH、H$_3$PO$_4$，而W用H$_3$PO$_4$、KOH、K$_3$Fe(CN)$_4$當濕式蝕刻液。

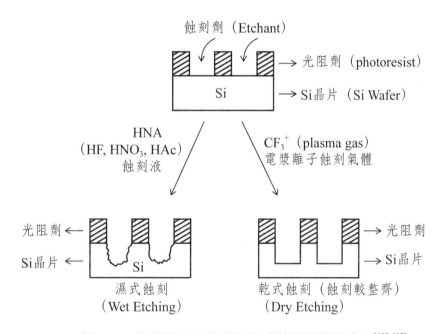

圖14-9　化學晶片之乾式及濕式蝕刻技術示意圖[492,497]

表14-2　矽及砷化鎵半導體晶片和保護層常用濕式蝕刻液[497]

材質 （Material）	蝕刻液 （Etchant）	組成 （Composition）	蝕刻速率 （Etch Rate, μm/min）
Si	HNA蝕刻液（HF, HNO$_3$, HAc）	HF (3mL) HNO$_3$ (5mL) CH$_3$COOH (3mL)	34.8
	KOH蝕刻液	KOH (23.4W%) C$_3$H$_7$OH (13.3W%) H$_2$O (65.3W%)	0.6

（下頁繼續）

（接上頁）

材質 (Material)	蝕刻液 (Etchant)	組成 (Composition)	蝕刻速率 (Etch Rate, μm/min)
GaAS	H_2SO_4/H_2O_2蝕刻液	H_2SO_4 (8mL) H_2O_2 (1mL) H_2O (1mL)	0.8
	H_3PO_4/H_2O_2蝕刻液	H_3PO_4 (3mL) H_2O_2 (1mL) H_2O (5mL)	0.9
SiO$_2$	HF緩衝蝕刻液 （HF Buffer）	HF (29mL) NH_4F (1138) H_2O (170mL)	100
	HF/HNO$_3$緩衝蝕刻 液	HF (15mL) HNO_3 (10mL) H_2O (30mL)	12
Si$_3$N$_4$	HF緩衝蝕刻液	$HF/NH_4F/H_2O$	0.5
	H_3PO_4蝕刻液	H_3PO_4	10

表14-3　微晶片上金屬材料常用濕式化學蝕刻液[497]

材質 (Material)	蝕刻液 (Etchant)	組成 (Composition)	蝕刻速率 (Etch Rate, μm/min)
Au	KI/I$_2$蝕刻液	KI (4g) I_2 (1g) H_2O (40mL)	1.0
Pt	王水蝕刻液 3：1（HCl/HNO$_3$）	HNO_3 (1mL) HCl (7mL) H_2O (8mL)	50
W	$KH_2PO_4/KOH/K_3Fe(CN)_6$ 蝕刻液	KH_2PO_4 (34g) KOH (13.4g) $K_3Fe(CN)_6$ (33g) （加$H_2O \geq 1L$）	160
Al	$HNO_3/HAc/H_3PO_4$ 蝕刻液(I)	HNO_3 (1mL) CH_3COOH (4mL) H_3PO_4 (4mL) H_2O (1mL)	25
Mo	$HNO_3/HAc/H_3PO_4$ 蝕刻液(II)	HNO_3 (2mL) CH_3COOH (4mL) H_3PO_4 (5mL) H_2O (150mL)	0.5

　　濕式蝕刻之蝕刻過程常伴隨化學反應，就以矽晶片用HNA蝕刻液（含HF、HNO_3、CH_3COOH）蝕刻爲例，其所牽涉到化學反應過程與總反應（式14-4）如下：

（Si-蝕刻液HNA之反應）

$$HNO_2 + HNO_3 \rightarrow 2NO_3^- + 2h^+ + H_2O \tag{1}$$

$$2NO_3^- + 2H^+ \rightarrow 2HNO_2 \tag{2}$$

$$Si + 2h^+ \rightarrow Si^{2+} \tag{3}$$

$$H_2O \rightleftharpoons OH^- + H^+ \tag{4}$$

$$Si^{2+} + 2OH^- \rightarrow Si(OH)_2 \tag{5}$$

$$Si(OH)_2 \rightarrow SiO_3 + H_2 \tag{6}$$

$$SiO_2 + 6HF \rightarrow H_2SiF_6 + H_2O \tag{7}$$

$$\tag{8}$$

總反應爲：　　　$$Si + HNO_2 + 6HF \rightarrow H_2SiF_6 + HNO_3 + H_2O + H_2 \tag{14-4}$$

　　由上式可知，矽晶片主體Si和HNA蝕刻液中HNO_3及HF產生氧化還原反應而變成可被溶解的H_2SiF_6因而被蝕刻。HNA蝕刻液中之CH_3COOH可使上式反應的活性中間產物-電洞（h^+）續存率增加。

14-1.2.2.　乾式蝕刻

　　乾式蝕刻（**Dry etching**）技術[492,497]如表14-4所示概分(A)物理蝕刻（Physical etching），(B)電漿蝕刻（Plasma etching），(C)活性離子束蝕刻（Reactive ion beam etching, RIBE），及(D)化學輔助離子束蝕刻（Chemical assisted- ion beam etching, CA-IBE）。

(A)物理蝕刻（Physical etching），以濺射（Sputtering）技術最常用，此技術就稱爲物理濺射蝕刻（Physical sputtering etching），常用高能Ar^+或XeF_2爲濺射蝕刻氣體（表14-4）。圖14-10(a)爲以高能Ar^+當蝕刻劑撞擊Si晶片使Si晶片上Si原子濺出之物理濺射蝕刻裝置圖。

(B)電漿蝕刻（Plasma etching）則由無線電頻率（Radio-frequency, RF）線圈感應氣體（如Ar、CF_4、Cl_2）產生電漿（如Ar^+/e^-、$CF^{3+}/$

e⁻、Cl⁺/e⁻）當蝕刻劑撞擊Si晶片（如表14-4所示）。圖14-10(b)為以 CF$_4$用RF線圈感應產生CF^{3+}/e⁻電漿並撞擊Si晶片中Si原子形成SiF$_3$或 Si⁺被打出而蝕刻，此屬於無線電頻率感應蝕刻（RF-Etching），其相關反應如下：

$$CF_4 + RF \rightarrow CF_3^+ + e^- \qquad [產生電漿] \qquad （14-5）$$

$$CF_3^+ + Si（晶片） \rightarrow SiF_3^+ \qquad [蝕刻] \qquad （14-6）$$

$$e^- + Si（晶片） \rightarrow Si^+ + 2e^- \qquad [蝕刻] \qquad （14-7）$$

(C)活性離子束蝕刻（Reactive ion beam etching, RIBE）是加高電壓或 RF於各種氣體而產生活性大的離子X⁺（如表14-4所示的CF$_3$⁺、Cl⁺、 SF$_5$⁺、Cl⁺/CF$_x$⁺、O$_2$⁺、N$_2$⁺）當蝕刻劑用以撞擊Si晶片而將Si原子或離子（SiX⁺或Si⁺）打出形成蝕刻。圖14-10(c)即為活性Cl⁺離子束蝕刻Si 晶片之裝置圖，其先利用RF線圈使Cl$_2$氣體產生電漿Cl⁺/e⁻），再利用電漿中活性離子Cl⁺撞擊Si晶片而將Si原子或離子打出而形成蝕刻。

(D)化學輔助離子束蝕刻（Chemical assisted- ion beam etching, CA-IBE）和活性離子蝕刻（RIBE）類似。如表14-4所示，一樣是用一氣體（如Cl$_2$）所產生的活性離子（如Cl⁺）當蝕刻劑撞擊Si晶片而蝕刻，不同的是CA-IBE法多加一較容易解離的其他氣體分子（如Ar）先和原先蝕刻氣體（如Cl$_2$）起化學反應，來產生當蝕刻劑的活性離子（如Cl⁺）再撞擊Si晶片。圖14-10(d)即為Ar/Cl$_2$當蝕刻劑CA-IBE 法蝕刻Si晶片裝置圖，此法中，先用高電壓或RF使Ar解離成Ar⁺/e⁻，再用Ar⁺和Cl$_2$反應產生活性離子Cl⁺撞擊Si晶片，打出Si原子或離子（SiCl⁺或Si⁺）形成蝕刻。

表14-4　各種常用乾式蝕刻法之蝕刻劑及活性蝕刻粒子[497]

Etching Method （蝕刻法）	Reactive etching Species (Etchant)〔活性蝕刻粒子（蝕刻氣體）〕	Remark （備註）
(A)Physical Etching （物理蝕刻）	Ar⁺（Inert gas Ar）	Sputtering （濺射）
	XeF$_2$ Vapor (XeF$_2$)	Sputtering （濺射）
(B)Plasma Etching （電漿蝕刻）	Ar⁺ + e⁻ (Inert gas plasma)	RF etching[a]

（下頁繼續）

（接上頁）

Etching Method（蝕刻法）	Reactive etching Species (Etchant)〔活性蝕刻粒子（蝕刻氣體）〕	Remark（備註）
	$CF_3^+ + e^-$ (Reactive gas CF_4 plasma)	RF etching
	$Cl^+ + e^-$ (Reactive gas Cl_2 plasma)	RF etching
(C)Reactive Ion Beam Etching (RIBE)（活性離子束蝕刻）	CF_x^+ (from C_2F_6, CHF_3, CF_4 gases)[b]	High Voltage或RF[a]
	Cl^+ (from Cl_2 Reactive gas)	High Voltage或RF
	SF_5^+ (from SF_6 Reactive gas)	High Voltage或RF
	Cl^+, CF_x^+ (from CCl_2F_2, CF_2Cl_3)[b]	High Voltage或RF
	O_2^+ or N_2^+ (from O_2, N_2 gases)	High Voltage或RF
(D)Chemical Assisted Ion Bram Etching (CA-IBE)（化學輔助離子束蝕刻）	Cl^- (from Ar^+/Cl_2 gas)	$Ar \rightarrow Ar^+ + e^-$ $Ar^+ + Cl_2 \rightarrow Cl^- + Ar$

(a)RF: Radio Frequency; (b)Reactive Gases

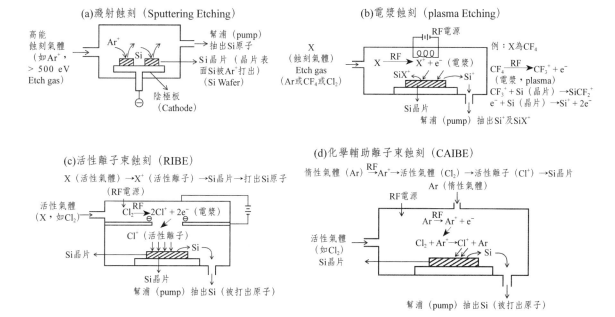

圖14-10　各種乾式蝕刻(a)物理濺射蝕刻（Physical sputtering etching），(b)電漿蝕刻（Plasma etching），(c)活性離子束蝕刻（RIBE, Reactive ion beam etching），及(d)化學輔助離子束蝕刻（CAIBE, Chemical assisted ion beam etching）技術基本裝置示意圖[492,497]

在蝕刻矽晶片時，常常需只要蝕刻晶片某一材質（如SiO_2）而不能蝕刻傷及另一材質（如Si）。換言之，所用的蝕刻劑對晶片中材質必需有選擇性才可。表14-5即為各種蝕刻劑對晶片中各種材質之選擇性。例如，蝕刻劑SF_6可用來蝕刻SiO_2及Si_3N_4，而不能用來蝕刻Si。反之，用CHF_3當蝕刻劑可蝕刻晶片主體Si，但不能用來蝕刻SiO_2與Si_3N_4。同樣，用CF_3蝕刻劑可蝕刻晶片中之Au，卻不會傷及晶片中的W、Ti及主體Si。

表14-5　各種蝕刻氣體對各種物質蝕刻感應[492]

物質（蝕刻氣體）	SF_6	CHF_3	CF_3	O_2
Si	-(a)	+(b)	-	+
SiO_2	+	-	+	+
Si_3N_4	+	-	+	+
Al/AlO_3	+	+	+	+
W	-	-	-	+
Au	+	+	+	+
Ti	-	-	-	+

(a)-表不能蝕刻，(b)+表可蝕刻

14-1.3.　MEMS-沉積技術

微機電之沉積技術（**Deposition** technique **in MEMS**）[492,494]主要在微晶片上沉積、鍍膜及植入金屬（如微電極）及其他元件，常用的沉積技術如表14-6所示有(A)物理蒸鍍技術（Physical vapor deposition, PVD）[501]，(B)化學蒸鍍技術（Chemical vapor deposition, CVD）[502]，(C)電化學沉積（Electrochemical deposition）[503-504]及(D)離子佈植／離子鍍膜法（Ion implantation and ion Plating）[505-506]。本節將分別介紹這各種微機電常用的物理蒸鍍技術（PVD）、化學蒸鍍技術（CVD）及電化學沉積技術之基本原理及其所使用之裝置。

表14-6　各種物理／化學／電化學／離子沉積技術一覽表[497]

Deposition（沉積法）	Process（過程／技術）	Remarks（備註）
(A)Physical Vapor Deposition （PVD，物理蒸鍍沉積法）	Evaporation（蒸發法）	成本低，沉積速率高（2.5×10^5 Å/min）
	Sputtering（濺射法）	成本高，沉積速率低，但沉積物不必蒸發
	Thermal Spraying（熱灑法）	成本高，沉積速率也高
	Plasma Spraying（電漿噴灑法）	成本高，可分段分區沉積
(B)Chemical Vapor Deposition （CVD，化學蒸鍍沉積法）	Atmospheric Pressure CVD (APCVD)	100-10 KPa/ 400℃
	Low Pressure CVD (LP-CVD)	1-100 Pa(1Torr)/600℃
	Metal Organic CVD (MO-CVD)	常用在半導體晶片大面積
	Plasma Enhanced CVD (PE-CVD)	快，附著力佳，用在金屬，絕緣體
	Spray Pyrolysis（噴灑熱裂法）	成本低，用在太陽晶片大面積
	Organic Membrane Deposition （有機膜沉積法）	在半導體晶片鍍有機膜
	Metallic Silicon (M-Si) Deposition （矽化金屬沉積法）	半導體晶片鍍各種矽化金屬（如 $CoSi$，$PdSi$，$TiSi$）
(C)Electrochemical Deposition （ECD，電化學沉積法）	Electroless Metal Deposition （無電金屬沉積法）	應用化學還原反應（不用電力）在晶片上沉積金屬（如Au）
	Electrodeposition （有電沉積法）	通電使離子在陰極還原或陽極氧化
(D)Ion Implantation/ Ion Plating	Ion Implantation（離子佈植法）	例如將As打入Si中形成n-Type半導體
	Ion Plating（離子鍍膜法）	利用離子反應（$Ti^+ + N_2 \rightarrow TiN$）將產物（如TiN）在晶片成膜

14-1.3.1.　物理蒸鍍技術

物理蒸鍍沉積技術（Physical vapor deposition, PVD）[492,501]，是用物理方法將欲鍍物質蒸鍍在微晶片上。物理蒸鍍技術如表14-6所示，有(1)蒸發沉積法（Evaporation），(2)濺射沉積法（Sputtering），(3)熱灑法（Thermal Spraying），及(4)電漿噴灑法（Plasma Spraying），而較常用在微晶片上之沉積法，為蒸發沉積法、濺射沉積法及電漿噴灑法，將分別介紹如下：

(A)**物理蒸發沉積法**因成本較低且沉積速率高（可達2.5×10^5Å/min.），廣泛被採用，圖14-11(a)為物理蒸發沉積法之基本儀器結構，圖中加熱器（Heater）用來將欲鍍物質（Source，如Au）熔融且將熔融欲鍍物（如熔融Au）在真空（$10^{-3} \sim 10^{-6}$ Torr）下，蒸發到晶片（Substrate）上沉積。此法所用之加熱器可用電壓電阻加熱器、RF（無線電頻率）加熱器、電子束加熱器（Electron beam heater）及雷射加熱器。圖14-11(b)為電子束蒸發系統，其利用熱燈絲電壓加熱或場發射（Field emission）電子源所產生的之電子束加熱器所產生的高能電子束，在磁場導引下撞擊Au（Target），加熱Au成熔融Au並產生Au蒸氣（Au*）蒸發上鍍到Si晶片（Substrate）上沉積。

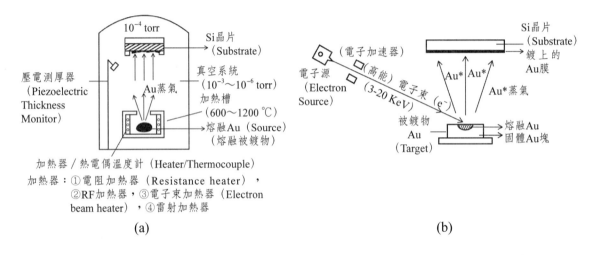

(a)   (b)

圖14-11　物理蒸發沉積法（Evaporating deposition）之(a)基本儀器結構示意圖與(b)電子束蒸發系統（Electron beam Evaporation system）工作示意圖[492,497]

(B)物理濺射沉積法（Sputtering deposition）是利用一離子（如Ar^+）或電漿、雷射光撞球式的撞擊欲鍍物（Target，如Au金屬或導體／半導體），將欲鍍物之中性高能原子（如Au*）或高能離子（如導體／半導體中離子）撞出上濺到晶片表面沉積。圖14-12(a)為**離子濺射沉積法**（Ion sputtering deposition）之示意圖，此圖中利用Ar^+撞擊Au陰極（Cathode），撞出高能原子Au*，並使撞出高能原子Au*濺到Si晶片（Substract）表面沉積，而Si晶片Au沉積率（Au原子數／Ar^+離子數）會隨高能Au*能量增大而增高。

(C)雷射濺射沉積法（Laser sputtering deposition）常用於在晶片上鍍上導體膜（如金屬，超導體）或半導體膜，圖14-12(b)即為利用雷射光（Laser）撞擊超導體粒子靶（Target, M），撞出高能超導體成分（YBaCuOx）離子（M^+）並濺到晶片（Substrate）表面沉積形成超導體膜。

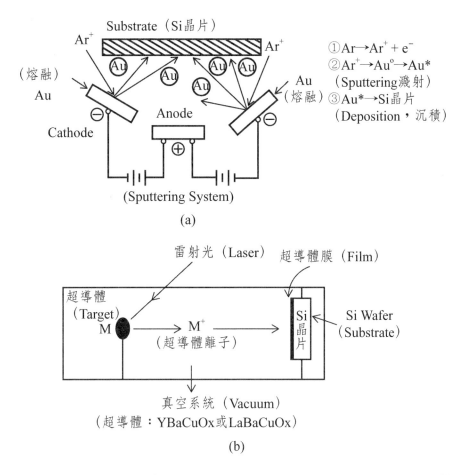

圖14-12　(a)離子濺射沉積（Ion sputtering deposition）法之儀器基本結構／工作原理，與(b)雷射濺射沉積法在矽晶片上鍍超導膜之儀器示意圖[492,497]

(D)電漿噴灑沉積法（Plasma spraying deposition）顧名思義是利用欲鍍物質產生的電漿（Plasma）直接噴灑到微晶片上沉積，此法為當今電子工業常用的微晶片沉積技術。圖14-13為電弧電漿產生和噴灑系統及其所噴灑出來的矽電漿（Si^+/e^-）鍍到基材（Base material）上沉積矽單晶膜（Si Epitaxy film）之示意圖，常用之基材為晶片、玻璃及塑膠。電漿噴灑儀中利用高電壓產生電弧（Arc）使進入電漿產生室之電漿氣體（如$SiHCl_3$）分解產生電漿（如Si^+/e^-電漿）並由噴嘴（Nozzle）噴出，噴出電漿就可鍍到基材上沉積（如在基材上鍍上矽單晶膜（Si Epitaxy film））。基材上沉積（如矽單晶膜）厚度及大小與電漿溫度會隨噴嘴和基材間之距離（d）不同而改變，在離噴嘴不

同距離之區域放置基材，所接受到的電漿會有不同溫度， 基材上沉積厚度及大小範圍也會有不同，即可得不同厚度與大小的沉積膜。

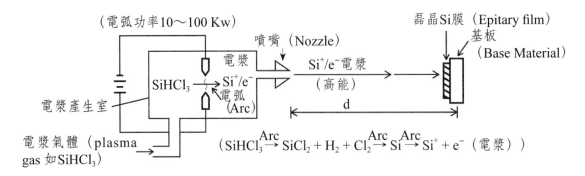

圖14-13　電漿噴灑沉積法（Plasma spraying deposition）之電漿噴灑儀結構與沉積矽單晶膜（Si Epitaxy Film）示意圖[492,497]

14-1.3.2.　化學蒸鍍技術

化學蒸鍍技術（Chemical vapor deposition, CVD）[492,502]，是將蒸氣反應物（如SiH_4與N_2O）蒸發到晶片上並起化學反應產生被鍍物膜（如SiO_2膜）沉積在晶片上，即被鍍物是由各種蒸氣反應物起化學反應所產生的。圖14-14(a)即為利用SiH_4與N_2O蒸氣當反應物產生SiO_2鍍在晶片上的化學蒸鍍基本裝置圖，SiH_4與N_2O蒸氣到化學蒸鍍加熱系統在晶片上所起化學反應如下：

$$2N_2O + 熱 \rightarrow 2N_2 + O_2 \qquad (14-8)$$
$$SiH_4 + O_2 + 晶片 \rightarrow SiO_2（被鍍物）／晶片 + 2H_2 \qquad (14-9)$$

被鍍物SiO_2是由反應物SiH_4經反應變化而成的，因而反應物SiH_4常被稱為產生產物SiO_2之前驅物（Precursor），圖中紫外線（UV）光用來輔助化學反應之進行。

如表14-6所示，化學蒸鍍技術（CVD）相當多，大略可分常壓化學蒸鍍（Atmospheric pressure CVD, APCVD）、低壓化學蒸鍍（Low pressure CVD, LPCVD）、金屬有機化學蒸鍍（Metallorganic CVD）、電漿增強化學蒸鍍（Plasma enhanced CVD, PECVD）、噴灑熱裂化學蒸鍍（Spray pyrolysis CVD）、有機膜沉積化學蒸鍍（Organic membrane deposition

CVD），及矽化金屬沉積化學蒸鍍（Metallic silicon deposition CVD）法，各種CVD特點請見表14-6。本節就只介紹常用的常壓CVD法（AP-CVD）、電漿增強CVD法、噴灑熱裂CVD法及有機膜沉積CVD法（OM-CVD）如下：

圖14-14(b)即為利用常壓CVD法（APCVD）在晶片上鍍Si膜之裝置圖。如圖所示，在常壓（約1atm）下，反應物SiCl$_4$（前驅物）與H$_2$通入含晶片（Wafer）之鍍膜槽中，反應物碰到加熱器加熱後反應成Si膜鍍在晶片上，反應如下：

$$SiCl_4 + 2H_2 + 晶片 \rightarrow Si／晶片 + 4HCl \qquad （14\text{-}10）$$

未反應之反應物與所產生的HCl由鍍膜槽下方廢氣出口吹出。

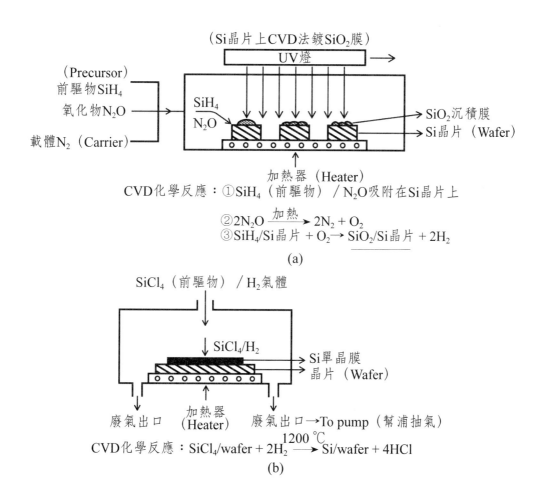

圖14-14　化學蒸氣沉積（CVD）之(a)基本裝置圖及晶片鍍SiO$_2$膜工作原理，與(b)在晶片上鍍單晶Si膜結構及工作原理示意圖[492,497]

電漿增強化學蒸氣沉積法（PECVD）與噴灑熱裂（Spray pyrolysis）CVD法[550]為現今電子工業常用方法。圖14-15(a)、(b)分別為電漿增強CVD及噴灑熱裂CVD裝置圖與沉積鍍膜原理。在圖14-15(a)中，利用**電漿增強CVD**法在微晶片（Wafer）上鍍SiO_2膜。其法是通入Ar及反應物SiH_4（前驅物）和O_2到含晶片之鍍膜槽中並由無線電頻率（RF，或稱射頻）線圈發出強無線電波（RF）使Ar感應產生高溫電漿（Plasma）如下：

$$Ar + RF \rightarrow Ar^{+}*/e^{-}* （電漿） \qquad （14\text{-}11）$$

然後高溫電漿使前驅物SiH_4激化成高能SiH_4*如下：

$$SiH_4 + Ar^{+}*/e^{-}* \rightarrow SiH_4* + Ar \qquad （14\text{-}12）$$

高能SiH_4*撞擊晶片並與通入的O_2反應產生SiO_2鍍在晶片上，反應如下：

$$SiH_4* + O_2 + 晶片 \rightarrow SiO_2 / 晶片 + 2H_2 \qquad （14\text{-}13）$$

圖14-15(b)為利用**噴灑熱裂CVD**法將反應前驅物（如有機矽$Si(OC_2H_5)_4$）由噴灑噴嘴（Spray nozzle）噴到晶片（Wafer）上並加熱使前驅物（如$Si(OC_2H_5)_4$）熱裂產生SiO_2膜鍍在晶片上，反應如下：

$$Si(OC_2H_5)_4 / 晶片 + 熱 \rightarrow SiO_2 （鍍膜） / 晶片 + 有機廢氣 \qquad （14\text{-}14）$$

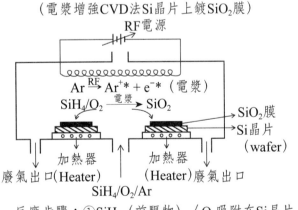

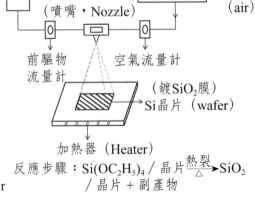

(a)　　　　　　　　　　　　　　　　(b)

圖14-15　(a)電漿增強化學蒸氣沉積法（PECVD）鍍SiO_2與(b)噴灑熱裂（Spray pyrolysis）化學蒸氣沉積法（CVD）之基本裝置示意圖[492,497]

14-1.3.3.　電化學沉積

電化學沉積法（Electrochemical deposition）[492,503-504]是應用電化學反應將被鍍物還原或氧化成鍍膜（如Ni膜）沉積在微晶片上，電化學沉積概分(1)無電電鍍沉積法（Electroless deposition）與(2)有電電鍍沉積法（Electroplating deposition）兩大類。

表14-7(A)是用**無電電鍍沉積法**將Ni鍍在Si晶片上，其法是將Ni^{2+}電鍍液和無電電鍍藥劑$H_2PO_2^-/H_2O$灑在Si晶片上產生氧化還原反應，而使Ni^{2+}還原成Ni沉積在Si晶片上。Si晶片上氧化還原反應如下：

$$[還原反應] \quad Ni^{2+} + 2e^- \rightarrow Ni \quad\quad (14\text{-}15)$$

$$[氧化反應] \quad H_2PO_2^- + H_2O \rightarrow H_2PO_3^- + 2H^+ + 2e^- \quad\quad (14\text{-}16)$$

$$（全反應） \quad Ni^{2+} + H_2PO_2^- + H_2O \rightarrow Ni／晶片 + H_2PO_3^- + 2H^+ \quad (14\text{-}17)$$

表14-7(B)是各種欲鍍物（Au, Cu, Pd, Ni, Pt）無電電鍍所常用之無電電鍍藥劑成分。

有電電鍍沉積法（Electroplating deposition）顧名思義是外加電壓使被鍍前驅物產生氧化還原反應使當陰極或陽極的金屬片（如Au）或晶片（如Si晶片）上沉積被鍍物。圖14-16(a)為利用有電電鍍沉積法之外加電壓將溶液中$NiCl_2$中Ni^{2+}（被鍍前驅物）離子到當陰極（Cathode）的Au片還原成Ni鍍在Au片上，其產生的電化學反應如下：

$$[陰極] \quad Ni^{2+} + 2e^- \rightarrow Ni（鍍在Au片上） \quad\quad (14\text{-}18)$$

$$[陽極] \quad 2Cl^- \rightarrow Cl_2 + 2e^- \quad\quad (14\text{-}19)$$

$$（全反應）NiCl_2 \rightarrow Ni（Au片上） + Cl_2 \quad\quad (14\text{-}20)$$

表14-7　鍍Ni的無電電鍍沉積及各種金屬無電電鍍所用藥劑[497]

(A)Electroless Ni Deposition（Ni的無電電鍍沉積法）

Reduction（還原反應）：
　　$Ni^{2+} + 2e^- \rightarrow Ni$　(1)
Oxidation（氧化反應）：
　　$H_2PO_2^- + H_2O \rightarrow H_2PO_3^- + 2H^+ + 2e^-$　(2)
全反應：$Ni^{2+} + H_2PO_2^- + H_2O \rightarrow Ni + H_2PO_3^- + 2H^+$　(3)
　　　　　　　　　（Ni沉積在Si晶片上）

（下頁繼續）

（接上頁）

(B)Electroless plating Reagents for Various Metals（各種金屬無電電鍍之藥劑）	
Metal（欲鍍金屬）	Reagent（藥劑）
Au	$KAu(CN)_2$, KCN, KOH, NaOH, H_2O
Cu	$CuSO_4$, HCHO, Rochells Salt, NaOH, H_2O
Pd	$PdCl_2$, Hydrazine, Na-EDTA, Na_2CO_3, NH_4OH, Thiourea, H_2O
Ni	$NiCl_2$, NaH_2PO_2, H_2O
Pt	$Na_2Pt(OH)_6$, NaOH, ethylamine, hydrazine, H_2O

圖14-16(b)為用有電電鍍沉積法將當陽極的Si晶片之表面氧化成SiO_2膜成SiO_2/Si晶片。因沉積反應在陽極進行，故此法又稱為**陽極反應法**（Anodization）。此法產生的電化學反應如下：

$$[陽極] \quad Si + 2H_2O \rightarrow SiO_2/Si晶片 + 4H^+ + 4e^- \qquad （14-21）$$

$$[陰極] \quad 4H_2O + 4e^- \rightarrow 4OH^- + 2H_2 \qquad （14-22）$$

$$4H^+ + 4OH^- \rightarrow 4H_2O \qquad （14-23）$$

$$（全反應） \quad Si + 2H_2O \rightarrow SiO_2/Si晶片 + 2H_2 \qquad （14-24）$$

(a)Electroplating（電鍍法）

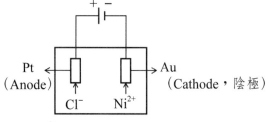

$Ni^{2+} + 2e^- \rightarrow Ni/Au$ (Cathode reaction)
$2Cl^- \rightarrow Cl_2 + 2e^-$ (Anode reaction)
$NiCl_2 \rightarrow Ni + Cl_2$　（全反應）

(b)Anodization（陽極反應法）

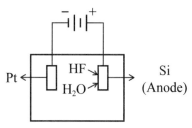

（HF使Si陽極粗糙化，利於氧化）
$HF + Si \rightarrow SiF_4$

Anode reaction:
$Si + 2H_2O \rightarrow SiO_2 + 4H^+ + 4e^-$
（SiO_2鍍在Si陽極上）

Cathode reaction:
$4H_2O + 4e^- \rightarrow 4OH^- + 2H_2$
全反應：$Si + 2H_2O \rightarrow SiO_2 + 2H_2$

圖14-16　有電電鍍沉積法之(a)一般電鍍鍍Ni法（Electroplating）與(b)陽極反應法製SiO_2膜（Anodization）之裝置及原理示意圖[492,497]

14-2.　化學感測器晶片

　　應用微機電技術（MEMS）將一化學感測器主要元件組裝在一晶片上即得常稱的「化學感測器晶片（Chemical sensor chips）」[492,497,507-508]。一化學感測器主要包括：感測元件、偵測電子線路及數據轉換器等三部分。若將主要的感測元件與偵測電子線路皆組裝在一晶片（如圖14-17(a)）的化學感測器就稱爲單晶片化學感測器（One-chip chemical sensors）。反之，將感測元件與偵測電子線路分別組裝在兩不同晶片（如圖14-17(b)）所形成的化學感測器即稱併合晶片型化學感測器（Merging-chips chemical sensors）。本節將介紹現在較常見的化學感測器晶片包括電化學微感測器晶片（Electrochemical microsensor chip）、光微感測器晶片（Optical microsensor chip）、表面聲波（SAW）微感測器晶片（Surface acoustic wave microsensor chip）及表面電漿共振（SPR）微感測器晶片（Surface plasma resonance microsensor chip）。

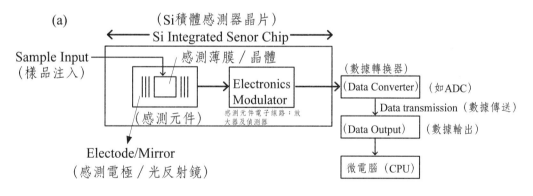

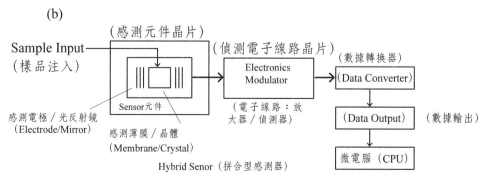

圖14-17　常見(a)單晶片化學感測器與(b)併合晶片型化學感測器之基本結構示意圖[492]

14-2.1. 電化學微感測器晶片

電化學微感測器晶片（Electrochemical microsensor chip）[508]中較常見的為離子選擇性微感測器晶片（Ion selective microsensor chip，包括離子選擇性電極晶片（Ion selective electrode microsensor chip, μ-ISE Chip）、離子選擇性場效電晶體微感測器晶片（Ion selective field-effect (ISFET) crystal microchip））及循環伏安微感測器晶片（Cyclic voltammetry (CV) microsensor chip）。分別介紹如下：

14-2.1.1. 離子選擇性電極微晶片

離子選擇性電極微晶片（Ion selective electrode microsensor chip, μ-ISE Chip）最著名的為臨床醫學所用的多種選擇性電極微晶片（Multi μ-ISE Chip），研究報導顯示，已研究成功在只有0.15×0.25cm長寬微晶片用微影蝕刻技術可植入一般臨床醫學常用來偵測重病病人身體狀況的六種選擇性電極[492]（H^+電極、Na^+電極、K^+電極、O_2電極、Cl^-電極及CO_2電極），而每一微電極（如H^+微電極，如圖14-18所示）之長寬只約為0.05×0.05cm而已。

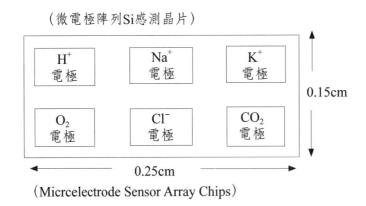

圖14-18　微電極陣列感測器晶片[492]（參考資料：Marc Madou, Fundamentals of Microfabrication ", CRC Press, New York (1997)）

14-2.1.2.　離子選擇性場效電晶體微晶片

離子選擇性場效電晶體微晶片（ISFET Crystal microsensor chip）較常見是用在偵測生化樣品中之金屬離子（如M$^+$）之**離子選擇性場效電晶體生化晶片**（Ion-selective field effect transistor bio-chip, ISFET Bio-chip）[509] 是將傳統的金屬氧化物半導體場效電晶體先用微影蝕刻技術製成場效電晶體微晶片（FET microchip）並將其金屬柵極（Gate）以待測溶液（Sample）與參考電極（Reference electrode）所取代之（如圖14-19所示）。一旦待測溶液中的離子被感測層（sensing layer）之固定化生化物質（如纈胺黴素（Valinomycin）或酵素（Enzyme））所吸附結合時，將會改變通道的電阻並改變柵極（Gate）電位，進而改變場效電晶體（FET）之源極（Source）和洩極（Drain）間的輸出電流（I$_o$）。圖14-20為Hach公司生產的含離子選擇性場效應矽晶片微感測器實物圖。

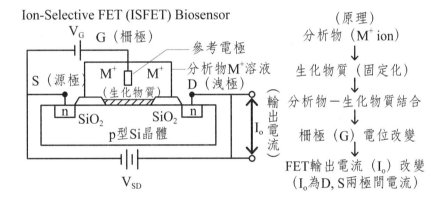

圖14-19　離子選擇性場效電晶體（ISFET）生化感測器晶片結構與原理[509]（參考資料：C.S. Lee, S.K.Kim and M. Kim, Review: Ion-selective field-effect transistor for biological sensing, Sensors, 9, 7111-7131 (2009）).

PHW57-SS

圖14-20　Hach公司生產的含離子選擇性場效應矽晶片微感測器實物圖（ISFET-silicon chip sensor）[510]（原圖來源：http://www.hach.com/isfet-ph-stainless- steel-micro-probe-piercing-probe-with-waterproof-connector/product?id=7640516439）

14-2.1.3.　循環伏安微感測器晶片

圖14-21(a)為電化學循環伏安（CV）微晶片（Cyclic voltammetry (CV) microsensor chip）[492,497]結構示意圖，其可應用偵測一金屬離子並可得循環伏安（CV）圖。晶片內部通道（Channel）與反應槽（Cell）是用微影蝕刻形成並注入分析物（Sample），此CV微晶片中含工作電極（W），相對電極（C）及參考電極（R），此三電極皆為利用微影蝕刻及沉積金屬（如Au、Cu、Pt）製得，而CV微晶片所得之電流訊號由相對電極（C）輸出到電流計測量並由記錄器或外接微電腦即可得CV圖（如圖14-21(b)），而CV微晶片中電壓之改變與調節亦由微電腦透過恆電位計（Potentiostat）控制，研究報導顯示此CV微晶片所得CV圖之清晰度不會比使用傳統大體積之循環伏安儀遜色[492]。

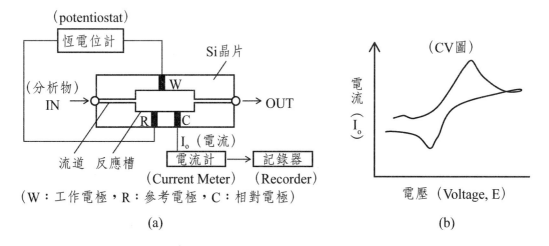

圖14-21　電化學循環伏安（CV）微感測器晶片之(a)結構示意圖[497]與(b)循環伏安（CV）示意圖[492]（參考資料：Marc Madou, Fundamentals of Microfabrication ",CRC Press, New York (1997)）

14-2.2.　微光感測器晶片

微光學系統晶片（ Optical microsystem chip）[511–512]發展非常迅速，種類相當多如微吸收（Absorption）光譜系統晶片、微繞射（Diffraction）光譜系統晶片、微發射（Emission）光譜系統晶片、微反射（Reflection）光譜系統晶片及傅立葉轉換紅外線微光譜儀微晶片（Micro-Fourier transform infra

ray spectrometer chip, (μ-FTIR chip)）。本節只介紹構造複雜的FTIR微光
譜儀（μ-FTIR）。美國加州大學Davis分校之微儀器系統實驗室（Micro In-
struments and Systems Lab）[512,492]研發之μ-FTIR微晶片，此約6×8cm微晶
片中含可移動的移動鏡（Moving mirror）、固定的固定鏡（Fixed mirror或
稱Stationary mirror）及光分器（Beamsplitter）。研究顯示此μ-FTIR微晶片
所得的FTIR光譜圖之解析度不會比傳統的FTIR儀差。

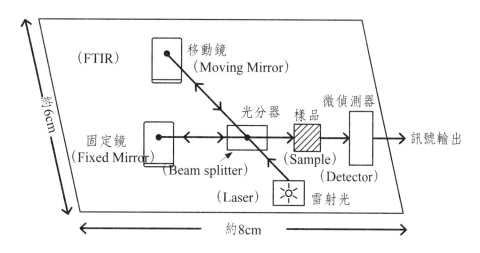

圖14-22　傅立葉轉換紅外線微光譜儀微晶片結構示意圖[492]（參考資料：Marc
Madou, Fundamentals of Microfabrication ",CRC Press, New York (1997)）

14-2.3.　表面聲波（SAW）微感測器晶片

表面聲波（SAW）微感測器晶片（Surface acoustic wave microsensor
chip）[492,513]乃是將表面聲波（SAW）感測器之主要組件包括輸入指叉換能
電極（Interdigital transducer (IDT) electrode (IDT(In))）、波通（Wave-
guide）吸附劑／樣品區及輸出指叉換能電極（IDT(Out)）全組裝在壓電晶片
（如LiNbO_3、LiTaO_3及石英晶片）上形成表面聲波晶片（SAW-Chip）。

由表面聲波（SAW）振盪線路出來的聲波（Fo）輸入指叉換能電極
（IDT(In)）電波轉換成聲波（壓電晶體功能）進入壓電晶片表面，然後行經
含被吸附在吸附劑上樣品之波通樣品區，表面聲波速度改變（但波長不變）
因而聲波頻率改變成F由輸出指叉換能電極（IDT (Out)）將聲波轉換回電波

（壓電晶體功能）輸出並用計頻器偵測頻率大小並轉成數位訊號，然後輸入微電腦做數據處理並由表面聲波頻率改變值ΔF（ΔF= F_o － F）可推算被吸附在吸附劑上樣品含量。

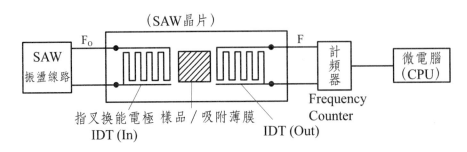

圖14-23　表面聲波（SAW）微感測器晶片結構示意圖[492,513]

14-2.4.　表面電漿共振（SPR）微感測器晶片

　　表面電漿共振晶片（SPR Chip, Surface plasma resonance chip）[514-516]是最近發展相當快之生化感測晶片，其偵測生化物質和一般表面電漿共振感測器之偵測原理一樣（請見本書第7章），不同的是此SPR微晶片是將樣品以流體通過塗佈奈米Au膜晶片（Au／晶片）表面（如圖14-24(a)所示）。圖14-24(a)為利用稜鏡式SPR微晶片偵測一生化樣品中抗原（Antigen），其法是在Au／晶片上塗佈此抗原之抗體（Antibody）並用一雷射光源以全反射方式射入稜鏡／奈米Au膜表面產生的SPR波（漸逝波（Evanescent wave）之一種）。當樣品流經Au／晶片表面時，樣品中抗原和晶片上之抗體結合並吸收或折射部分SPR波而使全反射臨界角（θ）改變及共振波長及折射率之變化（表面電漿共振技術之較詳細工作原理及偵測方法請見本書第7章）。圖14-24(b)為奇異公司（General Electric Co.）生產之SPR單微晶片，體積相當小。史丹佛大學（Stanford University）化學系Zare教授（Professor Richard N. Zare）[516]實驗室（Zarelab）更開發出銅版大小的多流道多SPR元件陣列微晶片，在polydimethylsiloxane（PDMS）材質微晶片上塗佈陣列Au膜形成多流道多SPR元件陣列之SPR微晶片。利用此銅板大小之多流道SPR元件陣列微晶片可同時偵測不同生化物質或不同樣品。

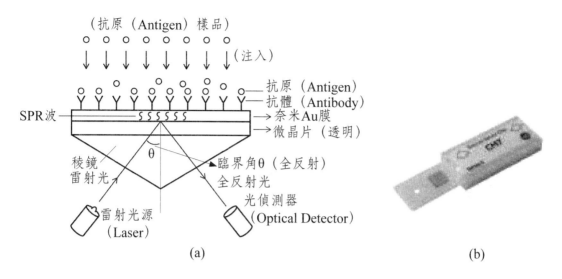

圖14-24　表面電漿共振（SPR）生化感測器晶片之(a)偵測系統結構及原理[497,514-515]，與(b)奇異電子公司（General Electric Company Healthcare）生產的單SPR晶片[517]。（(b)原圖來源：http://www.dddmag.com/uploadedImages/Articles/2010_03/biacore.Bmp）

除了稜鏡式表面電漿共振感測器微晶片外，近年來更開發體積更小的光波導式表面電漿共振感測器微晶片[518-519]。如圖14-25所示，　光波導式表面電漿共振感測器微晶片中包括樣品／奈米金（Au）膜層、上下兩個低折射率（n_2）層、高折射率（n_1）波導層及基材（材料如Si）。雷射光由波導層射入，因波導層為高折射率（n_1）層而其上下皆屬低折射率（n_2）層，故雷射光會在波導層內上下全反射。當全反射光上射到其上之奈米金（Au）膜會產生SPR波，　SPR波屬於漸逝波（Evanescent wave）之一種會議被在金（Au）膜上樣品吸收部分或折射SPR波而使全反射臨界角（θ）改變及共振波長及折射率之變化。由共振波長與折射率之改變量可估算（Au）膜上樣品中待測物之含量。

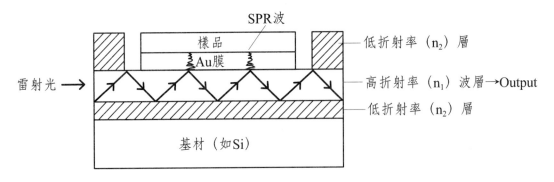

圖14-25　光波導式表面電漿共振感測器微晶片之基本結構示意圖[518-520]

14-3.　生化感測器晶片

由於應用微機電技術（MEMS）發展，用於檢驗各種生化物質之生物晶片（Biochips）[521-523]也就蓬勃發展，常用於和生化物質檢測有關之生化感測器晶片（Biosensor chips）有(1)基因晶片（Gene Chip），(2)蛋白質晶片（Protein chip），(3)免疫生化感測器晶片（Immuno-biosensor chips）及(4)聚合酶連鎖反應微晶片（Polymerase chain reaction (PCR) reactor microchip）。PCR微晶片是用來複製樣品中DNA數目以利DNA偵測。本節將對這些生物晶片分別介紹。

14-3.1.　基因晶片

基因晶片（Gene chip）[524-526]是以已知核酸分子基因（如單股DNA）塗佈在晶片上當微探針（Micro-probe），用以檢測未知樣品上相對應的核酸片段，臨床上的應用如：幫忙解讀基因密碼，瞭解親子關係，檢測病原體。本節將介紹DNA基因晶片（DNA Gene Chip）與用來複製增生待測DNA親子樣品之聚合酶連鎖反應微晶片（Polymerase chain reaction (PCR) reactor microchip）。

14-3.1.1.　DNA基因晶片

　　DNA基因晶片（DNA Gene chip）[524~526]是利用微機電處理技術，先將已被螢光標定的基因（如cDNA）當微探針（Micro-probe）固著在長寬各三公分（3×3cm）或長三公分寬二公分的玻璃片或塑膠片上，一般當生物微探針（probe）之基因（如cDNA）的大小不超過直徑200微米（μm），故一片此種3×3cm長寬之基因晶片（如圖14-26(a)所示）大約可同時處理四萬個cDNA點漬基因。

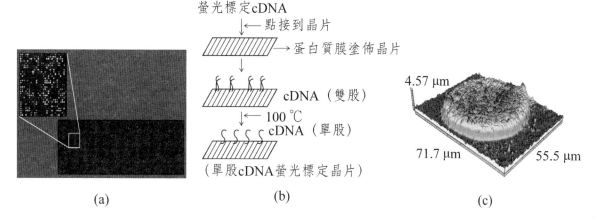

(a)　　　　　　　　　(b)　　　　　　　　　(c)

　　圖14-26　長三公分寬二公分的螢光標定cDNA之基因晶片(a)螢光反應圖[525]，(b)製備過程[497]，及(c)DNA生物晶片影像圖[526]（a, c圖：From Wikipedia, the free encyclopedia, :http://upload.wikimedia.org/wikipedia/commons/thumb/0/0e/Microarray2.gif/350px-Microarray2.gif; http://upload.wikimedia.org/wikipedia/commons/thumb/3/3a/Sarfus.DNA Biochip.jpg/300px-Sarfus.DNABiochip.jpg）

　　螢光標定的cDNA（Complementary DNA，互補DNA）晶片之製法，首先是利用反轉錄酶在42℃中將人類RNA反轉錄為cDNA並於反應過程中加入有螢光標定之三磷酸脫氧尿嘧啶（dUTP），形成螢光標定的cDNA。接著將已被螢光標定的cDNA經由機械針頭直接點印在塗佈蛋白膜（常用聚L-離胺酸（poly-L-lysine）的玻璃（或塑膠）晶片如圖14-26(b)所示。然後以紫外線把冷卻基因cDNA固定於玻璃晶片上，並利用琥珀酸酐（succinic anhydride）化學藥物處理玻片以降低雜交時的背景雜訊。玻片除了處理化學藥物

降低背景雜訊外，並將玻片放置於100℃的沸水中2分鐘把雙股cDNA解旋成單股cDNA，然後馬上將玻片靜置於酒精中以固定玻片上的cDNA基因，將酒精固定過的玻片離心乾燥後，並將此種螢光標定的cDNA單股基因晶片儲存在乾燥箱中備用。圖14-26(c)為一DNA生物晶片影像圖。

　　基因晶片樣品檢測之原理可由1962年諾貝爾獎得主華生博士（Dr. J.Watson）和庫里克博士（Dr.F.H.Crick）所築構的DNA分子模型之C-G與A-T 互補配對規則來說明，C鹼基（cytosine）必和配對股（complimentry strain）的G鹼基（guanosine）結合，而A鹼基（cytosine）也必和配對股（complimentry strain）的T鹼基（guanosine）結合。基因晶片即利用此項原理來確認父母和子女間關係。如圖14-27所示，利用一核苷酸引子（primer）與含螢光標定之父母單股DNA基因微探針（Gene probe）以不同的方式排列固定在晶片上，使得樣品（Sample or Target）中所含子女單股DNA能夠與晶片上父母單股DNA反應，而改變螢光強度，由螢光強度的改變即可知樣品中之子女DNA和基因晶片中微探針父母DNA同質性並確認親子關係。

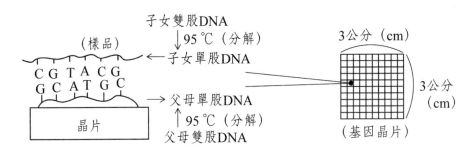

圖14-27　基因晶片上探針DNA和樣品中親子DNA結合之原理示意圖[497]

14-3.1.2.　聚合酶連鎖反應（PCR）微晶片

　　聚合酶連鎖反應微晶片（Polymerase chain reaction (PCR) reactor microchip）[527-528]是利用在微晶片所構成的反應槽中進行聚合酶連鎖反應（PCR）[529]，以連鎖反應複製增生樣品中待測DNA數目。因為樣品中待測DNA原來數目通常很少濃度太低，很難直接被DNA偵測到，故需利用PCR連鎖反應在短時間（10~30分鐘）內將待測DNA複製增生到所需數量。傳統的

聚合酶連鎖反應槽體積相當大且樣品用量大，故現今許多DNA研究室已使用PCR微晶片反應槽來進行PCR連鎖反應以複製增生樣品中待測DNA到所需數量。

　　莫理斯博士（Dr. Kary B. Mullis）[530]是PCR技術的發明者，他因而獲得1993年諾貝爾化學獎。圖14-28(a)為PCR連鎖反應複製DNA（DNA Replication）原理及過程，而圖14-28(b)為10×5×5mm（長、寬、高）PCR微晶片反應槽結構圖。如圖14-28(a)步驟A所示，先將DNA樣品放入圖14-28(b)微晶片反應槽中並加熱至95℃左右，使樣品中雙股DNA（Double helix DNA）分解成兩條單股DNA（Single helix DNA）。然後依圖14-28(a)步驟B，在圖14-28(b)微晶片反應槽中加入A、C、T、G四種鹼基，此四種鹼基就會以A對T和C對G原則吸附到步驟A所得的兩條單股DNA，而使此每一單股DNA形成雙股DNA，換言之，至此樣品中每一條雙股DNA都複製變成兩條雙股DNA，

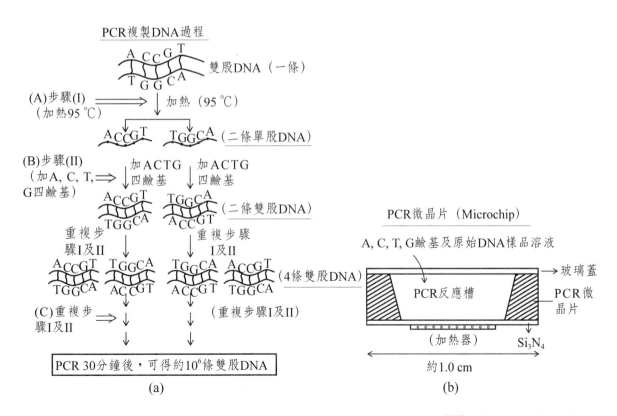

圖14-28　聚合酶連鎖反應（PCR）之(a)複製DNA原理及過程[497]，與(b)PCR微晶片反應槽結構示意圖[492]

即樣品中雙股DNA數目成兩倍。然後一再重複圖14-28(a)步驟(A)（加熱至95℃，雙股→單股DNA）及步驟(B)（加入A、C、T、G鹼基反應），依時間不同分別得到4、8、16、32至10^6條（時間約30分鐘）雙股DNA，換言之，在此PCR微晶片反應槽30分鐘內重複步驟(A)（加熱）與步驟(B)（反應）就可使樣品中雙股DNA數目複製增生到10^6倍（百萬倍）DNA。因為PCR微晶片反應槽體積小，功能強，使得PCR微晶片反應槽之研製與應用在世界各國DNA研究室與實驗室如雨後春筍。

14-3.2.　蛋白質晶片

蛋白質晶片（Protein chip）[531–533]則以蛋白質分子當微探針（Microprobe），利用蛋白質抗體－抗原反應來檢測特定蛋白質分子的存在（如圖14-29(a)所示），臨床上的應用如：癌症特殊蛋白質抗原（Protein antigen）的檢測及致病原的檢測。例如在台灣的國立交通大學生化工程研究所的毛仁淡（S.J. T. Mao）與李彰威（C. W. Li）[531b]兩位學者用塗佈有Apo B蛋白質抗體（Protein antibody）之蛋白質晶片快速（只用25 μL 反應試劑的體積（一滴血即可），5分鐘）就可判定人體血清中Apolipoprotein B (Apo B)蛋白質所含濃度，測量Apo B比起傳統只測量總血清膽固醇的含量，在預測心血管疾病的風險中具有更高的可信度。

一般蛋白質晶片上塗佈蛋白質抗體當探針而偵測樣品中蛋白質抗原含量，然亦可反過來製備塗佈蛋白質抗原之蛋白質晶片以偵測樣品中蛋白質抗體含量。

蛋白質晶片可分為含一特殊單一蛋白質抗體的單一蛋白質晶片（圖14-29(a)）及含各種蛋白質抗體（A~F）的蛋白質陣列晶片（圖14-29(b)）兩大類。如圖14-29(c)所示，蛋白質晶片通常用螢光標幟蛋白質發出的螢光顯示蛋白質抗體或抗原所在並可由螢光變化（圖14-29(c)）推算抗體和抗原結合情形。蛋白質陣列晶片之可能成為相當有用的醫學診斷工具，部分原因是它可以直接從血漿中蒐集資料。多數臨床疾病，從傳染性疾病到心臟或腎臟受損，都會在血液中留下可辨識的痕跡，以分泌或滲漏出蛋白質的方式呈現。尤有甚者，經由單一檢驗，這些蛋白質晶片就可能測定許多、甚或全部代表身體有毛

病的已知蛋白質，到目前為止，醫學研究已發現了幾十種能夠告知疾病發生或進展的蛋白質。反之，傳統的診斷檢驗一次只能檢查一種蛋白質，或少數幾種與疾病相關的蛋白質。

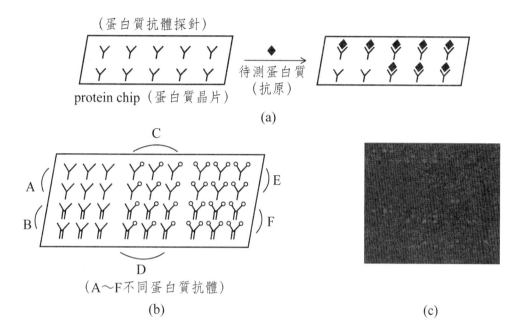

圖14-29　蛋白質晶片之(a)蛋白質抗體－待測蛋白質（抗原）反應圖，(b)含各種蛋白質抗體的蛋白質陣列晶片示意圖[497]，及(c)蛋白質抗體和螢光標幟蛋白質抗原反應後之螢光掃瞄圖[533]。（(c)原圖來源：Be-Shine Biotech. Ltd. 公司 （台灣）,www.be-shine.com.tw/gpage2.html,98.131.42.229/images/photo-1(320).jpg）

　　蛋白質陣列晶片的設計與DNA基因晶片類似：多種蛋白質抗體各自坐落於像晶片般薄板上的特定位置。血液樣本中的蛋白質如與晶片上的蛋白質產生結合，就可顯示出該樣本中蛋白質的性質及數量。坐落在晶片上的蛋白質種類，可依問題不同而有所改變。每一種抗體都可辨認特定的蛋白質並與之結合（更確切地說，是辨認蛋白質上特定的區段）。蛋白質抗體與待測蛋白質（當抗原）之結合可由螢光標幟的蛋白質抗體之螢光改變圖來顯示，或可由螢光標幟的待測蛋白質之螢光改變圖來顯示。抗體和當抗原的待測蛋白質結合後，再用晶片掃描機（圖14-30）做螢光掃描以顯示螢光變化並推算樣品中待測蛋白

質含量,所得螢光點圖如圖14-29(c)所示。

圖14-30 Be-Shine Biotech. Ltd.公司(台灣)出售之晶片掃描儀實物圖[533]。(原圖
來源:www.be-shine.com.tw/ gpage2.html)

14-3.3. 免疫生化感測器晶片

免疫生化感測器微晶片(Immuno-biosensor chip)[534~535]是生化感測微
晶片中最常見,其利用塗佈抗體或抗原(免疫生化物質)之微晶片吸附樣品中
抗原或抗體,因而改變吸光度或反射角或阻抗等微晶片性質,以做抗體或抗
原定性與定量分析。如圖14-31(a)所示,在一玻璃微晶片中先塗佈抗體(An-
tibody),當一含有抗原(Antigen)樣品分析物流入微晶片表面,樣品中抗
原就會和晶片上的抗體結合成抗原/抗體複合體,若用雷射光入射微晶片表
面(圖14-31(b)),其某種波長入射光(強度I_o)就會被抗原/抗體複合體吸
收,而以較低光強度(I)之反射光射向光偵測器(Photo detector)偵測,吸
光度變化可估算樣品中抗原含量。

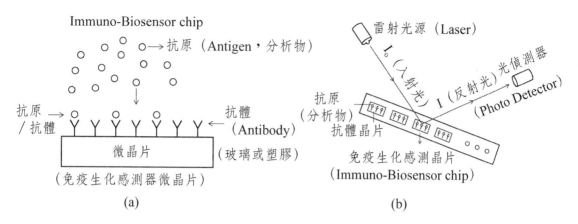

圖14-31　免疫生化感測器（Immuno-Biosensor）之(a)感測器微晶片（Microchip），與(b)偵測系統示意圖[534~535,497]

第 15 章

奈米晶體化學感測器
(Nano-Crystal Chemical Sensors)

　　應用奈米材料製成之感測器晶片因其奈米感測元件體積小，在特定面積的晶片上可包容更多的感測元件或感應物質和更大的感應表面積，因而具有較高感應靈敏度。以金奈米粒子（Gold nanoparticles, Au NPs）為例，因其具備生物安全性、穩定性、高的吸光性及表面易於被辨識分子修飾（因其和硫醇分子間有較強的Au-S鍵結）等優勢，已成為目前最被廣泛應用之奈米材料。本章將介紹常見之各種奈米晶體氣體化學感測器（Nano crystal chemical gas sensor）、奈米晶體離子化學感測器（Nano crystal chemical ion sensor）及奈米晶體生化感測器（Nano-crystal biosensor）。本章也將介紹現在最有名的量子點奈米晶體（Quantum Dots nano-crystal）與用來檢測各種生化感測器生化物質之量子點奈米晶體生化感測器（Quantum Dots nano-crystal biosensor）。

15-1. 奈米晶體及量子點簡介

奈米晶體（Nano crystals）[536-537]指晶粒為奈米（nm, 10^{-9}m）尺寸的晶體材料，或具有晶體結構的奈米顆粒。一般晶粒尺寸小於100nm的材料始稱為奈米晶體。1nm（10^{-9}m，十億分之一公尺）相當於10個氫原子大小，約為頭髮直徑的1/50000，而紅血球大小約為6000~9000 nm，病毒大小只約100nm。當物體尺寸小至奈米等級時，電子與電洞的能態會出現量子化（quantization）現象。三個維度皆受到侷限的奈米材料（如半導體）通常稱為量子點（Quantum Dots）[538-539]，一般量子點是指由數十個原子所構成一約2~10 nm的奈米顆粒所組成之奈米材料，具有特別之光學與化學特性：可藉由其顆粒大小，控制其吸收與發光波長。在奈米晶體感測器中較常見的為半導體奈米感測材料，此半導體奈米晶體中量子點特稱半導體量子點（Semiconductor quantum dots）。

奈米量子點當感測材料有下列之特性：

(1)隨著半導體量子點尺寸的減少，比表面積（表面原子數與量子點總原子數之比）越來越大，表面原子數越來越多，**表面活性增強**。

(2)奈米粒徑愈小，奈米材料（如半導體）能隙愈大，故可發出波長較短的光，在光學性質上引起吸收光譜與光激發光譜峰的**藍位移**。

(3)可製備相同材料但不同粒徑的量子點，以發出**不同顏色**的光。

(4)當螢光量子點受光激發後發出特定顏色的螢光，因而量子點可應用於生物體系做為螢光探針。可代替螢光染料分子，做為細胞定位、標記等用途。

由於奈米晶體比一般晶體之反應表面積大及表面活性強，故奈米晶體很適合當感測器感測元件之感測材料，同體積時其比一般感測材料可吸附更多待測分子，因而可提升感測元件之靈敏度及降低偵測下限。

若用半導體奈米晶體當感測元件，因半導體奈米晶體之奈米粒徑愈小，半導體能隙愈大，可發出波長較短的光。其吸收波長及發出光波長可由控制奈米粒徑大小來控制，經由控制光學感測器感測元件之吸收波長與發出不同顏色和不同波長之光波，以控制與提高感測元件之靈敏度。

　　因奈米晶體量子點受光激發後發出特定顏色的螢光，可代替螢光染料分子，半導體奈米晶體量子點材料可應用於生物感測器體之螢光感測探針。常用來做爲特殊細胞定位與標幟並偵測特殊生化物質（如DNA與特定蛋白質）。

　　除半導體奈米晶體外，其他奈米材料如奈米金屬材料（如金奈米與銀奈米）及奈米線（Nanowire）、奈米纖維（Nanofiber）和奈米薄膜（Nano film）亦可當偵測化學及生化之待測分子和離子之感測材料。

15-2.　奈米晶體氣體化學感測器

　　在奈米晶體氣體化學感測器（Nano crystal chemical gas sensor）中常利用奈米金屬氧化物半導體（如WO_3、SnO_2、NiO）做爲感測元件中對氣體敏感材料，以吸附待測無機氣體（如CO、NO_2）或有機氣體（如硫醇RSH）而改變感測元件之電阻值，利用檢測吸附感測元件電阻改變值即可推算空氣樣品中待測氣體之含量。由於奈米金屬氧化物半導體比一般金屬氧化物半導體有較大的吸附表面積與較強的表面活性，故奈米金屬氧化物半導體感測元件，其比一般感測元件可吸附更多待測氣體分子，因而可提升感測元件對待測氣體偵測之靈敏度與降低偵測下限。

15-2.1.　奈米晶體無機氣體化學感測器

　　奈米半導體**無機**氣體感測器（**Nano crystal chemical inorganic gas sensor**）可用n型半導體（如WO_3、SnO_2、TiO_2）或p型半導體（如NiO）當感測元件感測膜材料。n與p型半導體外加電壓加熱時會分別放出電子（e^-）與電洞（h^+），而電子與電洞會使待測無機氣體起還原或氧化，而引起的半導體電阻改變可用來推算樣品中待測氣體之含量。本小節將介紹用奈米氧化鎢（WO_3）與奈米二氧化鈦（TiO_2）爲感測元件之奈米半導體氣體感測器。

15-2.1.1.　奈米氧化鎢（WO_3）半導體氣體感測器

　　圖15-1(a)爲以奈米氧化鎢（WO_3）半導體氣體感測器（Nano tungsten oxide semiconductor gas sensor）[540-542] 爲例之奈米晶體氣體化學感測器之感測元件結構及感測器線路圖。此奈米WO$_3$氣體感測元件由Al基材上塗佈一層可吸附待測氣體之奈米氧化鎢（WO$_3$）膜，再裝上Au指叉電極並用Pt線當輸出導線號所構成。然後再將此奈米WO$_3$感測元件裝上圖15-1(b)感測器線路以建立奈米氧化鎢（WO$_3$）半導體氣體感測器。在此奈米WO$_3$感測器中，待測氣體被WO$_3$感測元件吸附，而使感測元件電阻改變，當接上電源（約10V），而其輸出電流I$_o$隨之改變並用電流計檢測輸出電流I$_o$，再用顯示器或記錄器顯示及記錄，由輸出電流I$_o$改變量ΔI可推算出空氣樣品中待測氣體（如CO、NO$_2$）含量。

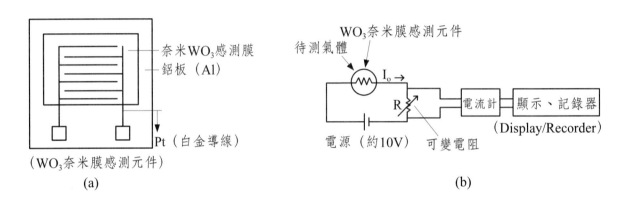

圖15-1　奈米氧化鎢（WO$_3$）半導體氣體感測器之(a)感測元件結構與(b)感測器線路圖[497]

WO$_3$即爲n型半導體，加熱時放出電子（e$^-$）反應如下：

$$2WO_3 + Heat \rightarrow 2W^{6+} + 12e^- + 3O_2 \rightarrow WO_3*(e^-) [加熱表面產生電子] \quad （15-1）$$

及　　　　　　　　　$$O_2 + WO_3*(e^-) \rightarrow O^- \text{-} WO_3* \quad （15-2）$$

反之，p型半導體（如NiO）外加電壓加熱時會放出電子洞（h$^+$），反應如下：

$$NiO + 1/2O_2 \rightarrow Ni^{2+} + 2h^+ + 2O^{2-} \quad （15-3）$$

n型與p型半導體感測元件之所以能吸附待測氣體即因其所分別放出電子（e$^-$）與電子洞（h$^+$）會和待測氣體分子起反應，而使感測元件之電阻改變，進而使輸出電流改變。以n型奈米半導體WO$_3$爲例，此奈米WO$_3$感測元件可用

來感測還原性氣體（如CO與H_2）和氧化性氣體（如NO_2與O_2），感測反應及所引起的感測元件之電阻改變如下：

1.還原性氣體CO

分析物CO在WO_3表面時，會和式（15-1）與式（15-2）所產生的$WO_3*(e^-)$及O^--WO_3*反應：如下：

$$CO + WO_3*(e^-) \rightarrow CO^--WO_3* \qquad (15\text{-}4)$$
$$CO^--WO_3* + O^--WO_3* \rightarrow CO_2-WO_3* + 2e^-[WO_3膜電阻變小] \quad (15\text{-}5)$$

如式（15-4）所示，會產生兩個自由電子（e^-），而使WO_3膜電阻變小，而感測元件輸出電流（I_o）變大。

2.氧化性氣體NO₂

分析物NO_2在WO_3表面時，會和式（15-1）所產生的$WO_3*(e^-)$反應：如下：

$$NO_2 + WO_3*(e^-) \rightarrow NO_2^--WO_3* \qquad (15\text{-}6)$$
$$NO_2^--WO_3* + O^--WO_3* \rightarrow NO-WO_3* + O_2[WO_3膜電阻變大] \quad (15\text{-}7)$$

由此可見奈米WO_3感測元件吸附還原性氣體（如CO）會使感測元件之電阻變小，反之，當其吸附氧化性氣體（如NO_2）則會引起感測元件之電阻變大，不管感測元件之電阻變小或變大，都可利用感測元件電阻改變而產生感測器輸出電流改變，就可推算空氣樣品中還原性氣體或氧化性氣體之含量。

15-2.1.2.　奈米二氧化鈦（TiO₂）半導體氣體感測器

二氧化鈦（TiO_2）亦為n型半導體，故亦可當氣體感測器感測元件，製成奈米二氧化鈦（TiO_2）半導體氣體感測器（Nano titanium dioxide semiconductor gas sensor）[543-544]，其感測器元件及結構和WO_3感測器（圖15-1）類似。其加熱時會產生電子如下：

$$TiO_2 \rightarrow Ti^{4+} + 4e^- + O_2 \rightarrow TiO_2*(e^-) \qquad (15\text{-}8)$$

當用紫外線光照射TiO_2也會反應產生電子-電洞對，加速表面反應之進行而具高光催化活性，反應如下：

$$TiO_2 + h\nu \rightarrow TiO_2^* + e^- + h^+ \rightarrow TiO_2^*(e^-) + h^+ \qquad （15\text{-}9a）$$

若利用此奈米TiO_2感測元件偵測CO時反應如下：

$$TiO_2^*(e^-) + \frac{1}{2}O_2 \rightarrow TiO_2 + O^- \qquad （15\text{-}9b）$$

$$CO + O^- \rightarrow CO_2 + e^- \qquad （15\text{-}9c）$$

如式（15-9c）所示，會產生電子（e^-），而使TiO_2感測元件之電阻變小，輸出電流（I_o）變大。

同時因而利用TiO_2所組成的TiO_2奈米感測器用來偵測空氣中CO氣體時，在紫外光的照射下會增加帶電子之$TiO_2^*(e^-)$數量（如式15-9a所示），對CO氣體靈敏度會增加。

若將TiO_2奈米晶體（TiO_2-NC (Nano-Crystal)）和其他奈米晶體（如Pt-NC）結合所成的混合奈米晶體（如NC Pt/TiO_2）製成的感測器（如NC Pt/TiO_2 Sensor）對氣體（如CO和NO_2）感測靈敏度會比純TiO_2奈米晶體（TiO_2-NC）感測器大上約十幾倍。

15-2.2. 奈米晶體有機氣體化學感測器

因為半導體奈米晶體微熱就會產生電子或電洞，一些極性有機物（如醇類ROH）會受電子與電洞吸引而吸附在晶體表面，因而半導體奈米晶體亦可當有機氣體化學感測器（Nano crystal chemical organic gas sensor）之感測元件。同樣地，奈米金屬（如金與銀奈米）本身帶負電，亦容易吸引並吸附極性有機物，亦可當有機氣體感測器感測元件。本節將介紹奈米二氧化錫醇類氣體感測器（Nano tin oxide alcohol gas sensor）與金奈米線硫醇電阻式感測器（Gold nanowire thioalcohol resistive sensor）。

15-2.2.1. 奈米二氧化錫醇類氣體感測器

二氧化錫（SnO_2）為n-type半導體，即SnO_2加熱表面會產生電子

（e⁻），故二氧化錫感測器為一n型半導體感測器可用於偵測可氧化還原性氣體（如CO）與極性有機氣體（如醇類（ROH）與有機酸（RCOOH））[545–547]。此奈米二氧化錫醇類氣體感測器（Nano tin oxide alcohol gas sensor）感測器即用於偵測醇類（如甲醇、乙醇）。

圖15-2為奈米二氧化錫醇類氣體感測器基本結構示意圖，感測元件SnO_2膜表面在正常時（無分析物時），產生的電子會被空氣中O_2吸收，反應如下：

$$SnO_2 + Heat \rightarrow SnO_2{}^*(e^-)[加熱表面產生電子] \qquad (15\text{-}10)$$

及
$$O_2 + SnO_2{}^*(e^-) \rightarrow O^-\text{-}SnO_2{}^* \qquad (15\text{-}11)$$

當待測氣體（如甲醇（CH_3OH））接觸到感測元件SnO_2膜表面會被催化氧化，反應如下：

$$CH_3OH + SnO_2{}^*(e^-) \rightarrow CH_3OH^-\text{-}SnO_2{}^* \qquad (15\text{-}12)$$
$$O^-\text{-}SnO_2{}^* + CH_3OH^-\text{-}SnO_2{}^* \rightarrow HCOH\text{-}SnO_2{}^* + H_2O + 2e^-[SnO_2膜電阻變小]$$
$$(15\text{-}13)$$

由上式可知當甲醇（CH_3OH）分子接觸到感測元件SnO_2膜時，使甲醇分子氧化並使SnO_2膜產生電子（e⁻）因而使電阻變小，當加一外加電壓V_s時，流過感測元件之電流I_o也因而變大，可由電流計偵測這電流I_o之變化，而由輸出電流變化量ΔI_o及甲醇含量關係之標準曲線（Calibration curve）可推算樣品中甲醇含量。

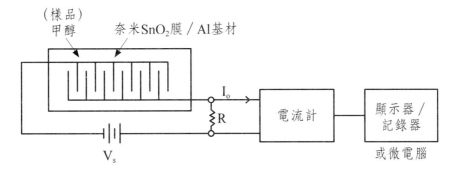

圖15-2　奈米二氧化錫醇類氣體感測器基本結構示意圖[545–546]（參考資料：H.C.Chiu and C.S.Yeh, J. Phys. Chem. C., 111, 7256 (2007); http:// research.ncku.edu. tw/re/ articles /c/20080104/5.html）

15-2.2.2.　金奈米線硫醇電阻式感測器

　　金奈米線硫醇電阻式感測器（Gold nanowire thioalcohol resistive sensor）[548-549]之基本結構圖如圖15-3所示，其乃是利用一長鏈可吸附且鍵結在感測元件之金奈米線表面之分子（如n-Octanethiol）在奈米金表面形成一排一排陣列，此長鏈分子所形成薄膜即稱為自組裝分子單層膜（SAM (Self-assembled monolayer)），而氣體樣品中待測硫醇（RSH）分子會被吸入自組裝分子之陣列間，這會使金奈米線之電阻R增加。當外加電壓時，感測元件輸出電流I_o會因電阻增加而減小。由輸出電流減小值ΔI_o（或由電阻增加值ΔR）可推算樣品中硫醇含量。此金奈米線電阻式感測器用不同自組裝分子可吸附且偵測不同的有機分子（RH）。

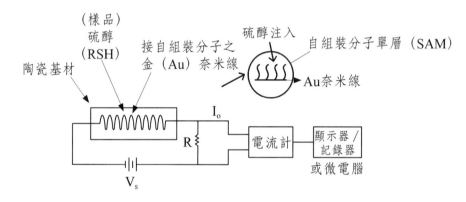

圖15-3　金奈米線硫醇電阻式感測器基本結構示意圖[548-549]（參考資料：林欣瑜；陳香安；林鶴南，國家奈米元件實驗室奈米通訊15(4)(2008)); C.L.Li, Y. F. Chen, M. H. Liu, C. J. Lu, *Sens. Actuators B*,169, 349 (2012)）

15-3.　奈米晶體離子化學感測器

　　本節將介紹常見的奈米晶體離子化學感測器（Nano crystal chemical ion sensor）包括奈米金粒子修飾電極電化學離子感測器（Electrochemical ion sensors based on gold nanoparticle modified electrodes）、銀奈米離子壓電晶體感測器（Piezoelectric crystal ion sensor based on silver nanoparticles）及矽奈米線場效電晶體鉀離子感測器（Silicon nanowire field effect transistor K$^+$ ion sensor）。

15-3.1. 奈米金粒子修飾電極電化學離子感測器

因奈米金粒子帶負電，可吸附水樣品中金屬離子，故在此奈米金粒子修飾電極電化學離子感測器（Electrochemical ion sensors based on gold nanoparticle modified electrodes）[550]中用奈米金粒子修飾玻璃碳電極做工作電極（Working electrode）。如圖15-4所示，在此感測器中奈米金修飾工作電極當陰極（Cathode），除可利用此修飾電極上之奈米金粒子吸附樣品中待測金屬離子（如Hg^{2+}）外，並利用特定外加電壓V$_s$，可使特定金屬離子還原（如Hg^{2+}+2e$^-$→Hg），而產生還原擴散電流（Diffusion current）I$_o$，再由電流計偵測此輸出電流I$_o$並推算樣品中金屬離子（如Hg^{2+}）含量再由顯示器或微電腦顯示。研究結果[550]顯示此奈米金修飾電極比起非修飾電極可大幅降低Hg^{2+}汞離子的偵測下限（Detection limit）。

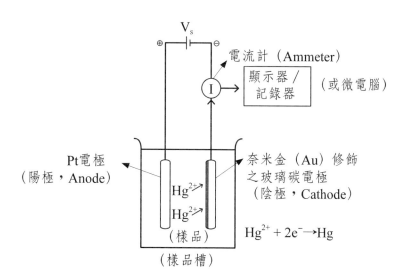

圖15-4 金奈米修飾玻璃碳電極電化學離子感測器之基本結構示意圖[550]（參考資料：http://ehs.epa.gov.tw/ Newsletter/F_News_Detail/114）

15-3.2. 銀奈米離子壓電晶體感測器

銀奈米粒子如同金奈米粒子帶負電可吸附帶正電之金屬離子，故如圖15-5所示，在此銀奈米離子壓電晶體感測器（Piezoelectric crystal ion sensor based on silver nanoparticles）[551]中用塗佈銀奈米粒子之石英壓電晶片當偵測各種金屬離子之感測元件。如圖15-5所示，當石英晶片上之銀奈米粒子吸附金屬離子後，會使石英晶片之振盪頻率由原來振盪線路出來之頻率F_0下降到頻率F輸出，並由計頻器偵測此輸出頻率並由顯示器或微電腦計算頻率改變ΔF值（$\Delta F = F_0 - F$），再由索爾布雷方程式（請見第二章式2-1）可計算被石英晶片吸附之金屬離子質量Δm，進而推算樣品中金屬離子含量。

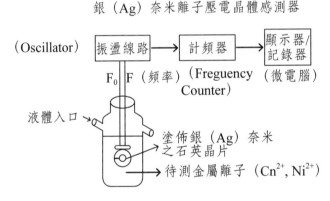

圖15-5 銀奈米離子壓電晶體感測器之基本結構示意圖[551]（參考資料：Chia-Yi Tsai, Preparation and Application of Piezoelectric Crystal Ion Sensor Based on Silver Nanoparticles, MS Theses, National Taiwan Normal University (2006)

15-3.3. 矽奈米線場效電晶體鉀離子感測器

矽奈米線場效電晶體鉀離子感測器（Silicon nanowire field effect transistor K^+ ion sensor）[552-554]乃是利用一般場效電晶體（Field Effect Transistor）之柵極G（Gate）改裝爲表面用纈氨黴素（Valinomycin）修飾過的矽奈米線（如圖15-6(a)所示）所製成的。其利用矽奈米線上的纈氨黴素（結構如

圖15-6(b)所示）會和鉀離子（K$^+$）形成錯合物（Complex）而吸附鉀離子，此將引起產生柵極G界面電位變化，電位變化則會改變洩極（Drain）及源極（Source）間之輸出電流（I$_{SD}$）大小，由輸出電流（I$_{SD}$）之改變值（ΔI$_{SD}$）可推算出樣品中鉀離子（K$^+$）含量。

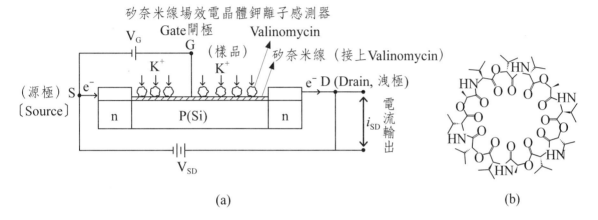

圖15-6　矽奈米線場效電晶體鉀離子感測器之(a)基本結構示意圖[552~553]與(b)可吸附鉀離子之Valinomycin（纈氨黴素）結構圖[554]（(a)圖參考資料：http://ndltd.ncl.edu. tw/cgi-bin/gs32/gswebcgi/login?o=dnclcdr&s=id=%22097NTU05065024%22.&searchmode=basic; C.J. Sun, Detection of Potassium Ion via Silicon Nanowire Field-Effect Transistor. MS Theses, Department of Chemistry,National Taiwan University (2009)）；(b)圖來源：http://en.wikipedia.org/wiki /Valinomycin）

15-4.　奈米晶體生化感測器

做爲感測器之感測材料，奈米晶體由於顆粒小，表面積和表面活性都比一般感測材料都大，因而針對偵測微量生化物質，奈米晶體生化感測器（Nano-Crystal Biosensor）會有比一般生化感測器有更好的靈敏度。本節將介紹著名的兩類奈米晶體生化感測器：量子點奈米晶體螢光生化感測器（Quantum Dot fluorescence nano-crystal biosensor）與奈米線場效電晶體生物感測器（Nanowire field effect transistor biosensor）。

15-4.1. 量子點奈米晶體螢光生化感測器

量子點（Quantum Dots）[538-539]是指由數十個原子所構成一約2~10nm的奈米顆粒所組成之奈米材料，具有特別之光學與化學特性，可藉由其顆粒大小，控制其發光波長。故量子點奈米材料常用於光化學感測器之感測材料。而由量子點所製成的生化光學感測器中較常見的爲用可發出可見光螢光的量子點奈米半導體材料（如CdS、CdSe及ZnSe奈米半導體晶體）所製成的量子點奈米晶體螢光生化感測器（Quantum Dot fluorescence nano-crystal biosensor）。量子點螢光劑所出螢光強度爲傳統螢光劑10倍以上，所製成的量子點螢光生化感測器之靈敏度也比傳統的螢光生化感測器要好得多。本小節將介紹常見的量子點螢光生化感測器：量子點免疫螢光生化感測器（Quantum Dot fluorescence immuno-biosensor）與量子點適配體螢光生物感測器（Quantum Dot-Aptamer fluorescence biosensor）。

15-4.1.1. 量子點免疫螢光生化感測器

量子點免疫螢光生化感測器（Quantum Dot fluorescence immuno-biosensor）[555-556]乃是利用由CdSe/ZnS螢光量子點接上抗體（Antibody，如Anti-IgG或 Anti-Hemoglobin）所製成的奈米顆粒塗佈在玻璃或塑膠基片爲感測元件（如圖15-7(a)所示）以抗體-抗原免疫反應來吸附及偵測樣品中待測抗原（Antigen，如IgG 或Hemoglobin）。圖15-7(b)爲量子點免疫螢光生化感測器之感測器基本結構圖。如圖所示，光源出來的各種波長光波先經濾光片A選擇一可激發CdSe/ZnS螢光量子點（CdSe/ZnS Fluorescence Quantum Dots）產生螢光之波長λ_0並射向CdSe/ZnS-抗體感測元件而產生螢光λ_F，此螢光先經濾光片B去除原來入射光再進入光偵測器偵測。由於感測元件上之抗體（如Anti-IgG）會吸附樣品中抗原，而會引起此螢光之螢光強度I_F或螢光波長λ_F改變，由原螢光波長λ_F的螢光強度改變量ΔI_F或新螢光波長λ'的螢光強度I'都可推算樣品中待測抗原（如IgG）含量。

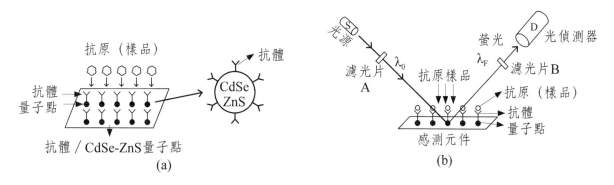

圖15-7　量子點免疫螢光生化感測器之(a)量子點感測元件，與(b)感測器基本結構示意圖[555–556]（參考資料：(1)http://www.wretch.cc/blog/KSChou/378198; (2) ww.niea.gov.tw/windows/file.asp?ID=66）

15-4.1.2.　量子點適配體螢光生物感測器

　　適配體（Aptamer）[556]是一種單鏈核酸小分子，能黏附特定蛋白質分子（如白血球），故在此量子點適配體螢光生物感測器（Quantum Dot-Aptamer fluorescence biosensor）[556]中將一特定適配體接到一含CdSe/ZnS螢光奈米量子點之聚苯乙烯（Polystyrene,PS）微珠（Microbead）上形成CdSe/ZnS量子點-適配體微珠，當辨識元（Recognition element）感測材料，其結構如圖15-8(a)所示，此量子點-適配體微珠當感測器探針（即適配體探針）可吸附及偵測病變的蛋白質（如病變的白血球）。圖15-8(b)為量子點適配體螢光生物感測器之儀器結構示意圖。由光源（如鎢絲（W）燈）發出入射光先經濾光片A選一特定波長λ_o並射向含CdSe/ZnS量子點-適配體微珠之感測元件，產生螢光，此螢光先經濾光片B去除原來入射光再進入光偵測器（如光電倍增管，Photomultiplier tube (PMT)）偵測。當感測元件上的適配體探針吸附生化樣品中病變白血球時，會使CdSe/ZnS量子點所發出的螢光強度I_F改變或螢光波長改變，由螢光強度改變量ΔI_F可推算生化樣品中病變白血球含量。在CdSe/ZnS量子點接上不同的適配體就可利用此量子點適配體螢光生物感測器偵測不同的蛋白質分子。

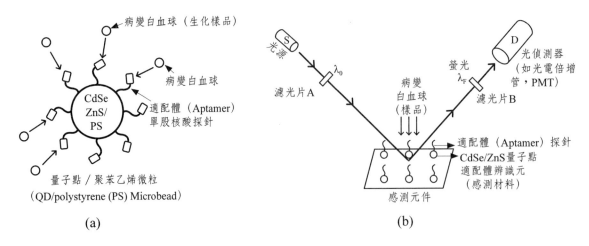

圖15-8　偵測病變白血球之量子點適配體螢光生物感測器之(a)CdSe/ZnS量子點-適配體微珠辨識元結構圖與(b)儀器結構示意圖[556]（參考資料:ww.niea.gov.tw/windows/file.asp?ID=66）

15-4.2. 奈米線場效電晶體生物感測器

　　奈米線場效電晶體生物感測器（Nanowire field effect transistor biosensor）[557-558]乃利用奈米線接上生化辨識元（如抗體）當感測元件並如圖15-9所示將矽奈米線-抗體生化辨識元接在傳統的場效電晶體（Field effect transistor）之閘極G（Gate）。當一待測樣品中抗原（Antigen）接觸到以抗體（Antibody）為辨識元之奈米線感測元件時，由於抗體辨識元會和待測抗原結合而改變場效電晶體柵極G界面電位，因而引起洩極（Drain）和源極（Source）間之輸出電流（I_{SD}）之變化。由輸出電流I_{SD}之改變值（ΔI_{SD}）可推算生化樣品中抗原（Antigen）之含量。同樣地，若用其他生化辨識元（如酵素），此奈米線場效電晶體生物感測器就可偵測其他不同的生化樣品及物質（如葡萄糖與各種蛋白質）。

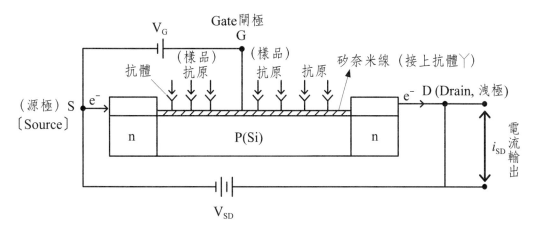

圖15-9　矽奈米線場效電晶體免疫感測器之基本結構示意圖[557-558]（參考資料：
(1)http://fiveyears. science.ntu.edu.tw/fiveyears/newsletter/newsletter03/
research%20highlight.html; (2)http://e021.life.nctu.edu.tw/~ysyang/research3.
php）

參考文獻

第一章

1. (a) http: www.nuigalway.ie/chem/Donal/ChemSens.ppt#286.1,Chemical Sensors(Chemical Sensors by Dr.Donal Leech in Physical Chemistry Lab. At National University of Ireland).; (b)http://www.wretch.cc/blog/myguitar/9873384;(c) http://www.giichinese.com.tw/report/bc269590-global-markets- technologies-sensors-focus-on.html.

2. www.iupac.org/publications/pac/1991/; A. Hulanicki, S. Glab and F. Ingman, Chemial sensors definitions and classification, pure & Appl. Chem., 63(9) 1247-1250 (1991)

3. www.sandia.gov/sensor/SAND2001-0643.pdf ; C. K. Ho, M.T. Itamura, M. Kelley and R.C. Hughes, " Review of chemical sensors for in-situ monitoring of volatile contaminants" Sandia reprt, Sandia National Laboratories, USA.

4. 施正雄，第25章化學感測器，儀器分析原理與應用，國家教育研究院主編，五南出版社 (2012)

5. (a) H.V. Malmstadt, C.G. Enke, and S.R. Crouch, Microcomputers and Electronic Instrumentation: Making the Right Connections, American Chemical Society, Washington, DC, (1994); (b) H. V. Malmstadt, C. G. Enke, S. R. Crouch, and G. Horlick "Electronic Measurements for Scientists" American Journal of Physics , Volume 43, Issue 6, pp. 564 (1975);(c)施正雄，第一章分析儀器導論，儀器分析原理與應用，國家教育研究院主編，五南出版社 (2012)

6. Y. C. Chao and J. S. Shih, Adsorption Study of Organic Molecules on Fullerene with Piezoelectric Crystal Detection System, Anal. Chim. Acta, 374,39 (1998).

7. Wikipedia, the free encyclopedia, http://en.wikipedia.org/wiki/Piezoelectric Sensor.

8. (a) Wikipedia, the free encyclopedia,http://en.wikipedia.org/wiki/Operational_ amplifier, ; (b) 施正雄，第十五章微電腦界面(一)-邏輯閘、運用放大器及類比/數位轉換器，儀器分析原理與應用，國家教育研究院主編，五南出版社 (2012)

9. http://en.wikipedia.org/wiki/Operational_amplifier_applications.

10. 蔡錦福，運算放大器，全華科技圖書公司 (1985)

11. Wikipedia, the free encyclopedia,http://en.wikipedia.org/wiki/Digital-to-analog_ converter

12. Wikipedia, the free encyclopedia, http://upload. wikimedia.org/wikipedia/ commons/

thumb/3/32/8_bit_DAC.jpg/220px-8_bit_DAC.jpg

13. Wikipedia, the free encyclopedia, http://en.wikipedia.org/wiki/Analog-to- digital_Converter

14. http://uk.farnell.com/telcom-semiconductor/tc9400cpd/ic-f-v-v-f-converter-9400-dip14/dp/9762736.

15. F.E.Chou and J. S. Shih, Chemistry(化學),48,117 (1990)

16. (a)Wikipedia, the free encyclopedia,http://en.wikipedia.org/wiki/Relay ;

   (b) 施正雄，第十六章、微電腦界面(二)-計數器、輸出輸入元件及單晶微電腦，儀器分析原理與應用，國家教育研究院主編，五南出版社 (2012)

17. Wikipedia, the free encyclopedia,http://en.wikipedia.org/wiki/Logic_gate

18. 陳瑞龍，8051單晶片微電腦，全華科技圖書公司(1989).

19. 蔡樸生，謝金木，陳珍源，MCS-51原理設計與產品應用，文京圖書公司(1997).

20. 吳金戍，沈慶陽，郭庭吉，8051單晶片微電腦實習與應用，松崗電腦圖書公司(1999).

21. 鍾富昭，PIC16C71單晶片微電腦，聯和電子公司(1991).

22. 吳一農，PIC16F84單晶片微電腦入門實務，全華科技圖書公司(2000).

23. 何信龍，李雪銀，PIC16F87X快速上手，全華科技圖書公司(2000).

24. 周錫民，何明德，葉仲紘，單晶片6805應用實務，松崗電腦圖書公司(1991).

25. 施正雄(本書作者)，單晶微電腦在化學實驗控制上之應用，Chemistry(Chin.Chem. Soc.), 47, 320 (1989).

26. Wikipedia, the free encyclopedia, http://en.wikipedia.org/wiki/Microcomputer

27. R. T. Grauer and P. K. Suqure " Microcomputer Applications" McGraw-Hill (1987)

28. A. P. Malvino, "Digital Computer Electronics : An Introduction to Microcomputers" Tata Mc-Graw-Hill; http://www.coinjoos.com/books/Digital-Computer-Electronics-An-Introduction-To-Microcomputers-by-Jerald-A-Brown-Albert-Paul-Malvino-book-0074622358

29. Wikipedia, the free encyclopedia,http://en.wikipedia.org/wiki/Intel_8255

30. Wikipedia, the free encyclopedia,http://en.wikipedia.org/wiki/Peripheral_Interface_Adapter

31. Wikipedia, the free encyclopedia, http://upload.wikimedia.org/wikipedia/ commons/ thumb/3/33/Motorola_MC6820L_MC6821L.jpg/220px-Motorola _MC6820L_MC6821L.jpg

第二章

32. Wikipedia, the free encyclopedia, http://en.wikipedia.org/wiki/Piezoelectric Sensor.

33. P.Chang and J.S. Shih , Multchannel Piezoelectric Quartz Crystal Sensors for Organic Vapours, Anal. Chem. Acta . 403, 39-48 (2000).

34. S. M. Chang, H. Mamatsu, C. Nakamura and J.Miyake,"The principle and applications of piezo-electric crystal sensors" Materials Science and Engineering, 12, 111 (2000).

35. (a)Wikipedia, the free encyclopedia,http://en.wikipedia.org/wiki/Quartz_crystal_ microbalance.;(b)L. L. Levenson and N, Cimento, Suppl. 2. Ser.I.,5, 321 (1967)

36. Y. C. Chao and J. S. Shih, Anal. Chim. Acta , 374, 39 (1998)

37. P. Chang and J. S. Shih, Anal. Chim. Acta, 360, 61 (1998)).

38. Y. S. Jane and J. S. Shih, Analyst, 120, 517 (1995))

39. Jr. King, W. H. *Anal. Chem.* 36, 1735 (1964)

40. Sauerbrey, G. *Z. Phys*. 155, 206 (1959)

41. Guilbault, G. G. ; Lu , S. S. ; Czanderna, A. W. *Application of piezoelectric quartz crystal microbalances*, Elsevier, New York (1984).

42. http://www.old.chemres.hu/ISCC/dosman/EQCM_Introduction_Home_Page_Abdul.pdf (Electrochemical Quartz Crystal Microbalance apparatus)

43. M. F. Sung and J. S. Shih, J. Chin. Chem. Soc., 52, 443 (2005))

44. H. J. Sheng and J.S. Shih, Anal. Chim. Acta, 3350, 109 (1997)

45. (a) C. J. Lu and J. S. Shih, Anal. Chim. Acta 306, 129 (1995); (b) C. J. Lu, M.S. Theses, National Taiwan Normal University(1993).

46. P. Chang and J.S.Shih, Anal. Chim. Acta, 389, 55 (1999)

47. N.Y. Pan and J.S. Shih, Sensors & Actuators B, 98,180 (2004)

48. C.H. Chen and J. S. Shih , Sensors and Actuators B, 123, 1025 (2007)

49. C. S. Chiou and J. S. Shih,Anal. Chim. Acta, 392,125 (1999)

50. Y. S. Jane and J. S. Shih, Analyst, 120, 517 (1995)

51. Y. L. Wang and J. S. Shih, J. Chin. Chem. Soc., 53, 1427 (2006)

52. C. C. Chen and J. S. Shih, J. Chin. Chem. Soc., 55,979 (2008)

第三章

53. Wikipedia, the free encyclopedia,http://en.wikipedia.org/wiki/ Surface_ acoustic_wave

54. H. B. Lin and J. S. Shih, Sensors and Actuators B, 92, 243 (2003)

55. H. P. Hsu and J. S. Shih, J. Chin. Chem. Soc., 54, 401 (2007)

56. H. W. Chang and J. S. Shih, Sensors and Actuators B, 121,522 (2007)

57. H. W. Chang and J. S. Shih, J. Chin. Chem. Soc.,55, 318 (2008)

58. http://www.sensorsmag.com/sensors/acoustic-ultrasound/acoustic-wave-technology-sensors-936

59. H. W. Chang, Y. C. Chou, H. J. Tsai, H. P. Hsu and J. S. Shih, Chemistry, 65, 487 (2007)

60. H. P. Hsu and J. S. Shih, Sens. Actuators B, 114,720 (2006)

61. zh.wikipedia.org/zh-tw/聲音

62. https://zh.wikipedia.org/zh-tw/頻率

63. http://baike.baidu.com/view/17777.htm

64. http://210.60.224.4/ct/content/1982/00050149/0003.htm ;陳永璣，掃描聲納簡介，科學月刊，149期(1982)

65. http://en.wikipedia.org/wiki/Seismic _wave;zh. wikipedia.org/zh-tw/地震波

66. http://etdncku.lib.ncku.edu.tw/ETD-db/ETD-search-c/view_etd?URN=etd-062010 2 -163852 ;謝富怡，表面聲波波傳理論之研究及其在液體感測器上之應用，國立成功大學電機工程學系碩士論文(2001)

67. 台灣文星(WENSHING)電子公司TWS-BS6型元件

68. 台灣正晨(SUMMITEK)科技公司ST-TX03-ASK型元件

69. 台灣文星(WENSHING)電子公司SAW元件

70. H. P. Hsu and J. S. Shih, J. Chin. Chem. Soc., 53, 815 (2006)

第四章
71. http://www.wtec.org/loyola/opto/c6_s3.htm(Optical sensors)

72. http://www.morrihan.com/index.php?option=com_content&view=article&id= 50&Itemid=80 (Optical sensors)

73. 施正雄，第二章光譜法導論，儀器分析原理與應用，國家教育研究院主編，五南出版社 (2012)

74. Wikipedia, the free encyclopedia,http://en.wikipedia.org/wiki/Beer% E2%80%93 Lambert_law

75. http://en.wikipedia.org/wiki/Bragg's_law

76. 施正雄，第七章原子光譜法，儀器分析原理與應用，國家教育研究院主編，五南出版社 (2012)

77. 施正雄，第三章紫外線/可見光光譜，儀器分析原理與應用，國家教育研究院主編，五南

出版社 (2012)

78. 施正雄，第四章紅外線光譜法，儀器分析原理與應用，國家教育研究院主編，五南出版社 (2012)

79. http://www.infratec.de/thermography/pyroelectric-detector.html

80. 施正雄，第十章X光光譜法，儀器分析原理與應用，國家教育研究院主編，五南出版社 (2012)

81. Wikipedia, the free encyclopedia, http://upload.wikimedia.org/wikipedia/ commons/ thumb/9/9c/ Dmedxrf iLiDetector .jpg/350px-DmedxrfSiLiDetector.jpg)

82. http://www. oceanoptics.com/Products/opticalfibers.asp

83. Wikipedia, the free encyclopedia, http://en.wikipedia.org/wiki/Attenuated_total _reflectance.

84. J. Yang and M.-L. Cheng, "Development of SPME/ATR-IR Chemical Sensor for Detection of Phenol Type of Compounds in Aqueous Solutions", The Analyst, 126, 881-886 (2001).

85. http://www.oceanoptics.com/products/proprobeatr.asp (ATR Probe)

86. M.C.Alcudia-León , R. Lucena , S.Cárdenas and M.Valcárcel .Characterization of an attenuated total reflection-based sensor for integrated solid-phase extraction and infrared detection, Anal Chem. ,80(4):1146-51(2008)

87. http://upload.wikimedia.org/wikipedia/commons/thumb/3/36/ATR-Halterung.jpg/ 220px-ATR-Halterung.jpg.

88. http://www.engr.wisc.edu/che/newsletter/2001-02_fallwinter/abbott.html Portable chemical sensors generated from liquid crystals.

89. Q.Z. Hu and C. H.Jang, Colloids Surf B Biointerfaces. 88, 622 (2011)

90. http://case.ntu.edu.tw/hs/wordpress/?p=1682

91. K. Lee and S. A. Asher, J. Am. Chem. Soc., *122* , 9534 (2000)

92. http://ndltd.ncl.edu.tw/cgi-bin/gs32/gsweb.cgi/login?o=dnclcdr&s=id=%22101NUUM0124002 %22.&searchmode=basic

93. www.bioweb.com.tw/feature_content.asp?ISSID=69

94. http://www.keyence. com. tw/products/sensors/rgb/czv20/czv20ap_amplifier.gif

95. http://www.keyence.com.tw/ products/ sensors/rgb/cz/cz_topimage.gif,

96. http://www.sick. com.tw/products/DIVO1/marksensor/main.html(台灣西克公司產品)

97. zh.wikipedia.org/zh-tw/廣範試劑

98. http://teaching.shu.ac.uk/hwb/ chemistry/research/ optchem.htm

99. http://www.chemedu.ch.ntu.edu.tw/lecture/molecular/2.htm

100. http://ir.ncue.edu.tw/ir/handle/987654321/760

101. http://www.sciencedirect.com/science/article/pii/S0039914012001427

102. http://www.bannerengineering.com/zh-TW/products/69/ Sensors/ 257/Luminescence -Sensors

103. 施正雄，第六章分子螢光、磷光及化學發光光譜法，儀器分析原理與應用，國家教育研究院主編，五南出版社 (2012)

104. Wikipedia, the free encyclopedia,http://en.wikipedia.org/wiki/Pyrene.

105. K .Kalyanasundaram, M. Gratzel, and J. K.Thomas, *J. Am.Chem. Soc. 97*, 3915 (1975)

106. Wikipedia, the free encyclopedia, http://en.wikipedia.org/wiki/X-ray_tube.

107. 施正雄，第十章X光光譜法，儀器分析原理與應用，國家教育研究院主編，五南出版社 (2012)

108. http://en.wikipedia.org/wiki/Digital_radiography

109. http://www.teo.com.tw/prodDetail.asp?id=372 (先鋒科技)

110. www.lionsdentalsupply. com/Dental_Digital_X_Ray

111. Wikipedia, the free encyclopedia,http://en.wikipedia.org/wiki/X-ray_absorption_spectroscopy.

112. http://www. emg-automation.com/en/ measuring-technology-emg-protagon/ consens - coating-thickness-measurement/x- ray-sensor-technology/

113. http://www.tisamax. com/product/view/22#

114. Wikipedia, the free encyclopedia,http://en.wikipedia.org/wiki/Laser

115. Wikipedia, the free encyclopedia, http://en.wikipedia.org/wiki /Ruby_laser

116. Wikipedia, he free encyclopedia,http://en.wikipedia.org/wiki/Helium% E2%80%93neon_laser.

117. http://upload.wikimedia.org/wikipedia/commons/thumb/e/e6/Nci-vol-2268-300_argon_ion_laser.jpg/220px-Nci-vol-2268-300_argon_ion_laser.jpg

118. 施正雄，第五章拉曼光譜法，儀器分析原理與應用，國家教育研究院主編，五南出版社 (2012)

119. http://cht.nahua.com.tw/sunx/ls/ls01.jpg

120. Wikipedia, the free encyclopedia,http://en.wikipedia.org/wiki/Atomic_force _microscopy

121. 施正雄，第二十二章原子尺度掃瞄探針顯微鏡法及表面分析法，儀器分析原理與應用，國家教育研究院主編，五南出版社 (2012)

122. Wikipedia, the free encyclopedia,http://en.wikipedia.org/wiki/Luminescence.

123. Wikipedia, the free encyclopedia,http://en.wikipedia.org/wiki/Bioluminescence

124. Wikipedia, the free encyclopedia,http://en.wikipedia.org/wiki/Luminol

125. Wikipedia, the free encyclopedia,http://upload.wikimedia.org/wikipedia/commons/thumb/3/3a/ Luminol2006.jpg/220px-Luminol2006.jpg

第五章

126. www.intlsensor.com/pdf/electrochemica (electrochemical sensors).

127. Bakker, Electrochemical sensors, Anal. Chem., 76, 3285-3298 (2004)

128. 施正雄，第十八章電化學法導論及電位分析法，儀器分析原理與應用，國家教育研究院主編，五南出版社 (2012)

129. 施正雄，第十九章、電化學伏安電流分析法，儀器分析原理與應用，國家教育研究院主編，五南出版社 (2012)

130. 施正雄，第二十章、電重量／電量／電導性分析法，儀器分析原理與應用，國家教育研究院主編，五南出版社 (2012)

131. Wikipedia, the free encyclopedia,http://en.wikipedia.org/wiki/ Ion_ selective_electrode.

132. M. T. Lai and J. S. Shih, Analyst, 111, 891 (1986).

133. J. Jeng and J. S. Shih, Analyst, 109, 641 (1984).

134. http://www.chuanhua.com.tw/images/ homepage_ img/lab_electrode_01.gif

135. J. Jeng and J. S. Shih(本書作者), Analyst, 109, 641 (1984)

136. Wikipedia, the free encyclopedia,http://upload.wikimedia.org/wikipedia/ commons/0/03/ Clark_Electrode.gif

137. http://en.wikipedia.org/wiki/Clark _electrode.

138. https://www.warneronline.com/product_info.cfm?id=375 (Warner Instruments)

139. http://en.wikipedia.org/wiki/Field-effect_transistor

140. http://etds.lib.nchu.edu.tw/etdservice/view_metadata?etdun=U0005-2708200710195300

141. http://www.powertronics. com.tw/webdata/powertronicstw/twsales3/ production/ upload177/ pre_ 1271990249_1.gif

142. http://baike.baidu.com/view/56005.htm

143. http://shop.cpu.com. tw/upload/2010/06/std/ 4d34f762dd0 a012feb8ca10 a32402ba5.jpg,

144. http://shop. cpu.com.tw/upload/ 2011/08/46c120730ec7 bec19def033b 12ab21b2.gif

第六章

145. Wikipedia, the free encyclopedia,http://en.wikipedia.org/wiki/ Semiconductor

146. A. P. Malvino, Electronic Principles, 3rd., McGraw-Hill, New York. USA,

147. 莊謙本，電子學(上)，CH2-5，全華科技圖書公司(1985).

148. 施正雄，第十七章、微電腦界面(三)-半導體、二極體/電晶體及濾波器，儀器分析原理
與應用，國家教育研究院主編，五南出版社 (2012)

149. Wikipedia, the free encyclopedia,http://en.wikipedia.org/wiki/Intrinsic_ semiconductor

150. Wikipedia, the free encyclopedia,http://en.wikipedia.org/wiki/Extrinsic _semiconductor

151. Wikipedia, the free encyclopedia,http://en.wikipedia.org/wiki/Diode

152. Wikipedia, the free encyclopedia,http://en.wikipedia.org/wiki/Transistor,

153. http://en.wikipedia.org/wiki/Field-effect_transistor.

154. http://en.wikipedia. org/wiki/Bipolar_junction_transistor.

155. S. M. Sze, Semiconductor Sensors, Wiley (1994).

156. http://www.amazon.com/Semiconductor-Sensors-Simon-M-Sze/dp/0471546097

157. http://eshare.stut.edu.tw/View/103534

158. http://wenku.baidu.com/view/6219845e804d2b160b4ec037.html($ZnO-Fe_2O_3$- SnO_2-n型半導
體感測器)

159. (a)http://research.ncku.edu.tw/re/articles/c/20090710/1.html.; (b) V.I. Filippov, A.A. Terentjev
and S.S. Yakimov, Sensors and Actuators B, 41, 153 (1997)

160. (a)http://www.google.com.tw/search?q=sno2+sensor&btnG=%E6%90%9C%E5%B0%8B&h
l=zh-TW&source=hp&aq=f&aqi=&aql=&oq= (SnO_2 sensor); (b) http://micronova.tkk.fi/files/
Micronova%20Seminar%202005/Gas%20Sensors.pdf – SnO_2 based Sensor; (c) http://www.
sciencedirect.com/science/article/pii/ S0925400597800950

161. Wikipedia, the free encyclopedia,http://en.wikipedia.org/wiki/Gas_leak_detection

162. http://www.jusun.com.tw/ product_detailasp?pro_ ser= 1076055)(志尚儀器股份有限公司，
台灣新店)

163. (a)www.electrochem.org/dl/ma/201/pdfs/1575.pdf,(TiO_2 Sensor for CO); (b)thesis.lib.ncu.edu.
tw/ ETD-db/ETD-search/getfile?URN...pdf ;
朱昱璋，碩士論文(指導教授：楊思明博士)，國立中央大學 (2006)

164. (a) http://www.springerlink.com/content/u6h1151360v27037/(TiO$_2$ Sensor for Organic volatile);(b)許慈玲，碩士論文(指導教授：林中魁博士)，逢甲大學材料科學與工程學系 (2006)

165. http://ndltd.ncl.edu.tw/cgi-bin/gs32/gsweb.cgi/ccd=pBTJrD/search?s=id=%22096PCCU03500 03%22.&searchmode=basic；蔡育倫，碩士論文(指導教授：王國華教授、蘇平貴教授)中國文化大學勞動學研究所

166. V.S. Galkin, V.G.Konakov, A.V. Shorohov and E.N.Solovieva, Rev.Adv. Mater. Sci., 10, 353 (2005)(ZrO$_2$-Y$_2$O$_3$ Oxygen Sensor)

167. Wikipedia, the free encyclopedia,http://en.wikipedia.org/wiki/Photodiode

168. http://www. omega.com/pptst/CY7.html?ttID2=g_lossProbe.

169. http://www.micro-examples.com/pics /098-TEMPERATURE -SENSOR-diode.jpg

170. http://encyclobeamia.solarbotics.net/articles/phototransistor.html

171. http://www.iupac.org/publications/analytical..(Ion-selective field effect transistor (ISFET) devices)

172. www. emeraldinsight. com/.../0870270309.html

173. http://www.isfet.com.tw/index.php?option=com_content...id.

174. http://etds.lib.nchu.edu.tw/etdservice/view_metadata?etdun=U0005- 27082007 10195300

175. S.M. Lee , S.J. Uhm, J. Bang and K. D. Song , A field effect transistor type gas sensor based on polyaniline, Solid-State Sensors, Actuators and Microsystems, more authors, 13th International Conference (2005)

176. C .Bian , J.Tong, J. Sun , H. Zhang , Q. Xue and S. Xia , A field effect transistor (FET)-based immunosensor for detection of HbA1c and Hb, Biomed Microdevices,13,345 (2011)

第七章

177. Wikipedia, the free encyclopedia,http://en.wikipedia.org/wiki/Surface_ plasmon_ resonance.

178. (a) S.F. Chou, W.L. Hsu, J. M. Hwang and C.Y.Chen, Development of an immunosensor for human ferritin, a nonspecific tumor marker, based on surface plasmon resonance, Biosensors & Bioelectronics. 19(9), 999 (2004); (b)曾賢德 金奈米粒子的表面電漿共振特性，物理雙月刊 32 卷2 期126頁，中華民國物理學會(1994)。

179. H. Deng, D. Yang, B. Chen and C.W. Lin, "Simulation of Surface Plasmon Resonance of Au-

WO(3-x) and Ag-WO(3-x) Nanocomposite Films," *Sensors & Actuators B*, 134, 502 (2008).

180. http://www. rci. rutgers.edu/~longhu/Biacore/pic/spr.gif

181. http://etds.lib.ncku.edu.tw/etdservice/view_metadata?etdun=U0026- -0812200913522214

182. (a) books.google.com/books/about/光漂白於電光高分子之波導式.html?id...; (b) 劉文亮，MS Theses, 國立成功大學微機電系統工程研究所(2005)

183. C.Pan (潘杰),M.S.Thesis ,Department of Bioengineering Tatung University

184. (a) K. J. Chen and C. J. Lu, " A vapor sensor array using multiple localized surface plasmon resonance bands in a single UV-vis spectrum " *Talanta*, 81, 1670 (2010); (b)Y .Q.Chen and C. J. Lu Chia-Jung Lu*, " Suface modification on silver nanoparticles for enhancing vapor selectivity of localized surface plasmon resonance sensors " *Sens. Actuators B*, 135, 492 (2009).

185. http://ndltd.ncl.edu.tw/cgi-bin/gs32/gsweb.cgi?o=dnclcdr&s=id=%22091TIT00614007%22.& se archmode=basic ;涂振維(Chen-Wei Tu)積體光學表面電漿共振生化感測器之研究(Study of Integrated-optic Surface Plasmon Resonance Biosensor) , M.S, Theses ,光電技術研究所，國立台北科技大學(2003).

186. http://etds.lib.ncku.edu.tw/etdservice/view_metadata?etdun= U0026- 0812200913522214 (光柵式SPR)

187. B. Liedberg, C.Nylander and I. Lunstron, SPR for gas detection and biosensing ,Sensors and Actuators ,4. 299(1983).

188. B. Liedberg, C.Nylander and I. Lunstron, Biosensing with SPR, Biosensors and Bioelectronics, 10, i-ix (1995)

189. http://www.phy.ntnu.edu.tw/demolab/phpBB/viewtopic.php?topic=16057

第八章

190. http://en.wikipedia.org/wiki/Biosensor192.Biosensors and Other Medical and Environmental Probes by *K. Bruce Jacobson)*

193. M. S. Lin and W.C. Shih, "Chromiumhexacyanoferrate Based Glucose Biosensor", Analytica Chimica Acta, 381, 183. (1999)

194. N.S. Oliver , C. Toumazou , A. E. Cass and D. G. Johnston, "Glucose sensors: a review of current and emerging technology"Diabet Med. 26(3), 197 (2009).

195. L.H. Lin and J. S. Shih(本書作者), J. Chin. Chem. Soc., 58, 228 (2011)。

196. www.supermt.com.tw/Storeweb/MScampain.htm

197. *www.bme.ncku.edu.tw/.../1000607*(國立成功大學醫工所張憲彰教授講義)

198. http://www.mendosa.com/glucowatch.htm

199. http://www.medgadget.com/2005/04/glucowatch_g2_b.html

200. (a)http://www. glucowatch. com/; *www.bme.ncku.edu.tw/.../1000607*); (b) http://www.tnbzy. com/html/121/13978.html

201. Wikipedia, the free encyclopedia,http://upload.wikimedia.org/wikipedia/ commons/0/03/ Clark_Electrode.gif.

202. C.W. Chuang, L.Y. Luo, M. S.Chang and J. S. Shih, J. Chin. Chem. Soc., 56, 771 (2009)

203. 施正雄，第十八章、電化學法導論及電位分析法，儀器分析原理與應用，國家教育研究院主編，五南出版社 (2012)

204. C.W. Chuang and J. S. Shih , Sensors & Actuators, 81, 1 (2001)

205. L. F. Wei and J. S. Shih , Anal. Chim. Acta, 437, 77 (2001)

206. http://www.knicehealth.com/index.php?option=com_content&task=view&id= 22&Itemid=37

207. http://www.piercenet. com/browse.cfm?fldID=B3D952BB- 8404-460C-B6F3- 410E23D78308.

208. 施正雄，第二十二章、原子尺度掃瞄探針顯微鏡法及表面分析法，儀器分析原理與應用，國家教育研究院主編，五南出版社 (2012)

209. Y. H. Liao and J. S. Shih, J. Chin. Chem. Soc., 60, 1387 (2013)

210. H. W. Chang and J. S. Shih, J. Chin.Chem. Soc. 55, 318 (2008)

211. S.F. Chou, W.L. Hsu, J. M. Hwang and C.Y.Chen, 2004, Development of an immunosensor for human ferritin, a nonspecific tumor marker, based on surface plasmon resonance, Biosensors & Bioelectronics. 19(9), 999-1005 (2004).

212. http://www.rsc.org/ejga/AN/2007/b701816a-ga.gi

213. Y. D. Zhao, D. W. Pang, S. Hu, Z. L. Wang, J. K. Cheng and H. P. Dai, Talanta, 49, 751 (1999).

214. bioinfo.nchc.org. tw/personal/ uploadpic/ 9808-09.pdf ）

215. http://case.ntu.edu.tw/hs/wordpress/?p=960

216. 施正雄，第一章分析儀器導論，儀器分析原理與應用，國家教育研究院主編，五南出版社 (2012)

217. K. Ramanathan, B. R. Jönsson and B. Danielsson, Sol–gel based thermal biosensor for glucose,

Anal. Chim. Acta, 427, 1 (2001).

218. U.Harborn , B. Xie , R. Venkatesh and B. Danielsson, Evaluation of a miniaturized thermal biosensor for the determination of glucose in whole blood, Clin. Chim. Acta, 267, 225 (1997)

219. http://tw.myblog.yahoo.com/rick9420/article?mid=2882&prev=2898&next=-1;

220. http://www.ntuh.gov.tw/BMED/equipment/DocLib/%E6%8E%8C%E4%B8%8A%E5%9E%8B%E8%A1%80%E6%B0,%A7%E9%A3%BD%E5%92%8C%E6%BF%83%E5%BA%A6%E5%99%A8.aspx; www.ntuh.gov.tw › 醫學工程部 (台大醫院)

221. http://www.businessweekly.com.tw/blog/article.php?id=2

222. (a)http://www. itri.org.tw/chi/news/detail.asp?RootNodeId=060&NodeId= 061&NewsID=674 [2012/10/02台灣工研院發表]); (b)http://www.ettoday.net/ news/20130721/243639.htm#ixzz3JTcsvm41

第九章

223. https://controls.engin.umich.edu/wiki/index.php/TemperatureSensors

224. http://wikid.eu/index.php/Temperature_sensing

225. http://www.ppt2txt.com/r/3d4002cd/

226. http://www.toyomura.com.tw/public_html/txt/php/product.php?page=product/ Temperature%20Sensor.htm

227. http://www.eoc-inc.com/thermopile_detectors.htm

228. Wikipedia, the free encyclopedia,http://en.wikipedia.org/wiki/Thermopile

229. http://scholar.lib.vt.edu/theses/available/etd-8497-205315/unrestricted/chap2.pdf (Thermopile).

230. Wikipedia, the free encyclopedia, http://upload.wikimedia.org/ wikipedia /commons/thumb/e/ee/Thermocouple0002.jpg/220px- Thermocouple0002.jpg.

231. Wikipedia, the free encyclopedia,http://upload. wikimedia. org/wikipedia/commons/thumb/8/88/Peltierelement _16x16.jpg/220px-Peltierelement_ 16x16.jpg.

232. http://www.meas-spec.com/temperature-sensors/thermopiles/thermopile- components-and-modules.aspx

233. Wikipedia, the free encyclopedia,http://en.wikipedia.org/wiki/Thermistor

234. https://en. wikipedia. org/wiki/Resistance_thermometer

235. http://en.wikipedia.org/wiki/Callendar%E2%80%93Van_Dusen_equation

236. http://www.designworldonline.com/ resistance - temperature- detector-sensors/

237. http://www.sentex.ca/~mec1995/gadgets/lm334.gif

238. http://www.adafruit.com/images/medium/ds18b20to92_MED.jpg

239. http://www.adafruit.com/images/medium/TMP36_MED.jpg)

240. http://en.wikipedia.org/wiki/Fiber_optic_nano_temperature_sensor

241. http://www.optocon.de/en/products/fiber-optic-temperature-sensors/tsnano/

242. http://140.134.32.129/eleme/premea/images/11-6a.gif

243. http://140.134.32.129/plc/pre-oe/optical/OP6.html; http://140.134.32.129/plc/pre-oe/ optical/ OP6.files/image054.jpg

244. ndltd.ncl.edu.tw/cgi-bin/gs32/gsweb.cgi/login?o=dnclcdr&s=id

245. http://tw.nec.com/zh_TW/solutions/precaution/dts.html

246. http://www.lumasenseinc.com/CH/products/ fluoroptic-temperature-sensors/gallium- arsenide- based-product-line-for-distribution- transformer/fiber- optic-temperature- sensor-otg-t.html (LumaSenseinc Inc.公司產品)

247. http://wenku.baidu.com/view/e1225e97dd88d0d233d46ac9. html

248. http://wenku.baidu.com/view/20b68511f18583d049645984.html

249. 施正雄，第四章、紅外線光譜法，儀器分析原理與應用，國家教育研究院主編，五南出版社 (2012)

250. http://www.lh604.net/kredtemp.html

251. http://www.tecpel.com.tw/ditc.html

252. http://www.aroboto.com/shop/goods.php?id=201;www.pololu.com(MelexiseCo.)

253. http://www.jetec.com.tw/chinese/application4-11.html (-50~1600℃)

254. http://www.ti.com/ww/tw/analog/tmp006/

255. http://en.wikipedia.org/wiki/Bolometer

256. http://encyclopedia2.thefreedictionary. com/thermoelectricity

257. https://zh.wikipedia.org/zh-tw/熱成像儀

258. http://www.techxpert.com.tw/Products/ThermoCam.html

259. http://en.wikipedia.org/wiki/Staring_array (focal-plane array ,FPA)

260. http://link.springer.com/article/10.1007%2F978-3-642-18253-2_19/lookinside/ 000.png (IR-FPA)

261. http://tw.buy.yahoo.com/webservice/gdimage.ashx?id=2673609&s=400&t=0&sq=1(CCD)

262. http //en.wikipedia.org/wiki/Microbolometer

263. http://www.optotherm.com/microbolometers.htm

264. https://zh.wikipedia.org/zh-tw/紅外線

265. http://www. tecpel. com. tw/UTi160A.html(泰菱電子儀器公司產品，可測溫度範圍: -20℃ 至+300℃)

266. http://www.sciencedirect.com/science/article/pii/S0003267012017680

267. Maria Yakovleva, Sunil Bhand and Bengt Danielsson,Analytica Chimica Acta, 766, 1(2013)

268. http://www.ncbi.nlm.nih.gov/pubmed/9933975

269. M .Yakovleva, O. Buzas , H.Matsumura, M. Samejima ,K. Igarashi , P.O.Larsson, L.Gorton and B.Danielsson B Biosens, Bioelectron. 31,251-6 (2012)

270. http://www.ncbi.nlm.nih. gov/pubmed/ 22078845

271. S.G. Bhand , S. Soundararajan , I. Surugiu-Wärnmark, J.S.Milea , E.S.Dey, M.Yakovleva and B. Danielsson , Anal Chim Acta. 668,13 (2010)

272. aem.asm.org/content/41/4/903.full.pdf

273. B Mattiasson , Enzyme Thermistor Analysis of Penicillinin (1981)

274. M. Maske and A. Straub, Anal. Lett. 26, 1613 (1993)

275. http://en.wikipedia.org/wiki/Pellistor

276. http://www.citytech.com/technology/pellistors.asp

277. http://www.felcom.it:8080/tutorial/copy2_of_test-1

278. http://top.baidu.com/wangmeng/index.html?w=500&h=200

279. http://www.sensorway.cn/knowledge/3201.html

280. http://wenku.baidu.com/view/72af6ba8d1f34693daef3e46.html

281. http://www.citytech. com/technology/ pellistors.asp

282. http://www. felcom.it: 8080/tutorial/copy2_of_test-1

283. http://top.baidu.com/ wangmeng/ index. html?w=500&h=200

第十章

284. zh.wikipedia.org/zh-tw/順磁性

285. http://en.wikipedia.org/wiki/Ferromagnetism

286. zh.wikipedia.org/zh-tw/鐵磁性

287. http://zh.wikipedia.org/wiki/順磁性/反磁性

288. zh.wikipedia.org/zh-tw/霍爾效應

289. http://en.wikipedia.org/wiki/Hall_effect_sensor

290. http://baike.baidu.com/view/94204.htm

291. http://www.chinabaike.com/uploads/allimg/110425/162P21396-1.jpg

292. http://www.electronics-tutorials.ws/electromagnetism/hall-effect.html

293. http://www.lessemf.com/dcgauss. html

294. http://en.wikipedia.org/wiki/Magnetoresistance

295. zh.wikipedia.org/zh-tw/磁阻效應

296. http://www.electronictechnology.com/new/mgad.php?sublnk=article&mcontentid=1397&cont
    entid=NDA2XzE4L2luZGV4Lmh0bWw=

297. http://www.marzhauser-st.com/en/produkte/messsysteme/amr-sensortechnologie.html

298. http://www.emg.tu-bs.de/forschung/mag_sens/amr_e.html (AMR)

299. science.nchc.org.tw/old.../奈米科技概論期中報告_機械林志哲.ppt (GMR&AMR)

300. http://en.wikipedia.org/wiki/Giant_magnetoresistance (GMR)

301. http://web1.nsc.gov.tw/ct.aspx?xItem=9982&ctNode=40&mp=1(GMR)

302. http://baike.baidu.com/view/512368.htm (GMR)

303. http://www.gmrsensors.com/gmr-operation.htm 304. https://zh.wikipedia.org/zh-tw/惠斯登橋

305. http://archives.sensorsmag.com/articles/1299/14_1299/main.shtml

306. http://nextbigfuture.com/2009/10/stanford-magnetic-biosensor-1000-times.html

307. http://www.cchem.berkeley.edu/mmmgrp/res_sensors.html

308. http://www.mfg.mtu.edu/cyberman/machtool/machtool/sensors/magnetic.html

309. http://en.wikipedia.org/wiki/SQUID

310. zh.wikipedia.org/zh-tw/超導量子干涉儀

311. http://hyperphysics.phy-astr.gsu.edu/hbase/solids/squid.html

312. www.baike.com/wiki/超導量子干涉效應

313. case.ntu.edu.tw/hs/wordpress/?tag=超導量子干涉儀

第十一章

314. (a) Wikipedia, the free encyclopedia, http://en.wikipedia.org/wiki/Air_pollution;

(b) T.E.Waddell, "The Economic Damages of Air Pollution", pp. 127-131, U.S. Environ. Prrotect.Ag., Washington D.C. (1974)

315. 施正雄，第二十四章 環境汙染物分析法，儀器分析原理與應用，國家教育研究院主編，五南出版社 (2012)

316. Wikipedia, the free encyclopedia,http://zh.wikipedia.org/wiki/%E9%87%8D%E9%87%91%E5%B1%9E; http://en.wikipedia.org/wiki/Heavy_metal _(chemistry).

317. Wikipedia, the free encyclopedia, http://en.wikipedia.org/wiki/Peroxyacetyl_nitrate

318. 我國環保署NIEA A417.11C公告方法; http://www.niea.gov.tw/niea/AIR/A41711C.html

319. http://southeastern- automation.com/ Assets/Images/ Emerson/ PAD/ 951a.jpg_

320. http://www.hcxin.net/upimg/allimg/080627/1948400.jpg

321. J. W. Moore and E. A. Moore, Environmental Chemistry, Eastern Michigan University, CH9-10 (Air pollution), 1976.

322. S. E. Manahan, Environmental Chemistry,University of Missouri-Columbia, CH11-14 (Pollutants in the atmosphere) (1979)

323. http://www.epa.gov/oaqps001/sulfurdioxide/ (USA EPA)

324. Wikipedia, the free encyclopedia,http://en.wikipedia.org/wiki/Sulfur_dioxide

325. 我國環保署NIEA A416.11C公告方法，http://www.niea.gov.tw/niea/ AIR/A41611C.html.

326. J.S.Shih(本書作者),一氧化碳的汙染與分析，J. Sci.Edu.(科教月刊),51,69 (1982).

327. EPA,公告NIEA A704.04C法;http://www.niea.gov.tw/niea/doc/ A70404C.doc

328. http://www.iaq-monitor.com/products_1_2_4view.html (台中市暉曜科技公司產品，info@iaq-monitor.com)

329. Wikipedia, the free encyclopedia,http://en.wikipedia.org/wiki/Greenhouse_effect

330. http://www.aip.org/history/climate/co2.htm (CO2 Greenhouse effect).

331. Wikipedia, the free encyclopedia,http://en.wikipedia.org/wiki/Kyoto_Protocol

332. 我國環保署(EPA) NIEA A415.72A公告方法：http://www.niea.gov.tw/niea/ AIR/A41572A.htm

333. http://www.trade-taiwan.org/vender/80524015/image/2010811152833-s.jpg

334. zh.wikipedia.org/zh-tw/硫化氫

335. http://en.wikipedia.org/wiki/Hydrogen_sulfide_sensor

336. http://www. alibaba.com/ showroom/h2s-sensor.html

337. http:// www.unisense.com/H2S/

338. 施正雄，第四章、紅外線光譜法，儀器分析原理與應用，國家教育研究院主編，五南出版社 (2012)

339. 我國環保署NIEA- A207.10C公告法，http://www.niea.gov.tw/niea/ AIR/A20710C.html

340. 我國環保署NIEA- A305.10C公告法，http://www.niea.gov.tw/niea/AIR /A30510C.html

341. 我國環保署NIEA W219.52C公告法

342. http://www.erlish.com/htmlstyle/productinfo_10177390_%e5%93%88%e5%b8%8c%e6%b5%8a%e5%ba%a6%e4%bb%aa.html

343. www.niea.gov.tw/analysis/ method/ methodfile.asp?mt_niea=W223.52B NIEA W223.52B

344. myweb.ncku.edu.tw /~wcj72/class/ Ex1.ppt)

345. web.ee.nchu.edu.tw/~photoele/...data/.../1931CIE-XYZ.doc

346. http://baike.baidu.com/view/248546.html

347. http://www2.nsysu.edu.tw/IEE/lou/part_2/lesson_5/ch5_con.html

348. (a)施正雄, 第十八章電化學法導論及電位分析法,儀器分析原理與應用, 國家教育研究院主編,五南出版社(2012); (b) www.airiti.com/CEPS/ec_en/ecjnlarticleView.aspx?.

349. http://www.tecpel.com.tw/phc.html(台灣泰菱有限公司產品)

350. 施正雄，第二十章 電重量/電量/電導性分析法，儀器分析原理與應用，國家教育研究院主編，五南出版社 (2012)

351. J. W. Loveland, Conductance and Oscillometry, in Instrumental Analysis, , New York, U.S.A. Ch.5.

352. http://www.yokogawa.com/tw/product/measure/an/liquid/conduct-index.htm台灣橫河公司產品.

353. http://www.yi-dian.com/product-46473.html

354. http://youqian.foodmate.net/sell/index.php?itemid=417430

355. zh.wikipedia.org/zh-tw/化學需氧量

356. http://highscope.ch.ntu.edu.tw/wordpress/?p=3256

357. http://big5.gov.cn/gate/big5/www.gov.cn/ztzl/jnjp/content_673525.html

358. http://www.yuanjiou.com.tw/product_cg40705.html,台灣源久環境科技公司產品

359. Wikipedia, the free encyclopedia,http://upload.wikimedia.org/wikipedia/ commons/0/03/ Clark_Electrode.gif

360. 施正雄，第十九章 電化學伏安電流分析法，儀器分析原理與應用，國家教育研究院主編，五南出版社 (2012)

361. http://www.yokogawa.com/ tw/product / measure/an/liquid/img/do-do30-001.jpg 台灣橫河公司產品

362. http:// www.yalab.com. tw/sfront/ Proddesp.asp?Pid=DO-5509&tree=6 台灣邁多科技公司產品

363. (a)www.cc.ntut.edu.tw/~f10955/files/20114-4/13%20dioxin.ppt ;(b)http://en.wikipedia.org/ wiki/ 2,3,7,8-Tetrachlorodibenzodioxin ; (c)http://en.wikipedia.org/wiki/Polychlorinated_biphenyl

364. http://www.coa.gov.tw/view.php?catid=19734

365. http://ir.lib.ncku.edu.tw/handle/987654321/94504?locale=en-US

366. http://baike.baidu.com/view/3255604.html

367. http://www.niea.gov.tw/niea/REFSOIL/M62500C.html

368. http://www.dtsc.ca.gov/TechnologyDevelopment/TechCert/ensys-pcb-risc-techcert.cfm

369. http://www.sungreat.com.tw/cc-np-nf-999.html (日本 NIPPON DENSHOKU 製品)

第十二章

370. zh.wikipedia.org/zh-tw/光氣

371. http://en.wikipedia.org/wiki/Phosgene

372. http://www.pcc.vghtpe.gov.tw/old/docms/91031.html

373. www.hudong.com/wiki/光氣

374. http://baike.baidu.com/view/62695.html

375. zh.wikipedia.org/zh-tw/芥子毒氣

376. http://en.wikipedia.org/wiki/Sulfur_mustard

377. zh.wikipedia.org/zh-tw/神經毒素

378. http://baike.baidu.com/view/767982.html

379. zh.wikipedia.org/zh-tw/沙林)

380. http://en.wikipedia.org/wiki/Tabun _(nerve_agent)

381. zh.wikipedia. org/zh-tw/梭曼

382. zh.wikipedia.org/zh-tw/環沙林

383. http://en.wikipedia.org/wiki/ Agent_Orange

384. zh.wikipedia.org/zh-tw/橙劑385.http://www.agentorangerecord.com/agent_orange_history/

386. http://news.k618.cn/xda/201208/t20120814_2354501.html

387. http://en. wikipedia.org/wiki/Polychlorinated_dibenzodioxins

388. http://baike.baidu.com/view/23992.html

389. http://baike.baidu.com/view/160161.html

390. http://baike.baidu.com/view/23992.html

391. www.baike.com/wiki/天然氣灶

392. http://bangpai.taobao.com/group/thread/14429691-260842246.html

393. http://tc. wangchao.net.cn/baike/detail_1698701.html

394. http://wenku.baidu.com/view/ 6868f0de 50e2 524de5187e7f.html

395. http://datasheets.globalspec.com/ds/15/Detcon/ F83A134C-9AA2-42B6- 8D86-80B957174BA8 (Detcon, Inc)

396. P. Kundu and K.C.Hwang, Anal. Chem., 84, 4594 (2012)

397. X.Wu, Z.Wu, Y. Yang and S. Han, *Chem. Commun.*, 48, 1895 (2012)

398. http://nano.tca.org.tw/2012/uploadfiles/doc1348670935.jpg; http:// nano.tca.org.tw/company_news1. php?id=73(台灣新國科技公司)

399. http://210.75.221.59/KNS50/detail.aspx? filename= JAZG200304014&dbname=CJFD2003

400. http://www.globalspec.com/industrial-directory/ colorimetric_ method phosgene gas_detector

401. http://www.dodtec. com/site/epage/82349_843.html

402. http://www.afcintl.com/product/tabid/93/productid/130/sename/chemlogic-dosimeter-badges -for-phosgene-from- dod/ default.aspx

403. www.hudong.com/wiki/光氣(二甲基苯胺($C_6H_5N(CH_3)_2$)指示紙)

404. http://d. wanfangdata. com.cn/periodical_hxcgq200501013.aspx

405. Liu Wei-wei ,Yu Jian-hua, Pan Yong,Zhao Jian-jun and Huang Qi-bin, CHEMICAL SENSORS 化學傳感器25 (2005)

406. http: //lib.cnki.net/cpfd/AGLU200812001057.html

407. http://lib.cnki.net/cpfd/AGLU200812001057.html

408. http://www.cqvip.com/QK/94521X/ 200610/23069726.html

409. http://www.yumpu.com/en/document/view/5210281/basic-science-in-medicine-medical-journal-of-the-islamic-republic-; A.SHAFIEE, A.CHERAGHALI, AND A.KEBRIAEIZADEH Medical Journal of the Islamic Republic of Iran(MJIRI), 2, 213(1988)

410. http://pubs.acs.org/subscribe/journals/ci/30/i11/html/11grate.html

411. http://qkzz.net/article/2d405b9c-17a6-4faa-906d-bbcc65e8f341.html

412. http:// medsci.cn/sci/nsfc_ab.asp?q=51601435631

413. http://www.cqvip.com/QK/95913A/200808/28033791.html (CuZSM-5分子篩)

414. http://qkzz.net/article/2d405b9c-17a6-4faa-906d-bbcc65e8f341.htm (bsp3 polymer)

415. http://en.wikipedia.org/wiki/ZSM-5

416. http://blog.sina.com.cn/s/blog_881535bf0101fbx4.html

417. http:// news.sciencenet.cn/htmlpaper/ 2011511919553 5816786. shtm

418. zh.wikipedia.org/zh-tw/碳納米管

419. http://news.sciencenet.cn/htmlpaper/ 20115119195535816786.shtm

420. http://pubs.acs.org/doi/abs/10.1021/bk-1992-0511.ch004

421. V.Gobik,S.J.Kin and T. Hiroyuki, Sensors and actuators, 123, 583 (2007)

422. http://wenku.baidu.com/view/6219845e804d2b160b4ec037.html(ZnO-Fe2O3- SnO2-n型半導體感測器)

423. http://www.analytik-jena.com.tw/product_ cg41005.html.

424. (a)http:// www.wretch.cc/blog/fsj/6274836; (b)施正雄，第十一章、質譜分析法，儀器分析原理與應用，國家教育研究院主編，五南出版社 (2012)

425. http:// www. sciencedaily. com/releases/ 2007/02/070227104038.html

426. http://upload. wikimedia.org /wikipedia/commons/thumb/e/e2/Nano ESIFT.jpg/220px-Nano ESIFT.jpg

427. http://www.shsu.edu/chm_tgc/PID/PID.GIF

428. http://www.Envcoglobal.com/catalog/product/vapor-screening/minirae -3000-photoionization-detector.html

429. http://bojiatu1.cn. gongchang.com/ product/ d23832732.html

430. Wikipedia, the free encyclopedia,http://en.wikipedia.org/wiki/ Fourier_ transform _spectroscopy.

431. 施正雄，第四章、紅外線光譜法，儀器分析原理與應用，國家教育研究院主編，五南出版社 (2012)

432. http://www.flickr.com/photos/58115903@N07/5948966014/in/photostream/

433. http://www.intrinsically-safe-instruments.com/gas-detectors.html

第十三章

434. 施正雄，第二十三章放射化學分析法，國家教育研究院主編，五南出版社 (2012)

435. Wikipedia, the free encyclopedia,http://en.wikipedia.org/wiki/Neutrino

436. http://en. wikipedia.org/wiki/File:60Co_gamma_ spectrum_energy.png.

437. http://en.wikipedia.org/wiki/Radiation

438. http://en.wikipedia.org/wiki/Gaseous_ionization_detectors

439. Wikipedia, the free encyclopedia,http://en.wikipedia.org/wiki/Geiger_counter

440. (a)http://en.wikipedia.org/wiki/Proportional_counter; (b)施正雄，第十章、X光光譜法，國家教育研究院主編，五南出版社 (2012)

441. http://upload.wikimedia.org/ wikipedia/commons/f/f0/ Geiger.png

442. http://en.wikipedia.org/wiki/Ionization_chamber

443. http://large.stanford.edu/courses/2011/ph241/eason1/images/f2.jpg

444. web.ypu edu.tw/ctl/blog/jplin/...0809 /h2008912114832.pdf

445. http://www.inmojo.com/store/mad-scientist-hut/item/ion-chamber- radiation-detector-kit

446. http://en.wikipedia.org/wiki/Scintillation_counter

447. http://www.ihep.ac.cn/kejiyuandi /zhishi/061215- tanceqi/shanshuo- jishuqi.html

448. http://baike.baidu.com/view/495757.html

449. cht.a-hospital.com/w/閃爍計數器

450. baike.baidu.com/view/323790.html

451. http://www. spectrumtechniques.com/st360w.html

452. http://en.wikipedia.org/wiki/Lucas_cell

453. http://en.wikipedia.org/wiki/Liquid_scintillation_counting

454. http://baike.baidu.com/ view/495757.html

455. http://terms.naer.edu.tw/detail/1332302/

456. http://en.wikipedia.org/wiki/Semiconductor_detector

457. http://global.britannica.com/EBchecked/topic/553347/solid-state-detector

458. http://en.wikipedia.org/wiki/Band_gap

459. http://en.wikipedia.org/wiki/Cadmium_telluride

460. http://www.scielo.br/scielo.php?script=sci_arttext&pid=S1516-14391999000200006

461. http://terms.naer.edu.tw/detail/1320461/

462. 許世明，葉善宏，林美秀，陳為立，中華放射線醫學雜誌（Chinese Journal of Radiology 29, 323 (2004)）

463. www.baike.com/wiki/化學劑量計

464. http:// baike. baidu.com/view/144608.html

465. http://terms.naer.edu.tw/ detail/1320226

466. http://en.wikipedia.org/ wiki/ Thermoluminescent_dosimeter

467. http:// 140.113.39.130/cgi-bin/gs32/ymgsweb.cgi/login?o=dymcdr&s=id= %22GYP 122558820% :

468. S. M.Hsu, Ph.D. Theses, Department of Biomedical Imaging and Radiological Sciences, National Yang-Ming University (2007)

469. http://www.ym.edu.tw/birs/ res/ students_list/abstract/90/90_7.html

470. James H. Schulman,.Journal of Applied Physics ,22, 1479 (1951)

471. www. baike.com/wiki/膠片劑量計

472. http://210.60.224.4/ct/ content/1979/00110119/0014.html

473. thesis.lib.ncu.edu.tw/ ETD-db/ETD-search/getfile?URN= 93222025)

474. Wikipedia, the free encyclopedia,http://en.wikipedia.org/wiki/Neutron_detection

475. www.myoops.org/cocw/.../problemset9_cn.doc

476. http://hps.org/ publicinformation/ate/q9915.html

477. www.thermoscientific.com/.../tld-600-thermoluminescent-

478. http://www.ncbi.nlm.nih.gov/pubmed/ 17578870, 479; http://thesis.lib.ypu.edu.tw/cgi-bin/ cdrfb3/gsweb.cgi?ccd=PVMg4p&o=sid=%22NC 093YUST7770003%22

480. http://210.60.224.4/ct/content/1979/00110119/0014.html

481. zh.wikipedia.org/zh-tw/中微子探測器

482. www.nciku.com.tw/search/ all/液態閃爍微中子探測器

483. www.myoops.org/cocw/.../problemset9 cn. doc

484. https:// sites.google.com/site/cboatpetct/home/ fulltext/chapter-01/chapter-01-02, 485; https:// sites.google.com/site/cboatpetct/home/ fulltext/chapter-01/chapter-01-01

第十四章

486. Wikipedia, the free encyclopedia,http://en.wikipedia.org/wiki/ Microelectromechanical_systems.(MEMS)

487. http://www.csa.com/discoveryguides/mems/overview.php (MEMS); Review Article : Micro-ElectroMechanical Systems (MEMS) by Salvatore A. Vittorio.

488. Wikipedia, the free encyclopedia,http://en.wikipedia.org/wiki/ Nanoelectromechanical_systems

489. Wikipedia, the free encyclopedia, http://en.wikipedia.org/wiki/Photolithography http:// en.wikipedia.org/wiki/Lithography.

490. Wikipedia, the free encyclopedia,http://en.wikipedia.org/wiki/Microchip; http://en.wikipedia. org/wiki/Integrated_circuit

491. Wikipedia, the free encyclopedia,http://upload.wikimedia.org/wikipedia/en/ a/a7/Labonachip 20017- 300.jpg.

492. Marc Madou, "Fundamentals of Microfabrication", CRC Press, New York (1997)

493. http://www.memsnet.org/mems/processes/etch.html (Etching)

494. http://www.memsnet.org/mems/processes/deposition.html(Deposition)

495. Wikipedia, the free encyclopedia,http://en.wikipedia.org/wiki/Photoresist

496. Wikipedia, the free encyclopedia,http://en.wikipedia.org/wiki/Photomask

497. 施正雄，第二十六章、微機電與化學/生化晶片分析法，國家教育研究院主編，五南出版社 (2012)

498. http://www.nanoscienceworks.org/publications/books/imported/0849308267/ch/ch1

499. http://elearning.stut.edu.tw/m_facture/ch9.htm (Etching)

500. http://me.csu.edu.tw/swl/non/ch7/ch7.pdf (Etching)

501. Wikipedia, the free encyclopedia,http://en.wikipedia.org/wiki/Physical _vapor_deposition

502. Wikipedia, the free encyclopedia,http://en.wikipedia.org/wiki/Chemical_ vapor_deposition

503. G Oskam, J G Long, A Natarajan and P C Searson ,Electrochemical deposition of metals onto silicon, J. Phys. D: Appl. Phys. 31 1927(1998)

504. Wikipedia, the free encyclopedia,http://en.wikipedia.org/wiki/Electroplating

505. Wikipedia, the free encyclopedia,http://en.wikipedia.org/wiki/ Ion_implantation

506. Wikipedia, the free encyclopedia,http://en.wikipedia.org/wiki/Ion_plating

507. 陳壽椿，尤進洲，李慧玲，李坤隆，化學晶片-微感測系統，化學(Chemistry), 59, 287 (2001).

508. http://www.electrochem.org/dl/ma/199/pdfs/1152.pdf (Electrochemical sensor chip)

509. C.S. Lee, S.K.Kim and M. Kim, Review: Ion-selective field-effect transistor for biological sensing, Sensors,9, 7111 (2009)

510. http://www.hach.com/isfet-ph-stainless- steel-micro-probe-piercing-probe-with- waterproof-connector/product?id=7640516439

511. http://repositorium.sdum.uminho.pt/handle/1822/3094 (Optical micro-system chip)

512. Micro Instruments and Systems Lab. UCD (University of California , Davis)

513. 施正雄，第二十五章 化學/生化感測器，國家教育研究院主編，五南出版社 (2012)

514. http://www.dddmag.com/news-biacore-cm7-31610.aspx (SPR sensor chip)

515. http://www.hrbio.com.cn/shuo/SPR.pdf

516. http://www.stanford.edu/group/Zarelab/research_spr.html (SPR Microchip)

517. http:// www.dddmag.com/uploadedImages/ Articles/2010 _03/ biacore. Bmp (奇異SPR晶片)

518. C. Pan (潘杰),Thesis for Master of Science, Department of Bioengineering,Tatung University (2007)

519. http://etdncku.lib.ncku.edu.tw/ETD-db/ETD-search-c/view_etd?URN=etd-0721106-223325;何岳璟，博士論文，電腦與通信工程研究所，成功大學 (2006).

520. http://etds.lib.ncku.edu.tw/etdservice/view_metadata?etdun=U0026-0812200913522214;張哲維，碩士論文，光電科學與工程研究所，成功大學(2007)

521. Wikipedia, the free encyclopedia,http://en.wikipedia.org/wiki/Biochip

522. http://www.sciencedaily.com/releases/2010/04/100422141201.html(Biosensor Chip)

523. http://www.freepatentsonline.com/6129896.html(Biosensor Chip)

524. Wikipedia, the free encyclopedia,http://en.wikipedia.org/wiki/DNA_microarray

525. Wikipedia, the free encyclopedia, http://upload. wikimedia. org/wikipedia /commons/ thumb/0/0e/Microarray2.gif/350px-Microarray2.gif

526. Wikipedia, the free encyclopedia,http://upload.wikimedia.org/wikipedia/commons/ thumb/3/3a/ Sarfus.DNA Biochip.jpg/300px-Sarfus.DNABiochip.jpg

527. L. J. Kricka and P. Wilding, Review: Microchip PCR, Analytical & Bioanalytica Chemistry, 377, 820 (2003).

528. http://www.pcr-blog.com/2009/05/pcr-chip.html (PCR Chip)

529. http://en.wikipedia.org/wiki/Polymerase_chain_reaction(PCR)

530. http://www.karymullis.com/(PCR)

531. (a)http://www.chichen6.tcu.edu.tw/teaching/20071015_SNP,%20protein%20Chips%20 (BC4).pdf (Protein Chips 作者: 陳光琦教授，慈濟大學); (b)http://ir.lib.netu.edu.tw/ir/ handle/987654321/76476(作者: 李彰威及毛仁淡教授，國立交通大學)

532. Wikipedia, the free encyclopedia,http://en.wikipedia.org/wiki/Protein_microarray

533. http://www.be-shine.com.tw/ gpage2.html , 98.131.42.229/images/photo-1(320).jpg (Be-Shine Biotech. Ltd.公司(台灣)); http://www.be-shine.com.tw/ gpage2.html

534. http://www.ncbi.nlm.nih.gov/pubmed/11693613 (Immuno-Biosensor Chip)

535. C.Ruan, L.Yang and Y.Li, Immunobiosensor Chips for Detection of. Escherichia coli O157:H7 Using Electrochemical. Impedance Spectroscopy, Anal. Chem., 74,4814 (2002).

第十五章

536. zh.wikipedia.org/zh-tw/納米晶體

537. http://elearning.stut.edu.tw/m_facture/Nanotech/Web/ch6.html

538. zh.wikipedia.org/zh-tw/量子

539. http://en.wikipedia.org/wiki/Quantum_dot

540. Sun Peng, Hu Ming, Li Mingda, Ma Shuangyun , Journal of Semiconductors,33, 054012(2012)

541. http://rockyourpaper.org/article/the-research-on-wo3-nano-materials-gas-sensing-2836ee-ad0f6d090af8ac693211dd72df ; ZHANG Xue-zhon, YANG Xiao-hong, HU Ya-ping, DENG Quan ,The Research On WO_3, Nano-materials' Gas-sensing

542. Wang, Zhenyu; Sun, Peng; Yang, Tianlin; Li, Xiaowei; Du, Yu; Liang, Xishuang; Zhao, Jing; Liu, Yinping; Lu, Geyu, Sensor Letters, 11, 423 (2013)

543. H.M. Lin, C. H. Keng and C.Y. Tung ,Nanostructured Materials, 9, 747 (1997)

544. http://dx.doi.org/10.1016/S0965-9773 (97)00161-X

545. H.C.Chiu and C.S.Yeh,J. Phys. Chem. C. , 111, 7256 (2007)

546. http:// research.ncku.edu.tw/re/ articles /c/20080104/5.html

547. 施正雄，第二十五 章 化學/生化感測器，國家教育研究院主編，五南出版社 (2012)

548. 林欣瑜，陳香安，林鶴南，國家奈米元件實驗室奈米通訊15(4)(2008)

549. C.L.Li, Y. F. Chen, M. H. Liu, C. J. Lu, *Sens. Actuators B*,169, 349 (2012)..

550. http://ehs.epa. gov.tw/ Newsletter/F_News_Detail/114

551. Chia-Yi Tsai(蔡佳怡), "Preparation and Application of Piezoelectric Crystal Ion Sensor Based on Silver Nanoparticles", MS Theses, (指導教授J. S. Shih(本書作者))National Taiwan Normal University (2006)

552. http://ndltd.ncl.edu. tw/cgi-bin/gs32/gsweb. cgi/login?o= dnclcdr&s=id=%22097NTU 05065024%22.&searchmode=basic

553. C.J. Sun(孫致融), "Detection of Potassium Ion via Silicon Nanowire Field-Effect Transistor". MS Theses, Department of Chemistry,National Taiwan University (2009)

554. http://en. wikipedia.org/wiki /Valinomycin

555. http://www.wretch.cc/blog/KSChou/378198

556. ww.niea.gov.tw/windows/ file.asp? ID=66

557. http://fiveyears.science.ntu.edu.tw/fiveyears/newsletter/newsletter03/research %20highlight. html

558. http:// e021.life.nctu.edu.tw/~ysyang/research3.php

索　引

國家圖書館出版品預行編目資料

化學感測器／施正雄著. －－初版.－－臺北
市：五南，2015.04
　　面；　公分
　ISBN 978-957-11-8071-7（平裝）
1. 感測器
440.121　　　　　　　　　　104004196

5BH7

化學感測器

作　　　者 ─ 施正雄 (159.7)

發 行 人 ─ 楊榮川

總 編 輯 ─ 王翠華

主　　　編 ─ 王正華

責任編輯 ─ 金明芬

封面設計 ─ 簡愷立

出 版 者 ─ 五南圖書出版股份有限公司

地　　　址：106台北市大安區和平東路二段339號4樓

電　　　話：(02)2705-5066　　傳　　　真：(02)2706-6100

網　　　址：http://www.wunan.com.tw

電子郵件：wunan@wunan.com.tw

劃撥帳號：01068953

戶　　　名：五南圖書出版股份有限公司

台中市駐區辦公室／台中市中區中山路6號

電　　　話：(04)2223-0891　　傳　　　真：(04)2223-3549

高雄市駐區辦公室／高雄市新興區中山一路290號

電　　　話：(07)2358-702　　傳　　　真：(07)2350-236

法律顧問　林勝安律師事務所　林勝安律師

出版日期　2015年4月初版一刷

定　　　價　新臺幣750元